"十二五"国家重点出版物出版规划项目
教育部新兴领域教材研究与实践项目
城市交通系列教材　　邵春福　闫学东　总主编

城市交通管理与控制

（第2版）

主　编　袁振洲
副主编　吴先宇　吴亦政
　　　　杨　洋　岳　睿

北京交通大学出版社
·北京·

内 容 简 介

本书共分为10章，主要内容包括交通管理与控制概述、交通管理法规及标志标线、交叉口交通管理、交通运行管理、交通信号控制理论基础、单交叉口信号控制、干道多交叉口信号联动控制、区域交叉口信号协调控制、城市快速道路交通控制、交通检测设备及仿真软件简介。

本书可作为高等院校交通工程专业的教材，也可作为道路工程、交通运输管理等相关专业的选修课教材，同时可供从事交通运输规划与管理的工程技术人员参考。

图书在版编目（CIP）数据

城市交通管理与控制 / 袁振洲主编；吴先宇等副主编. —2版. —北京：北京交通大学出版社，2022.4

城市交通系列教材

ISBN 978-7-5121-4691-4

Ⅰ.①城… Ⅱ.①袁… ②吴… Ⅲ.①城市交通-交通运输管理-教材②城市交通-交通控制-教材 Ⅳ.①U491

中国版本图书馆CIP数据核字（2022）第046609号

城市交通管理与控制

CHENGSHI JIAOTONG GUANLI YU KONGZHI

责任编辑：孙秀翠

出版发行：北京交通大学出版社　　电话：010-51686414　　http：//www.bjtup.com.cn

地　　址：北京市海淀区高梁桥斜街44号　　邮编：100044

印 刷 者：北京时代华都印刷有限公司

经　　销：全国新华书店

开　　本：185 mm×260 mm　　印张：22.75　　字数：568千字

版 印 次：2013年9月第1版　　2022年4月第2版　　2022年4月第1次印刷

印　　数：1～2 000册　　定价：69.00元

本书如有质量问题，请向北京交通大学出版社质监组反映。对您的意见和批评，我们表示欢迎和感谢。

投诉电话：010-51686043，51686008；传真：010-62225406；E-mail：press@bjtu.edu.cn。

总　序

现代交通系统对我国城镇化发展具有支撑性和先导性作用，它既是市民生活出行的基本保障，又是带动城市经济社会发展的“先行者”。自改革开放以来，我国的城镇化以年均超1%的速度快速发展，截至2021年底，我国的城镇化率已经超过64.72%。城市交通系统，尤其在超大城市和特大城市，以公共交通为骨干的城市综合交通体系发展迅速，已经有51个城市开通了城市轨道交通系统，运营总里程位居世界第一。然而，城市交通拥堵、汽车尾气污染和交通事故多发等“城市病”现象也日趋严重，已经成为阻碍我国城市经济社会发展的社会问题，严重影响市民的生产和生活，出行的获得感、安全感不高，更谈不上满足感和幸福感。

“城市病”问题得到政府和社会各界的广泛关注，但是至今尚没有设置城市交通专业，又没有与此对应的系列化、专业化教材，导致城市交通治理人才匮乏。城市交通牵涉人文、社会、政治、经济、工程等多个领域，是典型的交叉学科，治理城市交通需要复合型人才。

为满足社会对城市交通专业人才的培养需求，从2012年开始，作者与北京交通大学出版社共同组织北京交通大学交通运输学院交通工程和交通运输2个国家级教学团队的师资力量编写了“城市交通系列教材”，包括《城市交通概论》《城市总体规划》《城市交通调查》《城市交通规划》《城市交通流理论》《城市公共交通》《城市交通管理与控制》《城市交通设计》《城市交通枢纽》《城市道路工程》《城市交通安全》《城市交通经济》《城市智能交通系统》《城市交通专业实验教程》《城市智慧物流》，共15册教材。本系列教材获批了原国家新闻出版广电总局的“‘十二五’国家重点出版物出版规划项目”，并于2016年完成了本系列教材第一版的出版发行。

本系列教材一直作为北京学院的主要参考教材使用。北京学院是北京市教育委员会借助在京高校的优势特色资源为北京市培养特需人才的一项重要工程。北京交通大学依托在交通运输领域的传统优势和特色，于2015年申报北京学院城市交通辅修专业并获批，并于同年招生，至今已经连续招收了6届。

本系列教材为“城市交通系列教材”的第2版。修订出版第2版的理由如下：首先，本系列教材初版发行6年来，受到了相关高等院校和科研单位的厚爱，在库基本售罄。其次，中共中央国务院于2019年9月和2021年2月，相继发布了《交通强国建设纲要》和《国家综合立体交通网规划纲要》，并把交通强国建设作为国家战略，要求到21世纪中叶，构建安全、便捷、高效、绿色、经济的现代化综合交通体系，打造一流设施、一流技术、一流管理、一流服务，建成人民满意、保障有力、世界前列的交通强国，为全面建成社会主义现代化强国、实现中华民族的伟大复兴中国梦提供坚强支撑；实现“全国123出行交通圈”（都市区1小时通勤，城市群2小时通达，全国主要城市3小时覆盖）和“全球123快货物流圈”（国内1天送达，周边国家2天送达，全球主要城市3天送达），做到“人享其行，物优其流”。最后，城市和都市圈内部的“多规融合”和“多规合一”，京津冀、长三角、粤港澳、成渝等世界级城市群和国家、区域级城市群建设的推进，以及智慧城市、智慧交通和城市治理等对城市交通的知识体系和人才培养提出了新的需求。编写团队为适应上述需求的变革，拟修订出版本系列教材的第 2 版。

由于编者的水平、时间有限，本系列教材中难免出现疏漏和不足之处，敬请读者批评指正。

作　者

2022 年 4 月

前　言

本书第 1 版于 2013 年 9 月出版。随着交通建设的发展及交通科技的进步，城市交通管理与控制的观念、技术和内容也在不断更新和进步。同时，智慧交通运输技术的发展，也为城市交通管理与控制注入了新的理念、思维和方法。因此，既要反映交通运输领域发展的现实，也要满足教学本身的要求，是修编本书第 2 版的基本出发点。

本书在知识结构上主要包括城市交通管理和交通控制两部分。在体系上介绍了城市交通管理和控制的基础理论，同时特别注意避免和先修课程内容的不必要重复。在掌握基础理论和基本知识的基础上，介绍了交通管理和控制的实际应用与操作的内容；在交通控制部分除重点介绍点控、线控、面控的基本理论和方法外，还介绍了一些新的管理理论、方法和相应的案例。另外，结合智能交通运输系统的发展，介绍了国内外在交通管理与控制方面的一些新成就、新技术和未来的发展趋势，对交通信息检测及处理技术、智能控制与大数据挖掘技术、城市快速路控制等内容进行了介绍，以引导、启发学生的科研思维和兴趣，为今后的继续学习奠定基础。

在主要章节中附有例题或案例，每章后给出了复习思考题，便于学生对教材内容进行学习和掌握。

本书在修编过程中，根据教育部教指委专业课程目录，删除或精简了与“城市交通设计”等课程重复的内容；作为实操性很强的专业课程，根据最新颁布或修订的国家规范、技术标准，修订了教材中相关的内容；同时，对教材中相关图形、表格内的数值根据最新规范进行了替换，或者在重新计算后进行了修正等。

本书由长期从事交通管理与控制领域教学和科研工作的教师团队编写而成。北京交通大学袁振洲教授担任主编，北京交通大学吴先宇副教授、吴亦政副教授，北京航空航天大学杨洋博士后，北京交通大学岳睿讲师担任副主编。具体编写分工为：袁振洲负责编写大纲的确定及全书撰写内容的统稿与审定，并负责撰写第 1 章、第 8 章；吴亦政撰写第 2 章、第 3 章；吴先宇撰写第 4 章、第 5 章、第 7 章；岳睿撰写第 6 章、第 9 章；杨洋撰写第 10 章。

在本书编写过程中，根据多年教学和实践的经验，努力做到结构完整，体系完善，内容准确、全面，深浅适宜。同时，编者还广泛选用了本领域同行的有关著作、研究成果等资料，在此对这些作者表示衷心的感谢。另外，研究生张晨、陈沫、王雪纯、邹杰、林凡琪、牟进超、郭靖雪、詹圳曦、王文慧、唐峰等帮助完成了教材中的图表绘制和资料整理等工作，在此表示感谢。

本书作为“教育部新兴领域教材研究与实践项目”立项教材之一，在编写过程中得到了北京交通大学教材出版基金的资助。同时，该课程 2007 年获评为北京交通大学精品课程，2008 年获评为北京市精品课程，2009 年获评为国家精品课程，2013 年获批国家精品资源共享课建设立项，2016 年入选首批国家精品资源共享课，2018 年中国大学在线 MOOC 开课，2020 年获评北京交通大学一流课程。教材的编写和出版得到了以上课程建设基金的资助。

由于编者水平有限，教材中肯定还存在不足之处，欢迎广大读者批评指正。

编　者

2022 年 3 月

目 录

第 1 章

交通管理与控制概述

交通管理与控制是交通工程学的主要研究对象之一，其中，交通管理是指依据交通法规，对道路上的行车、停车、行人和道路使用，进行执法管理，并用交通工程技术措施对交通运行状况进行交通治理；交通控制是指依靠交通警察或交通信号控制设施，指挥车辆与行人的通行。从宏观上来说，交通控制实际上属于交通管理的范畴，交通控制是交通管理的某一表现方式。因此，在现代交通管理中，交通管理与交通控制是一个有机结合的整体。

1.1 交通管理与交通控制的目的

交通是城市经济活动的命脉，对城市经济发展、人民生活水平提高起着十分重要的作用。近年来，随着汽车工业的迅速发展，汽车工业在极大推动世界经济迅猛发展的同时，也为人类生存的环境、经济和社会带来了日益严重的不良影响。由于城市道路建设难以跟上车辆发展的速度，城市道路增长的有限性与车辆增长的近似无限性之间呈现出矛盾，导致城市交通问题日益严重，交通事故频繁，交通拥挤、堵塞，空气污染严重，运输效率下降。为了缓解道路交通拥挤状况，适应交通量迅猛增长的趋势，国内许多城市采用了拓宽路面、新建高架路等措施，其最初收效较为明显，但是经过研究发现，建设不能无限地满足需求，大量建设并不是解决城市交通问题的根本途径。只有在不断拓展基础设施的同时，利用更高效的管理手段，提高现有设施的利用率和负荷，加强对交通需求的管理，加强对城市道路网的智能管理和优化控制，才能更好地满足人们出行的需求。

在社会经济和科学技术进步的推动下，交通科技得到了迅速发展，交通管理与控制的目的也在不断变化。最初，交通管理与控制的目的在于满足最基本的交通要求——保障交通安全；随后，由于车辆数量的增加，道路上出现了车辆拥挤、堵塞的现象，此时要求交通管理与控制在保障交通安全的基础上，还需达到疏导交通、保障交通畅通的目的。近年来，交通安全、交通拥挤与交通污染问题日趋严重，迫使交通管理与控制寻求解决交通问题的新思路与新方法。交通管理与控制的目的主要体现在以下几个方面。

1. 减少交通事故，增加交通安全

自从第一辆汽车问世以来，全球约有 4 亿人死于交通事故，远远高于两次世界大战死亡人数的总和（4 000 多万人）。20 世纪 80 年代以来，全世界每年约有 50 万人死于交通事故，

1 000 多万人因交通事故而受伤。国际防灾权威组织——红十字及红新月国际联合会在 1998 年的报告中就曾明确指出："道路交通事故在不久的将来将超过呼吸疾病、肺结核、艾滋病，成为世界头号杀手之一。"因此，减少交通事故、提高行车安全刻不容缓。实践表明，科学合理的交通管理与控制能大大减少交通事故的发生，特别是对于交通事故的多发位置——平面交叉口，交通管理与控制发挥着至关重要的作用。

2. 缓和交通拥挤、堵塞，提高运行效率

由于城市道路空间有限，而车辆保有量增长迅速，目前全世界许多城市随处可见交通拥挤和堵塞现象。早在 20 世纪 70 年代，英国道路研究实验室的研究结果表明：在英国，一个大约具有 100 个交叉口的城市内，每年由于车辆延误造成的经济损失就达 400 万英镑；在东京，通过 260 多个主要交叉口的低效交通流引起的年经济损失约为 2 亿美元；在巴黎，每天由于交通拥挤引起的损失时间相当于一个拥有 10 万人口的城市的日工作时间。交通拥挤和堵塞已成为制约城市经济发展的一个重要因素。值得庆幸的是，交通管理与控制为缓和城市交通拥堵，提高交通流通行效率提供了一条有益途径。据美国、日本、德国、英国等国家统计发现：仅对城市交叉口进行合理的交通信号控制就可以将车辆平均延误时间减少 15%～40%，提高道路通行能力 20% 左右；而采用一些先进的优化组织管理方法，则能更为有效地解决城市交通拥堵问题。

3. 节约能源消耗，降低车辆对环境的污染

车辆的每一次加减速运动，都将使燃油消耗增加。据测算，如果一辆小汽车在 7 km/h 的速度差间加减速 1 000 次，则比匀速行驶时要多消耗燃油 60 L，如果换成货车，则要再多消耗燃油 84 L。车辆在启动与制动时还将排出一氧化碳、碳氢化合物、氮氧化合物等废气污染物，势必造成大气污染，严重影响人类赖以生存的自然环境。此外，交通还将带来严重的噪声污染，据 OECD（Organization for Economic Cooperation and Development，经济合作与发展组织）估计，世界经济发达国家有 15% 的居民生活在 65 dB 以上的高噪声环境中。除了通过改进汽车构造、改善道路结构从一定程度上解决交通带来的能源与环境问题以外，加强交通管理与优化交通控制也是解决问题的有力工具。例如，通过采取限制车速、车型等交通管理手段可以有效降低城市的大气污染与噪声污染，通过合理的信号控制可以大大减少车辆在交叉口的停车与延误。

目前我国的交通与发达国家的交通相比存在很大的区别，其中最显著的区别在于我国是行人、自行车和机动车并存的混合交通，整体交通状况具有混合、低速的特点，安全性差、通行效率低、交通污染严重等交通问题表现得尤为突出。因此，很有必要结合我国交通自身的特点，找到适合我国国情的交通管理与控制方案，有效地解决我国特殊的交通问题。

1.2 交通管理与控制的主要内容

日益突出的交通问题，迫切需要交通工程学等学科研究提出解决这些问题的理论、措施与方法。产生交通问题的深层次原因是交通需求与供给的不平衡，以及交通流运行状态的不稳定。从交通工程学的基本原理解决上述问题，重点是通过降低道路交通负荷，使交通设施服务能力能够适应交通需求的增长和变化规律。主要包括以下 3 个方面。

(1) 道路交通基础设施建设

通过新增或改建交通基础设施以提升交通供给容量，达到降低交通负荷的目的。通过道路基础设施建设解决交通问题往往是交通决策部门首选的措施，也是交通规划相关课程研究的重点。但是，道路交通基础设施建设往往投资巨大（如新建城市干道需投入 0.5 亿～1 亿元/km，修建地铁需花费 4 亿～8 亿元/km），建设周期很长。而且相对交通需求的动态变化而言，基础设施基本建设完善后相对稳定，通过再建设施所能够增加的网络运输效率相对降低，并可能会刺激潜在交通需求的进一步增加。

(2) 交通管理与控制

作为交通工程学的重要分支，交通管理与控制的侧重点是结合交通需求的变化规律，在最小化改变既有交通基础设施条件下，通过交通法规或行政管理、工程技术管理、交通信号控制技术等方面的综合技术应用，实现交通系统的安全、有序、通畅和可持续发展等目标。其主要途径包括：① 通过削减交通需求总量、优化交通出行方式结构等措施提高交通需求的合理性，减少交通流量（特别是个体机动车交通流量）；② 通过对交通系统的运行组织、引导和控制，实现交通流在时间、空间上的均衡分布，均匀交通负荷，提高道路交通资源供给的有效性，缓解交通压力。上述内容是本课程的研究重点，如图 1-1 所示。

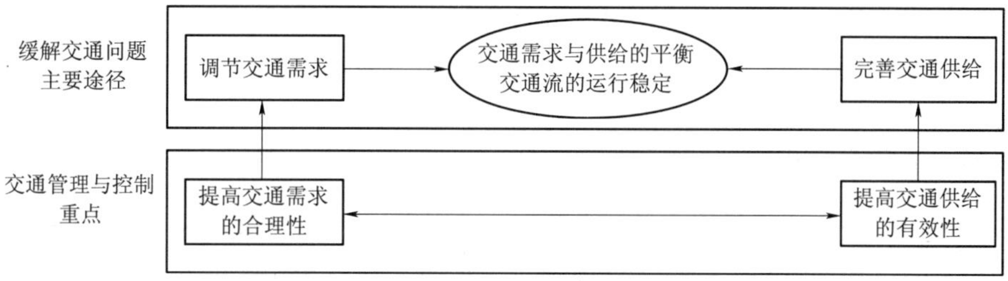

图 1-1　交通管理与控制的重点及其与交通系统优化的关系

(3) 交通设计

以交通安全、通畅、效率、便利及其与环境的协调为目的，优化现有和未来交通系统及其设施的建设。它既贯穿于交通规划和交通管理与控制之中，又是交通规划与管理控制相衔接的必要环节。交通管理与控制方案只有通过必要的交通设计方能体现其真正的价值。

在现代交通工程学的理念中，交通管理与控制对于交通规划和交通设计都具有积极的相互反馈作用，宏观的交通规划和微观的交通管理之间的相互渗透、融会贯通是发展的必然趋势。

1.3　交通管理与控制的基本原则

交通管理与控制要根据路网的交通状况，从宏观角度出发，利用现有的道路条件，运用交通工程学和现代科学方法，合理地规划和安排道路的使用和交通流的分配，达到提高道路通行能力，减少交通拥堵，降低交通公害的目的。在进行交通管理与控制设计时应遵循以下四大原则。

1. 交通分离原则

交通分离是指采用科学交通管理手段，对各种交通形态在时间上或空间上进行分离，以解决混行交通，达到各行其道、互不干扰的目的。交通分离有时间分离与空间分离两种形式。时间分离是指在同一道路空间，各种交通形态使用于不同的时间，以减少道路上集中的负荷和冲突。时间分离由信号相位的划分与更替来完成。空间分离是指各种不同的交通形态，在不同的道路平面或者同一道路平面，用道路工程设施和交通管理设施进行分隔，以减少不同形式交通流的相互干扰，消灭交通冲突点，保证道路交通的安全和畅通。空间分离靠交通渠化来实现。例如，使用专用车道与专用相位可以实现左转车辆、直行车辆、右转车辆之间的交通分离；使用人行道、非机动车道与机动车道可以实现行人、非机动车、机动车之间的交通分离。

2. 交通连续原则

交通连续是指通过各种交通方式和交通工程之间的有机合理联系，尽量保持交通的畅通性与不间断性，从而使各个交通参与者在交通活动中尽可能地迅速、便利、经济。使用各种交通工具、交通组织与交通设施可以有效实现交通流的连续性。例如，路段上的行车道对应路口直行导向车道，可以保证直行车流不变换方向；路口进口导向车道对应出口车道，可以保证车流通过路口的连续性；在干道进行绿波协调信号控制设计，可以保证车流通过整条道路时间上的连续性；另外，修建自行车、公交、地铁、公路客运与铁路之间的换乘枢纽也是保证交通连续的有效措施之一。

3. 交通流量均分原则

交通流量均分是指通过采取一些有效措施，对交通流进行科学的调节、疏导，实现交通流在时间和空间上均衡分布，简称交通分流。交通流量均分将使路网各处的交通压力趋于均衡，不至于某处由于交通压力过于集中而造成交通拥堵。实际上，交通流量均分是将路网中拥堵交叉口、拥堵路段或路段拥堵方向的一部分交通压力转移到相邻近的非拥堵交叉口、非拥堵路段或路段非拥堵方向；将一天中拥堵时段的一部分交通压力转移到非拥堵时段。例如，使用方向性变向交通（见图 1-2）可以使车流量方向性分布不均匀现象得以缓解，从而提高道路的利用率；使用非方向性变向交通对缓解各种不同类型的交通在时间分布上的不均匀性矛盾有较好的效果。

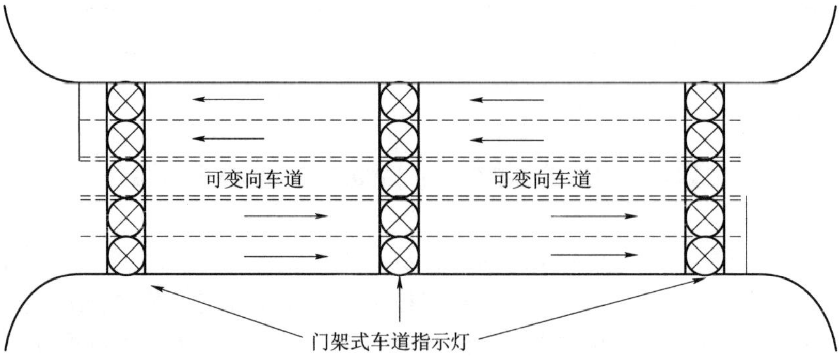

图 1-2 方向性变向交通设置示意图

4. 交通总量削减原则

交通总量削减是指在保证交通参与者的合法交通权利的前提下，采取各种管制措施，减少交通参与者的数量或削减所有交通参与者占用道路的时间与占用道路的面积之乘积的总和。当一个路网的交通总量接近于饱和，已没有交通压力转移的余地时，可以采取禁限部分车种行驶来削减路网交通总量，也可以采取供需互动关系来调整路网总体负荷，或是采用道路划分功能、交通流划分性质来分配道路交通流量。在各种交通总量削减的措施中，最为有效的还是提高公共运输系统的吸引力和效率、大力发展公共交通。

此外，在进行交通管理与控制设计时还应注意以下几点。① 换位思维。对于一些交通组织调整，特别是单行、禁左、禁限措施的调整，在方案实施前，应站在禁限对象的角度查找时空的转移特性，把握住禁限组织与交通压力转移的内在联系。② 以人为本。交通管理不应以方便管理为出发点，而要以方便大多数人出行为准则，对于由行人、非机动车与机动车组成的混合交通流，不应只考虑机动车的交通组织，而应充分考虑行人、非机动车等弱势群体的行为特点，在尽可能照顾行人、非机动车的前提下进行混合交通的综合交通组织管理。③ 通行能力合理配置。以一条道路上通行能力最小的交叉口为基准，合理配置相邻交叉口的通行能力，既要保证不出现“瓶颈效应”，又要尽可能地提高整条道路的通行效率。

1.4 新兴技术下城市交通管理与控制的发展

1.4.1 城市交通系统面临的变化

随着城市社会、人口、空间与经济的发展，城市交通系统面临的出行需求、拥堵成因、解决方案都在变化，主要有以下几点。① 城市综合交通体系服务对象与范围进一步扩展。随着中国城镇化及轨道交通的快速发展，城市居民出行从城市、都市圈、城市群多个空间圈层扩展，人口海量，长距离通勤及高频商务出行增加，出行方式多样，对城市（群）综合交通体系规划及建设提出新需求。② 城市出行服务注重满足高品质的多样化、门到门出行需求。随着人们生活品质的提高及对美好生活的向往，新时期人们对出行服务提出了更高的、差异化的需求；新的时期，公共交通由无差别的基本服务转向了差异化（不同人群、不同目的、不同时间、不同品质）、全链条（门到门）多模式一体化出行服务。③ 城市交通治理更注重精细化、人性化及可持续。在国家提出“城市交通需以人为本，并扭转过度依赖小汽车交通”的政策背景下，扭转近些年在城市交通建设中“以车为本”的错误倾向，强调增强城市人的可移动性，特别注意在规划设计及管理控制方案中体现相对“弱势”的步行和自行车等交通系统使用者的友好和关怀。④ 城市交通发展将转向供需双向调控阶段。城市交通目标是在有限交通资源供给下安全、经济、高效地满足及服务多圈层海量人口完成有目的的活动的出行需求。交通问题的根本根源是供需不平衡，早期为需求满足型的设施建设阶段，以及通过信号灯控制局部交通流，新时期会进入基础设施建设与多层次需求管理并重的双向调控阶段；交通供给提升的内涵也由设施通行能力提高延伸为运输服务能力提高，如定制公交、合乘出行等。

与此同时，得益于近年来通信技术、计算机技术、车辆技术的发展，物联网、互联网、车联网快速形成并广泛应用，先进的无线通信技术高效地降低了信息传输壁垒，实时信息处理技术使得实时或极短时间内匹配调度变成现实，智能算法极大地减少了整体交通组织所需的工作量，乘客、驾驶员、调度员、车辆、道路、出行环境及云端得以高效联通，并伴随产生巨量可用于交通监测、调度、组织与优化的时空大数据，城市交通的发展进入智能网联与大数据主导的新时代。伴随着可持续发展目标的引领与车辆技术的发展，共享出行（共享单车、共享汽车、合乘出行、定制公交等）、自动驾驶汽车、智能网联汽车也应运而生，不断颠覆现有的城市交通运行场景与运营管理模式，新时代下的城市交通发展充满了机遇与挑战。

1.4.2 新兴技术下的城市交通管理与服务

新技术时代伴随产生巨量的时空大数据，可用于交通监测、调度、组织与优化，同时自动驾驶、共享出行被公认为是未来城市交通发展的趋势。因此，在新兴技术下的城市交通管理与服务领域，交通大数据、共享出行、网联自动驾驶成为热点和焦点。

1. 交通大数据

交通大数据支撑居民出行、交通运行、交通服务和需求致因的同步感知与协同决策，物联网和互联网结合，可产生和收集包括人口、活动、出行、交通运行及交通环境污染的大数据，而需求致因的同步采集又对交通问题的根源解决提供了可能，交通大数据可以从出行感知与预测、规划决策辅助、设施评价、运营组织等方面促进交通问题根源治理，并促使管理决策能力与实施能力的全面智能化。

2. 共享出行

在共享经济的浪潮以及可持续发展的理念引导下，共享单车、共享汽车、合乘出行、定制公交等共享出行服务模式兴起并得到快速发展。在出行即服务引领未来城市出行发展方向的大趋势下，基于网约车平台的共享出行可以实现资源的优化组合，显然是一种更好的缓解交通拥堵的出行方式。

共享单车、共享汽车需求的空间与时间不对称会造成车辆资源分布不均，进而影响用户的使用，对共享单车、共享汽车进行实时调配，提升供需匹配的效率，是共享单车、共享汽车关注的核心问题，同时共享汽车还涉及站点配置、差异化定价和车辆调度问题。除此之外，共享单车、共享汽车的行为特征与规律、出行需求预测也是关注的重点。

3. 网联自动驾驶

随着物联网、人工智能及其他新兴技术的发展，网联自动驾驶车已经被公认为是未来车辆发展的方向。当前，以美国、欧盟、日本等为代表的全球主要发达国家都大力扶持相关产业，谷歌、百度、通用、特斯拉、蔚来等国内外互联网公司、汽车厂商也纷纷布局网联自动驾驶领域，中国也高度重视网联自动驾驶车辆的发展，将其列为“中国制造 2025”重点领域之一。

网联自动驾驶车辆是车联网与自动驾驶车辆的有机联合，包含两大方面的核心技术：一是自动驾驶技术，由车载系统代替人进行车辆的驾驶操作，国际自动机工程师学会将自动驾驶技术分为从驾驶支援到完全自动驾驶的 5 个发展阶段；二是车联网技术，可以实现车辆与外界的智能信息交换，包括车与车通信（V2V）、车与基础设施通信（V2I）、车与云端通信（V2C）等，两大核心技术也正是未来车辆发展的趋势。新兴车辆技术的发展带来了新型的交叉口组织形式与路段行驶模式，彻底颠覆了当前的交通运行场景，同时对现有的交通组织、交通管理、交通规划措施提出了新的挑战，网联自动驾驶车与普通车辆混行条件下的城市交通系统存在大量基础科学问题亟待解决：网联自动驾驶车辆有更短的反应时间，在行驶过程中彼此可以保持更短的车头间距、车头时距，可以形成车队大幅提高路段通行能力，这就使得混行条件下路段通行能力的计算变得非常复杂。

1.4.3 新兴技术下的城市交通控制的发展

随着信息采集技术、计算机技术、通信技术与网络技术的飞速发展，交通数据采集途径和方法不断革新，使交通控制系统发生了一系列变化。交通控制已逐步由传统的定时方案控制转向依据检测设备得到的交通流运行特性实时进行优化的智能控制。研究表明，交通控制系统在发展过程中不得不等待技术进步来实现性能方面的阶段性改变。在大数据背景下，从数据演变视角对交通控制系统进行深度分析，了解城市交通控制的未来演变方向具有重要意义。

未来城市交通控制系统的数据采集和交通参数研究仍然存在发展空间和现实需求，表现在以下几方面。

① 从宏观上看，城市交通控制系统的重要趋势是其信息范围已经扩展到区域和路网层级，例如，基于自动车牌识别数据能够获取区域出行时空分布和出行路径，这些信息为制定新的控制策略和控制算法提供了思路。目前研究在侧重于单点控制、干线协调控制等基于固定式检测数据的交通控制框架的基础上，深入开展对交通网络控制新控制策略和控制算法的研究是必然趋势。

② 随着数据采集方式的演变，交通参数估计研究的重点已转向提高参数估计的实时性与精度等领域，如排队长度、车辆延误等指标的估计精度，直接关联于交通控制与交通管理的效率与水平。如何结合交通检测技术的新进展，研究提出新的交通参数估计模型与交通控制策略是未来的一个重要研究方向。

③ 从整体上看，城市交通控制中的交通参数研究仍然过于理论化。虽然部分研究开展了一些案例分析，但如何结合我国城市交通系统运行中的不确定性因素，如检测环境差异导致的数据误差率的变化，交通流到达规律的变化，道路上不同种类交通流间的交叉干扰等实际应用因素，使方法与模型能有效地指导我国复杂的交通控制实践仍任重道远。

复习思考题

1. 交通管理与控制的目的是什么？
2. 交通管理与控制主要包括哪几方面的内容？
3. 交通管理与控制的基本原则是什么？
4. 简述道路交通控制技术的发展历史，目前有哪些交通信号控制系统？
5. 请阐述你对未来交通管理与控制的发展趋势的认识和理解。

第 2 章

交通管理法规及标志标线

2.1 交通管理法规及其内容

交通管理法规是道路交通使用者在通行中所必须遵守的法律、法令、规则和条例的统称，它既是搞好交通秩序，保障交通畅通、交通安全和进行交通管理的依据和法律基础，也是搞好交通宣传、安全教育的一个有力武器。交通法律或法令由国家制定并颁布执行；而交通规则和条例属于政令，由主管机关根据国家的交通法律、法令制定并颁布执行。

2.1.1 交通法规的制定

1. 交通立法的目的

道路上集中了大量的各种大小、类型、不同车速的车辆以及行人，如果都以各自的愿望行驶，道路上便会形成横冲直撞的混乱局面，结果势必是到处发生冲突或阻塞。为此，必须制定所有使用者必须共同遵守的基本规则，以维护基本的交通秩序，保障交通安全与交通畅通，同时，在发生冲突事故时，可据此论处事故的责任。交通立法的正确目的，并非要把不必要或不合理的限制强加给道路交通的使用者，而是以法律的形式和正确应用法律的权威来保障交通安全、舒适与通畅，以维护道路交通的合法使用者不受其他不正当使用者的伤害或骚扰。

2. 交通法规的层次

对交通法规划分层次是为了适应交通环境和交通特点因地因时而异的需要，使交通法规在全局上既具有统一性，在局部上又有适应性。交通法规按其有效性的范围，可分为以下 3 个层次。

① 全国性法规。全国性法规应具有全局性意义，是一种必须在全国统一执行的一些规定。全国性法规是制定地方性法规的依据。

② 地方性法规。地方性法规应是当地具有全局性含义的管理措施。可根据当地自然环境、城市建设及交通特点，在全国性法规为依据的前提下，制定当地必须统一执行的一些补充规定。地方性法规是对全国性法规做的一些不相矛盾的补充。

③ 局部性管理措施。局部性管理措施可认为是交通法规的补充或外延。

3.《中华人民共和国道路交通安全法》和《中华人民共和国道路交通安全法实施条例》

2003 年 10 月 28 日第十届全国人民代表大会常务委员会第五次会议通过了《中华人民共和国道路交通安全法》（以下简称《道路交通安全法》），该法规制定的目的是维护道路交通秩序，预防和减少交通事故，保护人身安全，保护公民、法人和其他组织的财产安全及其他合法权益，提高通行效率。它是我国进一步加强交通管理，维护交通秩序，保障交通安全与畅通的重要法规，也可以说是我国交通管理工作的基本法规。《道路交通安全法》是国家在管理道路交通方面的一项行政法规，是车辆、行人在交通活动中所必须遵守的行为规范，也是交通管理人员执法和对事故论处责任的依据。为了保证《道路交通安全法》的顺利实施，国务院在 2004 年 4 月 30 日颁布了《中华人民共和国道路交通安全法实施条例》（以下简称《实施条例》）。北京、上海等城市都据此制定了各自的道路交通管理补充条例或实施办法。

2.1.2 交通法规的内容

道路交通是由人、车、路、环境组成的一个系统。交通法规的基本内容应针对构成道路交通系统的这几个要素。《道路交通安全法》条文众多，共 8 章 124 条，解析其基本内容，也就是对“人”“车”“路”“环境”四者的管理规则。

1. 对“人”的管理

道路交通的使用者包括车辆驾驶人、行人、乘车人以及与道路交通活动有关的单位和个人。对交通事故原因的分析，包含着复杂的因素，其中有道路设计和使用的问题，有车辆机件失灵、驾驶人的技能和人们的守法观念等问题。在这些错综复杂的因素中，关键因素是“人”。如果车辆驾驶人和行人都能按道路实际情况及交通管理的要求正确谨慎地通行，交通事故的数量及严重程度都可降到最低限度。可以说，“人”是交通问题的核心。国内外交通事故有 70%～90% 是由人的因素造成的。对人的管理中的主要对象是驾驶人，要求驾驶人能以合格的驾驶技术在道路上正确地驾车运行。

2. 对“车”的管理

车，特别是汽车，是道路上各种交通使用者中体形最大、速度最快的一种。因车辆运行安全设施性能低劣而在行驶中出现机件故障所造成的交通事故，在发达国家约占 5%，我国约占 10%。对车辆的管理，主要是应对车辆运行安全设施性能进行经常性的监督、检查与维护，以保证车辆的安全行驶。

3. 对“路”的管理

路是交通使用者赖以通行的基础，是通行环境的主要组成部分。道路所提供的使用状况的优劣，对使用者正确使用道路具有重大影响。譬如人行道被任意占用，行人无道可行，只能占用车行道，于是人车混行，背离人车分离原则，交通事故因之而生。国内外统计资料表明，约有 10% 的交通事故是由不安全的道路条件或道路使用不当造成的。对道路的管理主要是要保证道路能为交通所用，并让道路交通的使用者能正确使用道路。

4. 对“环境”的管理

环境主要是指道路周围的环境。环境对于驾驶员驾车具有重大的影响。譬如在交通干道的两旁，令人眼花缭乱的广告、交通干道路侧行道树的树影等都对驾驶员驾车不利；设在交通标志附近杂乱的牌、杆、栏等，特别是在交通标志杆上附挂的广告牌，影响驾驶员辨认标志；遮蔽、扰乱信号灯的树梢、广告牌、霓虹灯等，影响驾驶员辨认信号灯的颜色；街角上的树、杆、牌等各类阻挡驾驶员视线的杂物，使驾驶员视距缩短，都足以成为引起交通事故的因素。

2.2 城市道路使用管理

道路使用管理是依据法律规定和权力机关授权的道路使用管理机构采取各种措施，保证最大限度地合理使用现有道路，以及对在生产、生活过程中使用道路的单位、个人、车辆、物品，按规定进行管理、监督的活动。道路使用管理是道路交通秩序管理的主要任务之一。道路使用管理分交通活动道路使用管理和非交通活动道路使用管理两大类。

2.2.1 交通活动道路使用管理

交通活动道路使用管理是指公安机关交通管理部门根据本地区道路交通流的特点，采取各种有效措施，对单位或个人在生产、生活过程中，以交通行为方式使用、占有道路进行计划、监督和控制的管理活动。主要包括交通方式通行空间划分、交通空间均衡管理以及停车占用道路管理等 3 个方面。

1. 交通方式通行空间划分

通行空间是指不同交通行为方式在道路上通行时的活动范围。划分通行空间就是以物体隔离形式或路面文字标记、标线形式或行政规章形式等，确定机动车通道、非机动车通道和行人通道。在我国，相当一部分道路上，尤其是公路上未设置或无法设置道路交通标线或道路交通分隔设施。在这类道路上，机动车、非机动车与行人通行区域的划分，全国尚无统一规定。《道路交通安全法》和《实施条例》规定：没有划分机动车道、非机动车道和人行道的，机动车在道路中间通行，非机动车和行人在道路两侧通行。

交通方式空间划分包括混合式划分、隔离式划分及分道式划分等 3 种形式。维持各类交通参与者在同一道路平面上通行，通过交通法规规定和道路交通标线设施实现的交通方式空间划分叫混合式划分；依据人流和车流所具有的不同流动形式，用隔离墩、隔离栏等实物实现的交通方式空间划分叫隔离式划分；分道式划分是指设置机动车专用道、公交专用道、非机动车专用道、步行街、高速公路、城市快速道路等机动车、非机动车与行人各自固定通行带的交通空间划分方法。

2. 交通空间均衡管理

交通空间均衡管理是指根据人流、车流流量、流向，对一定区域内道路通行空间资源从时间、空间上进行合理分配的管理活动。例如：将拥集于干道上的交通流中的一部分吸引到次、支道路上，以减轻干道的交通压力；推进货物夜间运输，以减少白天道路交通流量；限制过境车辆进入城市中心区域，减轻城市中心区域的交通压力等。

3. 停车占用道路管理

占用道路的路边停车是静态交通系统管理的重要组成部分，也是交通活动道路使用管理的重要内容，主要管理内容为合理规划、设置道路停车点，以及路内停车的收费与管理。占用非交通主干道的富余路面或断头路，设置用于短时间停放车辆的路边停车泊位或小型停车场应坚持必要性与合理性相结合的原则，科学从严控制设点和占路面积，尽可能地减少对正常道路通行秩序的影响。路内停车应严格管理，停车收费应高于路外专用停车位收费费率，以提高路内停车位的使用周转率。

2.2.2 非交通活动道路使用管理

道路的基本功能是通行车辆和行人。道路管理的基本原则是使道路为交通所用，维护道路上的交通安全与畅通，清除一切有碍交通的设施和物体。

在古代，传统上道路还是集市贸易和沿街居民的活动场所。而在现代，道路还是地下、地上公用管线的通道，城市绿化的组成部分之一。

在非机动车的低速交通时代或机动车交通量还不太大时，因道路被占用而形成的问题还不大突出；在机动车数量大增，道路不敷交通需求的当代，仍按古代留传下来的传统观念任意占用道路，就会使合理使用道路的问题变得严重起来。为交通而修建的大量道路被各类非交通行业或沿街居民所占用，却让车辆在路上拥挤阻塞，是极不正常的现象。要知道，道路被任意占用，绝非小事。被占用的往往是路边人行道，行人被迫走车行道，于是人车混行，交通混乱，事故、阻塞因此而生。可以说，乱占道路是交通混乱、交通事故的根源之一。

如果要合理使用道路，必须对其严加管理，随时清除非法占用，把道路还给车辆与行人，以保证交通安全与畅通。

处理这类矛盾，也要区别不同情况，关键是要区别被占道路所处的地位及其在当前的主要用途。

1. 清除任意占用道路

《道路交通安全法》规定，未经许可，任何单位和个人不得占用道路从事非交通活动。对于非法占用道路所搭盖的棚、屋等，必须严格清除。对于摆摊设点、集市贸易等应该考虑妥善安排。摆摊设点、集市贸易等在市内主要街道、交通性道路上时应该清除，完全可以将其迁移到非交通性的支路上去。然而各类占用道路的现象随时都会发生，所以，重要的是在将其清除之后，要能保持道路不再被占用。在执勤方式上，应采取巡回检查的方法，随时发现随时处理，使之不成为普遍现象。

2. 清理道路上有碍交通的设施

《道路交通安全法》规定，道路两侧及隔离带上种植的树木或者其他植物，设置的广告牌、管线等，应当与交通设施保持必要的距离，不得遮挡路灯、交通信号灯、交通标志，不得妨碍安全视距，不得影响通行。妨碍交通设施的现象在路上并不少见，而且也会随时出现，原则上也应对其区别对待。在主要街道及交通干道上必须严格加以清除，同时也应列为巡回检查的项目之一。

3. 道路施工和开挖埋管的管理

任意开挖道路也是引起当前不能正常使用道路的普遍问题之一。道路施工、开挖的现场往往又是引起交通混乱和事故多发的地点。

《道路交通安全法》规定，因工程建设需要占用、挖掘道路，或者跨越、穿越道路架设、增设管线设施，应当事先征得道路主管部门的同意；影响交通安全的，还应当征得公安机关交通管理部门的同意。施工作业单位应当在经批准的路段和时间内施工作业，并在距离施工作业地点来车方向安全距离处设置明显的安全警示标志，采取防护措施；施工作业完毕，应当迅速清除道路上的障碍物，消除安全隐患，经道路主管部门和公安机关交通管理部门验收合格，符合通行要求后，方可恢复通行。对未中断交通的施工作业道路，公安机关交通管理部门应当加强交通安全监督检查，维护道路交通秩序。

2.3 道路交通标志与标线

道路交通标志与标线是引导道路使用者有秩序地使用道路，以促进道路交通安全、提高道路运行效率的基础设施。通过不同颜色的图案、符号与文字告知道路使用者道路通行权力，明示道路交通禁止、限制、遵行状况，告示道路状况和交通状况等信息。

道路交通标志与标线的设置，应符合道路交通安全、畅通的要求，并满足“道路交通标志和标线”系列国家标准。此系列标准适用于公路、城市道路和虽在单位管辖范围但允许社会机动车通行的地方，包括广场、公共停车场等用于公众通行的场所等各类道路上设置的交通标志和标线。其他机动车通行的地方、停车场等设置的交通标志和标线可参照执行。

2.3.1 道路交通标志基本规定

1. 交通标志的功能

交通标志是交通管制设施的一种，设置在城市道路、公路上，和交通标线、交通信号灯以及其他一些设施一起来管制、警告、指示、指引交通。道路交通标志是以颜色、形状、字符、图形等向道路使用者传递信息的。交通标志应结合道路及交通情况设置。通过交通标志，用于向管理交通的设施使用者提供准确、及时的信息和引导，使道路使用者顺利、快捷地抵达目的地，促进交通畅通和行车安全。

2. 交通标志设置的基本要求

① 交通标志的设置应综合考虑、布局合理。设计信息应表达清楚、含义简单，防止出现信息不足或过载的现象，信息应连续，重要的信息宜重复显示。

② 交通标志一般情况下应设置在道路行进方向右侧或车行道上方，也可根据具体情况设置在左侧，或左右两侧同时设置。

③ 为保证视认性，同一地点需要设置两个以上标志时，可安装在一个支撑结构上，但原则上最多不应超过 4 个；分开设置的标志，应先满足禁令、指示和警告标志的设置空间。

④ 原则上要避免不同种类的标志并设。解除限制速度标志、解除禁止超车标志、路口优先通行标志、会车先行标志、会车让行标志、停车让行标志、减速让行标志应单独设置；如条件受限制无法单独设置时，一个支撑结构上最多不应超过两种标志。标志板在一个支撑结构并设时，应按照禁止、指示、警告结构的顺序，先上后下、先左后右地排列。

⑤ 警告标志不宜多设。同一地点需要设置两个以上的警告标志时，原则上只设置其中最需要的一个。

⑥ 考虑到交通标志的作用，所有交通标志应不含有任何广告信息或与标志作用无关的任何信息。

⑦ 交通标志要具有统一性。标志的统一性对标志认读效果的影响非常大。现行标志的标准规范，如《道路交通标志和标线　第 2 部分：道路交通标志》（GB 5768.2—2009）、《公路交通标志标线设置指南》等对标志版面、设置等的规定是基于统一性，并以满足上述标志基本要求为宗旨的。

3. 交通标志的分类

交通标志按其作用分类，分为主标志和辅助标志两大类。其中主标志有 7 类，分别如下。

① 警告标志：警告车辆、行人注意危险地点的标志。

② 禁令标志：禁止或限制车辆、行人交通行为的标志。

③ 指示标志：指示车辆、行人行进的标志。

④ 指路标志：传递道路方向、地点、距离信息的标志。

⑤ 旅游区标志：提供旅游景点方向、距离的标志。

⑥ 作业区标志：告知道路作业区通行的标志。

⑦ 告示标志：告知路外设施、安全行驶信息及其他信息的标志。

各类标志如图 2-1 所示。

（a）警告标志　（b）禁令标志　（c）指示标志　（d）高速公路指路标志　（e）一般道路指路标志

（f）旅游区标志　（g）作业区标志　（h）告示标志

图 2-1　各类标志示例

辅助标志为附设在主标志下，起辅助说明作用的标志。

4. 交通标志的颜色

一般情况下，交通标志颜色的基本含义如下。

① 红色：表示禁止、停止、危险，用于禁令标志的边框、底色、斜杠，也用于叉形符号和斜杠符号、警告性诱导标的底色等。

② 黄色或荧光黄色：表示警告，用于警告标志的底色。

③ 蓝色：表示指令、遵循，一般用于指示标志的底色，表示地名、路线、方向等行车

信息。

④ 绿色：表示地名、路线、方向等的行车信息，用于高速公路和城市快速路指路标志的底色。

⑤ 棕色：表示旅游区及景点项目的指示，用于旅游区标志的底色。

⑥ 黑色：用于标志的文字、图形符号和部分标志的边框。

⑦ 白色：用于标志的底色、文字和图形符号及部分标志的边框。

⑧ 橙色或荧光橙色：用于道路作业区的警告、指路标志。

⑨ 荧光黄绿色：表示警告，用于注意行人、注意儿童等警告标志。

5. 交通标志的形状

交通标志形状的一般使用规则如下。

① 正等边三角形：用于警告标志。

② 圆形：用于禁令和指示标志。

③ 倒等边三角形：用于“减速让行”禁令标志。

④ 八角形：用于“停车让行”禁令标志。

⑤ 叉形：用于“铁路平交道口叉形符号”警告标志。

⑥ 方形：用于指路标志，部分警告、禁令和指示标志，旅游区标志，辅助标志，告示标志等。

6. 交通标志的边框和衬边

① 除个别标志外，标志边框的颜色应与标志的图形或字符的颜色一致；除指示标志外，标志衬边的颜色应与标志底色一致。个别标志除外。各类标志的边框和衬边如表 2-1 所示。

表 2-1　各类标志的边框和衬边

标志类别	边框	衬边	备　注
警告	黑色	黄色	叉形符号和斜杠符号除外
禁令	红色	白色	个别标志除外
指示	—	白色	白色衬边外无蓝色
指路	白色	蓝色或绿色	
旅游区	白色	棕色	
道路作业区	黑色	橙色	道路作业区所用禁令、指示等标志不变，只对警告、绕行等标志
辅助	黑色	白色	
告示	黑色	白色	

② 补充说明：相同底色标志套用时，应使用边框；不同底色标志套用时，套用的禁令标志一般不使用衬边，套用的指路标志一般不使用边框，道路编号标志套用于指路标志上，也可使用边框。

7. 交通标志的字符

① 道路交通标志的字符应规范、正确、工整，按从左至右、从上至下顺序排列。一般一个地名不写成两行或两列。

② 根据需要，可并用汉字和其他文字。标志上的汉字应使用规范汉字，除有特殊规定之外，汉字应排在其他文字上方。

③ 如果标志上使用英文，地名用汉语拼音，相关规定按照 GB 17733，第一个字母大写，其余小写；专用名词用英文，第一个字母大写，其余小写，根据需要也可全部大写。

④ 除特殊规定外，指路标志汉字高度一般值应根据设计速度，按表 2-2 选取。汉字字宽和字高相等。字高可考虑设置路段的运行速度（V_{85}）进行调整。

表 2-2　汉字高度与速度的关系

速度/(km/h)	100 ～ 120	71 ～ 99	40 ～ 70	<40
汉字高度/cm	60 ～ 70	50 ～ 60	35 ～ 50	25 ～ 30

⑤ 指路标志的阿拉伯数字和其他文字的高度应根据汉字高度确定，其与汉字高度的关系宜符合表 2-3 中的规定。在特殊情况下，由于具体原因不能满足要求时，经论证字符高度最小不应低于规定值的 0. 8 倍。

表 2-3　其他文字与汉字高度的关系

其他文字		与汉字高度（h）的关系
拼音字母，拉丁字母或少数民族文字	大小写	$\frac{1}{3}h \sim \frac{1}{2}h$
阿拉伯数字	字高	h
	字宽	$\frac{1}{2}h \sim \frac{4}{5}h$
	笔画粗	$\frac{1}{6}h \sim \frac{1}{5}h$

8. 交通标志的位置设定

① 警告标志前置距离，一般根据道路的设计速度按表 2-4 选取。也可考虑所处路段的最高限制速度或运行速度等，按表 2-4 进行适当的调整。

表 2-4　警告标志前置距离一般值　　单位：m

速度/(km/h)	减速到下列速度/(km/h)											
	条件 A	条件 B										
	0	10	20	30	40	50	60	70	80	90	100	110
40	*	*	*	*								
50	*	*	*	*	*							
60	30	*	*	*	*							
70	50	40	30	*	*	*	*					
80	80	60	55	50	40	30	*	*				
90	110	90	80	70	60	40	*	*	*			
100	130	120	115	110	100	90	70	60	40	*		

续表

速度/(km/h)	减速到下列速度/(km/h)											
	条件 A	条件 B										
	0	10	20	30	40	50	60	70	80	90	100	110
110	170	160	150	140	130	120	110	90	70	50	*	
120	200	190	185	180	170	160	140	130	110	90	60	40

注：条件 A——道路使用者也有可能停车后通过警告地点，典型的标志如注意信号灯的标志、交叉口警告标志、铁路道口标志等。

条件 B——道路使用者应减速通过警告地点，典型的标志如急转弯标志、连续弯路标志、陡坡标志等。

*——不提供具体建议值，视当地具体条件确定。

② 禁令、指示标志应设置在禁止、限制或遵循路段开始的位置。部分禁令、指示标志开始路段的路口前适当位置应设置相应的指路标志提示，使被限制车辆能够提前绕道行驶。

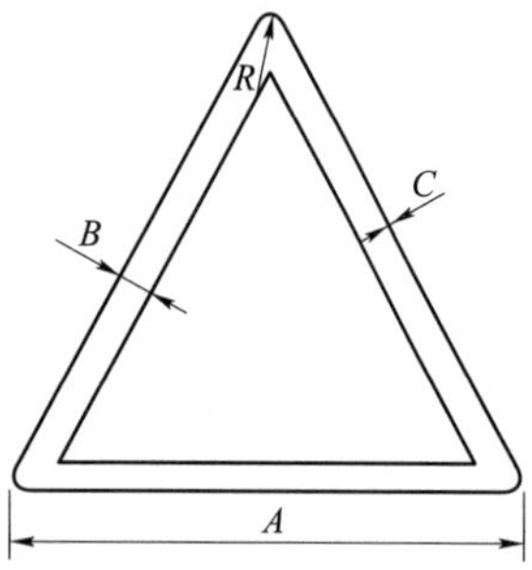

图 2-2 警告标志的尺寸代号

③ 指路标志设置位置，应符合每一指路标志的具体规定。

④ 除另有规定外，标志安装应使标志面垂直于行车方向，视实际情况调整其水平或俯仰角度。

2.3.2 道路交通标志的设计规定

1. 警告标志

警告标志的尺寸代号如图 2-2 所示。其边长、边宽的一般值应根据设计速度，按表 2-5 选取。设置在胡同、隔离带的警告标志，设置空间受限制时，如果采用柱式标志可采用最小值。三角形的边长最小值不应小于 60 cm。

表 2-5 警告标志尺寸与速度的关系

速度/（km/h）	100～120	71～99	40～70	<40
三角形边长（*A*）/cm	130	110	90	70
黑边宽度（*B*）/cm	9	8	6.5	5
黑边圆角半径（*R*）/cm	6	5	4	3
衬边宽度（*C*）/cm	1.0	0.8	0.6	0.4

2. 禁令标志

禁令标志的尺寸代号如图 2-3 所示，其各部分尺寸的一般值应根据设计速度，按表 2-6 选取。设置在胡同、隔离带的禁令标志，设置空间受限制时，如果采用柱式标志可采用最小值。圆形禁令标志的直径最小不应小于 50 cm，三角形禁令标志的边长最小不应小于 60 cm，八角形对角线长度最小不应小于 50 cm。

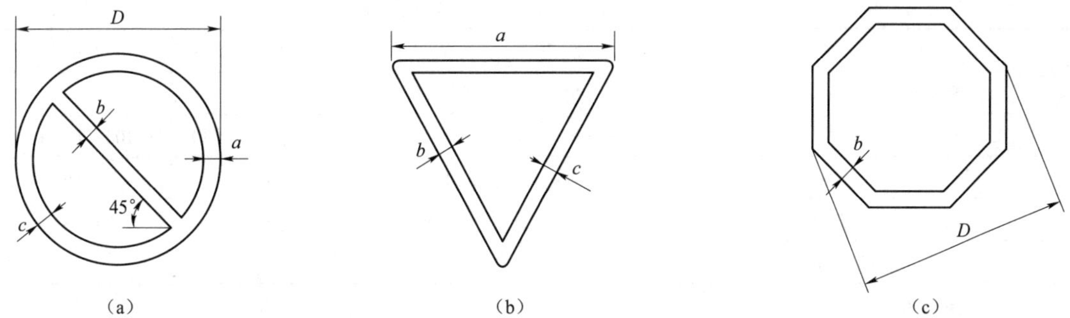

图 2-3 禁令标志各部分尺寸代号

表 2-6 禁令标志尺寸与速度的关系

速度/（km/h）		100～120	71～99	40～70	<40
圆形标志/cm	标志外径（D）	120	100	80	60
	红边宽度（a）	12	10	8	6
	红杠宽度（b）	9	7.5	6	4.5
	衬边宽度（c）	1.0	0.8	0.6	0.4
三角形标志（停车让行线）/cm	三角形边长（a）	—	—	90	70
	红边宽度（b）	—	—	9	7
	衬边宽度（c）	—	—	0.6	0.4
八角形标志（停车让行线）/cm	标志外径（D）	—	—	80	60
	百变宽度（b）	—	—	3.0	2.0
矩形标志（区域限制和解除标志）/cm	长（a）	—	—	120	90
	宽（b）	—	—	170	130
	黑边框宽度	—	—	3	2
	衬边宽度（d）	—	—	0.6	0.4

3. 指示标志

指示标志的尺寸代号如图 2-4 所示，其各部分尺寸的一般值应根据设计速度，按表 2-7 选取。设置在胡同、隔离带的指示标志，设置空间受限制时，如果采用柱式标志可采用最小值，指示标志的直径（或短边边长）最小不应小于 50 cm。

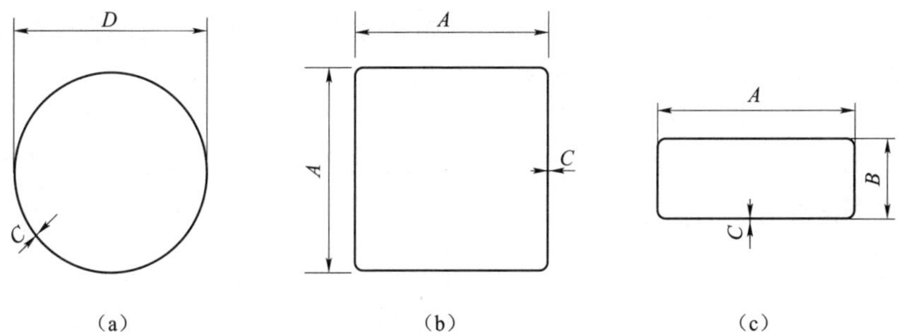

图 2-4 指示标志各部分尺寸代号

表 2-7 指示标志尺寸与速度的关系

速度/（km/h）	100～120	71～99	40～70	<40
圆形（直径 D）/cm	120	100	80	60
正方形（边长 A）/cm	120	100	80	60
长方形（边长 A×B）/cm	190×140	160×120	140×100	120×80
单行线标志（长方形 A×B）/cm	120×60	100×50	80×40	60×30
会车先行标志（正方形 A）/cm	—	—	80	60
衬边宽度（边长 A）	1.0	0.8	0.6	0.4

4. 指路标志

指路标志的颜色，除里程碑、百米桩、公路界碑外，对一般道路均采用蓝底、白图案；对高速公路采用绿底、白图案。其形状除地点识别标志、道路编号标志和街名标志外，为长方形和正方形。它的尺寸、汉字高度按道路计算行车速度从表 2-8 中选取；文字高度与汉字高度的关系按表 2-9 的规定得出。

表 2-8 指路标志汉字高度与速度关系

设计车速/(km/h)	100～120	71～99	40～70	<40
汉字高度/cm	60～70	50～60	40～50	25～30

表 2-9 文字高度与汉字高度关系

汉字设置	与汉字高度（h）的关系	文字设置	与汉字高度（h）的关系
字间隔	$\frac{1}{10}h$	字间距	$\frac{1}{3}h$
笔画粗	$\frac{1}{10}h$	距标志边缘最小距离	$\frac{2}{5}h$

另外，还有一些指路标志，如百米桩为公路路段长 100 m 的标志，每隔 100 m 设置一个；里程碑为表示公路里程数的标志；公路界碑表示公路两侧用地范围的界限标志。这些标志的颜色及设置地点参考《标志和标线》中的规定。

5. 其他标志

① 旅游指引标志尺寸由字高、字数和图形确定。旅游符号标志尺寸一般宜采用 60 cm×60 cm。

② 作业区标志一般为警告、禁令、指示、指路标志，用于作业区的临时标志，尺寸根据作业区限制速度按照相应标志尺寸的规定确定。

③ 辅助标志、告示标志的尺寸由字高、字数确定。如有需要，可增加辅助标志板的尺寸。

以上规定的尺寸基本按设计速度选取，可考虑根据运行速度或限制速度进行调整。标志尺寸及字高根据需要可增加。

6. 其他规定

① 警告、禁令、指示标志最小尺寸仅适用于城市里狭窄道路、分隔交通的隔离栏上，并应采用柱式支撑形式。

② 用于城市里狭窄道路、分隔交通的隔离栏上的禁令、指示标志小于最小尺寸时，其他禁令、指示标志小于表 2-6、表 2-7 中规定的一般值时，仅表示信息告知。

2.3.3 道路交通标志作用分类说明

1. 指示标志

指示标志，用以指示车辆和行人按规定方向、地点行驶，道路使用者应遵循，为强制性标志。

① 除个别标志外，指示标志颜色为蓝底、白图案。形状分为圆形、长方形和正方形，如图 2-5 所示的“向左和向右转弯、路口优先通行、分向行驶车道”标志。

(a) “向左和向右转弯”标志　(b) “路口优先通行”标志　(c) “分向行驶车道”标志

图 2-5 指示标志示例

② 指示标志设置于指示路段的起点附近。

③ 有时间、车种等规定时，应用辅助标志说明。除特别说明外，指示标志上不允许附加。

2. 指路标志

指路标志，表示道路信息的指引，为驾驶员提供去往目的地所经过的道路、沿途相关城镇、重要公共设施、服务设施、地名、距离和行车方向等信息。为非强制性标志。

① 除特别说明外，指路标志的颜色一般为蓝底、白图案、白边框、蓝色衬边：高速公路和城市快速路指路标志为绿底、白图案、白边框、绿色衬边。形状除个别标志外，为长方形和正方形。

② 指路标志信息依据重要程度、道路等级、服务功能等因素分层。

- A 层信息：指高速公路、国道、城市快速路，直辖市、省会、自治区首府等控制性城市，以及其他本区域内相对重要的信息。
- B 层信息：指省道、城市主干道路，县及县级市，以及其他本区域内相对较重要的信息。
- C 层信息：指县道、乡道、城市次干道路、支路，乡、镇、村，以及其他本区域内的一般信息。

根据地区特点，可继续下分。

③ 指路标志信息选取，应遵循以下原则。

- 关联、有序。
- 便于不熟悉路网的道路使用者顺利到达目的地。
- 信息量适中：一块指路标志版面中，各方向指示的目的地信息数量之和不宜超过 6

个；一般道路交叉路口预告标志和交叉路口告知标志版面中，同一方向指示的目的地信息数量不应超过 2 个，同一方向需选取 2 个信息时，应在一行或两行内按照信息由近到远的顺序由左至右或由上至下排列，如图 2-6 所示。

图 2-6　指路标志示例

3. 警告标志

警告标志，为警告车辆驾驶员、行人前方有危险的标志，道路使用者需谨慎行动。为非强制性标志。

① 警告标志的颜色为黄底、黑边、黑图案。“注意信号灯”标志的图形为红、黄、绿、黑四色。“叉形符号、斜杠符号”为白底红图案。形状为等边三角形或矩形，三角形的顶角朝上。

② 警告标志前置距离的设置可参考表 2-4。根据道路的限速、运行速度等实际情况适当调整。

③ 警告标志可以和禁令标志、辅助标志等联合使用，如图 2-7 所示。

（a）和限制速度标志联合使用　（b）和建议速度标志联合使用　（c）附加说明急弯半径的辅助标志

图 2-7　警告标志与其他标志联合使用示例

4. 禁令标志

禁令标志，表示禁止、限制及相应解除的含义，道路使用者应严格遵守。

① 除个别标志外，禁令标志的颜色为白底、红圈、红杠、黑图案、图形压杠。形状为圆形，但“停车让行标志”为八角形，“减速让行标志”为顶角向下的倒等边三角形，如图 2-8 所示。

② 禁令标志设置于禁止、限制及相应解除开始路段的起点附近。

（a）禁止驶入　　（b）停车让行　　（c）减速让行

图 2-8　禁令标志示例

③ 对于车辆如未提前绕行，则无法通行的禁令标志设置的路段，应在进入禁令段的路口前或适当位置设置相应的预告或绕行标志。

④ 除特别说明外，禁令标志上不允许附加图形、文字。

5. 旅游区标志

旅游区标志，是为吸引和指引人们从高速公路或其他道路上前往邻近的旅游区，在通往旅游景点的路口设置的标志，使旅游者能方便地识别通往旅游区的方向和距离，了解旅游项目的类别。旅游区标志的颜色为棕底、白字（图形）、白边框、棕色衬边。其形状为矩形。

旅游区标志分为指引标志和旅游符号标志两大类，为非强制性标志。

① 旅游区指引标志提供旅游区的名称、有代表性的图形及前往旅游区的方向和距离，如图 2-9（a）、（b）所示。

② 旅游区旅游符号标志提供旅游项目类别、有代表性的图形及前往旅游景点的指引，如图 2-9（c）所示。

（a）旅游区距离　　（b）旅游区方向　　（c）旅游区符号

图 2-9　旅游区标志示例

6. 作业区标志

作业区标志用以通告道路交通阻断、绕行等情况，设在道路施工、养护等路段前适当位置。用于作业区的标志有警告标志、禁令标志、指示标志及指路标志，其中警告标志为橙底黑图形，指路标志为在已有的指路标志上增加橙色绕行箭头或者为橙底黑图形，如图 2-10 和图 2-11 所示。

（a）　　（b）　　（c）

图 2-10　作业区标志示例（道路施工及封闭）

（a）　　（b）　　（c）

图 2-11　作业区标志示例（行驶方向改变）

作业区交通标志应和其他作业区交通安全设施配合使用。

7. 告示标志

告示标志，用以解释、指引道路设施、路外设施，或者告示有关《道路交通安全法》和《实施条例》的内容。告示标志的设置有助于道路设施、路外设施的使用和指引。取消其设置，不影响现有标志的设置和使用。

① 告示标志一般为白底、黑字、黑图形、黑边框。版面中的图形标识，如果需要可采用彩色图案，如图 2-12 所示。

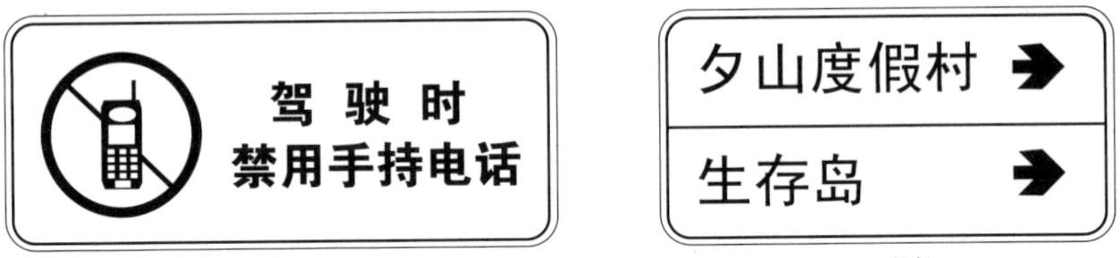

（a）　　（b）

图 2-12　告示标志示例（法规条文解释和路外设施指示）

② 告示标志的设置不应影响警告、禁令、指示和指路标志的设置和视认。

③ 告示标志和警告、禁令、指示和指路标志设置在同一位置时，禁止并设在同一根立柱上，需设置在警告、禁令、指示和指路标志的外侧。

8. 辅助标志

辅助标志的颜色为白底、黑字（图形）、黑边框、白色衬边。其形状为矩形，如图 2-13 所示。

① 凡主标志无法完整表达或指示其规定时，为保障行车安全与交通畅通的需求，应设置辅助标志。

② 辅助标志安装在主标志下面，紧靠主标志下缘。

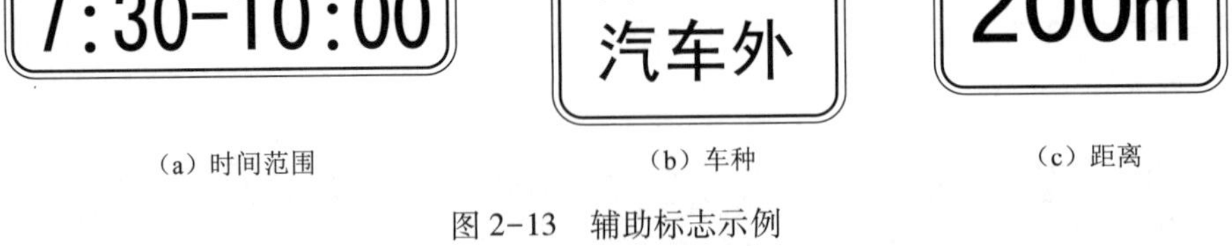

（a）时间范围　　（b）车种　　（c）距离

图 2-13　辅助标志示例

2.3.4　道路交通标线基本规定

道路交通标线是由标画于路面上的各种线条、箭头、文字、立面标记、突起路标和轮廓标等所构成的交通安全设施。它的作用是管制和引导交通。道路交通标线可以与标志配合使用，也可单独使用。高速公路、一级公路、二级公路和城市快速道路、主干道路应按《道路交通标志和标线　第3部分：道路交通标线》（GB 5768.3—2009）的规定设置交通标线，其他道路可根据需要按该标准设置标线。

1. 道路交通标线的分类

道路交通标线，按功能可划分为以下3类。

① 指示标线：指示车行道、行车方向、路面边缘、人行道、停车位、停靠站及减速丘等信息的标线。

② 禁止标线：告示道路交通的遵行、禁止、限制等特殊规定的标线。

③ 警告标线：促使道路使用者了解道路上的特殊情况，提高警觉、准备应变、防范措施的标线。

道路交通标线，按设置方式可分为以下3类。

① 纵向标线：沿道路行车方向设置的标线。

② 横向标线：与道路行车方向交叉设置的标线。

③ 其他标线：字符标记或其他形式标线。

道路交通标线按形态可分为以下4类。

① 线条：施画于路面、缘石或立面上的实线或虚线。

② 字符：施画于路面上的文字、数字及各种图形、符号。

③ 突起路标：安装于路面上，用于标示车道分界、边缘、分合流、弯道、危险路段、路宽变化、路面障碍物位置等信息的反光体或不反光体。

④ 轮廓标：安装于道路两侧，用以指示道路边界轮廓、道路的前进方向的反光柱（或反光片）。

2. 道路交通标线颜色、线条

道路交通标线的颜色为白色、黄色、蓝色或橙色，路面图形标记中可出现红色或黑色的图案或文字。道路交通标线的形式、颜色及含义如下。

① 白色虚线：画于路段中时，用以分隔同向行驶的交通流；画于路口时，用以引导车辆行进。

② 白色实线：画于路段中时，用以分隔同向行驶的机动车、机动车和非机动车，或指示车行道的边缘；画于路口时，用作导向车道线或停止线，或用以引导车辆行驶轨迹；划为停车位标线时，指示收费停车位。

③ 黄色虚线：画于路段中时，用以分隔对向行驶的交通流或作为公交专用车道线；画于交叉口时，用以告示非机动车禁止驶入的范围或用于连接相邻道路中心线的路口导向线；画于路侧或缘石上时，表示禁止路边长时停放车辆。

④ 黄色实线：画于路段中时，用以分隔对向行驶的交通流或作为公交车、校车专用停靠站标线；画于路侧或缘石上时，表示禁止路边停放车辆；划为网格线时，表示禁止停车的

区域；划为停车位标线时，表示专属停车位。

⑤ 双白虚线：画于路口时，作为减速让行线。

⑥ 双白实线：画于路口时，作为停车让行线。

⑦ 白色虚实线：用于指示车辆可临时跨线行驶的车行道边缘，虚线侧允许车辆临时跨越，实线侧禁止车辆跨越。

⑧ 双黄实线：画于路段中时，用以分隔对向行驶的交通流。

⑨ 双黄虚线：画于城市道路路段中时，用于指示潮汐车道。

⑩ 黄色虚实线：画于路段中时，用以分隔对向行驶的交通流，实线侧禁止车辆越线，虚线侧准许车辆临时越线。

⑪ 橙色虚、实线：用于作业区标线。

⑫ 蓝色虚、实线：作为非机动车专用道标线；划为停车位标线时，指示免费停车位。

3. 道路交通标线专用分类说明

（1）指示标线

指示标线，由纵向标线、横向标线和其他标线组成。

① 纵向标线包括：可跨越对向车行道分界线；可跨越同向车行道分界线；潮汐车道线；车行道边缘线；左转弯待转区线；路口导向线；导向车道线。

② 横向标线包括：人行横道线；车距确认线。

③ 其他标线包括：道路出入口标线；停车位标线；停靠站标线；减速丘标线；导向箭头；路面文字标记；路面图形标记。

（2）禁止标线

禁止标线，由纵向禁止标线、横向禁止标线和其他禁止标线组成。

① 纵向禁止标线包括：禁止跨越对向车行道分界线；禁止跨越同向车行道分界线；禁止停车线。

② 横向禁止标线包括：停止线；停车让行线；减速让行线。

③ 其他禁止标线包括：非机动车禁驶区标线；导流线；网状线；专用车道线；禁止掉头（转弯）线。

（3）警告标线

警告标线，由纵向标线、横向标线和其他标线组成。

① 纵向标线包括：路面（车行道）宽度渐变段标线；接近障碍物标线；铁路平交道口标线。

② 横向标线包括：减速标线。

③ 其他标线包括：立面标记；实体标记。

（4）其他标线

其他标线，包括突起路标和轮廓标。

① 突起路标，是固定于路面上起标线作用的突起标记块，可用来标记对向车行道分界、同向车行道分界线、车行道边缘线等，也可用来标记弯道、进出口匝道、导流标线、道路变窄、路面障碍物等危险路段。

② 轮廓标，用以指示道路的前进方向和边缘轮廓。

- 高速公路的主线直线段，轮廓标设置间隔一般为 50 m，附设于护栏上时，其设置间隔可为 48 m。一级公路和城市快速干道的主线直线段，轮廓标设置间隔一般为 40 m。二级公路、三级公路和其他道路的主线直线段，轮廓标设置间隔一般为 30 m。

- 轮廓标在道路左、右侧对称设置。轮廓标结构按设置条件可分为埋设于土中和附着两种。轮廓标的标准设置高度为 70 cm，最小设置高度为 60 cm。

2.3.5　交通标志、标线设置原则及配合使用要求

1. 交通标志设置原则

交通标志设置是以确保交通畅通和行车安全为目的，应结合道路线形、交通状况、沿线设施等情况，根据交通标志的不同种类来设置。以利于向道路使用者提供正确的、及时的信息，使其通过交通标志的指令引导，能顺利、快捷地抵达目的地，不致发生违规等错误行驶。

（1）根据客观需要设置

每一种都有一定的设置条件，应根据实际需要进行总体布局，结合具体情况合理设置，为保证交通畅通和行车安全，防止出现信息不足或过载的现象。对于重要的信息应给予重复显示的机会。例如，某一道路机动车流量增加，可通过限制车速来减少交通事故，同时还可使一些车辆改道，起到分流作用。若不从实际情况考虑，一旦道路上发生多起交通事故，盲目地在该路上连续设置警告标志，这对驾驶员并不能起到期望的警告作用。

（2）统一性和连续性相结合

交通标志的设置应充分考虑道路使用者的行动特性，即充分考虑在动态条件下发现、判读标志及采取行动的时间和前置距离。

① 统一性。是指在一定距离内，交通标志之间及和其他交通设施之间应是协调的，即不矛盾的。总体考虑布局，避免出现标志内容相互矛盾、重复的现象，尽量用最少的标志把必需的信息展现出来。如在 50 m 内设置禁止停放车辆及指示停放车辆标志两块，这将使驾驶员不知所措。另外，交通标志和交通标线、隔离墩、交通信号应是统一设置的。

② 连续性。是指交通设施的设置要使驾驶员在其观念上有时空上的连续性。一般驾驶员对城市的交通标志设置有一个从不熟悉到熟悉习惯的转变过程，形成相对稳定的观念。若交通标志的设置地点、标志内容发生突然变化，则驾驶员对交通标志所具有的时空上的连续性观念就会中断，将造成驾驶员心理紧张，发生辨认错误。故设置交通标志时，应充分考虑驾驶员的心理特点，并做好宣传。

统一性是从整体上考虑布设交通标志，连续性是从时空顺序上考虑布设交通标志，两者之间既有联系，又有区别。

（3）设在易见位置

交通标志应设在车辆行进正面方向最容易看清的地方，根据具体情况可设置在道路右侧、中央分隔带或车行道上方。

① 一地点需要设置两种以上标志时，可以安装在一根标志柱上，但最多不应超过 4 种。

② 路侧式标志应尽量减少标志板面对驾驶员的眩光。在装设时，应尽可能与道路中线垂直或成一定的角度：禁令和指示标志为 0°～ 45°，指路和警告标志为 0°～ 10°（角度是道路中线与标志牌的法线之间的夹角）。

（4）昼夜性作用标志的照明或反光性

除了少数交通标志只在白天起作用外，大部分标志都是昼夜起作用的。故交通标志必须

设置在照明条件较好，或者有发光或反光装置的位置，否则将不能保障夜间行车安全。夜间交通量较大的道路，应尽量采用反光标志。

2. 交通标线设置原则

道路交通标线的视认性，取决于其颜色对比度和标线长、宽的尺寸。

（1）道路交通标线的颜色

传统的道路交通标线采用白色，它的视认性效果较好。近年来，许多国家在交通标线中使用了黄色标线，作为分隔限制道路上对向车流的相互跨越和干扰。黄色标线主要解决了原来标线的单调色彩，使驾驶员消除长途驾驶后的疲劳感，对交通安全是一个有利的因素。但黄色标线对光的反射性白色标线低53%，白色标线的亮度是黄色标线的1.3倍。另外，黄色标线漆价格高于白色标线漆。我国目前较少使用黄色交通标线，一般在同方向有两条以上机动车道且道路照明条件较好的情况下才使用。

（2）道路交通标线的宽度

驾驶员的行车视觉对纵向和横向交通标线的宽度有着不同的要求。国外对纵向标线研究表明：其宽度对道路交通和驾驶员的心理、生理指标没有影响。就宽度分别为10 cm、15 cm、20 cm的交通标线进行测验，当速度分别为20 km/h、40 km/h、60 km/h、80 km/h、100 km/h时，不同宽度的纵向标线对行车可见性无甚影响。各国对纵向标线宽度一般取为10～15 cm，最小值和最大值分别为7.5 cm和20 cm。标线宽度应与道路宽度成正比。

横向标线宽度应比纵向标线宽，因为驾驶员在行车中发现横向标线往往是由远到近，尤其在距横向标线较远的时候其视角范围很小，加上远小近大的原理，加宽横向标线是很有必要的，一般宽度为20～40 cm。

（3）道路交通标线的虚线间隔长度的确定

根据心理学家的研究，虚线中的实线段与间隔长度的比值与车辆的行驶速度直接相关。实线段与间隔长度的比值过小，会造成闪现率过高而使虚线出现连续感，对驾驶员形成过分的刺激。但是，如果闪现率太低，驾驶员在行驶中获得的信息量太少，就起不到标线应有的作用。线段与间隔长度的比值对道路上的车速有一定的影响，在郊外公路上线段与间隔的闪现率不大于4次/s被认为是可以接受的，闪现率为2.5～3.0次/s时效果最好。

（4）导向箭头最佳形式的确定

由于受视线高度的限制，车辆驾驶员在道路上行进时辨认路面上的导向箭头的平面形状，应与观察距离成正比地拉长。所以，漆画在路面上的箭头的形状，同正常的箭头形状有很大的不同。

为寻求导向箭头的最佳形式，需要对各种直行、转弯以及直行和转弯组合箭头进行比较，在对比试验中控制箭头的尺寸、亮度、对比度，并考虑路面颜色不均匀所产生的干扰等因素，而上述因素的变化将会影响认读速度。在试验中认读速度最快、错误率（混淆率）最小的就被认为是最佳的箭头形状。

对认读速度和错误率试验的结果进行统计分析，可以区别各种箭头形式的好坏。最终的箭头形式，可根据试验结果的平均值加以选用。

3. 交通标志、标线配合使用的建议

① 如果条件具备，原则上应同时设置交通标志和标线。

② 路面未铺装，则应设置标志；道路空间受限无法设标志，则应设置标线。
③ 可以只设标线的，要考虑积雪的影响，确定是否设标志。
④ 可以只设标志的，要考虑车辆遮挡等的影响，确定是否设标线。

2.4 道路交通管理辅助设施

2.4.1 隔离设施

道路交通隔离设施，是交通管理部门在道路上设置的一种分隔交通流，保证车辆和行人交通安全、畅通的交通设施。它的特点是以物理实体强制分隔道路和车道，从而达到分离交通流的目的。交通管理部门在道路上设置的主要隔离设施有护栏、隔离墩、绿化隔离带及水泥体等。

1. 护栏

护栏设置在路肩的外侧、分隔带、人行道等处。设置护栏是为了防止车辆冲出路外或冲到对向车道，减轻碰撞后果，保护车辆和乘客的安全；诱导驾驶员视线，提高驾驶员的注意力；限制行人横穿，保护行人安全。为实现不同的功能，可选用不同的护栏。按设置位置的不同，可分为路侧护栏、分隔带护栏、行人护栏 3 种；按结构不同，可分为刚性护栏、柔性护栏、半刚性护栏 3 种。

2. 隔离墩

隔离墩，主要用钢筋混凝土制作或生铁铸造，表面涂刷红白相间油漆或贴反光膜、镶嵌视线诱导器，目的是提高夜间行车时驾驶员的视认距离。隔离墩的高度为 0.5 ～ 1 m，间距为 3 ～ 5 m，中间用钢管或环链连接。在城市道路中，可在中心线上设置隔离墩分隔对向机动车，减少对向机动车之间的碰撞；可在同向外侧机动车与非机动车之间设置隔离墩，以减少非机动车对机动车的干扰；也可在环形立交桥或交织型立交桥上设置，把机动车与非机动车充分隔离，减少因相互交织而引起的非机动车对机动车的干扰。另外，也常在城市道路平面交叉口各进口道处，设置 20 ～ 60 m 长的非机动车道隔离墩或在中心线处设置中心隔离墩。隔离墩在城市道路中被普遍采用，是一种制造简便、安装容易、移动方便的交通设施。

3. 绿化隔离带

绿化隔离带，是在对向机动车道之间或同向机动车道与非机动车道之间，用路缘石围砌成的一定宽度的空间，其上可以种植花草树木。绿化隔离带是分隔车辆行驶的一种交通设施，同时起到美化城市或道路环境的作用，如图 2-14 所示。公路干线和城市道路上常用绿化隔离带做中心隔离带，在机动车道与非机动车道之间也常常采用此种隔离形式。缺点是占用了一定的道路宽度，此外，如果绿化作物长势过高而未定期修剪，当有行人从中穿越时，易造成交通事故。

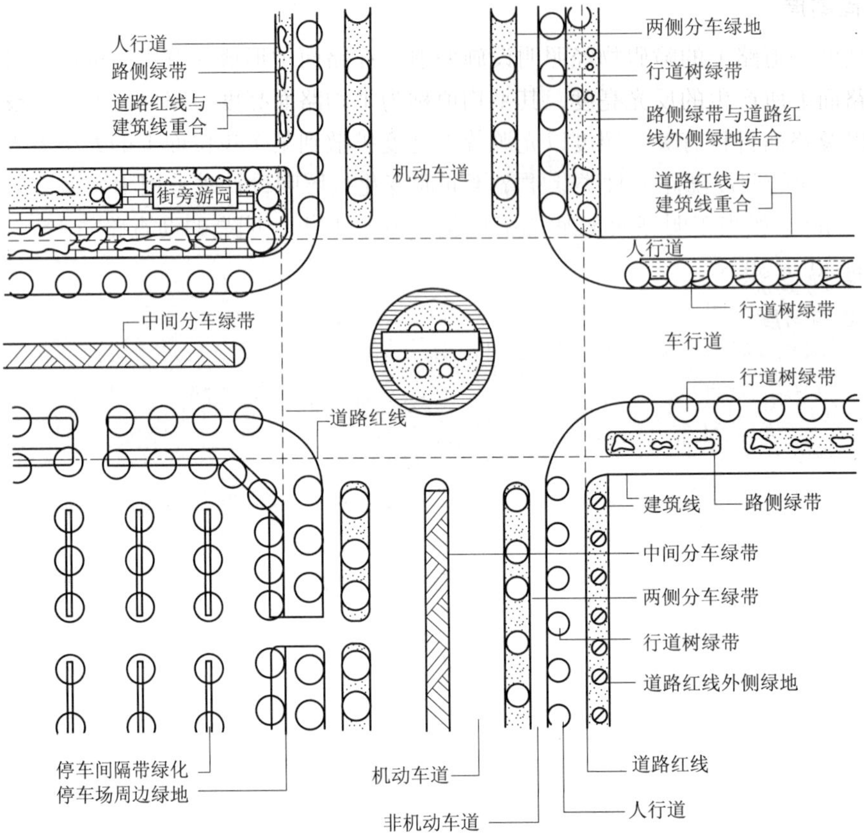

图 2-14　道路和交叉口主要绿化隔离带位置及名称示意图

4. 水泥体

水泥体是由钢筋混凝土浇灌而成的交通分隔设施，宽 0.3 ～ 1 m，高 0.3 ～ 0.5 m。一般用于中心隔离，有时也在机动车道与非机动车道之间设置，既起到分隔交通流作用，又起到公共汽（电）车停靠站的作用。具有安全性强，驾驶员不易受对向来车干扰等优点。

2.4.2　道路照明

设置道路照明的目的是确保车辆驾驶员、行人及非机动车骑行者夜间出行时能随时、清楚地掌握道路交通状况，改善视觉环境，保证出行安全、迅速，减少因视线不清而引发的交通事故。

英国、美国、瑞士等调查表明：安装路灯后，高速公路的事故率降低 40% ～ 60%，一般公路降低 30% ～ 70%，城市道路则降低 20% ～ 50 %。考虑道路交通状况，照明可以是全线连续照明，也可对必要地点局部照明。夜间交通量较大的城市主干道、快速干道应全线连续照明；一般道路的重要地点，如交叉口、人行横道、桥梁、铁路道口、事故多发地点等，可局部照明。在我国城市中，主干道、部分次干道及居民住宅小区、快速路等均设有照明设施，而绝大多数公路则不设照明设备。良好的照明设计应满足路面亮度、亮度均匀性的要求，防止眩光产生，并具有较好的诱导视线的作用。

1. 路面亮度

路面亮度是道路上的障碍物经照明设施照射，在路面中形成的背影。也可定义为照明光线照射到路面上所产生的反光亮度，其平均值称为平均路面亮度。路面亮度，与投射到路面上的照度以及路面材料有关。照度以光源等的亮度扩散到某个单位面上的大小来表示，单位为 cd/m^2。路面的照度随路面种类、干湿不同而变化，照明设计时采用干燥路面的照度。路面亮度 1 cd/m^2，相当于明亮的水泥混凝土路面 10 ～ 13 lx，明亮的沥青路面 15 ～ 17 lx，深色沥青路面 20 ～ 30 lx。

2. 亮度均匀度

为使驾驶员和行人能清晰地看到路面上的障碍物，路面除应具有足够的平均亮度外，还应有一定的亮度均匀度。路面最低亮度 L_{min} 与路面平均亮度 L_r 的比值称为亮度均匀度，一般道路需要满足 $U_0 \geqslant 0.4$。亮度均匀度差，障碍物的一部分往往被路面暗黑部分遮挡，出行者不易看清，有时会导致交通事故发生。因此，为改善亮度分布不均匀的影响，应采取必要措施，在保证路面平均亮度的基础上尽量提高路面最低亮度。

3. 光源与灯具

道路照明一般使用的光源有钠光灯、荧光水银灯、荧光灯、汞灯或卤化金属灯等。钠光灯色为橙白色（高压）、橙黄色（低压），透视性较好，特别适用于多雾的山区。另外，将它用于交叉口、急转弯处、危险地点，可以引起驾驶员的注意，视觉效果好。荧光水银灯是道路照明史上最常用的照明光源，寿命长、经济实惠，光色为白色。光源设置既应满足充分照明的要求，还应保证不使驾驶员感到炫目。炫目与灯具种类和安装的亮度有关。灯具按配光特性分为遮光型、半遮光型、无遮光型 3 种。遮光型灯具用于避免眩光的主干道上，半遮光型灯具用于道路两侧较明亮的道路上。灯具安装高度一般大于 5 m，以 8 ～ 15 m 较为经济。为了确保路面有良好的亮度均匀度，应考虑灯具的排列方式。灯具排列方式分为单侧排列、交错排列、对向排列 3 种。

4. 道路照明方式

照明器安装在 10 ～ 15 m 高的灯杆顶端，沿道路两侧或一侧布置，此方式应用较为广泛。在 15 ～ 40 m 的高杆上装有多个大功率照明灯进行大面积照明，此方式适用于复杂的立体交叉口、汇合点、停车场、收费站、广场等处的照明。在道路中央分隔带中，安置高为 15 ～ 20 m 的灯杆，在灯杆之间拉钢索，把照明器悬挂在钢索上进行照明，此方式用于有隔离带的道路。在车道两侧的护栏上约 1 m 高的位置，设置照明器。

2.4.3 其他附属设施

1. 视线诱导标

（1）视线诱导标的概念和分类

视线诱导标是为保持安全、畅通行驶，使驾驶员夜间行车时看清前方路况，而沿车道两侧设置的，用以指示道路方向、车行道边界及危险路段位置的设施的总称。视线诱导设施分为轮廓标、分流诱导标、线形诱导标 3 种。一般国道、省道、县道个别路段，常沿道路两侧植树，并在树干上涂白色反光漆，车灯照射下起诱导视线作用。公路线形、路面宽度等变化处，仅以树木导引难以辨清，应设置反光性视线诱导标。高速公路、汽车专用一级公路，应设置由反射器、立柱和各种连接件、基础等组成的反光性视线诱导标，以确保高速行车安全。

（2）视线诱导标的构造及设置要求

视线诱导标一般由反射器、立柱和基础组成。分流诱导标和线形诱导标都是由反射器、底板、立柱、连接件和基础等组成。反射器一般为圆形或长方形，颜色有白色与橘黄色，所用材料为合成树脂、玻璃或反光镜片。立柱为铁管，颜色一般为白色。

有时也可涂黑白相间的线条，便于白天分辨。干线公路除视线良好的路段外，都应按要求设置视线诱导标。反射器的位置设置在行车道右侧路肩外缘、中央分隔带上，高度在路面上 0.9 ～ 1.2 m，设置间距为 40 ～ 50 m。若是小半径右向曲线，应设在外侧。在城市快速路上应设置视线诱导标，在照明设施很完善的城市主干道和一般街道上不予考虑。立交桥左、右转弯匝道，在左、右两侧均应设置连续视线诱导标，反射器的颜色为橘黄色，最大间距为 25 m。

2. 道路反光镜

道路反光镜一般设在道路视距不足的小半径曲线或无控制的小型平面交叉口、铁路道口等处。驾驶员或行人通过反光镜辨认前方道路、交通状况，便于提前采取动作，预防事故发生，属于临时措施。在山岭地区拐弯处、事故多发路段，根据实际情况适当设置反光镜，有一定的安全效果。道路反光镜由反光镜和立柱构成，分为圆形、方形与椭圆形，其中圆形反光镜最常用、最普遍，有单面镜和双面镜。反光镜采用凸形镜，凸形镜反映的图像必须清晰明确，其镜面半径应满足标准规定要求。圆形镜适用于纵向需要有宽阔视野的情况；方形镜或椭圆形镜适用于横向需要有宽阔视野的情况。在平面交叉口通常设双面圆形镜，圆形反光镜的直径有 90 cm、120 cm、160 cm 3 种，常用直径为 90 cm。镜面中心离地面约 1.5 m，支柱用警戒色——黄色涂刷。

3. 反光道钉和反光几何体

反光道钉俗称反光路钮或猫眼道钉，是由铝合金铸成或用其他材料铸成（其中铝合金占较大比重）。从结构上分为直柄式、宽体式和黏附式。反光道钉多用在城市快速路、主干路、高速公路及汽车专用一级公路上，如城市道路中心线、分道线，或交通岗四周、道路建筑物四周、环道四周，以及立交桥上和道路转弯处。在高速公路上多用于进出口匝道的转弯处和桥梁隧道内，也可以在部分路段设置连续反光道钉。成串反光道钉在夜间形成夜间导向带，对驾驶员夜间视线诱导起着重要作用，有利于交通安全。

反光几何体是用有色或无色的透明塑料制成，是一种与反光道钉功能相同的反光体。其反光原理是利用光线在几何体内折射形成的。常用在路缘栅栏上，或中央护栏上，也可用在道路中心的实线中间。

4. 减速垄和阻车器

减速垄由橡胶、金属材料或水泥混凝土制成，设于停车场出入口处，形状为人字形，两边有 5%～ 10% 的斜坡，目的是使进入、驶出停车场的车辆减速，确保安全。由橡胶材料制成的阻车器，价格便宜，安装方便，其上可涂刷黄、黑相间的管理线以引起驾驶员注意。减速垄也常设置在城市主干路、快速路的出入口处。

5. 交通岛

交通岛，是为控制、引导车辆行驶，保护行人安全，在道路上设置的安全设施。交通岛按使用要求分为导流岛、安全岛等。导流岛一般采用缘石围成高于路面的实体岛。当岛面窄小时，可采用路面柱线表示的隐形岛。当行车速度大于 60 km/h，平面交叉口处横穿的行人较多，且横穿距离较长时，则应设置安全岛。在无地下通道和人行天桥的城市主干道、快速路，人行横道中间应设置安全岛，以确保行人安全。安全岛由钢骨架和铁皮制成，外侧涂成黄色底漆、红色线条，并写有安全岛字样；也有采用钢筋混凝土结构的安全岛。安全岛一般设在路面宽度超过 24 m，且车流量大、行人量也较大，行人常常不能一次通过的道路上。

此外，还有橡胶护角、护墙角、路栏、路障、导向标、道口标柱等其他交通管理设施。

复习思考题

1. 简述交通法规的定义。
2. 交通法规分几个层次？
3. 交通法规中对人如何进行管理？
4. 如何理解可持续发展的交通的含义？
5. 如何进行城市道路管理？
6. 试分析我国现行交通管理体制的特点。
7. 交通标志按作用可分为几类？交通标线按功能可分为几类？
8. 多种类型交通标志并设时，应注意哪些要求？
9. 标志、标线配合使用时应考虑哪些问题？
10. 道路横向交通标线有哪几种？其功能及作用是什么？
11. 提示行人过街的标志设施在警告标志和指示标志均存在，说明其作用的差异和共同点。

第 3 章

交叉口交通管理

道路与道路相交的部位称为交叉口。交叉口是城市干道的重要组成部分，也是路网中道路通行能力的“瓶颈”和交通事故的“多发源”。国内外城市中的交通阻塞主要发生在交叉口，造成车流中断，事故增多，延误严重。

对交叉口进行交通管理的主要目的是保障交叉口的交通安全和充分发挥交叉口的通行能力。根据相交道路的主线高程是否相等，可以把交叉口分为平面交叉口和立体交叉口两种。

3.1 平面交叉口的类型划分及交通管理原则

3.1.1 平面交叉口的类型划分

1. 按相交道路条数及几何形状划分

平面交叉口（以下简称交叉口）按相交道路条数可分为三路交叉、四路交叉和五路交叉；按几何形式可分为 T 形交叉、Y 形交叉、十字形交叉、X 形交叉、多叉形交叉、错位交叉及环形交叉，如图 3-1 所示。

其中比较特殊的一类是环形交叉口，它是在几条街道相交的交叉口中央，设置圆岛或带圆弧形状的岛，使进入交叉口的所有车辆均沿同一方向绕岛行驶，其运行过程一般为先由不同方向汇合（合流），接着沿同一方向先后通过（交织），最后分向驶出（分流）。这样可以避免直接交叉、冲突和大角度碰撞，实质上是一种自行调节的渠化交通形式。其优点是车辆可以连续行驶、安全，无须管理设施，平均延误时间短；缺点是占地面积大，绕行距离长。

2. 按交通管理和控制方式划分

按交通管制方式（放行方法）的不同，可分为全无控制交叉口、主路优先控制交叉口、信号（灯）控制交叉口等几种类型。

1）全无控制交叉口

全无控制交叉口是指相交道路具有相同或基本相同的重要地位，从而具有同等通行权利的管理方式，通常流量较小，不采取任何管理手段的交叉口。

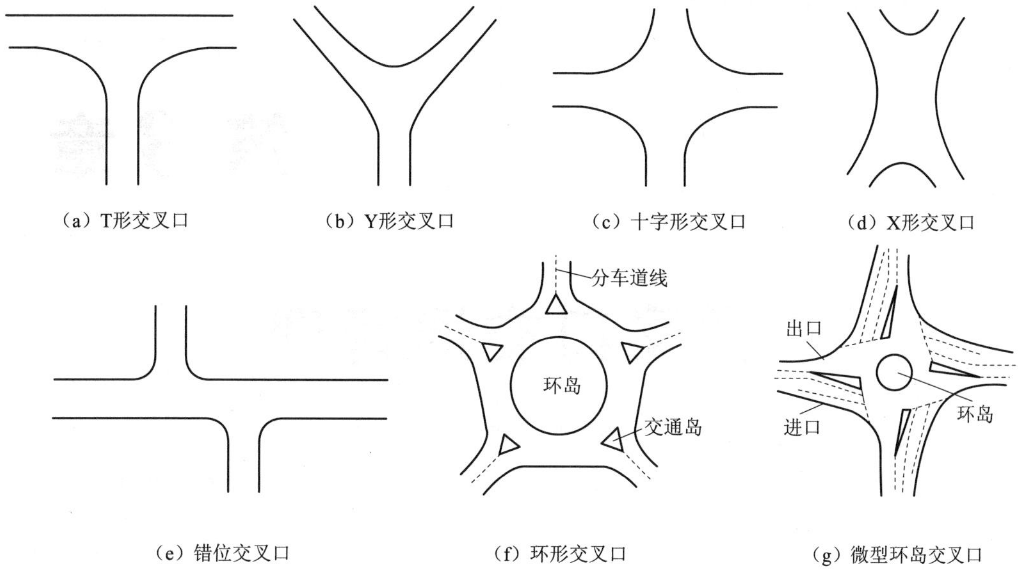

图 3-1 平面交叉口的形式

无控制交叉口通常没有明确的进口道停车线，在车辆到达交叉口时，驾驶员将在距冲突点一定距离处作出决策，或减速让路，或直接通过。驾驶员所作出的决策，在很大程度上取决于在接近交叉口前对横向道路两侧的通视范围，其通行规则也需要通过交叉口“视距三角形”分析加以判断，在视距三角形内不应存在遮挡驾驶员视线的物体。

图 3-2 给出了交叉口某一角落处“视距三角形” $\triangle ABP$ 的几何图形。当两个相互冲突的车辆 A 和 B 刚好可以看到彼此时，假定 A 车距离冲突可能发生的地点 P 为 d_A，B 车与该点的距离是 d_B。视距三角形应保证：位于这两条冲突路径上的两辆车在刚好能看到对方时，可以及时采取行动避免交通事故的发生。

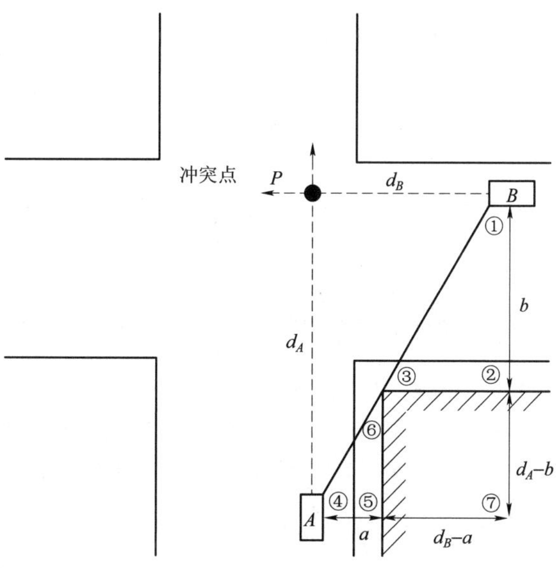

图 3-2 视距三角形

对于典型的两路相交叉的交叉口，通常有 4 个这样的三角形。

图 3-2 中存在 3 个相似三角形：△123，△174，△654。从△123 和△654 的相似性可以建立图 3-2 中关键距离 d_A 和 d_B 之间的一个关系式：

$$\frac{b}{d_B-a}=\frac{d_A-b}{a} \tag{3-1}$$

或

$$d_B=\frac{a\cdot d_A}{d_A-b} \tag{3-2}$$

式中：a——A 车与沿街遮挡视线建筑物的距离，m；

b——B 车与沿街遮挡视线建筑物的距离，m。

因此，如果知道了 A 车的位置，就可以确定两车彼此可见时 B 车的位置。当然，该公式也可以在改写之后，计算在已知 B 车位置条件下的 A 车位置。

为保证有充足的视距，使得每一辆车都可以及时避免由其他车辆造成的即将来临的危险，通常有以下两种计算方法。

（1）方法一

方法一，主要是检验交叉口的视距是否满足相互冲突的车辆能够安全停车的要求。也即是，当 A 车和 B 车的驾驶员刚好可以看到对方时，双方距冲突点 P 的距离不小于一个安全停车距离。如果该要求得到满足，发生冲突的双方都能在碰撞发生之前安全停车，计算步骤如下。

步骤 1：假定 A 车位于距冲突点一个安全停车距离的地方，则有：

$$d_A=\frac{V_A}{3.6}t+\frac{V_A^2}{2g(\mu\pm i)\times 3.6^2} \tag{3-3}$$

式中：V_A——A 车行驶速度，km/h；

t——反应时间，s；

g——重力加速度，9.8 m/s^2；

μ——汽车轮胎和路面的纵向摩擦系数；

i——道路纵坡（上坡 i 取正值，下坡 i 取负值）。

步骤 2：基于以上对 A 车位置的假定，由式（3-2）计算当 B 车刚好为 A 车驾驶员可见时 B 车的位置。该计算给出了 d_B 的实际值，将其记为符号 $d_{B(\text{act})}$。

步骤 3：由于规则也要求 B 车距冲突点的距离不小于安全停车距离，据此计算 d_B 的最小值：

$$d_{B(\min)}=\frac{V_B}{3.6}t+\frac{V_B^2}{2g(\mu\pm i)\times 3.6^2} \tag{3-4}$$

式中：V_B——B 车行驶速度，km/h；其他参数同上。

步骤 4：如果 $d_{B(\text{act})}\gg d_{B(\min)}$，则表明交叉口为基本通行规则提供了充足的视距，在基本通行规则下运行的交叉口是安全的，否则 B 车的驾驶员不能及时看到 A 车，必须提供某种控制帮助驾驶员避免潜在冲突。

（2）方法二

方法二，主要是检验交叉口的视距是否满足相互冲突的车辆能够安全地依次通过冲突点。即：在 B 车到达冲突点之前相距 l_B 时，A 车必须在冲突点之后相距 l_A 的距离，如图 3-3 所示。通常可将 l_A 取值为 5.5 m，l_B 取值为 3.7 m，于是有以下公式成立：

$$\frac{d_A+5.5}{V_A/3.6}=\frac{d_B-3.7}{V_B/3.6} \tag{3-5}$$

或

$$d_B=(d_A+5.5)\frac{V_B}{V_A}+3.7 \tag{3-6}$$

除了步骤 3 之外，采用方法二评估基本通行规则可行性的步骤与方法一完全相同。对于方法二，B 车所需的最小距离 $d_{B(\min)}$ 是用式（3-6）计算的。两种计算方法相比较，任何一种方法的严格程度都不明显优于另一种方法；哪一种方法产生最大的 $d_{B(\min)}$，要视特定的情况而定。

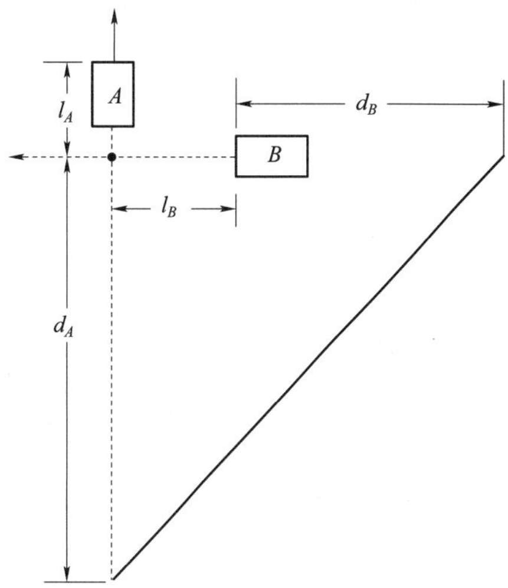

图 3-3　车辆依次通过冲突点示意图

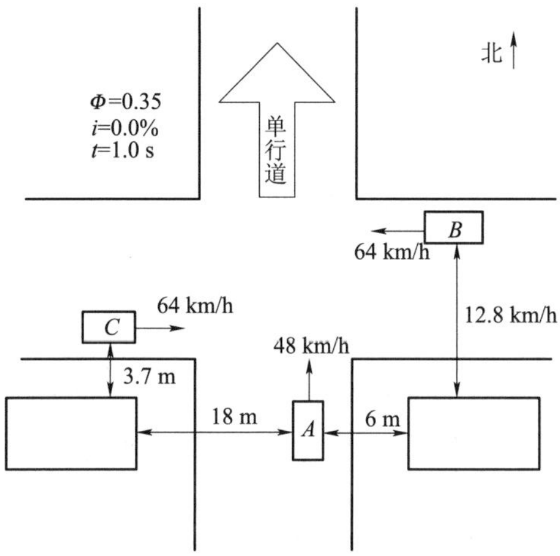

图 3-4　交叉口视距

为了保障无控交叉口安全地运行，交叉口 4 个拐角的视距都必须充足。此外，还要强调的是，提供充足的视距是交叉口车辆通行的必要但非充分条件。即使有足够的视距，很大的交通需求、很高的进口道车速以及其他的交通条件也都有可能使交叉口的运行不切合实际或者不安全。因此，确定存在充足的视距并不能免除交通工程师分析是否采用信号控制或者停车/让行控制的责任。

【例 3-1】图 3-4 描绘了一个视距问题。图中的交叉口由一条单行道（南北向）和一条双向行驶的道路（东西向）相交而成，试分析两个视距三角形的视距能否满足安全行车的要求。

解：

步骤 1：

假定 A 车距冲突点的距离是一个安全停车距离，则应用式（3-3）有：

$$d_A=\frac{48}{3.6}\times1.0+\frac{48^2}{2\times9.8\times0.35\times3.6^2}\approx39.25\ (\mathrm{m})$$

步骤 2：假定 A 车距冲突点的距离是 39.25 m，B 车在刚好被看到时的实际位置可以由式（3-2）来计算：

$$d_{B(\mathrm{act})}=\frac{6\times39.25}{39.25-12.8}\approx8.9\ (\mathrm{m})$$

步骤 3：使用方法一［式（3-4）］或方法二［式（3-6）］分别计算 B 车所需的最小距离：

$$d_{B(\min,F1)}=\frac{6.4}{3.6}\times1.0+\frac{64^2}{2\times9.8\times0.35\times3.6^2}\approx47.85\ (\mathrm{m})$$

$$d_{B(\min,F2)}=(39.25+5.5)\times\frac{64}{48}+3.7\approx63.37\ (\mathrm{m})$$

步骤 4：在本例中，方法一和方法二所要求的最小距离非常接近。最小要求值 47.85 m 和 63.37 m 远大于实际距离 8.9 m，因此，这个视距三角形不能为基本通行规则下的运行提供充足的视距。

在正常情况下，图 3-4 中 A 车和 C 车之间的视距三角形也要予以检查。只要有一个视距三角形不能满足要求，就需要采取控制措施，如停车/让行控制。在本例中，A 车和 B 车之间的视距三角形已经不能满足要求，因此也就没有必要检查 A 车和 C 车之间的视距。不过，为了给予一个完整的演示，下面给出这个分析过程。

步骤 1：假定 A 车距冲突点的距离是一个安全停车距离。这个计算与上述完全一样，也即有 $d_A=39.25$ m。

步骤 2：使用式（3-2）计算，当 C 车刚刚能被 A 车驾驶员看见之时，C 车距冲突点的实际距离为：

$$d_{C(\mathrm{act})}=\frac{18\times39.25}{39.25-3.7}\approx19.87\ (\mathrm{m})$$

步骤 3：由于 B 车和 C 车在进口道的速度相同，并且其他相关计算参数也完全一样，因此在方法一和方法二之下，B 车和 A 车所需要的最小距离也相同。于是，$d_{C(\min,F1)}=47.85$ m，$d_{C(\min,F2)}=63.37$ m。

步骤 4：两种分析方法所要求的最小距离都远大于实际距离。第二个视距三角形也不能提供在通行规则运行之下所必需的视距。

在上述例子中，两个视距三角形都未能提供充足的视距，在基本通行规则之下的运行是不安全的。因此，不管交通量的大小如何，该交叉口所应采取的最低控制形式是两路停车或让行。如果交通量或者其他条件符合信号控制的要求，也可采用信号控制。

由于交叉口存在许多冲突点，使得有些相互冲突车流的车辆不能同时通过交叉口，因此，在满足视距三角形要求的情况下，仍然需要有一个通行规则，确定各入口车辆以怎样的次序进入交叉口。根据我国现行的交通法规，车辆通过没有交通信号或交通标志、标线控制的交叉路口时，在进入路口前停车瞭望，让右方道路的来车先行；转弯的机动车让直行的车辆先行；相对方向行驶的右转弯的机动车让左转弯的车辆先行。

2）主路优先控制交叉口

在相交的两条道路中，常将交通量大的道路称主路或干路，小的称次路或支路（包括胡同和里弄）。规定主路车辆通过交叉口有优先通行权，次路车辆必须让主路车辆先行，这种控制方式称为主路优先控制。它又分为停车让行和减速让行两类。

（1）停车让行

停车让行是指进入交叉口的次路车辆必须在停止线以外停车观察，确认安全后，才准许通行。停车让行标志控制，按相交道路条件的不同又分为单向停车控制和多向停车控制。

① 单向停车控制，简称单向停车或两路停车。这种控制，通过在次路进口处设有明显的停车交通标志和标线加以明确。停车标志在下列情况下设置：

- 与交通量较大的主路平交的次路路口；
- 次路路口视距不太充分，视野不太好；
- 主路交通流复杂，或车道多，或转弯车辆多；
- 无人看守的铁路道口。

确定路口是否采用单向停车让行控制时，美国应用“次要道路 50% 车辆推迟行驶曲线”（见图 3-5），对最繁忙的 12 h（7:00—19:00）的车流量作检验，以每天至少有 8 h 的交通流量的坐标点落在曲线右侧时，作为适于采用单向停车控制的条件。如果大多数交通量的坐标点落在曲线左侧，可不必安装停车标志，否则可能产生更大的延误。

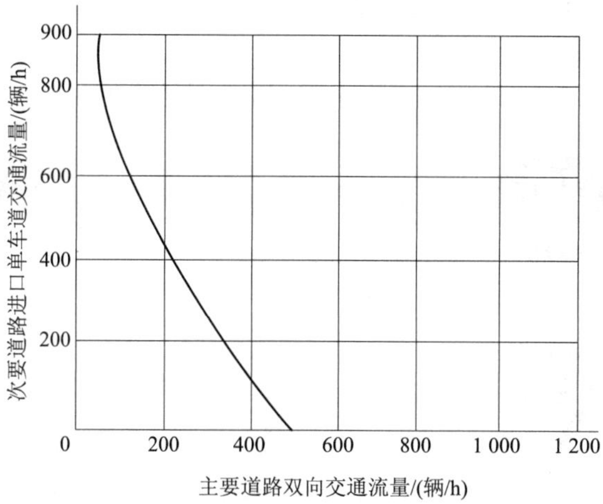

图 3-5 次要道路 50% 车辆推迟行驶曲线

② 多向停车控制，又可简称多路停车，各路车辆进入交叉口均需先停车后再通过，其中四路停车较多。其标志设在交叉口所有进口道右侧。在美国，多路停车设置依据主要考虑交通安全和交通流量两个方面。

在交通安全方面，当交叉口在 12 个月中，有 5 起或更多次直角碰撞或左转碰撞车祸事故的记录，则可采用多路停车控制。

在交通流量方面，当超过以下规定的最小流量时，可采用多路停车控制：

- 进入交叉口的车辆总数，在一天 24 h 内取任意连续的 8 h 时间段，其进入交叉口的平均小时车流量必须至少为 500 辆/h；
- 同时，由次要道路上来的车辆和行人综合交通量，在这相应的 8 h 内，必须至少为 200 个单位（车与人同样各按“单位”计值），并且在高峰小时期间，旁侧次要道路上车流的平均延误时间每辆为 30 s；
- 当主要道路上 85% 的车流量在通过平面交叉口时，其速度超过 64 km/h，则上述两项的标准要求可降低 30%。

一般连续 8 h 车流量的平均值，均小于第 8 个小时高峰流量，也小于最高 8 h 车流量的平均值。因此，连续 8 h 车流量的平均值如已达到规定的最小车流量时，则第 8 个小时高峰流量和最高 8 h 车流量的平均值，也均已达到了规定的最小车流量。

当达到上述 3 项中的任意一项要求时，即可实施多路停车。

已适合用信号灯控制的交叉口，由于投资困难，也可采用多路停车作为临时性措施，直至改用信号灯控制为止。

（2）减速让行

减速让行是指进入交叉口的次路车辆，不一定需要停车等候，但必须放慢车速瞭望观察，让主路车辆优先通行，寻找可穿越或汇入主路车流的安全“空当”机会通过交叉口。在美国，当接近路口安全速度为 16 ～ 24 km/h 时，应考虑让路控制。减速让行控制与停车让行控制，差别在于后者对停车有强制性。

我国现行的交通规则对这种路口的通行权问题虽有相关规定（支路车让主路车），但实际管理难度较大。主要原因是让路的含义比较模糊，一旦发生车祸，责任不易裁决。因此，该类型管理方式较少采用。

与停车让行和减速让行相关的主要交通标志标线，如图 3-6 所示。

图 3-6　停车让行和减速让行标志、标线示意图

3）信号（灯）控制交叉口

信号（灯）控制是平面交叉口控制的最高形式。当车流和行人流都非常大时，驾驶员将很难甚至无法在冲突的交通流中选择合适的间隙安全穿越，这就需要采取交通信号控制的形式。它的最基本的形式是两相位信号控制，交替给两条道路之一的所有流向分配路权。在这种形式下，左转车仍需在对向直行车流中选择合适的间隙。而多相位信号控制通常有保护左转车的相位设计。也就是说，有这样一些相位，其间与左转车发生冲突的对向直行车流被停止下来，这样左转车辆的运行也就不存在冲突。

3. 平面交叉口的类型选择

我国《城市道路交叉口设计规程》（CJJ 152—2010）提出，平面交叉口应按交通组织方式分类，并应符合表 3-1 的规定。

表 3-1　平面交叉口类型选择

平面交叉口类型	类型选择	
	推荐形式	可用形式
主干路—主干路	平 A1 类	—
主干路—次干路	平 A1 类	—
主干路—支路	平 B1 类	平 A1 类
次干路—次干路	平 A1 类	—

续表

平面交叉口类型	类型选择	
	推荐形式	可用形式
次干路—支路	平 B2 类	平 A1 类或平 B1 类
支路—支路	平 B2 类或平 B3 类	平 C 类或平 A2 类

注：(1) 人口在 50 万以上的大城市，主干路与主干路相交，经交通预测分析，是否需要设置立体交叉应根据交通需求实际预测结果。

(2) 人口在 50 万以上的大城市，次干路与次干路相交，因景观需要，采用环形交叉口时，应充分论证。

在表 3-1 中，各类型说明如下。

① A 类：信号控制交叉口。平 A1 类：交通信号控制，进口道展宽交叉口。平 A2 类：交通信号控制，进口道不展宽交叉口。

② B 类：无信号控制交叉口。平 B1 类：干路中心隔离封闭、支路只准右转通行的交叉口（简称右转交叉口）。平 B2 类：减速让行或停车让行标志管制交叉口（简称让行交叉口）。平 B3 类：全无管制交叉口。

③ C 类：环形交叉口。平 C 类：环形交叉口。

3.1.2 平面交叉口的交通管理原则

交叉口交通管理应遵循以下基本原则。

1. 减少冲突点

提高交叉口交通安全的根本是减少冲突点，可采用单行线、在交通拥挤的交叉口排除左右转弯、用多相位交通信号灯控制交叉口各向交通等方法。

2. 控制相对速度

可采用严格控制车辆进入交叉口的速度；对于右转弯或左转弯应严格控制其合流角，以小于 30°为佳，必要时可设置一些隔离设施（如隔离墩或导向岛等），用以减小合流角等方法。

3. 重交通车流和公共交通优先

重交通车流是指较大交通流量的交通流（主干道或次干道上的交通流）。重交通车流通过交叉口应给予优先权。其方法是在轻交通流方向（支路）上设置减速让行或停车让行标志，或是延长在重交通车流方向上的绿灯时间。对公共交通，也可采取类似优先控制的方式。

4. 分离冲突点和减小冲突区

交叉口上的交通流是复杂的，各种车辆在合流与分流的过程中所产生的车辆交叉运动，有的路径太接近甚至重叠，有的偏离过大，导致交叉口上冲突点增多和冲突区扩大，安全性大大降低。此时，运用分离冲突点和减小冲突区的原则能收到较好效果。如按各向车辆行驶轨迹设置交通岛，规范车辆在交叉口内的行驶路线；在左转弯时，规定机动车小迂回，而非机动车大迂回；画上自行车左转弯标示线（有条件时设置隔离墩），防止自行车因急拐弯而加大冲突区；在路口某些部分画上禁止车辆进入的标示线，限定车辆通行区域；或在交叉口上设置左、右转弯导向线等，这些都是分离冲突点和减小冲突区的有效办法。

5. 选取最佳周期，提高绿灯利用率

在用固定周期进行交通信号控制的交叉口处，应对各方向的交通流常做调查，根据流量大小计算最佳周期和绿信比，以提高绿灯利用率，减少车辆在交叉口的延误。

其他一些交叉口交通管理原则，如对不同的交通流采取分离；对机动车和非机动车画出各行其道的车道线；人行横道较长的道路（超过 16 m），在路中央设置安全岛等，都是常用且行之有效的管理原则。在具体运用上述原则时，应注意综合考虑，灵活应用。

3.2 平面交叉口渠化

由于交通流在交叉口的分流、合流与冲突，容易导致运行秩序混乱、拥堵甚至交通事故等，因此需要在交叉口功能区内进行交通管理和运行组织，从而确保交通流有序、安全、快速地通过交叉口。

交叉口的交通组织，实质上是交叉口不同流向、流量的交通流进行路权分配上的优化。在确定了交叉口放行方法（管理、控制方式）后，首先要进行交叉口的渠化，通过交叉口的空间渠化和信号相位渠化来分离冲突点的位置或转变冲突性质。需要注意的是，交叉口空间渠化的作用是通过空间路权分配的方式固定冲突点的位置，重点是控制冲突点的位置；而信号相位渠化的作用是结合交叉口相位方案，明确不同流向、不同种类交通流的时间路权，重点是控制冲突点上冲突现象的发生。因此，要根据不同条件、不同对象，解决好空间渠化与信号相位的整合问题，尽可能用技术与设施解决好冲突问题。

本节重点介绍平面交叉口空间渠化的方法。

3.2.1 平面交叉口渠化的含义、作用、原则及设计要素

1. 平面交叉口渠化的含义

平面交叉口渠化是指在交叉口功能区内，运用交通标志、标线和实体设施以及局部展宽进口道等多种措施，对交通流进行分流和导向设计，使不同类型的交通、不同方向及不同速度的车辆能像渠道内的水流那样，顺着一定方向互不干扰地顺畅通过，从而使车辆和行人安全、有序地运行。组织渠化交通，可以有效地解决城市道路的交通拥挤和阻滞，提高行车速度和通行能力，保证交通安全，它对解决畸形交叉口的复杂交通问题尤为有效。

2. 平面交叉口渠化的作用

（1）分隔道路上不同类型的交通流

交叉口渠化可以将道路上不同类型的交通流分隔，减少同向车辆在行驶过程中的相互干扰，使交叉口各种车辆按各自规定的车道行驶，从而提高行车速度和交叉口通行能力，同时保障交通安全。

（2）控制进入交叉口车辆的速度

《中华人民共和国道路交通安全法实施条例》中规定，主路车辆通过交叉口有优先通过权，次路车辆必须让主路车辆先行。交叉口渠化可以控制次路车辆进入交叉口的速度，避让

主路上的车辆，从而保证速度相对较快的主路车安全、顺畅地通行。

（3）减少车流交叉角度

相交车流以大于120°角合流时，通常会发生类似正面碰撞的严重事故。通过交通岛的合理渠化设置，可以减少车流交叉角度，降低冲突车流的强度。这样既能提高交叉与合流的顺适性，又能提高交叉口的安全性；不但可以缩短交叉时间和交叉距离，而且便于交叉穿行速度的判断，降低交通事故发生的可能性。

（4）导流和导向

交通渠化具有导流和导向的作用，可以诱导车辆的行驶路线，使得在交叉口任何一点穿越至多有两个方向行驶路线。利用交通岛的布置，规范车辆行驶轨迹。

（5）减小交叉范围

交通渠化可以减少交叉面积，从而减少车辆行驶路线的不确定性，限制交通流，同时缩小车辆与车辆以及车辆与行人在交叉口的冲突区域，从而提高整个交叉口的安全性。

（6）帮助驾驶员辨认和遵守交通规则

设置交通岛等设施可以增强路面标线和交通标志所不具备的易见性和强制性，帮助驾驶员辨认标志、标线，遵守交通规则。

（7）保护过街行人

交通岛可以用作行人过街的安全岛，为在一个行人过街相位中未能及时通过交叉口的行人提供一个不受车流影响的停候安全区域，以实现二次或多次过街。

3. 平面交叉口渠化的主要设计原则

（1）符合规范，简单明确，易于理解

交叉口渠化设计应符合国家相关标准和规范的规定，不能随意变更或改动。同时，设计后交叉口形状应力求简单明了，避免过于复杂的方案，便于各类交通参与者正确地选择自己的交通路线和时间。

（2）路线平顺，保证安全

交叉口渠化设计应尽可能使行驶轨迹平顺，能以最短时间或最短的路程通过，切忌迂回、逆向、急转或者有可能引起碰撞的尖锐角度。同时，各种交通流，即不同流向、不同车种、不同速度的交通流，应尽可能实现分道行驶，以减少相互干扰或碰撞，保证安全。

（3）保证视距，净化视野

交叉口渠化设计应充分保证各方向、各车道车辆和行人的视距，并净化机动车驾驶员的视野。交叉口附近的所有绿化栽植和街道上的市政公用设施，均应以不阻挡驾驶员视线为准则，凡妨碍视线的建筑或绿化，均应拆除或砍伐，以确保行车的视距要求。

4. 平面交叉口渠化的主要设计要素

根据平面交叉口渠化控制的主要作用和原则，交叉口渠化设计应注意以下设计要素。

（1）交叉口进口车道宽度

在确定进口车道的宽度时，应遵循以下原则：

① 新建交叉口进口车道宽度，应根据各流向预测的流量来决定；

② 改建交叉口进口车道宽度，应根据各交通流向的实测或预测流量决定；

③ 治理交叉口进口车道宽度，应根据各交通流向的实测流量及可实施的治理条件来

决定。

平面交叉口一条进口车道的宽度宜为 3. 25 m，其最小宽度可取 3. 0 m；当改建交叉口用地受到限制时，一条进口车道的最小宽度可取 2. 80 m。转角导流交通岛右侧右转专用车道，应按设计速度及转弯半径大小加宽车道。

（2）交叉口进口左转专用车道

当高峰 15 min 内每信号周期左转车平均流量达 2 辆以上时，宜设左转专用车道；当每信号周期左转车平均流量达 10 辆时，或车辆左转所需左转专用车道长度达 90 m 时，宜设 2 条左转专用车道。当左转交通量特别大且进口道上游路段车道数为 4 条或者 4 条以上时，可设 3 条左转专用车道。进口道左转专用车道设置可采用下列方法。

① 拓宽进口车道，以便新增左转专用车道。

② 压缩较宽的中央分隔带，新辟左转专用车道。压缩后的中央分隔带宽度，对于新建交叉口至少应为 2 m，对于改建交叉口至少应为 1.5 m，其端部宜为半圆形［见图3-7（a）］。

③ 道路中线偏移，以便新增左转专用车道［见图 3-7（b）］。

④ 在原直行车道中分出左转专用车道。

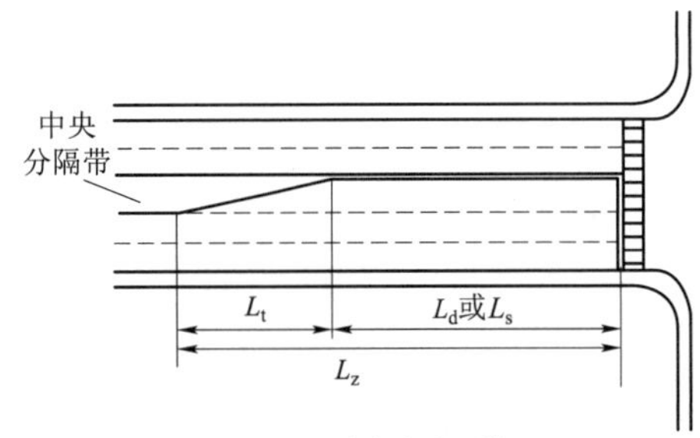

（a）压缩中央分隔带

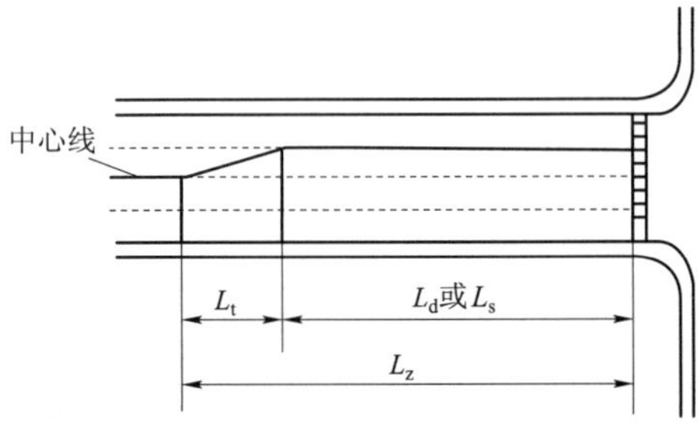

（b）中线偏移

L_t—变换车道所需的渐变段长度，m；L_d—减速车道长度，m；

L_s—相邻候驶车辆排队长度，m；L_z—左转专用车道最小长度，m

图 3-7　左转专用车道设置

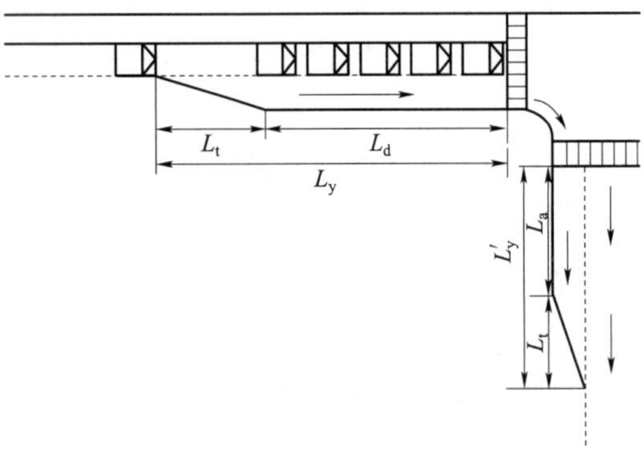

L_t—渐变段长度，m；L_d—展宽段长度，不小于相邻候驶车队长度，m；L_a—车辆加速所需距离，m；L_y—展宽右转专用车道长度，m；L'_y—展宽加速车道长度，m

图 3-8　拓宽设置右转专用车道

（3）交叉口进口右转专用车道

平面交叉口进口车道右转专用车道设置可采用下列方法：

① 拓宽进口车道，新增右转专用车道（见图 3-8）；

② 在原直行车道中分出右转专用车道。

（4）交叉口进口车道长度

平面交叉口进口车道长度由展宽渐变长度（L_t）与展宽段（L_d）组成（见图 3-8）。渐变段长度（L_t）按车辆以 70% 路段设计车速行驶 3 s 横移一条车道时来计算确定。渐变段最小长度不应少于：支路 20 m，次干路 25 m，主干路 30 ～ 35 m。展宽段最小长度应保证左转或右转车不受相邻候驶车辆排队长度的影响。相邻候驶车辆排队长度（L_s）可由下式确定：

$$L_s = 9N \tag{3-7}$$

式中：N——高峰 15 min 内每信号周期的左转或右转的排队车辆数。

当需要设置两条转弯专用车道的时候，展宽路长度可取一条专用车道长度的60%。无交通量资料时，展宽度最小长度不应小于：支路 30 ～ 40 m，次干路 50 ～ 70 m，主干路 70 ～ 90 m，与支路相交时取下限，与主干路相交时取上限。

（5）交叉口出口车道

出口车道的车道数应与上游各进口车道同一信号相位流入的最大进口车道数相匹配。条件受限的改建交叉口，流入最大进口车道数可减少一条。相邻进口车道设有右转专用车道时，出口车道应展宽一条专用出口车道。

出口车道的每条车道宽度不应小于路段车道宽度，宜为 3. 50 m，条件受限的改建交叉口出口车道的每条车道宽度不宜小于 3. 25 m。

出口车道的总长度由出口车道展宽段和展宽渐变段组成（见图 3-8）。出口车道展宽段长度由缘石转弯曲线的端点向下游方向计算，不设公交停靠站时，展宽段最小长度不应小于 30 ～60 m，交通量大的主干路取上限，其他可取下限；设置停靠站时，再加上公交停靠站所需长度，并须满足视距三角形的要求。出口车道展宽渐变段长度 L_t 应按下式计算：

$$L_t = (20 \sim 30)\Delta w \tag{3-8}$$

式中：L_t——出口车道展宽渐变段长度，条件受限制时，L_t 不应小于 20 m；

Δw——横向偏移量，m。

（6）交通岛

交通岛可分为导流岛和安全岛。交通岛不应设在竖曲线顶部，面积不宜小于 7. 0 m^2，当面积狭小时，可用路面标线表示。转角交通岛兼作行人过街安全岛时，面积（包括岛端尖角标线部分）不宜小于 20 m^2。

导流岛间导流车道的宽度应适当，以免因过宽而引起车辆并行、抢道。当需设右转专用车道而布设转角交通岛时，右转专用车道曲线半径应大于 25 m，并应按设计车速及曲线半径大小加宽车道，加宽后的车道宽度应符合表 3-2 的规定。

表 3-2　右转专用车道加宽后的宽度　　单位：m

曲线半径/m	设计车辆	
	大型车	小型车
25 ～ 30	5. 0	4. 0
>30	4. 5	3. 75

导流岛端部应醒目，并在外形上能诱导车辆前进方向，必要时可兼作行人过街安全岛。导流岛的偏移距、内移距及端部圆曲线半径（见图 3-9）最小值可按表 3-3 取用。导流岛各部分要素（见图 3-10）最小值可按表 3-4 取用。

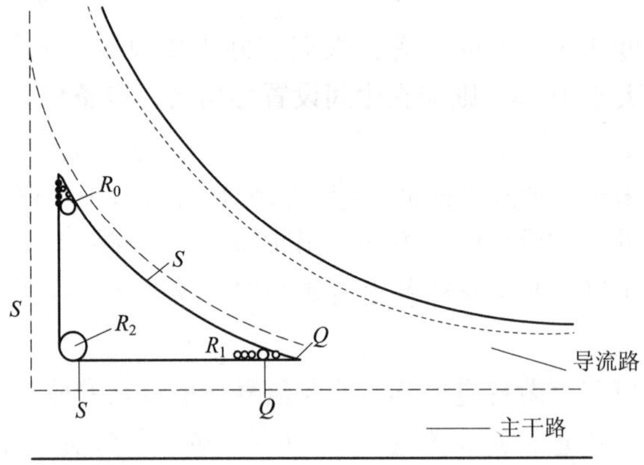

图 3-9 偏移距、内移距及端部圆曲线半径最小值

表 3-3 导流岛偏移距、内移距、端部圆曲线半径最小值 单位：m

设计速度/（km/h）	偏移距 S/m	内移距 Q/m	R_0/m	R_1/m	R_2/m
≥50	0.50	0.75	0.5	0.5～1.0	0.5～1.0
<50	0.25	0.50			

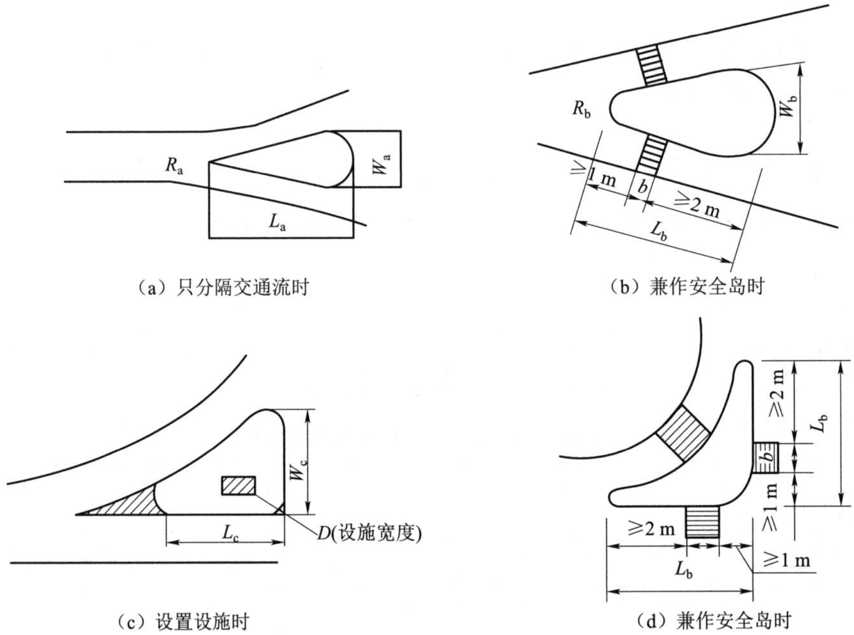

图 3-10 导流岛各部分要素

表 3-4 导流岛各部分要素最小值 单位：m

图示	图 3-10（a）			图 3-10（b）			图 3-10（c）	
要素	W_a	L_a	R_a	W_b	L_b	R_b	W_c	L_c
最小值/m	3.0	5.0	0.5	3.0	b+3	1.0	D+3	5.0

（7）人行横道

交通岛人行横道宽度从 3 ～ 6 m 不等，根据实际需要设定。人行横道口实行无障碍设计。如果人行横道长度大于 16 m，则应在中间设置停留岛，以备行人二次过街。

（8）环形交叉口

环形平面交叉，应采用交通岛、路面标线、交通标志进行渠化设计。在环道进出口各向车辆行驶迹线的盲区范围，可设计成三角形的交通岛。在交通岛上布置绿化或交通附属设施时，应保证环道上绕行车辆的行车视距要求。在同地下设施相配合或地形有利的情况下，宜设置行人地下通道。

环形平面交叉口环道的车道数、宽度、断面布置，应符合下列规定。

① 环道的机动车道数宜为 2 ～ 3 条。对现有大型环形交叉的改建或具有特殊要求的，可放宽要求。

② 环道上每条车道宽度，为正常车道宽度加上弯道上车道加宽的宽度。环道上车道加宽值，应符合表 3-5 的规定。

表 3-5　环道上车道加宽值　　单位：m

中心岛半径/m		$10<R\leqslant15$	$15<R\leqslant20$	$20<R\leqslant30$	$30<R\leqslant40$	$40<R\leqslant50$	$50<R\leqslant60$
车型	小型车	0.80	0.70	0.60	0.50	0.40	0.40
	大型车	3.00	2.40	1.80	1.30	1.00	0.90

③ 非机动车道宽度不应小于交会道路中的最大非机动车道的宽度，也不宜大于 6 m。

④ 根据交通流的情况，环道可布置为机动车与非机动车混行或分行。分行时可用分隔带、分隔物或标线分隔，分隔带宽度不应小于 1 m。

⑤ 中心岛上不应布设人行道。环道外侧人行道宽度，不应小于与该段环道相邻的相交道路路段上人行道宽度。

⑥ 环道横断面宜设计成以环道中线为路拱脊线的两面坡，中心岛四周低洼处应布设雨水口；环道纵坡度不宜大于 2%。

对应主要设计要素平面交叉口渠化示意图，如图 3-11 所示。

3.2.2　平面交叉口主要渠化措施

1. 交叉口功能区车行道拓宽

当交叉口功能区车行道的宽度不足，又必须划分左转、直行及右转车道时，为了提高交叉口的通行能力，常采用向道路一侧或两侧拓宽的办法，以增加交叉口进口车道数来提高道路的通行能力。

交叉口拓宽的形式一般是向进口道左侧或右侧拓宽。向左侧拓宽时，可利用中央分隔带，或占用部分对向车道等；向右侧拓宽时，可利用行车道右侧绿化带，占用部分人行道，或拆迁部分建筑物等。具体拓宽形式如图 3-12 所示。

交叉口功能区拓宽渠化设计时，除了对进口进行拓宽以外，还可以对出口进行拓宽，交叉口出口拓宽同样是增设车道。交叉口的进口拓宽和出口拓宽常常同时采用，如图 3-13 和图 3-14 所示。

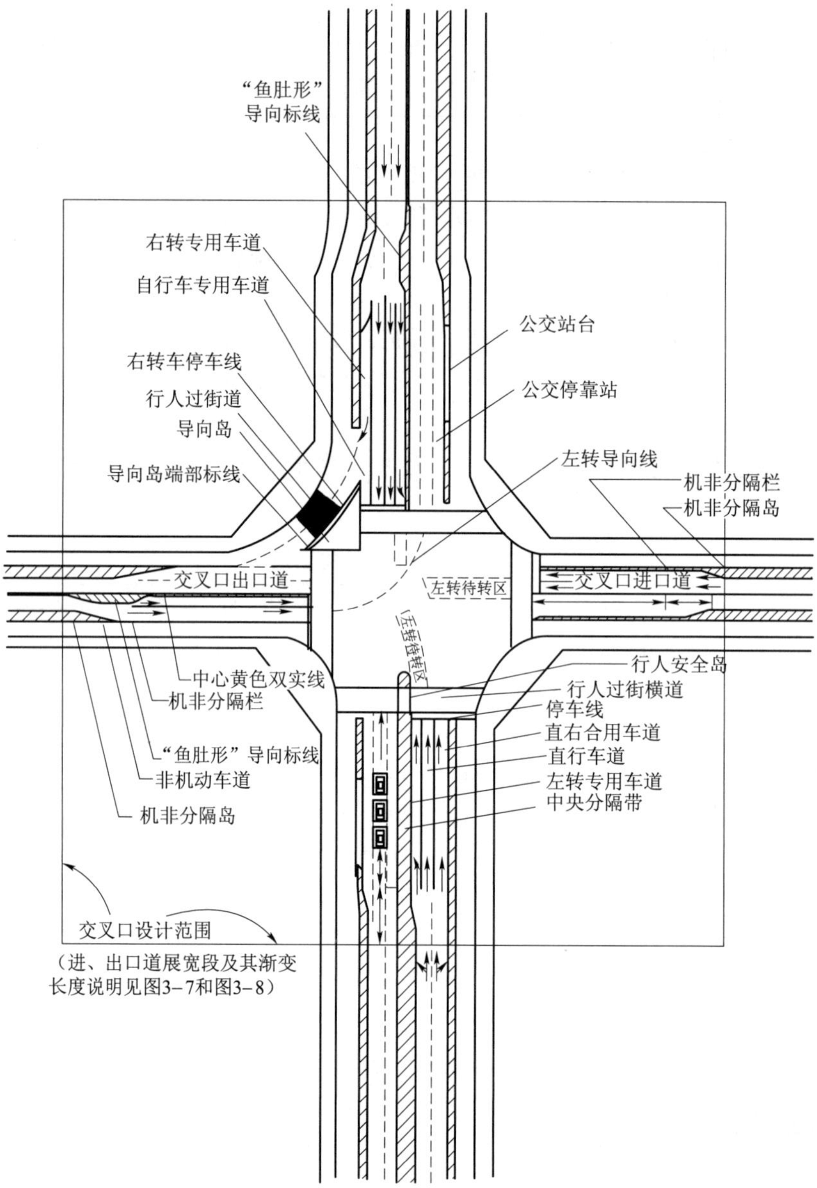

图 3-11 对应主要设计要素平面交叉口渠化示意图

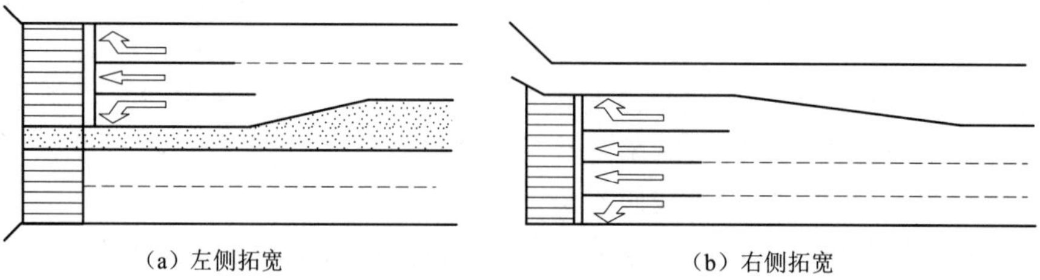

图 3-12 交叉口拓宽形式

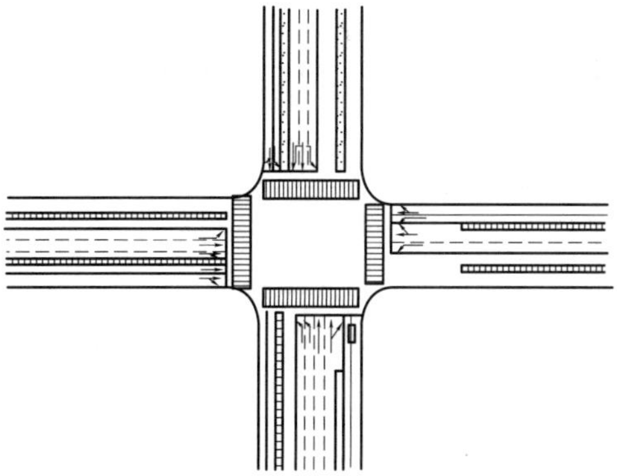

图 3-13　交叉口拓宽前

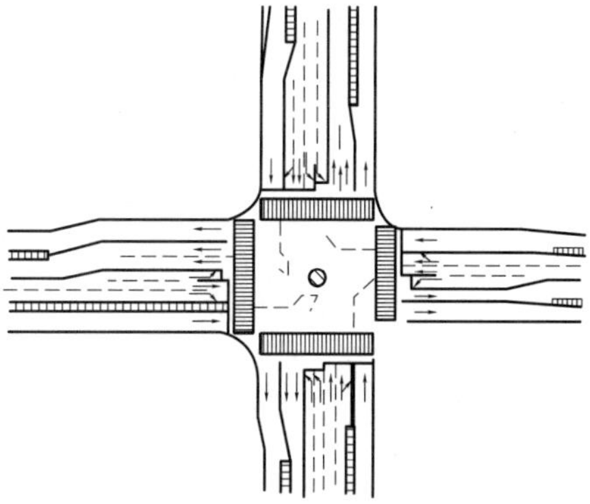

图 3-14　交叉口拓宽后

2. 减少冲突面积

规范车辆行驶轨迹，减小交通流在交叉口的冲突范围，降低车辆和行人过街时发生碰撞的危险，如图 3-15 和图 3-16 所示。

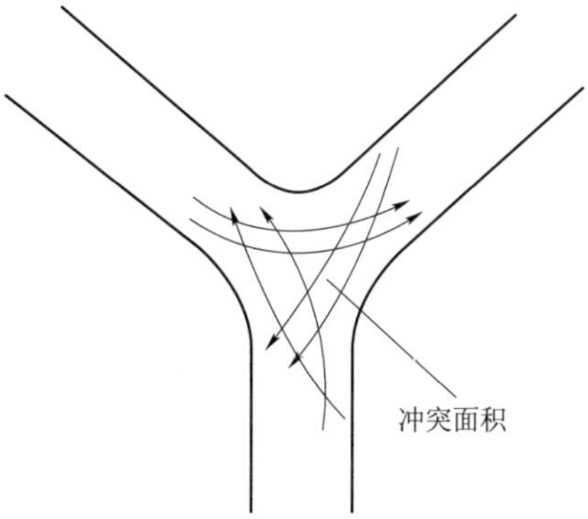

图 3-15　渠化之前的交通冲突示意图

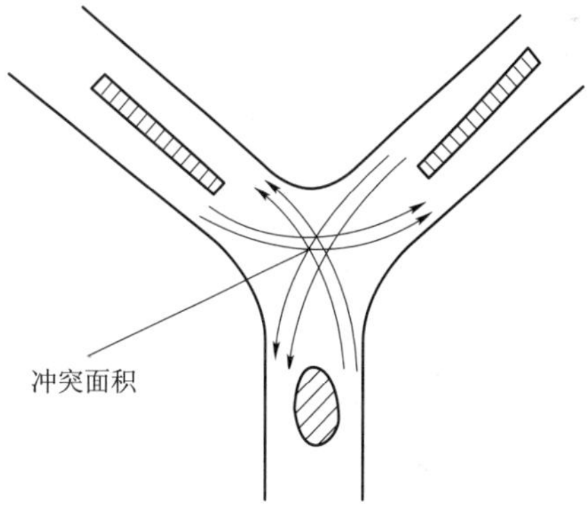

图 3-16　渠化之后的交通冲突示意图

3. 调整交叉角度

调整交叉角度，使对向车流尽可能成直角交叉，减少车辆行驶冲突的面积，如图 3-17 和图 3-18 所示。缩短交叉时间，为驾驶员提供判断车辆相对位置和速度的最佳条件。

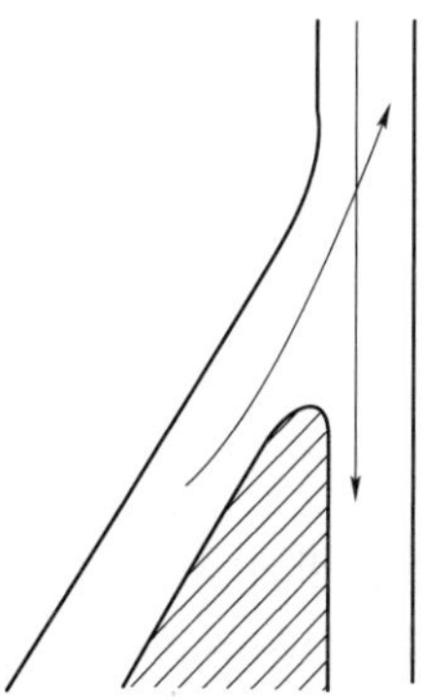

图 3-17　采取渠化措施之前（1）

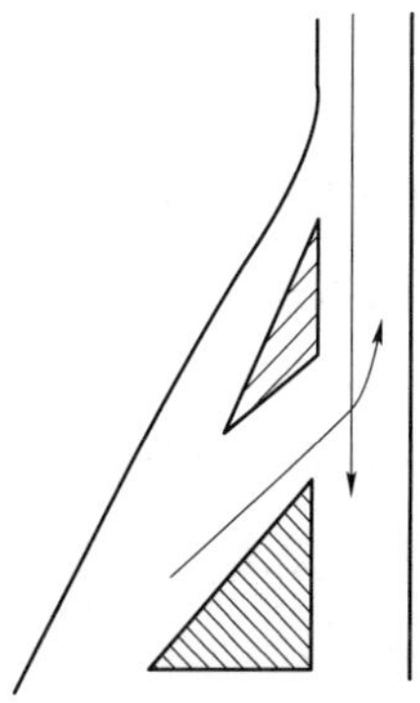

图 3-18　采取渠化措施之后（1）

4. 减小合流角度

使交通流以 10°～ 15°的合流角度，以最小的速度差进行合流，使汇合车辆可利用最小车头间距，如图 3-19 和图 3-20 所示。

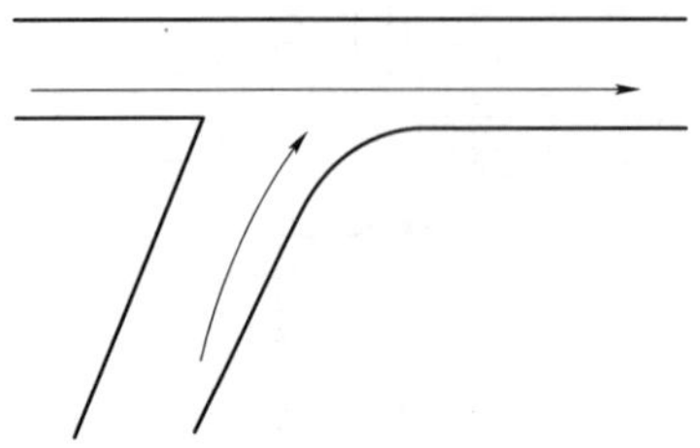

图 3-19　采取渠化措施之前（2）

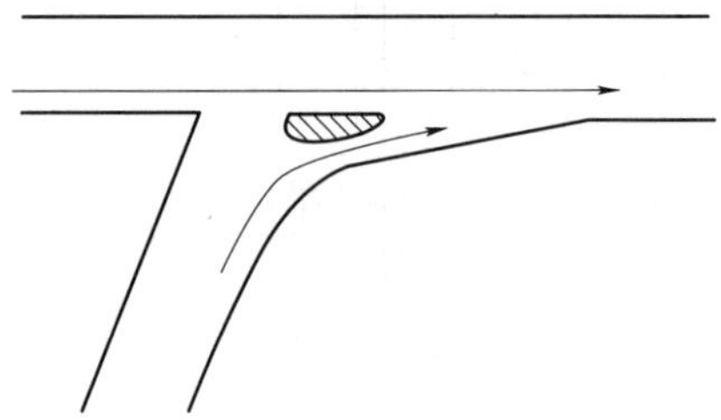

图 3-20　采取渠化措施之后（2）

5. 缩小进口道宽度

缩小交叉口进口道宽度或使进口道路弯曲，使驶入交叉口的车辆通过减少驾驶员行驶道路空间，约束驾驶员操作行为，并减速行驶，尽可能减少对干道车流的影响，如图 3-21 ～图 3-24 所示。

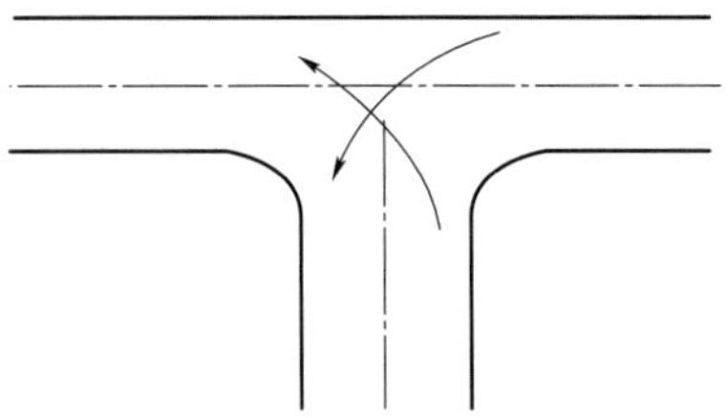

图 3-21　采取渠化措施之前（3）

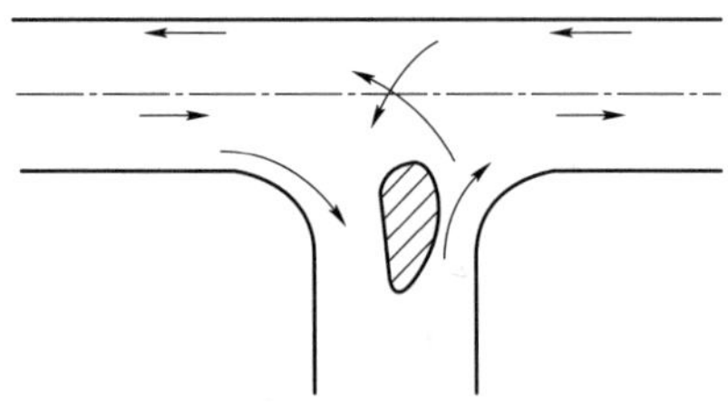

图 3-22　采取渠化措施之后（3）

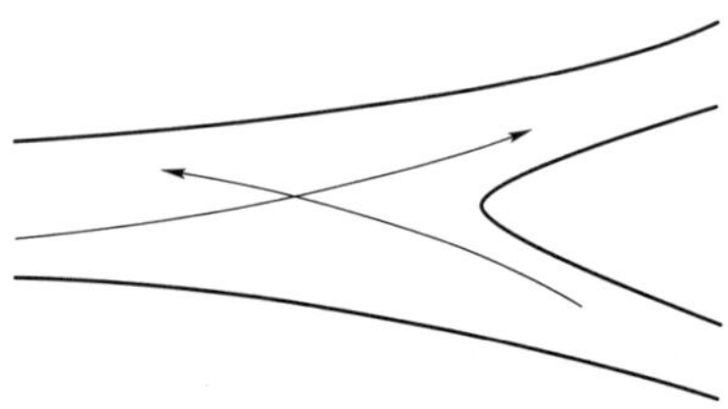

图 3-23　采取渠化措施之前（4）

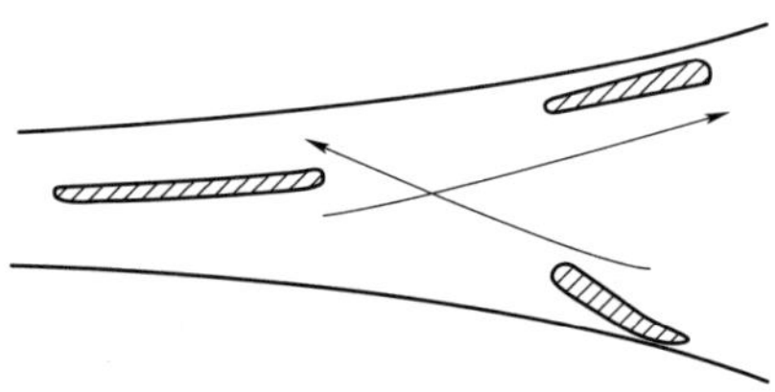

图 3-24　采取渠化措施之后（4）

6. 分车道转弯

减少过多的机动车道，减少路基路面工程量，降低工程造价，并减轻右转车辆对直行、左转车辆的影响，如图 3-25 和图 3-26 所示。

7. 设置行人过街安全岛

合理利用交叉口空间布设交通岛，缩短行人单次过街的时间和距离，减少行人与车流的冲突，从而保障行人的安全，并提高车辆运行速度，如图 3-27 和图 3-28 所示。

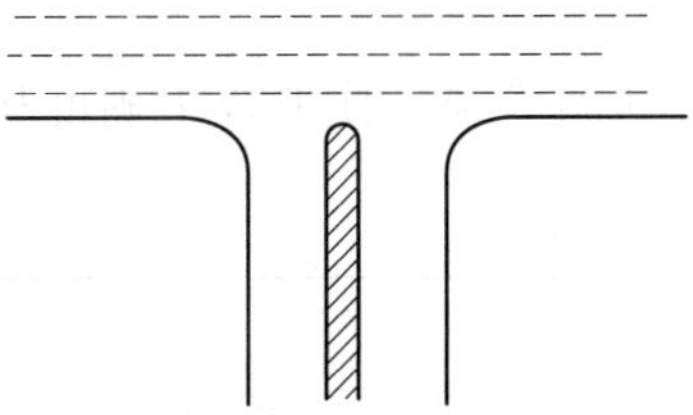
图 3-25 采取渠化措施之前（5）

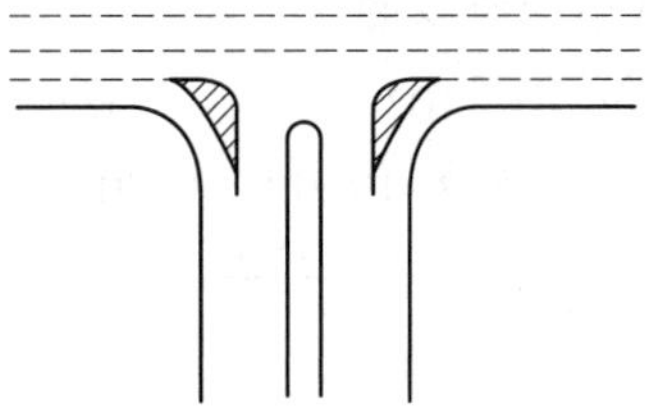
图 3-26 采取渠化措施之后（5）

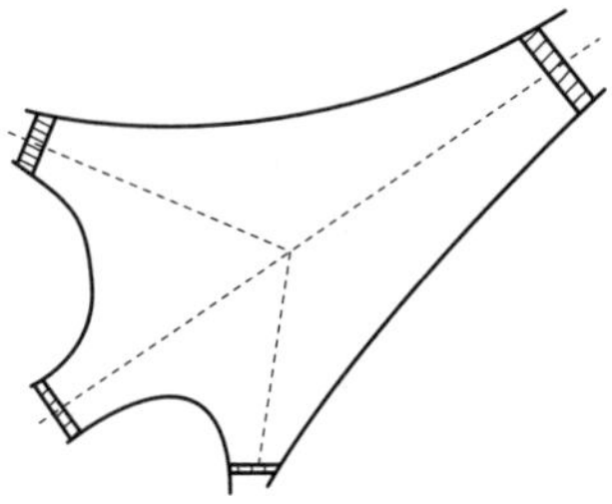
图 3-27 采取渠化措施之前（6）

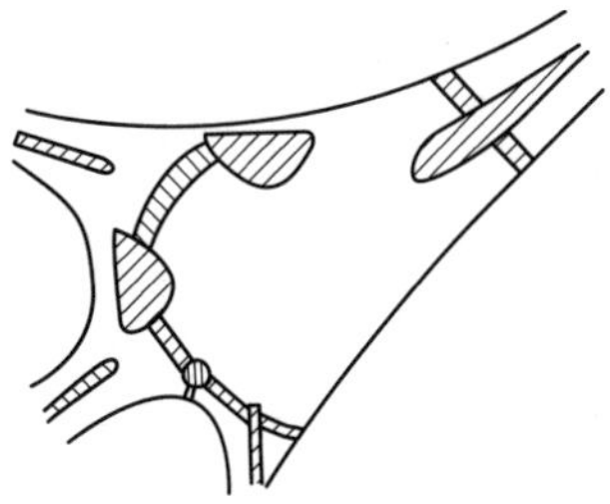
图 3-28 采取渠化措施之后（6）

8. 设置转弯候驶车道或区域

通过布置渠化岛，提高车辆运行速度，划分左转、右转专用车道或候驶区域，使车辆各行其道，避免相互干扰，如图 3-29 和图 3-30 所示。

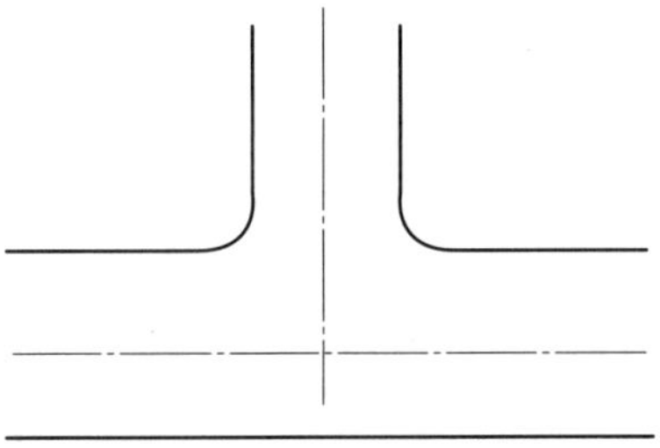
图 3-29 采取渠化措施之前（7）

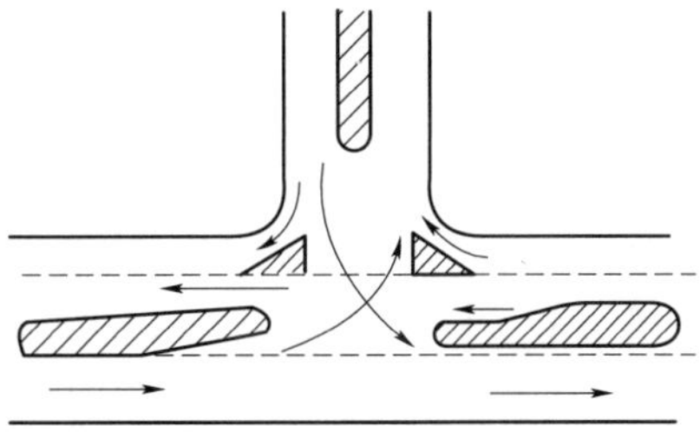
图 3-30 采取渠化措施之后（7）

9. 非机动车渠化

根据自行车交通的基本特性、自行车在道路交叉口的交通管理原则的考虑，为了充分利用交叉口的空间资源，交叉口自行车渠化设计方法可分别采用左转二次过街、机动车设置双停车线、非机动车停车线前移以及自行车与行人一体化设计等方法。

10. 左转车流的交通组织

交叉口左转车辆是产生冲突点及影响直行车通行能力的主要因素，因此通过渠化措施合理地组织左转车辆的行驶路线是提高交叉口通行能力，保证交通安全的关键所在。交叉口左转车辆的交通组织有以下几种途径（见图 3-31）。

① 信号灯（色灯）管制。在设置定周期自动信号灯的路口，实行绿灯信号伺机左转。在有条件的情况下，更应把左转信号灯与直行信号灯分开，设置专用左转信号，以便消除冲

突点。

② 环形交通。在四路以上的交叉口中央设置交通岛，使进入交叉口的车辆一律绕交通岛单向行驶，它把所有的冲突点变为交织的合流点。

③ 变左转为右转。这里又可分为两种情况：图3-31（c）所示为街坊绕行；图3-31（d）所示为远引式交叉。

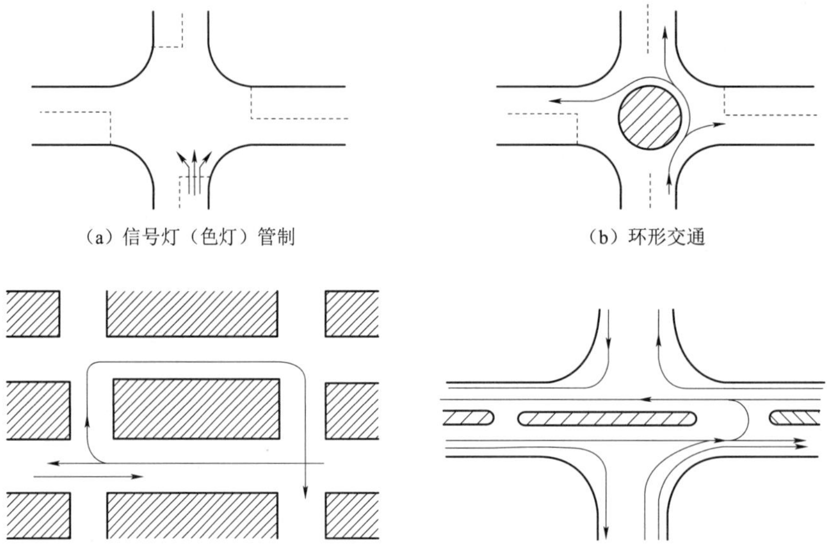

（a）信号灯（色灯）管制　（b）环形交通　（c）街坊绕行　（d）远引式交叉

图3-31　交叉口左转弯车辆的组织

3.3　立体交叉口及其交通管理

立体交叉（以下简称“立交”）是指道路与道路、道路与铁路相互交叉时用跨线桥或地下通道使两条路线在不同的水平面上通过的交叉形式。采用立交可使各方向车流在不同标高的平面上行驶，消除或减少了冲突点，从而提高了行车速度、通行能力，减少了交叉口的延误和油耗。由于其控制相交道路车辆的出入，减少了外界因素对高速行车的影响，增加了交通安全度，因此它常用于行车速度较高和交通量大的道路主干线上。

城市道路立体交叉口的选择应符合以下规定：

① 在整个道路网中，立体交叉口的形式应力求统一，其结构形式应简单，占地面积少；

② 交通主流方向应走捷径，少爬坡和少绕行，非机动车应行驶在地面层上或路堑内；

③ 当机动车和非机动车分开行驶时，不同的交通层面应相互套叠组合在一起，减少立体交叉口的层数和用地。

3.3.1　立体交叉口的类型及其适用条件

立体交叉口按相交道路的跨越方式可划分为上跨式和下穿式，按其交通功能可划分为互通式立体交叉口和分离式立体交叉口两大类。

1. 互通式立体交叉口及其适用条件

上下层之间用匝道或其他方式连接的立体交叉口称为互通式立体交叉口，分为部分互通式和完全互通式。

1）部分互通式立体交叉口

部分互通式立体交叉口是用部分匝道连通上下道路，或因受地物限制、或因某方向交通量极少而不设匝道，仍然保留次要道路上的平面交叉口。其常用形式有菱形立交口（见图 3-32）和部分苜蓿叶形立交口（见图 3-33）。

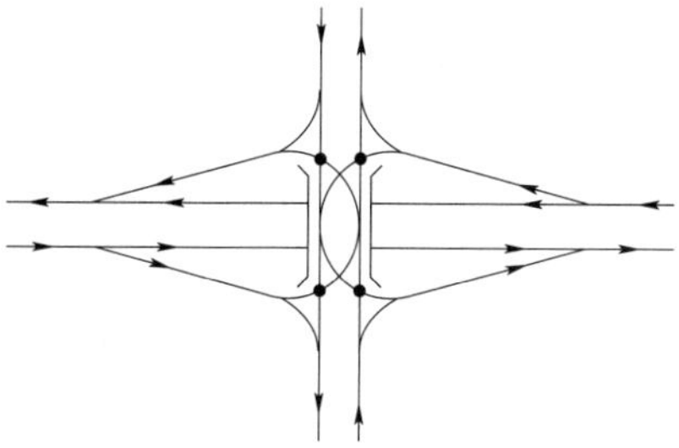

图 3-32 菱形立交口

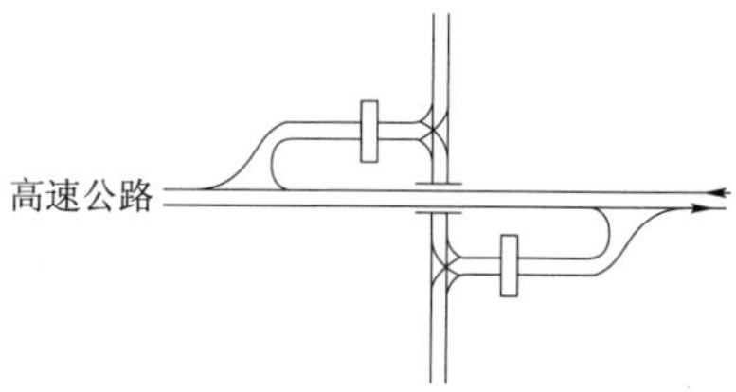

图 3-33 带收费站的部分苜蓿叶形立交口

菱形立交口仅需一座桥，形式简单，用地和工程费用小。其适用于主次道路相交、次路上交通量不大的交叉口。

部分苜蓿叶形立交口主要通路的出入均为立体交叉口，次要道路由于少设一条或几条环形匝道而保留平面交叉口或限制部分左转车辆通行。其适用于主、次道路相交的交叉口，或城市用地拆迁困难的立交路口。

2）完全互通式立体交叉口

相交道路的车流轨迹线全部在空间分离的交叉口称为完全互通式立体交叉口。它是一种比较完善的高级形式立体交叉口，匝道数与转弯方向数相等，各转弯方向都有专用匝道，无冲突点，行车安全、迅速，通行能力大，但占地面积大、造价高。其适用于高速道路之间或高速道路与其他交通量大的高等级道路相交。可分为下列基本形式。

（1）喇叭形立体交叉口

喇叭形立体交叉口是以喇叭形匝道连接的三岔道互通式立体交叉口。该立交有两种形式，如图 3-34 所示，图 3-34（a）中车流经环形左转匝道驶入主线，图 3-34（b）中车流经环形左转匝道驶出主线。喇叭形立交结构简单，行车安全方便，通行能力大。该立交一般适用于高速道路与一般道路相交的 T 形或 Y 形交叉。

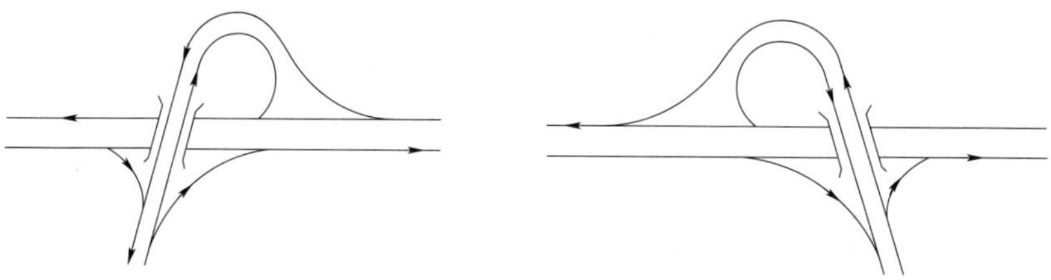

（a）车流经环形左转匝道驶入主线　（b）车流经环形左转匝道驶出主线

图 3-34 喇叭形立体交叉口

(2) 苜蓿叶形立体交叉口

苜蓿叶形立体交叉口是四路立体交叉口最常用的互通式立体交叉口之一。这种立体交叉口各匝道相互独立，无冲突点，交通运行连续而自然，但占地面积大，左转车辆绕行距离长，环圈式匝道适应车速较低，且跨线桥上、下存在交织，限制了立体交叉口的通行能力。为了消除直行道上进出口段交织车流的影响，可在主线上平行加设两条集散车道，做成带集散路的苜蓿叶形立体交叉口，如图 3-35 所示。它多适用于城市边缘地区的立交路口，在城市内因受用地限制很难采用。

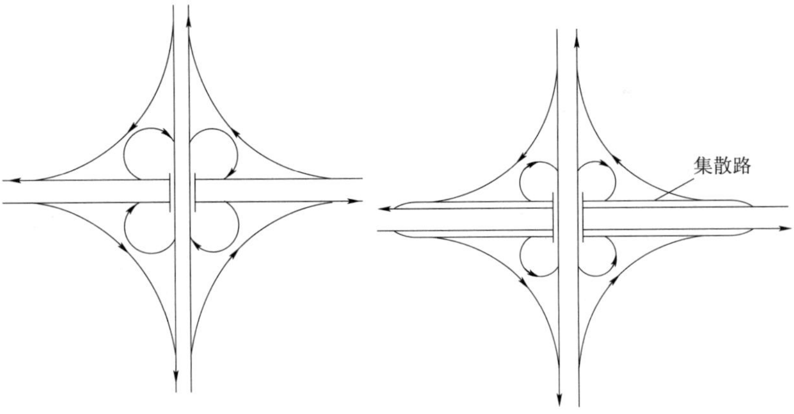

(a) 标准型　　(b) 带集散车型

图 3-35　苜蓿叶形立体交叉口

(3) 定向式立体交叉口

定向式立体交叉口（见图 3-36）为各个方向车辆均设有直接的连接匝道，保证交通的便捷、通畅和安全。其主要特点为匝道直接进出，转向角小，转弯半径大，路线短捷，各方向匝道均独立设置，无平交冲突点，无交织路段，因而适应的车速和交通量比前几种好，是互通式立体交叉口的最高级形式。这种立体交叉口的桥梁多、工程量大、造价高，特别适用于城市人口稠密，交通繁忙，直行与转弯交通量均较大的高等级道路相交处。

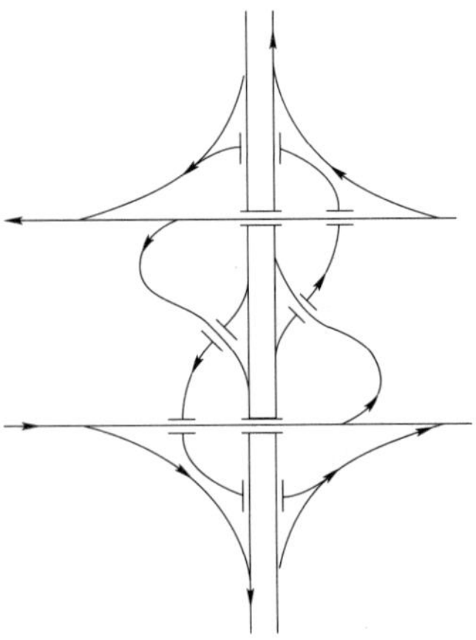

图 3-36　定向式立体交叉口

(4) 环形立体交叉口

环形立体交叉口（见图 3-37）是由平面环形交叉口发展而来的，为保证主线直行车流快速、畅通，将主线下穿或上跨环道而构成。其特点是环形匝道转弯半径较大，左转车行车路线绕行距离较小、环道短、行车方向容易辨认、结构紧凑、占地较少。但由于左转匝道公用，有交织路段，通行能力受交织能力影响，并且桥跨结构较前几种多，工程费用较高。按环道和立交桥布置的不同，分为两层式、三层式和四层式等。环形立交多用于城市道路的立体交叉口，五路及其以上的多路交叉口更为适宜。

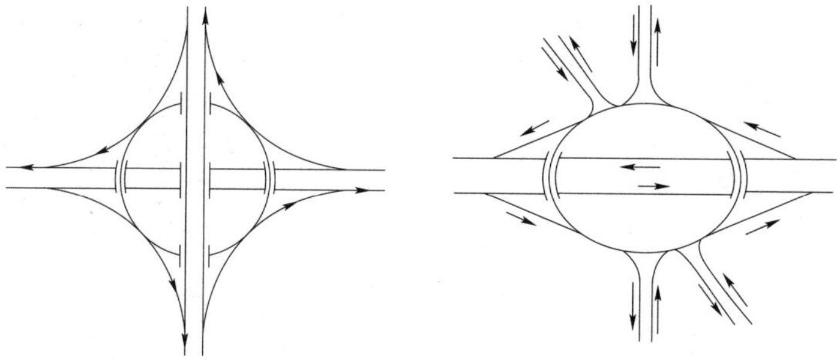

（a）四路立交　　（b）多路立交

图 3-37　环形立体交叉口

（5）组合式立体交叉口

组合式立体交叉口是根据交通量并结合地形、地物限制条件，在同一座立体交叉口中采用两种或两种以上不同形式的左转匝道组合而成的立体交叉口，如图 3-38 所示。这种立体交叉口左转匝道多为环圈式和半定向式匝道，立体形式多种多样；匝道布设形式与交通量相适应；充分利用地形、地物，因地制宜，造型别致、美观。

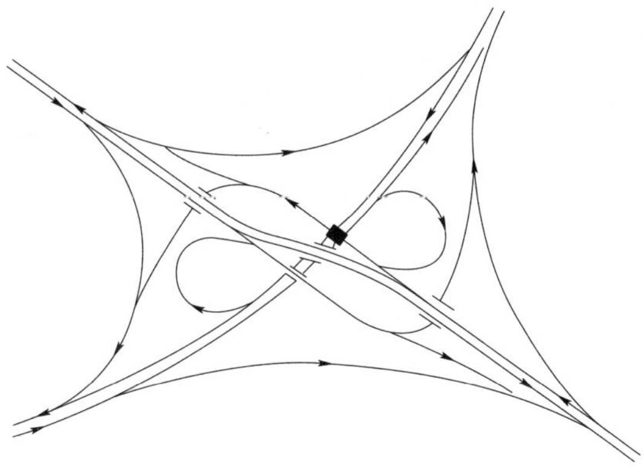

图 3-38　组合式立体交叉口

2. 分离式立体交叉口及其适用条件

分离式立交，即简易立交，是仅设跨线构造物（跨线桥或地道）一座，使相交道路在空间上分离，上、下道路间无匝道连接的交叉形式。

这种类型的立体交叉口结构简单、占地少、造价低，但相交道路的车辆不能转弯互通行驶。其主要适用于下列情况：

① 在高速或一级公路与限制其车辆进入的道路相交时采用，此时简易立交成为主线控制相交道路出入的设施；

② 在高速或一级公路与低等级道路相交时采用，即适用于道路等级、性质或交通量相差悬殊的交叉口；

③ 当交叉口附近已有互通式立交，该处设置互通式立交间距过小时，一般设分离式

立交；

④ 在城市道路中，当直行交通量大，转弯车辆很少，并可绕行其他路口行驶时采用，这是在城市道路中保证主干线或快速路畅通与次干线和支线相交常采用的形式；

⑤ 在公路与铁路相交时采用。

3. 下穿隧道式立交及其适用条件

下穿隧道式立交是利用隧道从相交道路的下方穿过的交叉形式。这种立体交叉主线采用低于地面的隧道，占地较少，立面易处理，对视线和周围景观影响小，但施工时对地下管线干扰较大，排水困难，对墙体防水要求高，施工期较长，造价很高，必须考虑通风和照明问题，养护和管理费用大。选用该立交形式要根据相交道路的等级，立交所处的位置、地形、地质、排水、施工、周围景观等因素通过技术经济比较后确定。这种立交适用于相交道路为高路堤或城区道路用地较紧、地面建筑物干扰大，窄街道及原有房屋较好，不能拆迁的情况的凸形地带。

3.3.2 立体交叉口的交通组织与管理

1. 立体交叉口的交通组织

立体交叉口的交通组织与平面交叉口不同，修建了立体交叉口后，由于其对车流有吸引作用，使得局部路网交通流的分配发生了变化。特别是靠近市区，交通量很大，交通状况复杂，只有对交通进行细致的分析，合理地组织立体交叉口及其局部路网范围内的交通，才能确保立交功能的发挥。立体交叉口的交通组织包括以下内容。

（1）路桥衔接处的交通组织

与立交桥衔接路段的交通组织重点是车道的匹配问题。

在立体交叉口处，出入口较多，转弯车辆在进出口时的车速较低且出入频繁，会影响立体交叉口干线的快速直行交通，为此，需设置集散道。集散道是与干线道路相平行且分隔的单向辅助性干道，如图 3-39 所示。

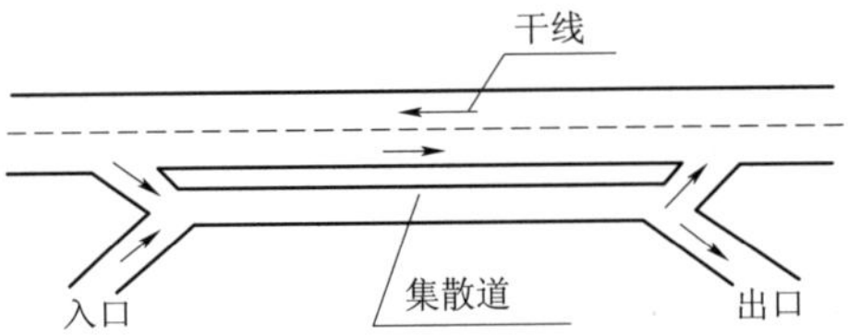

图 3-39 集散道

集散道消除了干道上的交织，减少了汇入和分流的潜在冲突点，从而使干道直通运行更加安全，并有更大的通行能力。集散道可以在一个立交内设置，苜蓿叶形立交口是单一互通式立交布置集散道的典型，也可以连通两个相邻近的立交，或沿着高速干道某一距离延续穿过几个立交。其宽度可以是单车道或双车道，主要取决于通行能力的需要。

立交桥的匝道口处是最容易出事故的地方，由于匝道车流与主道车流速度差相差过大，所以会在匝道口处的合流冲突点造成冲突，使主路车流减速造成拥堵或事故。解决的方式是对主路进行改造，拓宽出一条变速过渡车道。变速车道包括加速车道和减速车道，如图 3-40 所示。

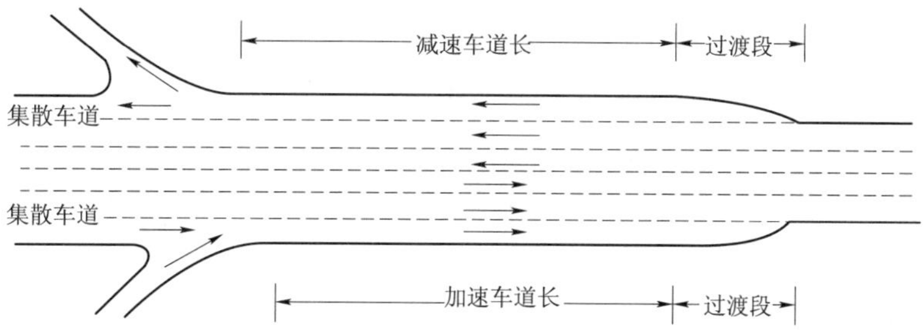

图 3-40　变速车道

（2）出入口的交通组织和立交桥的渠化

一条道路上（相当范围内）立交形式应具有统一性，立交形式的统一主要通过出入口形式体现，出入口的布置与交通组织密切相关，并对主干线的交通运行影响很大。特别在城市道路立体交叉口和高速公路立体交叉口中，由于交通出入频繁，故设计统一的或大体一致的出入口形式是很重要的。一般右转交通由干线右侧出口，左转弯交通由干线左侧出口较为方便，也利于驾驶员的驾驶习惯。对于左转弯交通也由干线右侧出口的立体交叉口，则应设置明确的交通标志或诱导设施，使驾驶员在转弯时可辨认。而在直行、左、右转弯车辆出入口布置相近的立体交叉口，如环形立体交叉口，则就不适于快速交通的要求，也不易辨认出入口。

在立体交叉口分岔处，同一地点不能同时向 3 个方向分岔，以免驾驶员判断困难而误入歧途，造成交通的混乱，同时，岔口间应有间隔，使驾驶员有足够的辨认时间。同一条干线上的立体交叉口，或连续几个立体交叉口（如立体交叉口组、立体交叉口群）时，其形式应满足立交形式的统一性原则，以便使干线上交通行驶方便，驾驶员不必在每处立体交叉口进入前辨认，从而提高全线车速。

对立交桥采取渠化措施，通过设置交通标志、标线、导向岛和分隔带诱导行车方向以规范交通流，改善立交性能。立交桥的渠化应注意：立交桥最内侧车道和中间的车道应该画隔离线，避免匝道进口车流影响主道车流，同时也避免在桥区并线变道引起事故；所有转弯的车流一律在外侧车道行驶，所有过桥的车流一律在内侧两条车道行驶，以减少匝道口处冲突点上的冲突次数；按照层流原理限制车速，在速度差较小从而允许变线处，画车辆分道线；速度差大的路段不允许变道并线，应画隔离线。

（3）与立交桥衔接的主路路段的交通组织

路段和立交桥应该看作一个整体，路段交通组织不好，会将矛盾都挤向立交。反之，立交矛盾过于集中时，也可将其分散到路段上解决，简化立交的交通组织。

路段交通组织包括车道组织、行人过街组织、公交组织、进出口组织、车速组织、停车组织等。

交叉口处的行人交通组织问题，对城市立体交叉口非常重要。为保证路口的车辆快速通行和行人的安全，一般可在快慢车分行立体交叉口的慢车道桥孔或非机动车道桥孔中设置人行横道，或专门设置人行天桥或地下人行过道，即人行立交。

2. 交通管制方式

几乎所有的部分互通式立交都包含或潜在有车辆冲突点，对立体交叉口提供适当的交通管制，能大大减少实际发生这些冲突的可能性。事故的消除和交通运行的效率仍然取决于驾驶员的心态、判断能力、反应能力以及车的性能。

在这些平交点一般应用的管制方式有以下 4 种。

① 无控制，但允许车辆调整速度。

② 让路控制。匝道上的所有车辆必须让相交干道的直行车优先通过（或相交干道的直行流让匝道上的所有转弯车辆优先运行）。

③ 停车控制。匝道上的所有车辆在进入相交干道前，必须先停车，再进入相交干道（或相交干道的直行车流在匝道与相交干道形成的平交处先停车，然后观察匝道上转弯车流的情况，再直行通过）。

④ 信号控制。采用停车标志或交通信号管制，要求从匝道上和相交干道来的车都先停车再通行或都按信号机所显示的信号通过。

在以上的 4 种控制方式中：一般来说无控制和让路控制，适合于匝道转线流和相交干道直行流都较小的情况。让路标志的设置与匝道和相交干道的流量及相交干道的等级有关，当相交干道等级较高，让路标志应设置在匝道上，反之亦然。停车控制则适合于相交干道直行流较大、匝道转线流小或匝道转线流较大而相交干道直行流小的情况。对于第一种则应在匝道上设停车标志，反之应在相交干道上设置停车标志。当相交干道和匝道转线流都较大时，应采用信号控制，合理地疏散干道和匝道流量。但应注意，随着相交干道和匝道转线流的增加，在相交干道和匝道上的车辆因红灯而排队影响了相交干道的相邻路口及主干线的流量运行时，应考虑重新选择立交形式或对原有的立交进行改建。

3.4 交通冲突技术简介

长期以来，世界上大多数国家均采用事故统计方法来进行交通安全评价。但是，由于交通事故生成特点与统计周期等缺陷的客观存在，普遍存在着“小样本、长周期、大区域、低信度”的缺陷，尤其是小区域地点的交通安全评价的效度与信度不尽如人意。交通冲突技术是以“大样本生成、快速定量、高信度”地研究评价小区域地点的交通安全现状与改善效果的特点，异于传统的事故统计评价的方法，是一种典型的交通安全间接评价技术。

3.4.1 交通冲突的基本概念及分类方法

1. 一般概念

交通冲突的一般概念为交通行为者在参与道路交通过程中，与其他交通行为者发生相会、超越、交错、追尾等交通遭遇时，有可能导致交通损害、危险发生的交通现象。交通冲突也可表述为交通行为者的一方已明显感知到事故危险的存在，并采取了积极有效的相应避险行为的交通遭遇事件。

就一定意义而言，交通事故同属于交通冲突范畴，交通事故与交通冲突的成因及发生过程完全相似；两者之间的唯一区别在于是否存在损害后果。换言之，凡造成人员伤亡或车物损害的交通事件称为交通事故，否则称为交通冲突。交通冲突的发生与否可用图 3-41 表示。

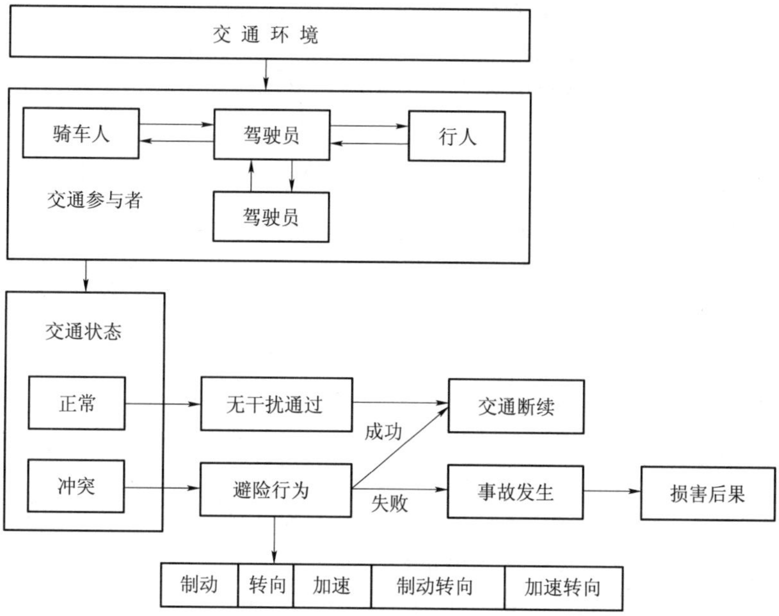

图 3-41　交通冲突发生与不发生的过程关系

2. 分类方法

客观地量度交通冲突严重性程度的基本方法主要有以下 3 种。

（1）距相撞点的空间距离

选择“距离”作为度量参数，其实际意义是很明显的。冲突双方之间的距离越小，则相撞的可能性就越趋于无穷大，即事故即刻发生。但是，如果冲突速度很低，即使其距相撞点的距离很小，发生事故的可能性也小，同时适时地掌握双方之间的最佳距离也可克服一些危险的情况。

（2）距相撞点的时间距离

“时间距离”在一定程度上综合反映了道路使用者避让事故所需要的空间距离、速度、减速力及转向能力。时间距离小，可反映出距相撞点的距离短或速度很高，或二者兼有。虽然也存在短时间和低速度同时并存且事故可能性小的情况，但这种情况在实际中确实很少（且多见于疲劳驾驶，注意力不集中等情况）。

（3）为避让相撞所需的制动减速力

一定的减速力与任何距离都有关（指时间距离或空间距离），因此减速度应与行驶速度或距离联用。减速度的记录很复杂，需要进行严格记录处理。

3.4.2　交通冲突技术的评价

1. 交通冲突技术的可靠性

交通冲突技术（traffic conflicts technique，TCT）是对冲突当事双方的相对位置和冲突速度进行观测，并以安全临界标准检验冲突与事故接近水平的过程。其主要是由观察员进行实地交通冲突的观测、记录、收集冲突数据。观察员对严重冲突的记录是极为可靠的，可以认为经过良好训练的观察员不假思索就可估计出可靠性极高的冲突结果，因此，有理由认为，交通冲突技术具有较高的信度水平。在下一代半自动或全自动记录技术被广泛应用之前的一个较长时期内，还将依赖人工观察记录技术。当然两者相比，半自动或全自动记录技术更为经济可靠。

2. 交通冲突技术的有效性

TCT 有效性研究的主要目的是检验严重冲突与事故的相关性及相关程度，确定严重冲突能否代替事故进行交通安全评价与预测，通过确立严重冲突与事故的替换关系，为应用 TCT 提供定量依据，并建立 TCT 安全评价模型与事故预测模型。冲突技术具有良好的有效性，通过冲突换算出来的事故平均期望数与事故实际发生数相比较，结果基本相符。

由于事故与冲突的成因与前期过程完全相似，二者的唯一区别仅在于是否有其损害后果发生。由于这一特性，可以假设：事故与冲突的发生概率虽然存在着差异，但这种差异将具有线性特征且呈一定的规律性，即具有统计学意义。因此，二者相应的各项代表性参数将存在着某种强相关关系。通过对具体案例的研究分析，可以得出事故与冲突的发生数以及各项代表性参数均呈强相关关系，证实了交通事故与严重冲突之间存在相互替换关系，即冲突对事故具有替换性。根据冲突与事故的相互替换关系，可以得到一次冲突导致事故发生的概率，进而可根据对某交通地点在单位时间内所发生的严重冲突调查均值，转换为其相对应的事故数学期望值，从而实现交通安全评价与事故预测的目的。

3.4.3 基于交通冲突技术的安全改善

总结国内外减少道路交通事故和改善城市道路交通安全的经验，核心对策仍然是加强交通安全教育、交通工程措施、交通执法、高科技的应用和交通需求管理。目前，在我国的城市道路交通安全研究中，除教育执法外，交通工程措施仍然是改善道路交通安全水平的主流。其中，交通冲突技术的应用是道路交通安全改善的重要内容。现以交叉口的交通冲突为研究对象加以阐述。

1. 交叉口的交通流现象

交通流是指在道路上一定数量的车辆、行人运动时所形成的一种宏观现象，包括机动车流、非机动车流和人流。在交叉口，各种车流人流汇集、分散、相互交织，呈现以下 3 种基本现象。

① 交叉现象。如直行车辆与横向车辆交叉，直行车辆与左转车辆交叉，左转车辆与左转车辆交叉的现象。

② 分流现象。转向交通流与原方向的交通流出现的分离现象。

③ 合流现象。转向的交通流加入另一交通流的现象。

由这 3 种交通流现象，可以进一步对交叉口的交通冲突进行分析，并从另一种角度实现交通冲突的分类。

2. 交通冲突与冲突点

冲突点是指道路事故的潜在碰撞点。交通冲突是事件，而冲突点是在一条道路或车道上穿越、合流、分流的道路用户与另一使用相同道路或车道的用户发生交通冲突的地点。在交叉口，不同的交通流现象会出现不同形式的交通冲突，它们的形成方式不同，对交通的影响也不同。对不同形式的冲突进行分析，可以探索解决交通冲突的根本途径。

（1）交叉冲突

在交叉现象中，两个不同方向的交通流相互交叉时发生冲突称为交叉冲突。此时，两个不同方向交通流的交点称为交叉冲突点；两个方向交通流的夹角称为交叉冲突角，简称交叉角，用 α_j 表示。典型的 4 种交叉冲突如图 3-42 所示。由此可以看出，不同的冲突点对交通冲突有不同的影响。随着交叉角的增大，处于交通冲突中的车辆所产生的危险性越大，故而对交通安全的影响也越大。

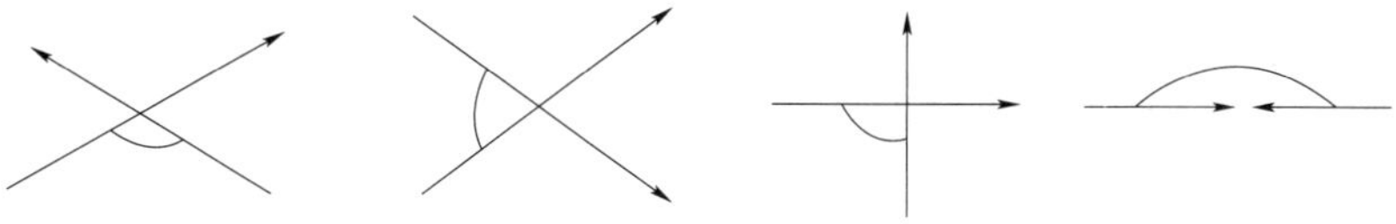

（a）$\alpha_j>90°$　（b）$\alpha_j<90°$　（c）$\alpha_j=90°$　（d）$\alpha_j=180°$

图 3-42　交叉冲突

（2）分流冲突

在分流现象中，一个方向的交通流分成两个不同方向的交通流时发生的冲突称为分流冲突。此时，一个方向的交通流分成两个方向交通流时的分离点称为分流冲突点，其分流冲突角用 α_f 表示，如图 3-43 所示。在分流过程中处于交通流中的车辆所发生冲突的最大可能是追尾冲突。当分流冲突角增大时，车辆发生追尾冲突的机会减少；反之，当分流冲突角减小时，相互分流的车辆发生追尾冲突的机会增多。因此，随着分流角的增加，其产生的危险性相对减小，故而对交通安全的影响也相对减小。

（3）合流冲突

在合流现象中，转向的交通流加入另一方向交通流时，即在两个不同方向的交通流汇合成一个方向的交通流时发生冲突称为合流冲突，此时，两个不同方向交通流的汇合点称为合流冲突点，其合流冲突角用 α_h 表示，如图 3-44 所示。由图 3-44 可以看出，在合流过程中，随着合流角增大，处于合流过程中的车辆所产生的危险性也越大。

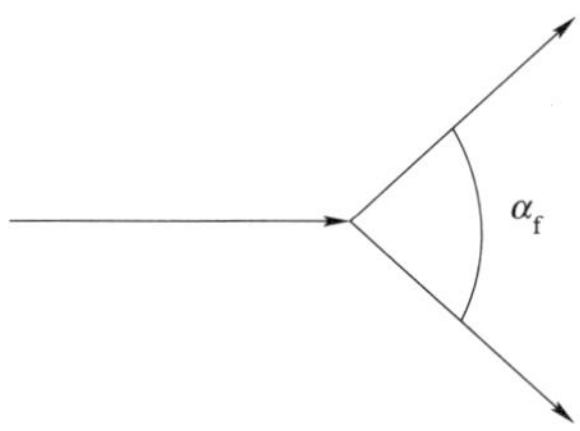

图 3-43　分流冲突

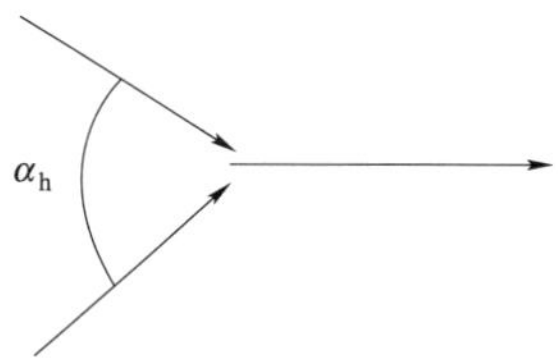

图 3-44　合流冲突

以上交叉冲突点、分流冲突点和合流冲突点统称为冲突点。而且冲突点和冲突角是交通冲突形成的两大要素。即冲突点越多，所发生的冲突越多。在 3 种冲突点中，分流冲突点的影响最小，交叉冲突点的影响最为突出。冲突角的变化对冲突所产生的危险程度也不一样。因此，解决交通冲突，保障交通安全，其根本途径有以下两条：

① 减少冲突点，尤其是交叉冲突点；

② 改善冲突角，尤其是交叉冲突角。

3. 交叉口条件

在交叉口，影响交通冲突点的因素很多，如交通流类型、交通流运动方向和运动轨迹（如机动车的大转弯或小转弯）、交叉路口分岔道路条数、分岔道路的走向及交叉路口区域面积的大小等，它们都会对交通冲突点的数量和分布带来影响。为便于研究，可以从复杂的因素中抽取主要的东西，分析某特定条件交叉口的交通冲突，从而由特定条件来认识一般交叉口交通冲突的规律。为此，可以假定交叉口的条件为：

① 交通流只作为一种抽象的规定，不限于某种车辆、车型或行人的具体的交通流，且轨迹“冲突点”即认为是交通冲突点；

② 交叉路口分岔道路的车道数为双向单车道，以便于研究且能够反映多车道道路交通冲突的规律；

③ 交通流转向的运动轨迹是确定的，如右转弯交通流的运动轨迹是紧靠路缘石车道的中心线行驶，左转弯交通流的运动轨迹是紧靠交叉口中心的内侧行驶，即按左小转弯轨迹行驶。

4. 冲突点的分布规律

根据上述条件，在没有交通控制的路口，通过几何作图方法，其交通冲突点的分布可以用以下公式表示：

$$c_j = n^2(n-1)(n-2)/6 \tag{3-9}$$

$$c_f = n(n-2) \tag{3-10}$$

$$c_h = n(n-2) \tag{3-11}$$

式中：c_j——交叉冲突点数量；

c_f——分流冲突点数量；

c_h——合流冲突点数量；

n——交叉路口分岔道路条数。

研究表明，当车辆和行人进出路口时，由于行驶方向和交汇方式不同，就形成了许多的冲突点和交织点。冲突的产生主要是由于直行和左转车辆相交时所致。它是引起各种车辆之间，车辆与行人之间肇事的最主要、最直接的因素。

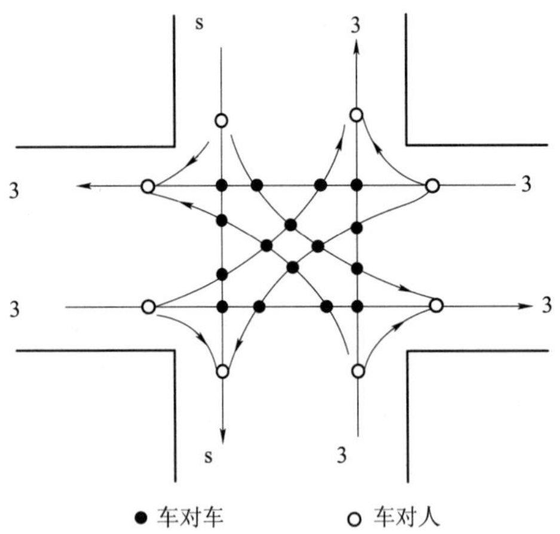

图 3-45 四岔路口冲突点分布情况

从图 3-45（四岔路口冲突点分布情况）可以看出，车对车的交叉冲突点为 16 个，车对人的冲突点为 24 个。如果在该路口处，车速较慢，同向车流转向分流造成事故不多，可以不考虑分流冲突。

另外，在没有实行交通控制的三路、四路、五路及六路交叉口以每向为单向机动车流来统计，交叉冲突点数分别为 3、16、50、120 个。

5. 冲突点影响因素

通过分析可知，影响冲突点的因素有以下两个方面。

① 交叉口相交道路的条数。相交道路的条数增加，冲突点会急剧增加，特别是交叉冲突点增加更快。

② 左转交通流。如对交叉口中一条或多条分岔路口的左转交通流实行控制，那么其冲突点，特别是交叉冲突点的数量将大大减少。

6. 解决交通冲突的实际应用

解决交叉口交通冲突的两条根本途径和影响交通冲突点的关键因素，在交通组织和管理中，可以通过减少冲突点、改善冲突角两种办法，具体采用的方法如下。

（1）远引交叉

由于左转弯交通流是影响交叉冲突点的关键因素，因此，在交通量较大的路口，为了减少交通冲突，使左转弯车辆在离开这一路口的适当位置绕行，再通过这一路口，这种交通组织方式即为远引交叉。采用这种方式，在交叉路口只有右转车流和直行车流，消除了左转车流对交通冲突点的影响，从而减少了交叉点。但其前提是，在附近有相应的旁路来用作绕行的路口。

（2）环形交通

环形交通是让进入交叉路口的车辆一律绕岛作逆时针单向行驶，至所要去的路口即驶离的交通组织方式。由于驶入环道和驶出环道的车辆都是右转，没有左转弯车流，不形成交叉现象，从而消除了交叉冲突点。这在交通量不大，非机动车流不大且左转弯车辆比例较大的交叉路口，是一种有效的方式。此方法能减小左转弯车流的影响，避免灯控路口的周期性阻滞。

（3）简化路口

相交道路的条数对交通冲突点数量带来急剧的变化，相交道路的走向和形式对冲突角有直接的关系。交叉路口相交道路的条数越少，产生的交通冲突点越少，交叉路口的走向和形式越简单、越规则，越有利于改善冲突角。因此，可以对复杂的多岔路口进行改造，使路口简化，以减少冲突点，改善冲突角。

（4）立体交叉

立体交叉是解决道路交叉冲突最为彻底的工程措施。立体交叉路口设有专门的匝道，以提供各转向车流的运行；在出入口处专门设置了减速车道和加速车道，供车辆分流和合流。因此，它对交通影响较小的分流点和合流点完全消除了交叉冲突点。由以上可知，在高速道路和城市主干道采用立体交叉工程措施，可以有效地保证通行速度和交通安全。

（5）单向交通

在交叉路口某一分岔或某几条分岔道路上实行单向交通，能减少这一分岔道路上另一方向进入交叉路口的交通流，使交叉冲突点明显减少。例如，在十字交叉口，各分岔道路均为双向两车道，当不采用任何控制时，其交叉冲突点为 16 个；当其中某一分岔道路为单向交通时，其交叉点将减为 4 个。如果将单向交通与信号灯相配合，则可完全消除冲突点。因此，合理组织单向交通可以大大减少交通冲突，提高安全度。

（6）交通渠化

在交叉路口，可以通过设置交通标志、标线和交通隔离设施进行交通渠化，使各种不同性质的交通流按照规定的方向实现有序的流动。交通渠化通过控制各交通流的方向，可以改善冲突角或消除部分区域内的冲突点，这是一种投资少、见效快的交通管理措施。如图 3-46

所示。

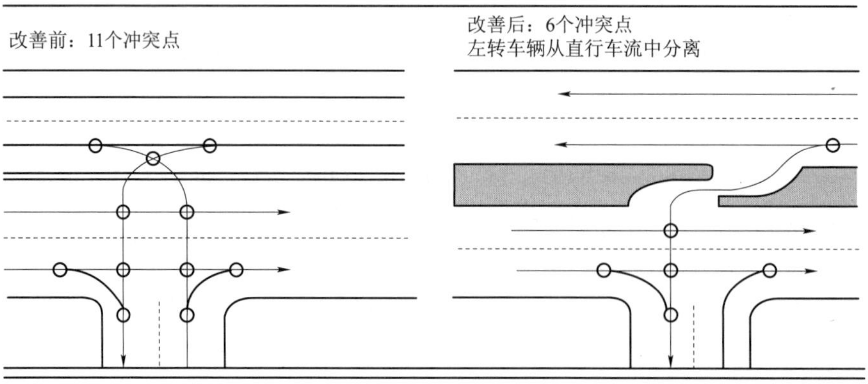

图 3-46 交通渠化实施效果示意图

（7）信号控制

在交叉口，可以通过设置不同的信号相位对进入交叉口各个方向的交通流给予控制，从而改变进入交叉口交通流的数量，相当于减少了相交道路的条数或减少了转弯车辆的干扰，达到减少或消除冲突的目的。

随着道路交通的变化，减少冲突点，改善冲突角，解决交通冲突的研究将会在城市交通安全的研究中得到广泛的运用。统计表明，平面交叉口仍然是城市道路交叉路口的主体，因此对其实施有效的交通渠化并匹配最优的信号控制方法，仍然是交叉口安全改善的重点。

3.4.4 交通冲突技术的应用与展望

大量的事实表明，传统的以交通事故统计为基础的交通安全评价体系可信度小。事故统计的缺陷主要在于事故统计管理不完善，事故发生的稀有性导致安全评价周期延长，事故的随机性使安全评价信度下降。交通冲突完全可以取代事故进行独立的交通安全评价分析，同时根据事故与冲突的换算关系，还可以准确地预测事故的规模，这样就可以采取相应的措施解决交通冲突，快速定量地达到改善安全的目的。

交通冲突技术可用于对局部区域或地点（如交叉口、路段等）的安全问题进行快速诊断，对改善措施进行快速评价，以及对地点事故的原因进行快速分析等。交通冲突技术是一种非常适合对平面交叉口进行安全评价的方法。下面介绍一种应用交通冲突技术对交叉口评价的概率方法，其步骤如下。

① 选择研究的交叉口，对交叉口交通流量、交通冲突进行观测。

② 对交叉口每天的冲突观测值进行分组（根据冲突值的离散程度确定分组间距），计算每组冲突值的 Gamma 概率分布和累积概率分布值。

③ 一般来说，90%以上的可信度足以满足精度要求，因此，根据当地政策、经济能力和工程分析需求等因素取概率分布函数的 90% 分位值 C_{90} 或 95% 分位值 C_{95} 作为冲突值异常与否的判断标准。

④ 评价同类型交叉口安全度时，如果某交叉口冲突观测值小于 C_{90} 或 C_{95}，则认为该交叉口安全；否则，认为该交叉口交通安全状况发生了显著的变化，需要加以治理改造。根据

冲突观测值的大小，还可以估计出每个交叉口的安全程度。

交通冲突技术可广泛应用于城市交通规划、安全设备改善及交通管理水平评价等方面。由于 TCT 具有广阔的应用前景，目前已经为许多国家所应用，它已经成为一种发展速度快、应用效果好的综合性评价技术。

复习思考题

1. 在某个交叉口进口道，车辆的行驶速度为 60 km/h，驾驶员的感知—反应时间为 2.5 s，滑动摩擦系数为 3.5，坡度为 0；车辆减速和侧向移动的行驶距离为 83 m；排队车辆的平均间距为 6 m，最大排队车辆数为 8。请分析该交叉口的功能区。

2. 图 3-47 是两条公路相交而成的平面交叉口，试分析：

(1) 在基本通行规则之下的运行是否安全?

(2) 是否有必要安装停车让行或者减速让行标志?

3. 在图 3-48 中，东西方向双向行驶道路与北向行驶的单行道路相交而成平面交叉口，试分析：

(1) 在基本通行规则之下的运行是否安全?

(2) 如不安全，应如何改善?

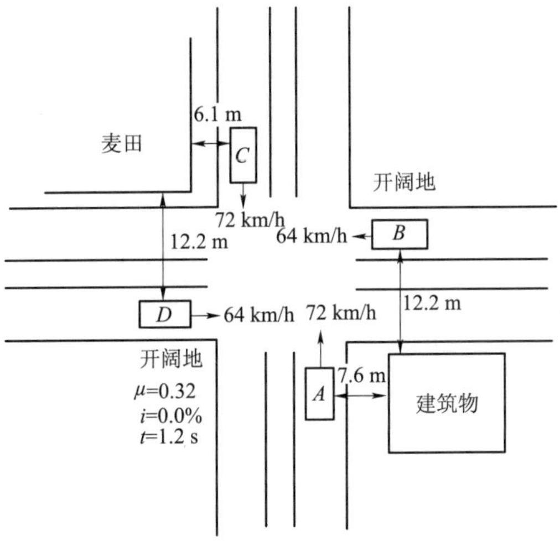

图 3-47 两条公路相交交叉口

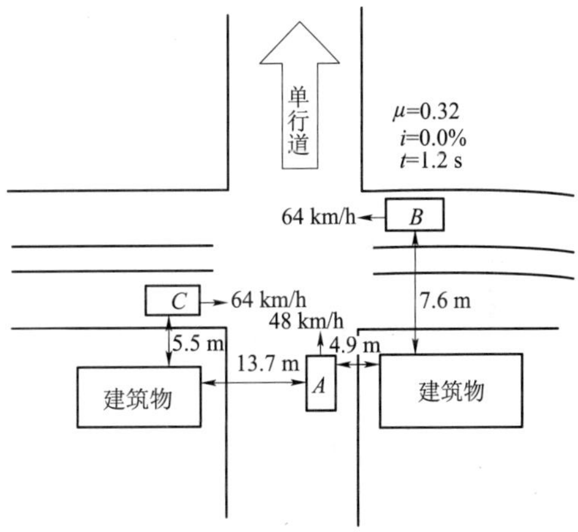

图 3-48 平面交叉口

4. 交叉口渠化控制设计中应注意哪些因素?

5. 如何保障在基本通行规则之下运行的交叉口具有充足的视距?

6. 简述立体交叉口的类型及其适用条件。

7. 集散车道、变速车道的概念以及其设置的意义是什么?

8. 交通有哪些冲突点? 各种冲突点有什么特点? 五岔路口各有多少种冲突点? 试画图说明。

9. 结合身边实例谈谈化解交通冲突的有效方法。

第 4 章

交通运行管理

4.1 行车管理

4.1.1 机动车速管理

1. 限速及其依据

车速管理是指运用交通管制的手段，强制性地要求机动车按照规定的速度范围在道路上运行，以确保道路交通安全。《中华人民共和国道路交通安全法实施条例》（2017）第四十五条对路上行驶最高车速的规定，见表 4-1。

表 4-1 部分道路类型最高行驶车速规定表

道路类型		最高行驶速度/(km/h)
没有道路中心线的道路	城市道路	30
	公路	40
同方向只有 1 条机动车道的道路	城市道路	50
	公路	70

从各地发生的交通事故情况分析来看，由于违章超速行驶所造成的交通事故占有很大比重，这就使我们不能不对行驶车速进行严格的管理和控制，特别是对那些不符合设计技术标准的路段，必须严格采取限速措施以确保行车安全。

① 对于因受条件限制，实际通视距离不能满足最小视距要求的路段，应按实际通视距离验算该路段的限制车速。

汽车停车视距 S_s 为：

$$S_s = \frac{V}{3.6}t + \frac{V^2}{2g(\mu \pm i) \times 3.6^2} + l_0 \tag{4-1}$$

式中：S_s——汽车停车视距，m；

V——汽车行驶速度，km/h；

t——反应时间（通常取 2.5 s，其中判断时间为 1.5 s，操作时间为 1.0 s），s；

g——重力加速度，9.8 m/s^2；

μ——汽车轮胎和路面的摩擦系数；

i——道路纵坡（上坡 i 取正值，下坡 i 取负值）；

l_0——前后两车的安全距离（通常取 5 m），m。

式（4-1）右边前两项分别表示反应距离和制动停车距离。制动停车距离在路面湿润的情况下，取 μ =0.29 ～ 0.44。进行道路限速设计时，应考虑潮湿路面上的实际车速，按设计车速的 85%～ 100% 计算，如表 4-2 所示。

表 4-2　在水平路段上路面湿润时的制动停车距离与停车视距

设计速度/(km/h)	行驶速度/(km/h)	μ	反应距离/m $S_1=0.694\ V$	制动停车距离/m $S_2=0.00394\ V^2/\mu$	S_s	S_s^*
120	102	0.29	70.8	141.4	217.1	210
100	85	0.30	59.0	94.9	158.9	160
80	68	0.31	47.2	58.8	110.0	110
60	54	0.33	37.5	34.8	77.3	75
50	45	0.35	31.2	22.8	59.0	55
40	36	0.38	25.0	13.4	43.4	40
30	30	0.44	20.8	8.1	33.9	30
20	20	0.44	13.9	3.6	22.5	20

注：S_s^* 为日本道路工程技术标准《道路构造令》（2003）规定值。

对于迎面驶来的车辆，采用表 4-2 中所列停车视距值的 2 倍，即会车视距 S_h 为：

$$S_h=2S_s \tag{4-2}$$

在弯道、凸形竖曲线路段中间有严格实物分隔设施时，应验算该路段停车视距；当实际通视距离小于设计停车视距时，须按实际通视距离计算该路段应采取的限制车速。当路段中间无严格的实物分隔设施时，应验算该路段会车视距；当实际通视距离小于设计会车视距时，须按实际通视距离计算该路段应采取的限制车速。

② 在该设而未设或不便设超高的小弯道上，应按弯道的转弯半径验算可通过的安全行驶车速作为通过该弯道的限制车速，即

$$V_1=\sqrt{127(\mu-i_0)R} \tag{4-3}$$

式中：V_1——限制车速，km/h；

R——转弯半径，m；

μ——路面摩擦系数；

i_0——路面横坡度。

另外，在住宅区内道路上，为保障住宅区内居民在路上行走时的安全，维护住宅区的环境安宁，限制过境车辆穿越住宅区道路，也可在住宅区道路上规定极低的限制车速。

③ 驾驶员视野与车速关系研究结果表明：驾驶员视野随行驶车速的增加而减小，注视点前移，形成隧洞视，如图 4-1 所示。同时，视焦距变长，视认景物模糊，视认能力减退，

导致事故率上升。表 4-3 反映了驾驶员注视点、视野与行驶车速间的关系。

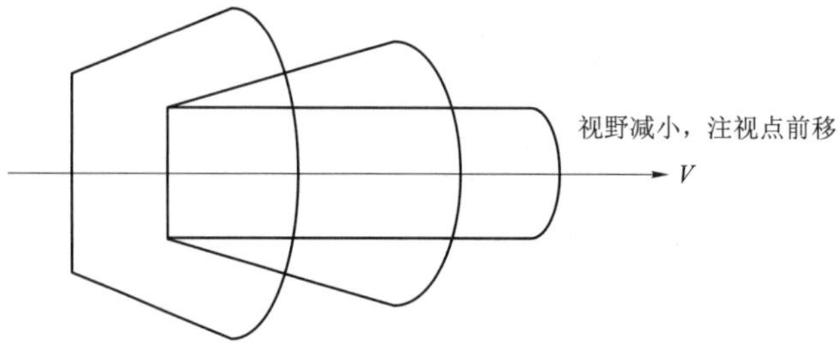

图 4-1 车速与视野的关系

表 4-3 驾驶员注视点、视野与行驶车速间的关系

行驶车速/(km/h)	注视点（前方）/m	视野/°
40	183	90
72	366	60
105	610	40

为降低随着行车速度增加时驾驶员视野减小、注视点前移、形成隧洞视的现象对驾驶员造成的影响，除了采取在道路线形设计中适当加入弯道等措施外，还要在交通管理和控制上采取限速措施，以确保车辆行驶安全和畅通。

2. 限速措施

（1）车速限制

最高行驶车速的限制是指对各种机动车辆在无限速标志路段上行驶时的最高行驶车速的规定。它是由道路设计车速或实际地点车速的累计频率分布曲线上的 $V_{85\%}$ 值等因素确定的，如图 4-2 所示。

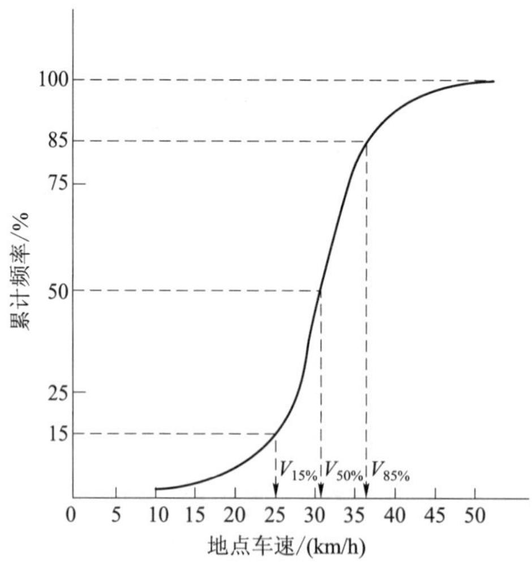

图 4-2 地点车速累计频率分布曲线

道路上某点的时间平均车速是单位时间内各辆车在该点上的地点车速分布平均值，这种地点车速分布平均值可通过车速频率分布曲线及车速累计频率分布曲线来确定。

地点车速频率分布曲线及累计频率分布曲线，反映了所观测路段上地点车速的统计特征，从中选出以下特征指标。

$V_{85\%}$（85%位地点车速）：在地点车速累计频率分布曲线图中，对应累计频率为 85% 的地点车速，记为 $V_{85\%}$。它表示观测路段有 85% 的行驶车辆，其地点车速≤$V_{85\%}$。它被用来确定路段的最大限制车速，简称它为车速上限。$V_{85\%}$ 被确定后，实际上仅对 15% 的驾驶员进行了限制。

$V_{15\%}$（15%位地点车速）：在地点车速累计频率分布曲线图中，对应累计频率为 15% 的地点车速，记为 $V_{15\%}$。它表示观测路段有 15% 的行驶车辆，其地点车速≤$V_{15\%}$。换言之，有 85% 的车辆，其地点车速高于 $V_{15\%}$。它被用来确定路段的最小限制车速，简称车速下限。此指标在高速道路上尤为重要。

$V_{50\%}$（中位地点车速）：在地点车速累计频率分布曲线图中，对应累计频率为 50% 的地点车速，记为 $V_{50\%}$。

（2）特殊情况下的车速限制

在道路条件与交通条件的影响下（如交叉口、街巷、穿越铁路、下陡坡等），对行驶车速应有一定的限制。如在交通信号控制系统（线控、面控等）中的车辆要求以适应“绿波带”的所谓“推荐车速”行驶；在车辆运行中途发生故障（如喇叭、灯光、机体等损坏但仍能行驶）时，根据交通规则进行现场限速管理；在天气条件恶劣（如遇到风、沙、雨、雪、雾天气，道路能见度在 30 m 以内，或者道路结冰、有积雪等情况）时，依据交通规则进行现场限速管理。

3. 控制行驶车速的方法

（1）法规控制

法规控制是指根据交通规则中的规定对车速加以限制。如通过交通信号、标志、标示对车速进行限速，道路上的最高限速和高速公路上的最低限速等都属于这类情形。如图 4-3 和图 4-4 所示。

（a）最低限速　（b）最高限速　（c）解除限速

图 4-3　主要限速标志示意图

（2）心理控制

心理控制是指利用人的心理作用对车速加以控制。它是根据人们的心理特点，起到对车速有所限制的作用。运用视力判断方法，使驾驶员对前方道路条件产生不良反应，本能地降低车速。如在急转弯处路面上画有斑马线、横线；在下陡坡处画有鱼骨刺形条纹，使驾驶员

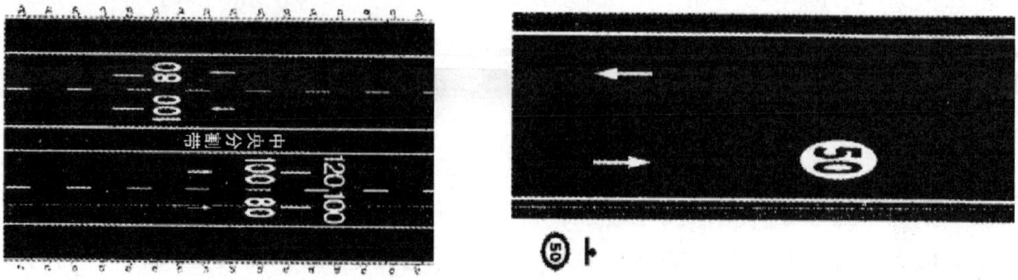

图 4-4　主要限速标线和标志示意图

产生车速过快的不安全感及道路条件不良感，从而自觉地放慢驾驶速度；在接近有横向干扰的交叉路口，有意识地使道旁树木的树梢互相靠近，从心理上给驾驶员造成道路狭窄之感，从而促使驾驶员自动减速。

（3）工程控制

工程控制是指通过道路工程设施对车速进行强制减速的控制。如在住宅区道路或高速公路、快速道路的出口处设置颠簸路面、波状路面、齿状路面和分隔岛（设障碍物强迫车辆减速绕行）等。

4.1.2　机动车道管理

1. 行车道宽度条件

① 机动车道宽度应根据车型及设计行车速度确定，《城市快速路设计规程》（CJJ 129—2009）对城市快速路机动车道宽度的规定如表 4-4 所示。

表 4-4　不同类型道路机动车道宽度

道路类别	级别	设计速度/(km/h)	车道宽度/m	
			大型客、货车或混行车	小汽车
快速路	主路	100，80，60	3.75	3.5
	辅路	40，30	3.5	3.5，3.25
主干道	Ⅰ	60	3.75，3.5	3.5，3.25
	Ⅱ	50，40	3.5	3.25
	Ⅲ	40	3.5，3.25	3.25
次干道	Ⅰ	50	3.5	3.25
	Ⅱ	40	3.5	3.25
	Ⅲ	30	3.5，3.25	3.25
支路	Ⅰ	40	3.5	3.25
	Ⅱ	30，20	3.5，3.25	3.25
	Ⅲ	20	3.25	3

② 一般机动车道路面宽度，包括车行道宽度及两侧路缘带宽度。

③ 公交专用道车道宽度，不宜小于 3.5 m。

④ 大容量公共交通的专用道车道宽度，应根据选用的车型具体确定。

2. 单向交通

单向交通又称单行线，是指道路上的车辆只能按一个方向行驶的交通。

当城市道路上的交通量超出其自身的通行能力时，将造成城市交通拥塞、延误及交通事故增多等问题。此时，在道路交通系统中，若对某一条或几条道路，甚至对某些路面较宽的巷、弄，考虑组织单向交通，则将会使上述交通问题明显得到缓解和改善。单向交通是在城市道路交通系统中，充分利用现有城市道路网容量，缓解城市交通拥挤的一种经济、有效的交通管制措施。

应该强调指出，在旧城区街道狭窄、路网密度很大的地方，需要且有可能在一些街道上组织单向交通。说它需要，是因为这些街道车行道狭窄；说它可能，是由于道路网密度大，便于规划出平行的单向交通街道。

1）单向交通的种类

（1）固定式单向交通

对道路上的车辆在全部时间内都实行单向交通，称为固定式单向交通。常用于一般辅助性的道路上，如立体交叉桥上的匝道交通多是固定式单向交通。

（2）定时式单向交通

对道路上的车辆在部分时间内实行单向交通，称为定时式单向交通。如城市道路交通在高峰时段内，规定道路上的车辆只能按重交通流方向单向行驶，而在非高峰时间内，则恢复双向运行。所谓重交通流方向，是指方向分布系数 $K_D>2/3$ 的车流方向。必须注意，实行定时式单向交通时，应给非重交通流方向的车流安排出路，否则会带来交通混乱。

（3）可逆性单向交通

可逆性单向交通是指道路上的车辆在一部分时间内按一个方向行驶，而在另一部分时间内按相反方向行驶的交通。这种可逆性单向交通常用于车流流向具有明显不均匀性的道路上。其实施时间应依据全天的车流量及方向分布系数确定，一般当 $K_D> 3/4$ 时，即可实行可逆性单向交通。同样，应注意给出非重交通流方向车流径路的安排。

（4）车种性单向交通

车种性单向交通是指仅对某一类型的车辆实行单向交通。这种单向交通常应用于具有明显的方向性及对社会秩序、居民生活影响不大的车种，如货车。实行这类单向交通的同时，对公共汽车和自行车仍可维持双向通行，目的是充分利用现有道路的通行能力。

2）单向交通的优缺点

（1）单向交通的优点

单向交通在路段上减少了车辆与其对向行车的可能冲突，在交叉口上减少了大量冲突点，故单向交通在改善交通方面具有以下较为突出的优点。

① 简化交叉口交通组织，提高通行能力。在交叉口，大量的机动车及非机动车汇集于此，由于车辆的行驶方向和交汇方式不同，会形成许多冲突点和交织点。实施单向交通后，可以大大减少交叉口的冲突点数和交织点数。机动车与机动车、机动车与非机动车之间的干扰也明显减少，因而也就提高了交叉口的通行能力。

② 提高路段通行能力。由于单向交通减少了对向行车的可能冲突及减轻了快慢车之间的干扰，故道路通行能力会有明显的提高。据美国资料介绍，宽为 12 m 的街道，在禁止路旁停车的情况下，双向交通的通行能力为 2 800 辆/h，单向交通的通行能力可达 3 400 辆/h，提

高了 20% 以上。

③ 增加车辆行驶安全性，降低交通事故。由于双向交通改为单向交通后运行路线简化，行车条件改善，交通事故可能发生的冲突点减少，事故率普遍降低。如两条双向两车道的交叉口，实行单向交通后其冲突点数从 16 个降到 4 个，减少了 75%；其次，实行单向交通后一些事故的可能发生点将不存在，单向交通所发生的交通事故也多为追尾事故，恶性事故率和交通事故损失也将下降，因此，行车的安全性将会明显提高。

④ 提高车辆运行速度，减少延误。实行单向交通后，车辆的干扰减少，道路畅通车速提高。据调查统计，实行单向交通后行程时间可减少 10%～50%，平均车速提高 20% 以上。

⑤ 其他优点。

单向交通道路，有利于实施各交叉口间交通信号的协调联动控制。

单向交通有助于解决停车问题。狭窄道路上的双向交通如有停车，就会引起交通阻塞；若能允许路旁停车，而将留下的道路改为单向交通，则能有效地解决窄路上停车困难及交通阻塞的问题。据美国的有关资料表明，12 m 宽的街道，在可以停车的情况下，单向交通的通行能力为 1 600 辆/h，双向交通为 1 250 辆/h。

为减轻复杂交叉口的交通拥挤与混乱，若将进口道改为单向交通，则可减少交叉口的停车次数，且汽车尾气对空气的污染也会有所改善。

此外，单向交通可充分利用狭窄的街巷，减轻主干道上的交通负荷，在一定程度上避免了旧城道路的改建，可带来较大的经济效益。

（2）单向交通的缺点

① 增加了车辆绕道行驶的距离，增加附近道路上的交通量。

② 给公共交通的乘客乘行带来不便。

③ 容易导致迷路，特别是对不熟悉情况的外地驾驶员。

④ 增加了为单向管制所需的道路公用设施。

3）单向交通的实施条件

总的来说，单向交通对于改善交通条件，其优点多于缺点。但并非无论什么道路条件与交通条件，都可实施单向交通。一般来说，当各条平行的横向街道的间距不大，车行道狭窄又不能拓宽，而交通量很大造成严重交通阻塞时；当车行道的条数为奇数时；在复杂地形条件下或对向交通在陡坡上产生很大危险性时等情况下，实施单向交通能取得很好的效果。

国内外实行单向交通的经验表明，实行单向交通一般应具备以下条件。

① 具有相同起终点的两条平行道路，它们之间的距离在 350～400 m。

② 具有明显潮汐交通特性的街道，其宽度不足 3 车道的可实行可逆性单向车道。

③ 复杂的多路交叉口，某些方向的交通可另有出路的，才可将相应的进口道改为单向交通。

应认识到，当现有的道路系统出现负荷过大，但尚未到达超负荷之前，就应根据条件着手考虑并组织实施单向交通，设置易于识别的交通标志，规划出完善、合理的单向交通系统。例如，单向交通与双向交通的过渡段，提前设置预告标志、夜间照明及反光标志等。同时应该认识到，位于街道中心的有轨电车道是组织单向交通的严重障碍。

3. 变向交通

变向交通是指在不同的时间内变换某些车道上的行车方向或行车种类的交通。变向交通又称“潮汐交通”。

变向交通按其作用可分为两类：方向性变向交通和非方向性变向交通。

方向性变向交通是指在不同时间内变换某些车道上的行车方向。这类变向交通可使车流量方向分布不均匀现象得到缓和，从而提高道路的利用率。

非方向性变向交通是指在不同时间内变换某些车道上的行车种类。它可分为车辆与行人、机动车与非机动车之间相互变换使用的变向车道。这类变向交通对缓和各种类型的交通在时间分布上不均匀性的矛盾有较好的效果。例如，在早晨自行车高峰时间，变换机动车外侧车道为自行车道；到了机动车高峰时间，则变换非机动车道为机动车道。另外，在中心商业区变换车行道为人行道及设置定时步行街等，这些都是非方向性变向交通。

服务于变向交通组织的潮汐车道标志标线，如图 4-5 所示。

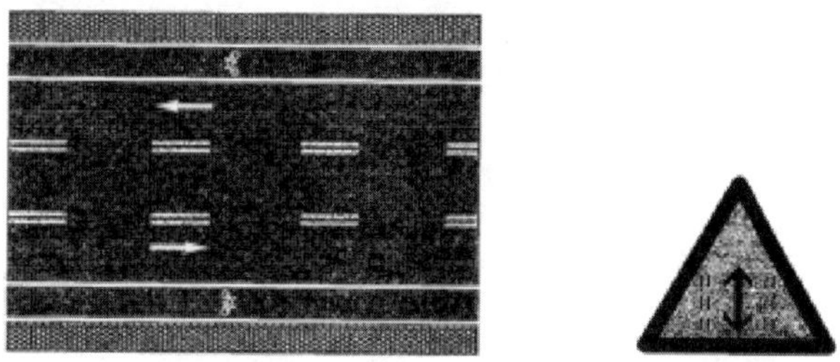

（a）标线　　（b）标志

图 4-5　服务于变向交通组织的潮汐车道标志标线示意图

变向交通的优点是：合理使用道路，充分提高道路的利用率，从而提高道路的通行能力，这对解决交通流方向和各种类型的交通在时间分布上不均匀性的矛盾都有较好的效果。

变向交通的缺点是：增加了交通管制的工作量和相应的设施，且要求驾驶员有较好的素质，注意力集中，特别是在过渡地段。

（1）方向性变向交通的实施条件

与实行单向交通有其条件一样，实行变向交通也是有条件的。方向性变向交通的实施条件有以下几点。

① 道路上机动车道数应为双向 3 车道以上。

② 交通量方向分布系数 K_D>2/3。

③ 重交通方向在使用变向车道后，通行能力应得到满足；轻交通方向在去掉变向车道后，剩余的通行能力应能满足交通量的需求。

④ 在城市道路上使用时，需考虑在信号控制交叉口进口道上相应地增加进口道的车道数。

（2）非方向性变向交通的实施条件

① 自行车借用机动车道仅适用于一块板、两块板的道路，借用后机动车剩余车道的通行能力应满足机动车交通量的需求。

② 机动车借用自行车道后，剩余车道应能保证自行车通行的安全。

③ 行人借用车行道适用于中心商业区，除定时步行街外，要对机动车流进行分流疏导

和控制。

(3) 变向交通的管制设施

① 对于方向性和非方向性变换车道中机动车和自行车道相互借用的情形，可采用变换车道标志和交通信号灯显示进行动态控制，使用锥形交通路标进行分隔。

② 对于非方向性变换车道中行人借用车行道的情形，可采用报纸、电视、广播等宣传公告及轻质材料护栏等分隔设施。

③ 在高速公路上，除采用门式变换车道标志外，还可用液压式栏式缘石来分隔车道。

④ 在变换车道上应配备警力，有警车巡逻，清除、处罚违章者，以确保交通安全。

4. 禁行管理

为了调节道路上的交通流，将一部分交通流量均分到其他负荷较低的道路上去，或满足某些特殊的通行要求，根据道路条件和交通条件，实行对机动车和非机动车的某种限制通行的管理，称为禁行管理。禁行管理大致有以下几种情形。

(1) 时段禁行

根据机动车和非机动车的不同高峰时段，安排不同的通行时间，如7:00—19:00禁止载货车辆进入城市中心地区的道路。

(2) 错日禁行

如某些主要街道规定某些车辆单日通行，某些车辆双日通行；或牌照号为单数的车辆规定单日通行，双数的双日通行。

(3) 车种禁行

如禁止某几种车（载货车和各类拖拉机）进入城市道路和城市中心区。

(4) 转弯禁行

在某些交通拥挤的交叉口，禁止机动车和非机动车左（右）转弯。应注意在禁止左转弯交叉口的邻近路口必须允许左转弯，尤其是自行车，应安排它们在支路上完成左转或变左转为右转。当然，这些措施应依据交通流量及道路、交通条件而定。

(5) 重量（高度、超速等）禁行

规定机动车和非机动车，按规定的吨位（高度、速度）通行。

5. 专用车道管理

规划专用车道（或专用道路系统）是缓解城市交通问题的途径之一。专用车道包括多乘员车辆专用道、公交车辆专用车道和自行车专用车道，这里重点介绍多乘员车辆专用道（HOV车道）。

多乘员车辆专用道是指为多乘员车辆（high occupancy vehicle，HOV）提供专门通行的车道。可使用HOV车道的车辆包括：公共汽车（bus）、乘坐2人（或3人）以上的小客车（carpools）、乘坐2人（或3人）以上的货车（vanpools）及出现紧急事故的车辆（emergency vehicles）。有时为将公交车与HOV其他类型的车辆进行区分，也将公共汽车与HOV分开。

多乘员车辆专用道为高承载车辆提供专用的通行空间，从而减少道路上机动车总出行量，减轻道路拥堵程度。同时，车道受外界因素影响较小，可以提供较为可靠的服务。这种专用道较多地应用在高峰期道路上阻塞最为严重、时间节约显得尤为重要的路段。

根据道路断面形式及运营政策的不同，常见的 HOV 车道主要有以下 5 类。

① 同向 HOV 车道。这是最为常用的一种形式，用交通标线和标志标示（见图 4-6），其车流方向与相邻普通车道的车流方向一致。按照与相邻普通车道间的隔离情况，又可分为有缓冲和无缓冲两种。其中，缓冲式 HOV 车道与普通车道间有一定宽度的分隔。

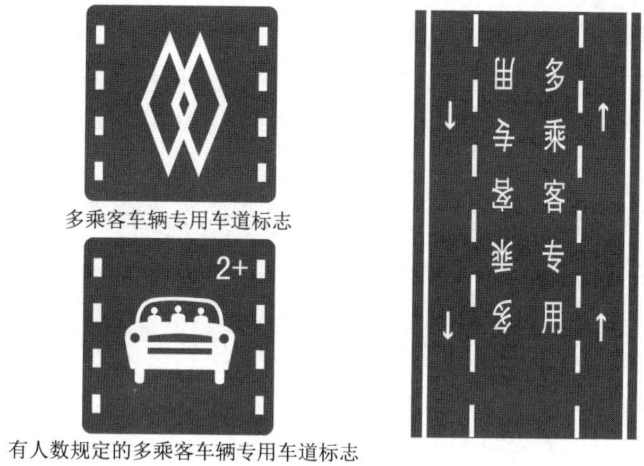

图 4-6 多乘客车辆专用车道主要标志、标线示意图

② 隔离 HOV 车道。HOV 车道与相邻的交通流间用护栏隔开，控制车道出入口。在交通流方向性明显的辐射性交通廊道上，HOV 车道的行车方向一般不会变换。

③ 逆向 HOV 车道。设置在潮汐交通明显的路段，HOV 车道“借用”一侧多余的通行能力，用锥形路标或自动移动式护栏隔开，供高峰车流使用，其交通流方向与普通车道的车流方向相反。

④ 绕行车道。在交叉路口、匝道入口、收费站等瓶颈地段仅供 HOV 车辆使用的车道。

⑤ 公共汽车专用的 HOV 车道。只允许公共交通车辆使用，并限定车站及相应的辅助设施。

公交车辆专用车道和自行车专用车道将在后续章节中介绍。

4.2 停车管理

4.2.1 停车设施类型划分

1. 按照停车设施服务对象分类

按照停车设施服务对象，可将停车场分为专用停车场、建筑物配建停车场和社会公共停车场 3 种。

(1) 专用停车场

专用停车场是指专业运输部门或企事业单位所属建设的停车场地，仅供有关单位内部自有的车辆停泊，如公共汽车总站、长途客货运枢纽等。专用停车场，几乎不为社会上其他车辆提供停车位。

(2) 建筑物配建停车场

建筑物配建停车场是大型公用设施或是建筑配套建设的停车场所，主要为与该设施业务活动相关的出行者提供停车服务。配建停车场服务对象，包括主体建筑的停车及主体建筑所吸引的外来车辆。

(3) 社会公共停车场

社会公共停车场是为从事各种活动的出行者提供公共停车服务的停车场所，服务范围最广，通常设置在城市商业活动中心、城市出入口及公共交通换乘枢纽附近。

应明确的是，建筑物配建停车场和社会公共停车场并非有绝对意义上的不同。两者在停车服务的对象上既各有针对性又相辅相成，其原因如下。

① 配建停车场泊位建设的标准是依据主体建筑所产生的停车需求，但其泊位同时也承担了一部分由于主体建筑的吸引而产生的外来停车，因此配建停车场在一定程度上具有社会公共停车场的作用。

② 配建停车场的建设通常以城市大型公用建筑为依托（如我国台湾地区相关技术标准规定了面积在 1 000 m^2 以下的建筑物无须附设配建机动车停车位），对于那些没有停车设施的公用建筑，其产生的停车需求将只能由社会公共停车场来承担。因此，从某种意义上说，社会公共停车场的布局选址和泊位建设规模，是由区域的配建停车场无法满足所产生的停车需求量而决定的。

2. 按照停车场地的位置分类

停车场按其与城市道路系统所处的相对位置，可以分为路内停车场和路外停车场两种。

(1) 路内停车场

路内停车场是指在城市机动车道（或非机动车道）的两侧或一侧划出若干路面供车辆停放的场所。路内停车场车辆存取方便，但是对城市机动车和非机动车交通的干扰较大，因此要求除去停车带以外，必须保留足够的道路宽度供各种车辆通行，并且通常仅限于短时车辆的停放。按照停车带与机动车道的设置角度差异，又分为平行式（车辆平行于行车道方向停放）、垂直式（车辆垂直于行车道停放）和斜列式（车辆与行车道边缘成一锐角停放，角度一般为 30°、45°、60°这 3 种），如图 4-7 所示。

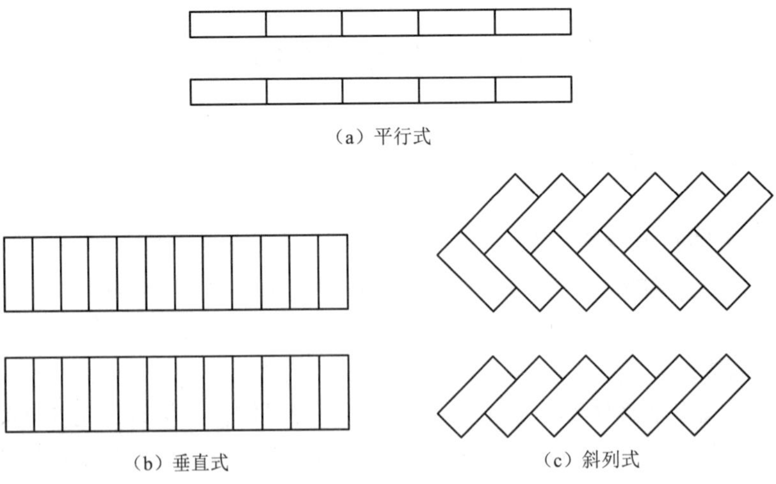

(a) 平行式　(b) 垂直式　(c) 斜列式

图 4-7　路内停车场布局形式示意图

在进行停车泊位设计时，需要考虑出入口数量、视距等要求，在车位能够灵活设置时，采用较大角度的斜列式或垂直式往往占用的单位面积相对较小，主要车型的机动车停车场设计参数如表 4-5 所示。

表 4-5　机动车停车场的设计参数值

停车方式		平行式	斜列式				垂直式	
			30°	45°	60°	60°		
项目	车型	前进停车	前进停车	前进停车	前进停车	后退停车	前进停车	后退停车
垂直通道方向停车带宽/m	1	2.6	3.2	3.9	4.3	4.3	4.2	4.2
	2	2.8	4.2	5.2	5.9	5.9	6.0	6.0
	3	3.5	6.4	8.1	9.3	9.3	9.7	9.7
平行通道方向停车带宽/m	1	5.2	5.2	3.7	3.0	3.0	2.6	2.6
	2	7.0	5.6	4.0	3.2	3.2	2.8	2.8
	3	12.7	7.0	4.9	4.0	4.0	3.5	3.5
通道宽/m	1	3.0	3.0	3.0	4.0	3.5	6.0	4.2
	2	4.0	4.0	4.0	5.0	4.5	9.5	6.0
	3	4.5	5.0	6.0	8.0	6.5	10.0	9.7
单位停车面积/m^2	1	21.3	24.4	20.0	18.9	18.2	18.7	16.4
	2	33.6	34.7	28.8	26.9	26.1	30.1	25.2
	3	73.0	62.3	54.4	53.2	60.2	51.5	50.8

注：1 指微型汽车；2 指小型汽车；3 指中型汽车。

我国《城市道路路内停车位设置规范》（GA/T 850—2021）行业标准，对于路内停车带设置形式及尺寸的规定如图 4-8 所示。

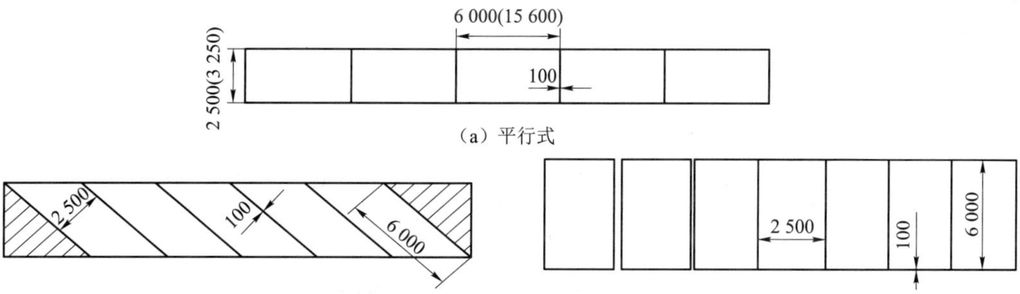

（a）平行式

（b）倾斜式

（c）垂直式

图 4-8　路内停车泊位排列形式示意图（单位：mm）

路内停车的另一种形式是利用人行道路加以设置（见图 4-9），由于不直接占用机动车道或非机动车道资源，因此对车辆行驶的干扰较小，但是过多的车辆停放不利于城市的美观，而且对行人交通的通畅和安全均有较大影响。

《城市道路路内停车位设置规范》还规定，在人行道设置停车泊位后，剩余宽度应满足表 4-6 的规定，否则不宜设置。

图 4-9　路缘停车场示意图

表 4-6　人行道设置路内停车泊位后剩余宽度　　单位：m

项　　目	人行道剩余宽度	
	大城市	中、小城市
各级道路	3	2
商业或文化中心区以及大型商店或大型文化公共机构集中路段	5	3
火车站、码头附近路段	5	4
长途汽车站	4	4

（2）路外停车场

路外停车场位于城市道路系统以外，通常由专用的通道与城市道路系统相联系，对动态交通的影响较小。路外停车场按其建造形式主要分为地面停车场、地下停车库、立体（机械式）停车楼等。

① 地面停车场，又称平面停车场，具有布局灵活、停车方便、成本低廉等特点，是最为常见的路外停车场形式。

② 地下停车库是指建立于地下的具有一层或多层的停车场，它缓解了城市用地紧张的矛盾，提高了土地使用价值，但由于需要附加的照明、空调、排水等系统维护费用，成本较高。

③ 立体（机械式）停车楼。立体停车楼是指专用或兼用停放机动车的固定建筑物。而机械式停车楼则是采用电梯或升降机械自动将所需停放车辆作上下和水平移动，进行车辆的存取。其优点是节省用地，可以建造在用地资源紧缺的城市中心区域或是不规则的用地上，是解决城市中心区停车问题的一种有效办法。

另外，复合式停车架也是立体（机械式）停车楼的一种应用，它采用半固定的多层钢结构，利用机械实现车辆在立体空间内的存取。复合式停车架可以安装在地面停车场或地下停车库，在相同用地面积条件下增加了停车泊位的数量。

不同的路外停车场建造形式有不同的优缺点，在具体规划选择时如何扬长避短，达到最

图 4-10 立体（机械式）停车楼及复合式停车架图例

优效果，取决于对各类建造形式的深入认识。各种停车场的特性如表 4-7 所示。

表 4-7 各种停车场的特性

建造类型	地面停车场	地下停车库	立体停车楼
形式特点	（1）建造成本低； （2）停车存取方便； （3）平均每车位占地面积 25～30 m^2； （4）可供各类型车辆停放	（1）用地面积不受约束； （2）平均每车位占地面积 30～40 m^2； （3）建造成本高于地面停车场； （4）可配合大楼地下室设置	（1）每车位占地面积少，平均每车位占地面积 15～25 m^2； （2）适合中小型车辆停放； （3）建造成本最高； （4）对周围环境影响最小
适用范围	（1）地价低廉的地区； （2）可建停车场面积足够大； （3）停车需求量不高	（1）可作为公寓住宅停车场； （2）可作为一般大楼附设的停车设施； （3）可建造大型停车场	（1）市中心地价昂贵地区； （2）可用于地形狭窄的位置； （3）对环境要求较高的场所

4.2.2 路段设置路内停车带的基本方法

1. 路内停车带设置基本流程

规划与设置路内停车带的基本流程如图 4-11 所示。其主要步骤可分为以下 5 个。

① 选择需要设置路内停车带的路段，选择过程要根据道路条件与交通量状况对路段能否设置路内停车带作出初步判断。

② 确定路内停车的设置目标：泊位数量的设置尽可能满足周边停车需求；车辆停放对路段交通运行的干扰最小化。

③ 对设置条件进行分析，主要包括道路条件与交通量条件两方面，其中道路条件包括路段宽度和道路横断面形式（包括机动车道数、机非车道隔离方式等）；交通量条件包括路段机动车、非机动车和行人的流量。如果道路和交通量条件不满足设置路内停车带，则需要对道路进行改造；如果道路难以改造或即使改造之后还难以满足要求，则表明该路段不适合设置路内停车带或需要重新选择其他道路。

④ 研究路内停车带合理位置的选择，分析路内停车带与信号交叉口和建筑物出入口及

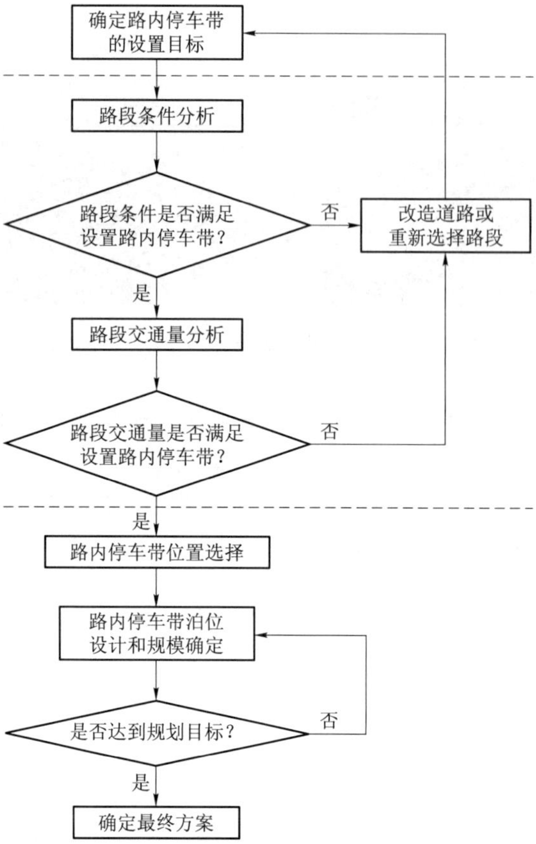

图 4-11　路内停车带规划与设置流程图

人行横道的间距关系，以及受地形条件及特殊交通环境的限制等。

⑤ 对路内停车带泊位的设计方法及其适用性进行研究，并在此基础上考察路内停车带的设置是否满足设计目标，如果不满足，则还需重新设计路内停车带。

2. 道路宽度要求

路内停车带按设置位置可分为 3 种：一是设置在路段人行道上；二是设置在机非分隔的非机动车道上；三是设置在机非混行车道上。除了第一种以外，其他都占用道路宽度，影响路段机动车或非机动车的运行，为了保证路内停车带设置后路段车流能顺利运行，有必要对设置路内停车带的道路条件进行分析。

① 对于设置在人行道上的路内停车带，应保证行人的通行畅通，一般要求人行道宽度在 4.3 m 以上才能设置。

② 对于设置在机非分隔的路内停车带，一方面保证自行车的通行，另一方面要保证停放车辆能顺利进入和驶出非机动车道，则一般要求非机动车道宽度在 6 m 以上才能设置。

③ 对于设置在机非混行车道的路内停车带，通常要求停车带设置后应至少预留宽度为 1.5 ～ 2.1 m 的自行车道。

《城市道路路内停车位设置规范》（GA/T 850—2021）给出不同交通组织形式条件下路边停车的宽度设置标准，如表 4-8 所示。

表 4-8 设置路内停车带的道路宽度标准　　单位：m

通行条件	车行道路路面实际宽度	泊位设置
机动车双向通行道路	$W\geq12$	可两侧设置
	$8\leq W<12$	可单侧设置
	$W<8$	不可设置
机动车单向通行道路	$W\geq9$	可两侧设置
	$6\leq W<9$	可单侧设置
	$W<6$	不可设置

3. 设置路内停车带交通量条件

在道路条件满足设置路内停车带的前提下，路段机动车流量、非机动车流量和行人流量等将是判断道路能否设置路内停车带的主要依据。

（1）路段机动车流量

国外的相关研究表明，同一道路（同宽与相同交通条件）上没有路边停车时可通过的交通量比有路边停车时大得多，路边停车对道路通行能力的降低比例达 1/4 ～ 1/3。

在研究路内停车对道路通行能力的具体影响时，通常考虑路内停车占用道路车道宽度造成通行能力减小、路内停车产生车辆行驶侧向净空损失对通行能力的折减、车辆驶入驶离路内停车场地对通行能力的影响等 3 个方面。

假设道路原有通行能力为 N，则设置路边停车设施后的道路通行能力 Q 可表示为：

$$Q=N\cdot r_1\cdot r_2\cdot r_3 \tag{4-4}$$

式中：r_1——车道宽度折减系数；

r_2——侧向净空折减系数；

r_3——车辆出入路内停车场地对通行能力的折减系数。

（2）路段非机动车流量

受非机动车流量影响的，主要是指设置在机非隔离和机非混行车道上的路内停车带。对于设置在机非隔离机动车道的路内停车带，可采用交通量负荷系数指标判定服务水平，公式如下：

$$V/C=\frac{Q_{非}}{N_0\cdot B} \tag{4-5}$$

式中：V/C——交通量负荷系数；

$Q_{非}$——非机动车实际交通量，辆/h；

N_0——每米宽度的自行车道连续行车 1 h 的通过量，辆/h；

B——设置路内停车带后的非机动车道的有效宽度，m。

一般建议 V/C 比小于 0.7，否则非机动车车流无法保持稳定运行。

《城市道路路内停车位设置规范》（GA/T 850—2021）给出了占用不同道路设置停车泊位的 V/C 比值条件，可作为是否设置路内停车带的判断依据，如表 4-9～表 4-11 所示。

表 4-9　占用机动车道设置停车泊位的 V/C 比值

机动车单侧道路高峰小时 V/C	泊位设置
$0\leq V/C<0.8$	可设置
$0.8\leq V/C<0.9$	有条件的可设置
$V/C\geq 0.9$	不可设置

表 4-10　占用非机动车道设置停车泊位的 V/C 比值

非机动车单侧道路高峰小时 V/C	泊位设置
$0\leq V/C<0.7$	可设置
$0.7\leq V/C<0.9$	有条件的可设置
$V/C\geq 0.9$	不可设置

表 4-11　占用机动车、非机动车混行道设置停车泊位的 V/C 比值

机动车单侧道路高峰小时 V/C	非机动车单侧道路高峰小时 V/C	泊位设置
$0\leq V/C<0.8$	$0\leq V/C<0.7$	可设置
$0.8\leq V/C<0.9$	$0.7\leq V/C<0.9$	有条件的可设置
$V/C\geq 0.9$	$V/C\geq 0.9$	不可设置

注：两项 V/C 比值，达到其中一项即可。

（3）行人流量

在人行道上设置停车带不仅占用了人行道宽度，同时停放车辆的驶入、驶出也会对路段行人产生影响。人行道行人利用率与道路有效宽度、行人流量相关，如图 4-12 和图 4-13 所示。

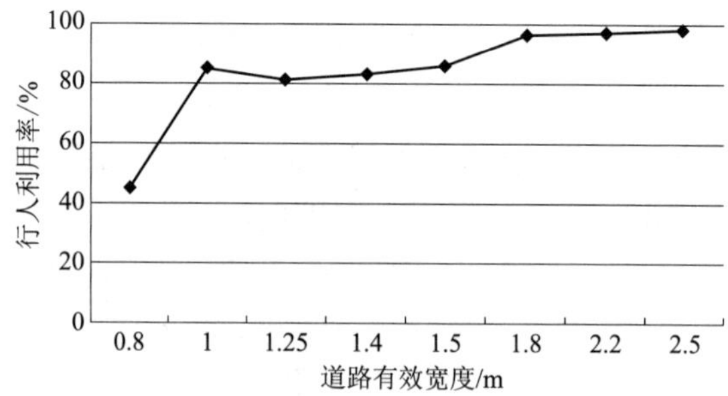

图 4-12　道路有效宽度与行人利用率关系图

总体而言，随着宽度的增加，人行道的利用率也逐渐提高。但应注意到：当宽度小于 1 m 时，利用率出现陡降，当人行道宽度为 0.8 m 时，利用率仅为 47.3%；当宽度大于 1.8 m 时，人行道利用率稳定在 95%以上，此时宽度影响性减小。这个数字，也是英国道路设计规范中人行道的最小宽度。

进一步观测人行道利用率与行人流量的关系，随着单位长度行人交通量（行人流量/m）的增加，人行道利用率呈明显下降的趋势。如果因此导致行人占用非机动车道，不但会影响

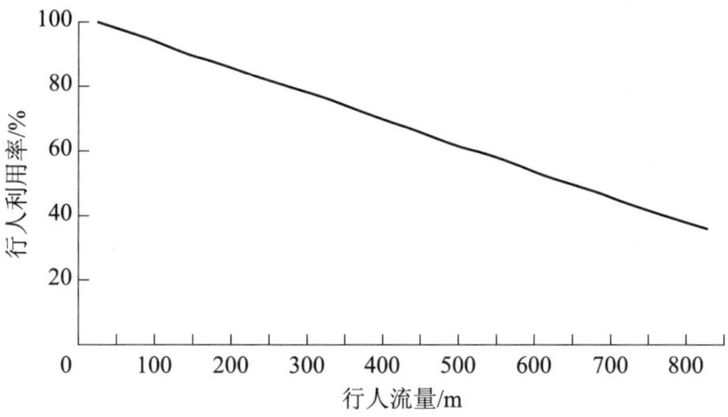

图 4-13　行人流量与行人利用率关系图

非机动车行驶，而且还会迫使非机动车驶入机动车道形成机非混行。因此，设置在人行道上的路内停车带要保证人行道的高使用率。调查数据分析显示，当行人流量 $q_p \leqslant 200$ 时，人行道最小宽度 W_p 保证在设置路内停车带后道路宽度大于 1.8 m；当行人流量 $q_p > 200$ 时，满足式（4-6）人行道宽度可设置路内停车带：

$$W_p \geqslant 0.009 q_p \tag{4-6}$$

4. 与建筑物出入口及人行横道间的设计

路内停车带设置与道路沿线建筑物出入口和人行横道之间距离过短，往往会影响路段机动车驾驶员、人行横道行人以及进出单位车辆驾驶员的视距，容易发生危险，造成交通事故。因此，在与建筑物出入口及人行横道间距的设计上，要充分考虑驾驶员和行人的视距要求。

（1）与建筑物出入口间距的设计

与建筑物出入口间距的设计，可采用“驶离视距三角形”（见图 4-14 和图 4-15）来规定路内停车带的间距。

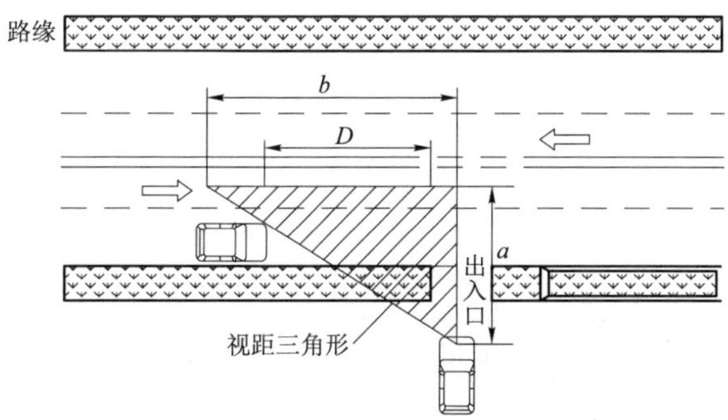

图 4-14　冲突点由左方车辆引起时的视距三角形

在图 4-14 和图 4-15 中，建筑物出入口驶出车辆与可能冲突车辆所构成视距三角形的边长包括 a 和 b，D 为路内停车带与建筑物出入口间必须保持的安全距离。则对于驶出出入口的车辆而言，当冲突车辆从左侧来时：

$$a = a_0 + L + \frac{B}{2} \tag{4-7}$$

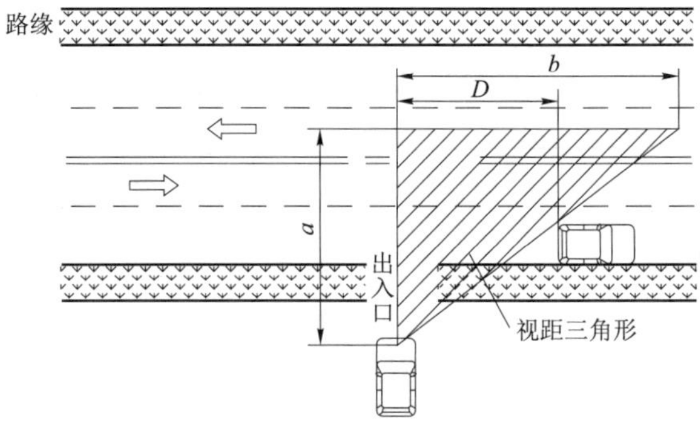

图 4-15　冲突点由右方车辆引起时的视距三角形

式中：a——驶出车辆与车道中心线的距离，m；

a_0——驶出车辆与车道路缘线的平均距离（通常取 4.4 m），m；

L——路内停车带所占车道宽度，m；

B——行车道宽度，m。

当冲突车辆从右侧来时：

$$a=a_0+\text{半幅路面宽度}+\frac{B}{2} \tag{4-8}$$

视距三角形的边长 b 采用下式计算：

$$b=0.278Vt_g \tag{4-9}$$

式中：V——道路机动车设计速度，km/h；

t_g——出入口车辆能插入或穿越道路车流的时间间隙，小汽车左转时取 7.5 s，右转时取 6.5 s，s。

则路内停车带与出入口间必须保持的安全距离 D 可表示为：

$$D=\frac{a_0+L}{a}\cdot b \tag{4-10}$$

（2）与人行横道间距的设计

路内停车带设计要同样保证人行横道行人的视距和安全（见图 4-16），一般要求路内停车带在人行横道上游时要距离人行横道 5 m 以上，在人行横道下游时要距离人行横道 3 m 以上。

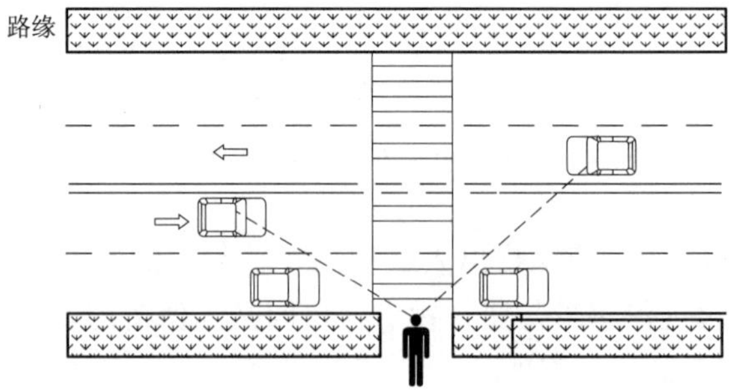

图 4-16　路内停车带与人行横道间关系示意图

4.2.3 路外停车实施交通管理方法

1. 路外停车场出入口处交通管理原则

路外停车场出入口处交通管理及设计原则可以归纳为以下几个方面。

① 公共停车场出入口的位置，距离道路交叉口宜大于 80 m，距离人行过街天桥、地道、桥梁或隧道等引道口应大于 50 m，距离学校、医院、公交车站等人流集中的地点应大于 30 m。

② 出入口应符合行车视距要求，安全视角不小于 120°，宜右转驶入临近道路。出口、入口宜分开设置，不应布置在主要道路上。为避免造成交叉口处交通组织的混乱，停车场出入口应尽量设置在次干道上，如设置在主干道旁，则应尽可能远离道路交叉口。

③ 特大型地面停车场出入口数量不应少于 4 个，大、中型地面停车场出入口数量不应少于 2 个，出入口之间的间距应大于 20 m。出入口宽度不应小于 7 m，转弯半径应综合考虑车型、车速和道路条件进行确定，纵坡不宜大于 3%。

④ 地下停车场与停车楼宜为小型车提供停车服务，特大型地下停车场与停车楼出入口数量不应少于 3 个，大、中型地下停车场与停车楼的出入口数量不应少于 2 个，出入口之间的净距应大于 15 m，宜设置人流专用出入口，双向行驶时出入口宽度不应小于 7 m，单向行驶时出入口宽度不应小于 5 m，直线坡段纵坡不宜大于 15%，曲线坡段纵坡不宜大于 12%。

⑤ 出入口设置在城市主干路的公共停车场，机动车交通组织宜采用右进右出的方式，限制左转直接驶入（出）主干路；出入口设置在城市次干路、支路上的城市公共停车场，机动车交通组织宜采用右进右出的方式，在不影响对向道路交通的情况下，可采用左转方式驶入（出）。

⑥ 为尽量减少车辆出入停车场时对某些要求环境安静的建筑物产生噪声、废气污染的影响，停车场的出入口距某些建筑物应留有一定的距离。

注：特大型停车场指标准停车泊位大于 500 个的公共停车场，大型停车场标准泊位为 301 ～ 500 个，中型停车场标准泊位为 51 ～ 300 个，小型停车场标准泊位小于或等于 50 个。

2. 路外停车场入口处交通管理

（1）路外停车场入口道动态交通影响分析

停车场入口对城市动态交通的影响，主要体现在停车场的车辆驶入率、相应入口道长度的设计及路外停车场的类型。

如果停车场的车辆驶入流量较大，入口道设计过短，会造成车辆排队等待，从而影响路段上车辆的通行。如果入口道设计过长，则既浪费土地资源又增加建设成本。

从停车场的建造类型分析，地下停车库从入口到停车位有较长的距离，可以为车辆进入停车场的排队提供较为充分的驶入空间；地上平面停车场可达性好，其中泊位较少的停车场对车辆的收费及服务还可以在停车场内进行，因此入口道的排队现象较少，对路段动态交通的影响也较小；立体停车库由于其空间特性，内部的入口道不可能设计过长，车辆的驶入和排队通常依靠停车场外的连接道路实现，因此其入口应设置在通行能力不大的道路上或是与主干道有一定距离的支路上。

（2）停车场入口道长度的计算方法

将车辆进入停车场视为需求与服务的过程，由于停车场的入口道通常只安排一条车道，可视为“单通道服务”，可以用排队论的方法进行停车场入口道的设计。假设车辆平均驶入率为λ，服从泊松分布，停车场对车辆的平均服务率为μ，则$\rho = \lambda/\mu$为入口道利用系数（$\rho<1$），定义所设计的入口道长度所能够容纳的到达车辆不会发生对路段交通流产生干扰的可接受概率为Δ（通常取95%），则：

入口道无车辆进入的概率为：

$$P_0=1-\rho$$

入口道有n辆车进入的概率为：

$$P_n=\rho_n(1-\rho) \tag{4-11}$$

入口道可同时服务n辆车到达，且满足可接受概率为Δ条件所对应的设计长度$L_{设计}$为：

$$\begin{cases}P_{(>n)} = 1 - P_{(\leqslant n)} = 1 - \sum_{i=0}^{n} P_i \leqslant 1 - \Delta \\ L_{设计} \geqslant n \cdot L_{平均} + (n-1) \cdot L_{间距}\end{cases} \tag{4-12}$$

式中：n——满足接受概率为Δ条件的入口道排队最大车辆数，辆；

$L_{平均}$——驶入车辆平均长度，由驶入车辆的车型而定，通常$L_{平均}=5.0\sim7.0$ m；

$L_{间距}$——驶入车辆车尾和跟驰车辆车头的平均间距，通常$L_{间距}=1\sim2$ m。

【例4-1】某路外停车场为单入口道设置，停车到达率为60辆/h，且服从泊松分布，入口处接受停车的服务能力为120辆/h。驶入的车辆平均长度为6.0 m，前后车辆的安全间距为1.0 m。要使得入口道不会发生对路段交通流干扰的可接受概率为95%，对应入口道的最小设计长度是多少？

【解】（1）对应已知条件，$\lambda=60$，$\mu=120$，则$\rho=\lambda/\mu=60/120=0.5$。

（2）计算入口道无车辆进入的概率为：$P_0=1-\rho=0.5$，代入式（4-11），有n辆车进入的概率为：$P_n=\rho_n(1-\rho)=0.5^{n+1}$，进而得到$P_1=0.25$，$P_2=0.125$，……

（3）令$\Delta=0.95$，代入式（4-12），可计算出满足接受概率$\Delta=95\%$条件的入口道排队最大车辆数$n=4$，对应的$\sum_{i=0}^{n} P_i=0.968$，则$L_{设计}\geqslant 4\times6.0+(4-1)\times1.0=27$（m），即入口道最小设计长度应大于27 m。

3. 路外停车场出口处交通管理

1）影响停车场出口设置的因素

出口道设置的主要影响因素包括与停车场出口道连接道路的等级、停车场泊位规模、高峰小时驶出率及出口处动态交通流量的组织状况。

（1）道路等级条件

停车场（库）的出口设在不同等级的道路上，对车辆的可达性有较大的差异。如果设置在干道上，则进出车辆因交通条件和道路条件而承受延误的概率较小，但同时也可能直接干扰道路交通；而设置在支路上，则可能因其附加的交通量而产生拥塞。我国相关规划标准指出：城市高速路和快速路强调通过性交通，禁止两侧用地直接开口；主干路以通过性交通为主，原则上禁止两侧用地直接开口；次干路和支路以进出性交通为主，允许两侧用地直接开口。

（2）道路交通流条件

对停车场出口处车流通行能力的分析，不仅包括路段上已有车流的分析，还包括由进出停车场产生的附加交通流，以及两种车流因相互干扰而造成的延误排队和道路通行能力的变化。

路段上车流的行驶可大致分为自由流、拥挤流和饱和流 3 种流态。通常用以计算这 3 种流态临界流量的方法，主要有观测法、仿真法和概率分析法等。这里定义路段车流的单车道流量 400 辆/h 以下为自由流，400 ～ 800 辆/h 为拥挤流，800 辆/h 以上为饱和流。对这 3 种流态到达的概率分布一般可以假定为泊松分布、埃尔朗分布和定长分布等，并根据具体条件对分布参数进行修正；由于路段出现饱和流（定长分布）时，从停车场驶出的车辆几乎不可能进入路段，因此下面侧重于对路段上出现自由流和拥挤流状态下的情况进行分析。表 4-12 为路段上不同交通流量、流态下的车头时距分布状况。

表 4-12　单车道交通对比分布表

车流形式状态	车流量/（辆/h）	服从分布
自由流	≤400	负指数分布
拥挤流	400 ～ 800	负指数分布
		K 阶埃尔朗分布
饱和流	≥800	定长分布

另外，停车场出口的设置还必须考虑规划年邻接道路红线可能的变化。如果道路红线有所改变，则相应的交通流量及计算方法都将发生变化。

（3）车辆停放属性

路外停车场自身的泊位容量及车辆高峰小时的驶出率，对停车场出口的设置同样具有较大影响。停车场的泊位容量决定了高峰小时最大停车数量及高峰小时停车的疏散速度。停车场规模的设置不合理，不但可能导致出口处车辆的拥塞，干扰路上车辆通行，还会因为疏散时间过长而影响停车场的服务水平，降低停车场的使用效率。

2）停车场出入口处交通影响计算方法

图 4-17 为停车场出口处车辆交织的两种形式，不同形式对路段动态交通的影响也各不相同。

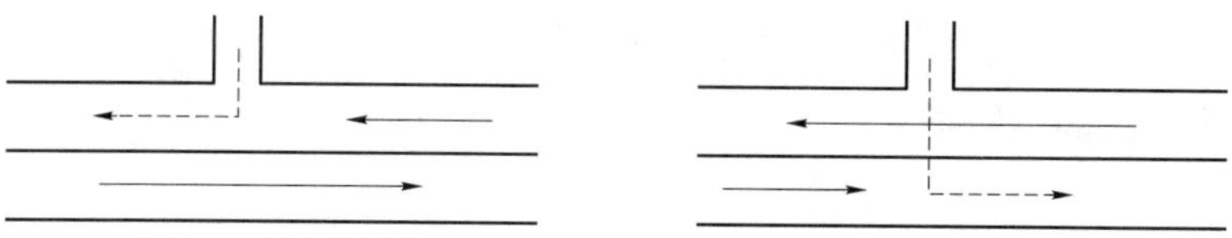

（a）出口处右转交织　　（b）出口处左转交织

图 4-17　停车场出口处车辆交织的交通组织示意图

对于停车场出口道的交通组织而言，应保证路段上的车辆具有优先行驶权，从出口道驶出的车辆只有等路段上车流车头时距大于一定时间间隔才能通过。这里定义临界间隙 t_c 为主路允许停车场出口道一等待插入车辆可以通过主要道路的最小间隙（对右转车辆通常取车头时距 $t_c=4\sim6$ s，对左转车辆取 $t_c=6\sim8$ s），t_f为停车场出口处排队车辆连续插入路段时相邻两车之间的时间间隔，即排队车辆在无其他车辆冲突影响下以饱和车流插入路段的车头时距。

这里参考停车让行道路中对于次要道路通行能力的计算公式，表达在路段上允许停车场出口处驶出的车辆数为：

$$C_a=\frac{q\mathrm{e}^{-qt_c}}{1-\mathrm{e}^{-qt_f}} \tag{4-13}$$

式中：C_a——主路上允许停车场出口处驶出的最大车流量，辆/h；

q——主路车流量，辆/h。

假定停车场拥有停车泊位总数为 N，则依次疏散停车场内所有车辆需要的最长时间 T 为：

$$T=N/C_a \tag{4-14}$$

在进行停车场出口处交通影响分析时，应主要考虑停车场高峰小时的服务状况，这里定义：停车场出口高峰小时最大驶出量小于出口道允许驶出的最大车流量（即设计通行能力）时，满足停车场出口设计的要求；否则认为出口设计不合理，需增加出口道路，或者采用信号控制等其他管理措施。

4.2.4 停车诱导系统

1. 停车诱导系统概述

停车难是世界各国普遍存在的问题，由于停车设施的供给受到土地资源和资金等因素的制约，所以只能通过加强停车管理来解决该问题。当前停车难的问题在一定程度上是缺乏停车相关的信息和诱导设施，造成驾驶员不能合理选择到达目的地的路线及停车场，为了寻找停车泊位，不得不沿着道路四处兜圈子，增加了路网压力和能源消耗。为此，世界很多城市发展了停车诱导系统、先进停车信息系统（advanced parking information system，APIS）等。近年来，停车诱导系统作为智能交通系统的组成部分，日益受到人们的关注。

停车诱导系统（parking guidance and information system，PGIS）又称停车引导系统，是以促进停车场及相邻道路的有效利用为目的，通过多种方式向驾驶员提供停车场的位置、使用状况、路线及相关道路交通状况等信息，诱导驾驶员最有效地找到停车场的系统。它对于调节停车需求在时间和空间上分布的不均匀、提高停车设施使用率、减少由于寻找停车场而产生的道路交通量、减少为了停车而造成的等待时间、提高整个交通系统的效率、改善停车场的经营条件及增加商业区域的经济活力等方面有着极其重要的作用。

2. 停车诱导系统的功能要求

（1）停车诱导系统具体的功能要求

停车诱导系统是通过给需要停车的车辆提供有关停车和交通方面的信息来达到改善动静态交通的目的。为达到此目的，它通过控制中心和安装了车载诱导装置的车辆全面掌握城市路网的实时交通情况和停车场的车位利用情况，利用动态交通分配理论，按出行者的要求选择停车场和到达停车场的最佳行驶路径。

其系统功能可表述为：诱导控制中心负责实时数据的收集处理，并实时地向诱导系统的用户提供实时的道路交通和停车信息，对用户的请求作出反应。同时车载诱导系统通过定位设备确定自身的位置并输入所要到达的目的地位置及特殊的要求，通信装置和诱导中心进行通信，获取所需信息，诱导软件以图形和声音的方式对驾驶员进行诱导。

具体的功能要求包括以下几个方面。

① 诱导控制中心通过先进的交通管理系统、停车场信息采集系统及装备了车载诱导装置的车辆收集实时的交通和停车信息，包括路段的交通流量、行程时间、交通事故、拥挤情况、停车场的位置、车位占有情况及道路施工情况，将这些信息进行处理和融合，形成能够发布的完整的交通信息数据并提供给用户。

② 对存储交通数据的数据库进行统一管理并能和其他的系统进行交互，获取本路网外的一些重要交通信息。

③ 在比较重要的路口设置路边信息板，发布比较重要的交通事故信息、较严重的道路堵塞信息、停车信息等，以便对整个交通流进行引导。

④ 车载诱导装置实时地接收来自控制中心的动态交通信息，以图形和声音的方式对驾驶员进行诱导。

⑤ 车载诱导软件通过车辆定位系统确定车辆的位置，能够根据动态道路交通数据和用户输入的终点、路径选择准则计算最优路径，并显示在电子地图上，同时在电子地图上实时地显示车辆的运行轨迹。

⑥ 以地理信息系统为开发平台，为出行者提供丰富的地理信息，系统应具有按照不同的方式进行查询的功能，满足用户对信息的各种不同的需求。

（2）停车诱导系统的工作原理

在智能化停车诱导系统中通过车载单元诱导系统，驾驶员可从控制中心的双向信息传递中获得停车场及目的地区域地图的信息，使自己在到达诱导目标源之前始终行驶在交通主干道的路径上。这种诱导系统的主要功能是缩短旅行时间，降低燃油、燃气等能源消耗和减少废气排放，使交通拥挤状况得到改善，并能充分了解目标源停车场的泊位占有情况。图 4-18 是 PGIS 的结构简图，图 4-19 是北京西单地区停车诱导系统的显示标志牌。

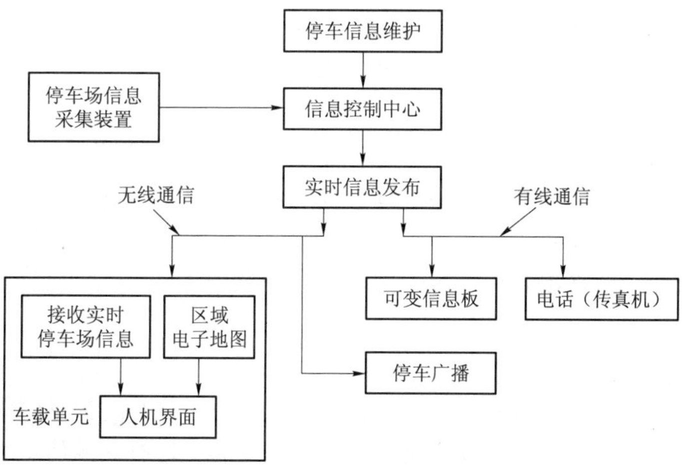

图 4-18 PGIS 的结构简图

图 4-19　北京西单地区停车诱导系统的显示标志牌

3. 城市停车诱导系统的构成

在停车诱导理论模型的基础上，将先进的信息技术、通信技术、控制技术等结合起来，形成了先进的停车诱导系统，该系统由以下 4 个子系统组成。

（1）停车场停车状况信息和道路交通信息采集子系统

停车诱导系统中有关道路交通状况信息的采集是在交通控制中心进行的，要求城市安装自适应的交通信号控制系统。

停车场需要的设备包括车辆进出计数装置和微处理器，两者通过继电器相连。车辆计数装置可以是环形线圈、发票机或者现金出纳机。微处理器接收继电器发送来的脉冲，根据进入和离开车辆数计算停车场剩余的停车泊位数并将该信息传送到停车控制中心。

（2）停车控制中心子系统

停车控制中心子系统功能：实时汇总各停车设施的数据，并控制可变信息显示板（VMS）的信息显示，参数更新，监控各子系统的工作状态，或者对各种请求作出及时响应。

该子系统所需设备有中心计算机工作站、系统软件、通信板、Modem、天线、监视器、打印机等终端设备。

系统软件包括数字化地图软件、通信软件、停车线路诱导软件、监控软件等，其中停车线路诱导软件根据车辆在路网中的位置和出行者输入的目的地，结合道路交通状况数据采集系统传输的路网交通信息，为出行者提供理想的停车选择、到达停车场的最佳行车路线。

（3）通信子系统

通信子系统的功能是在停车场设备、停车控制中心、信息发布系统之间传递所需数据。可以选用的设备有两大类型：① 公用网（如电信网），它的成本低，但能传输的数据量和数据的传输质量将受到限制；② 专用网，它的成本比较高，能传输大量数据，数据传输质量高。

（4）信息服务子系统

信息服务子系统是停车诱导系统的一个重要组成部分，该系统提供的信息质量直接影响人们对停车诱导系统的接受程度。实时地将各种与停车和交通有关的信息通过多种媒介发布给公众，使人们在出行前和出行途中随时得到信息，方便其出行和停车。这些媒介包括有线电视、互联网、电话、广播、路边的可变情报板、车载设备等。

4. 停车诱导系统建设中应注意的问题

(1) 诱导策略及分区的必要性

停车诱导的目的之一是在空间上合理分散交通流，减少停车场周边道路的交通拥堵。为此，首先应当根据区域内停车场的规模、功能、布局及其周边的设施，明确每个停车场的主要服务对象（如大型商场、体育设施及其他公共设施等）。在此基础上，将诱导系统的服务范围划分成若干个小区，力图从战略上避免由于 PGIS 产生新的局部拥堵问题。

其次，根据 PGIS 服务对象区域，将诱导信息由简到繁，最后再由繁到简，分层发布，使得被诱导对象始终处于最佳的诱导信息中。

(2) 划分小区的原则

每个小区的范围不宜过大，应当限制在 6 ～ 8 个街区，最好在边长为 500 m 左右矩形区域内；使主要服务对象设施（如大型商业设施）均匀分布在各个小区，一个小区包括的服务对象设施不宜过分集中；每个小区内的停车场容量和停车需求大致相等；应当避免行人流量大的道路跨越小区；通往停车场的诱导路线尽量避免出现左转；在干线道路类型明确的条件下，可以将干线道路作为分区的界线。

(3) 诱导信息分层

停车诱导信息的繁简对于 PGIS 的效果起到至关重要的作用。过于复杂的信息会增加驾驶员的反应、理解时间，甚至有可能产生驾驶员来不及理解的极端现象，从而使诱导失去意义。因此，通过信息的分层简化，将诱导信息以简洁明了的形式提供给驾驶员，是避免驾驶员信息过载的有效手段之一。诱导信息的内容，根据层次由远及近有所不同。诱导信息板的种类按层次可分为以下几种。

① 预告性诱导信息板。它预告驾驶员前方有 PGIS。通常，这种诱导板被设置于进入 PGIS 服务区域的道路上。

② 街区诱导信息板。通常设置于每个街区的入口，表明其服务区域内的停车状况及行进方向，驾驶员可以据此找到停车场所在的位置。

③ 单独停车场诱导板。这种诱导信息板设置在停车场的门前。驾驶员在由上述诱导信息找到停车场所在的街道后，再根据这些停车场门前的诱导板准确地找到停车场入口。

(4) PGIS 服务停车场的规模

若 PGIS 所服务的停车场规模太小，则起不到应有的调节作用。所以，停车场的数量及每个停车场的车位数量都应当具有一定的规模。根据国外的实践，停车诱导系统所服务的停车场的数量应在 10 个以上，而每个停车场应不少于 30 个车位。

(5) 停车诱导信息的内容及设定标准

提供给驾驶员的停车诱导信息有直接显示剩余空位数（以下简称“剩余车位法”）和定性地用“空、满”等文字来简单说明有无空余车位（以下简称“空满法”）两种方法。

显然，剩余车位法仅提供停车场信息，而将选择权更多地交给驾驶员。空满法的信息较为模糊，它可以根据停车场车位情况、停车需求增长趋势等情况综合考虑后发布信息，从而更多地具有“诱导”的功能。

在大多数情况下，两种信息的效果没有大的不同。但是，在剩余车位少到一定程度（如 2 个车位）时，剩余车位法有可能会导致驾驶员看到这个信息后无所适从、停车需求向某一点集中的不利局面产生。而在此时，恰恰需要停车诱导信息具有适当的模糊性。为此，空满法的应用更为普遍。

为了防止驾驶员从信息板上看到停车场“空”的信息，而到达停车场时已没有空车位的情形发生，空满法需要确定发布停车场“空”或“满”信息的判断标准。在确定该标准时，应当考虑的主要因素有：停车场利用率（剩余车位数）；停车需求的变化趋势（增加或减少）；诱导信息板到停车场的时间（距离）；停车场周边的道路交通情况等。

4.3 步行交通管理

步行是人类最基本的交通手段，其他出行方式的始端和终端一般都伴随着步行；步行还是一种生活方式，具有休闲、锻炼等功能。行人在年龄、身高、身体素质、视觉灵敏度、感知周围环境和反应时间方面有很大差异。步行交通的主要特点体现在以下几个方面。

① 自主灵活与随意性。步行交通无须也不可能像汽车交通那样以整齐的队列分车道运行，而是在可能的宽度内以不规律方式或交错向前运动，呈现随机分布状态，独立、连续性较好。但灵活与随机性，也造成交通个体行为意图难以把握、不易于管理等问题相继出现，增加了交通事故的隐患。

② 高可达性。步行是人类最基本的移动方式，严格地说，任何借助于机械外力的交通出行都可能在其前后、中间存在着与步行或其他方式转换的过程。步行行为较其他方式更能克服路线上的各类物理性限制，环境适应性强，可达性高。

③ 高容量性。在城市各类交通方式中：步行行为是单位道路面积占用率最低的一种。相对来讲，步行方式的空间容量大，道路有效面积的利用率高，而且不存在环境污染、停车的问题。

④ 有限性。步行行为也受到客观条件的限制和影响，其中最主要的是其自身机能的限制。步行速度一般要低于其他交通方式，且消耗体力较大，不适宜中、长距离出行。

4.3.1 步行交通行为特征

1. 空间需求

行人空间需求分为行人静态空间需求和动态空间需求：行人静态空间主要是指行人的身体在静止状态下所占的空间范围，身体前后胸方向的厚度和两肩的宽度是行人设施设计中所必需的基本尺寸；动态空间需求可分为步幅区域、放置（两脚）区域、感应区域、行人视觉区域以及避让与反应区域等。行人以常速行走时，也会在自己面前预留一个可见的区域，以保证有足够的反应时间，以便采取避让行为。这个区域可以通过反应时间与正常速度相乘而得出。

图 4-20 说明了人在走路和坐的时候的大致尺寸，其中，单人行走横向宽度约为 0.915 m，步幅为 0.9～1.7 m。另外，为了容纳两个人并排坐着或者两个人在相反的方向交会行走，平均需要的宽度是 1.4 m。带有残疾的行人所需要的空间，根据他们的身体素质和所使用的辅助器械的类型变化。坐轮椅的行人所需要的空间，由其他行人来提供。

2. 步行速度

行人在人行道上的步行速度变化范围很大。据统计，各类步行速度的平均值一般变化于

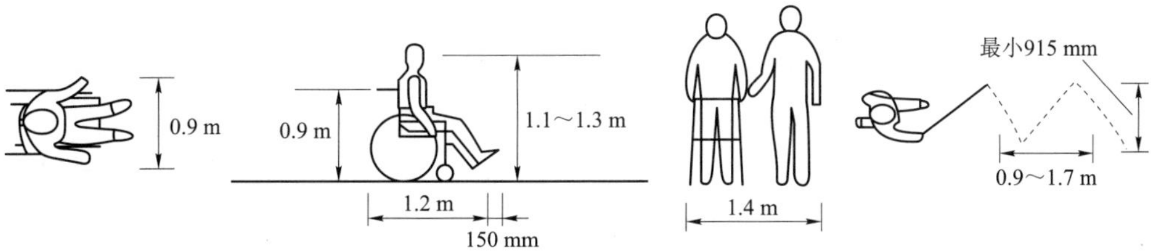

图 4-20　步行交通空间尺寸示例

0.5～2.16 m/s 之间，主要集中在 1.0～1.3 m/s 之间。

影响步行速度的因素众多，例如，《道路通行能力手册》（*Highway Capacity Manual*，HCM）提出，行人的步行速度高度依赖于步行人群的特征。老年人（65 岁或以上）和儿童在行人中的比例以及出行目的都会影响步行速度。年轻（13～60 岁）行人过马路的平均步行速度与年长行人的平均步行速度显著不同（分别为 1.44 m/s 和 1.30 m/s）。《统一交通控制设施手册》中用于对交通信号灯处的行人间隙间隔进行计时的速度，年长行人为 0.92 m/s，年轻行人为 1.15 m/s。

在计算行人过街时间时，应使用第 15 个百分位数的横穿速度。如果老年行人不超过行人总数的 20%，则应使用 1.07 m/s 的横穿速度。如果老年人占行人总数的 20% 以上，则应使用 0.91 m/s 的横穿速度。其他一些因素可能会降低行人的平均速度，例如超过 5% 的坡度或高比例的慢行儿童。

3. 行人交通流特性

由于步行交通的随意性，传统的机动车流量、速度、密度及饱和度等参数难以全面描述步行交通的运行状态和服务水平，需要引入单位宽度（面积）指标进行修正。

（1）行人交通量及通行能力

行人交通量的定义通常有两种表达：一是道路行人总流量 Q_p，定义为单位时间内通过人行道（带）某一断面的人数（人/h）；二是特定宽度下行人流量 C_p，定义为单位时间单位宽度内通过人行道（带）某一断面的人数［人/（h·m）］。后者用于人行道、人行横道、人行天桥、人行地道等单位宽度内的基本通行能力的计算，计算公式表达为：

$$C_p=\frac{3\,600V_p}{S_p b_p}=3\,600\cdot V_p\cdot D_p \tag{4-15}$$

式中：C_p——人行设施的基本通行能力，人/（h·m）；

V_p——平均步行速度，m/s；

S_p——行人行走时纵向间距，m；

b_p——行人（一条步行带）占用的横向宽度，m；

D_p——行人密度，人/m^2。

（2）行人密度及服务水平

行人密度 D_p 定义为单位面积步行空间中的行人数（人/m^2），行人密度的倒数即为人均步行面积（m^2/人）。HCM 2010 给出了购物、上班、上学的行人速度与流量、行人速度与密度之间的关系模型，如图 4-21 和图 4-22 所示。结果表明，随着行人步行速度的增快，交通流量呈现先增加再减少的趋势，而密度则单调降低。

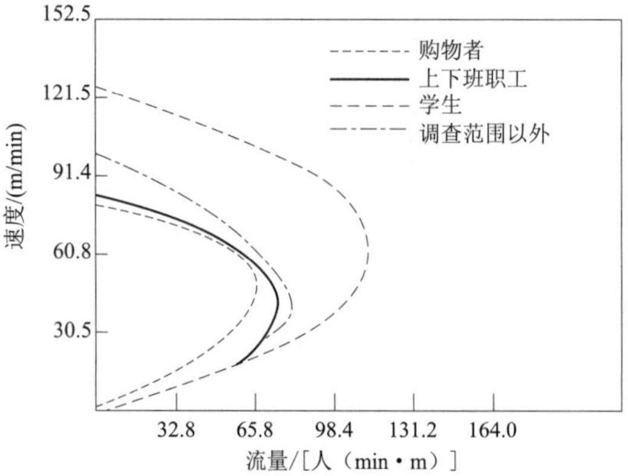

图 4-21　行人速度与流量关系图

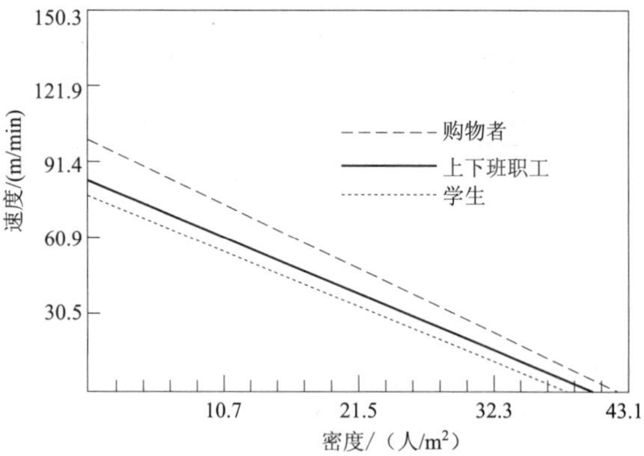

图 4-22　行人速度与密度关系图

基于人均步行面积的量化指标，表 4-13 给出正常行走行人服务水平分级标准。当人行服务水平低于 E 级时，需要对既有设施进行设计改造或交通管理。

表 4-13　HCM 2010 中正常行走行人服务水平分级标准

服务水平	服务水平评分	人均空间（m^2/人）	状态描述	图形说明
A	≤2.00	≥5.57	行人能在所希望的路线上行走，不受其他行人的干扰而改变自己的行动。步行速度可以自由选择，行人之间不会产生冲突	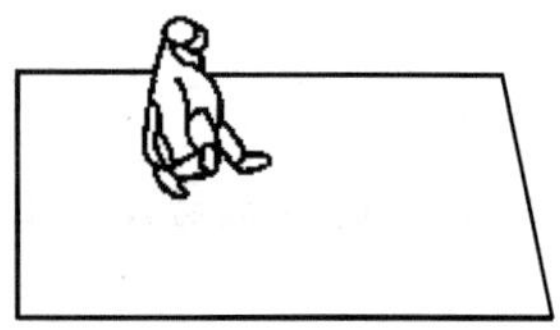
B	>2.00～2.75	3.72～5.57	有足够的面积供行人自由选择步行速度、绕越其他行人和避免与其他行人的穿行冲突。行人开始感觉到其他行人的影响，在选择行走路线时也感觉到其他行人的存在	
C	>2.75～3.50	2.23～3.72	有足够的面积供行人选择正常步行速度及在原方向上绕越其他行人。当有反方向或横穿行人存在时，产生轻微冲突，速度和流率有所降低	
D	>3.50～4.25	1.39～2.23	选择步行速度和绕越其他行人的自由受到限制。当存在横向或反向人流时，冲突的概率较高，为避免碰撞行人需要经常改变速度和位置。该状态下仍能形成比较流畅的行人流动，但是行人之间还可能出现一定的接触和相互影响	

续表

服务水平	服务水平评分	人均空间（m^2/人）	状态描述	图形说明
E	>4.25～5.00	0.74～1.39	所有行人的正常步行速度受到限制，需经常调整步子，用于超越行走较慢的行人，横穿或反向行走十分困难。会产生人流堵塞和流动中断	
F	>5.00	≤0.74	所有行人的步行速度受到严重限制，向前走只能是拖着脚走。与其他行人经常发生不可避免的接触。不可能横向或反向行走，人流极不稳定，空间的排队行人特性多于运动的行人特性	

4.3.2　步行交通设施管理与设计原则

步行交通设施主要由路段人行道、交叉口行人过街及道路中段（路段）人行过街设施组成（包括人行横道、人行过街立体设施）。本节在步行交通行为特性分析的基础上，重点提出基于以上设施的交通管理与设计原则及相关标志、标线。

1. 步行交通设施管理与设计的总体原则

步行交通管理与设计的总体原则体现在以下几个方面。

① 安全性和连续性。步行交通系统应以步行人流的流量和流向为基本依据，并应因地制宜地采用各种有效措施，满足行人活动的要求，保障行人的交通安全和交通连续性，避免无故中断和任意缩减人行道。

② 系统性。步行交通设施的设置应与居住区、车站和码头集散广场、游憩集会广场等的步行系统紧密结合，构成一个完整的城市步行系统。包括家庭、学校、购物中心、公共服务与娱乐场所和公交等步行系统。

③ 可达性和易用性。在步行交通目的地之间提供连续、直接的路线和舒适的连接，设施的设计能够使得人们容易识别和使用，并符合无障碍交通的要求。

④ 提供良好的环境。行人环境包括开放的空间，如广场、运动场、大广场和构成街道门面的建筑物。美化设施，如街道家具、广告、艺术品的装饰，专门的路面铺设，再加上历史文化元素等，可以改善环境。

⑤ 鼓励不同用途。行人环境是公共活动和社会交换的场所。商业活动，诸如餐饮、贩卖和广告，在不影响安全和可达性的条件下可以进行。

2. 与步行交通管理相关的主要交通标志

用于步行交通管理的主要标志包括指示标志、指路标志、警告标志、禁令标志等，标线则以斑马线为主，如图 4-23 和图 4-24 所示。

（a）步行　（b）人行横道　（c）人行天桥　（d）人行地下通道

图 4-23　用于行人交通管理的指示、指路标志实例

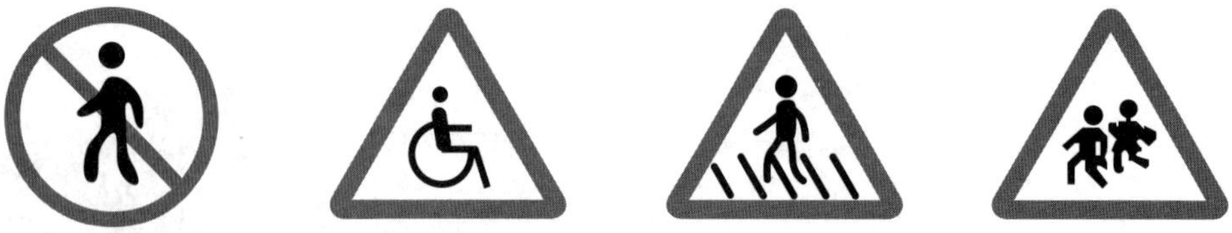

（a）禁止行人进入　（b）注意残疾人　（c）注意行人　（d）注意儿童

图 4-24　用于行人交通管理的禁令、警告标志实例

4.3.3　路段人行道设施管理与设计

路段人行道的设置，以步行更加容易和安全为主要目的，人行道条件的管理包括净空、照明、景观、树木和街道家具的设计及维护，有助于提高人行道的服务水平。

1. 路段人行道功能区划分

在管理城市和乡村路段人行道时，其主要功能区包括以下 3 个部分。

① 行人通行区。也可称为“行人出行区”，是大多数行人行走的区域，是行人出行最重要的部分。行人通行区内应该清除所有物体和干扰，无论是永久性的还是暂时性的。

② 缓冲区。也可称为“路旁区”或“保护区”。缓冲区保护了路段行人交通，并为树木、信号灯柱、标志、路灯、自行车停放提供了空间。它包含行人通行区和外侧车道的所有特征，包括路内停车、自行车道和绿化带等。

③ 建筑物延伸区。它是指行人通行区和毗邻建筑物前墙或路权标线之间的区域。在商业区，作为人们摆设摊点和进出建筑物的地方。如图 4-25 所示。

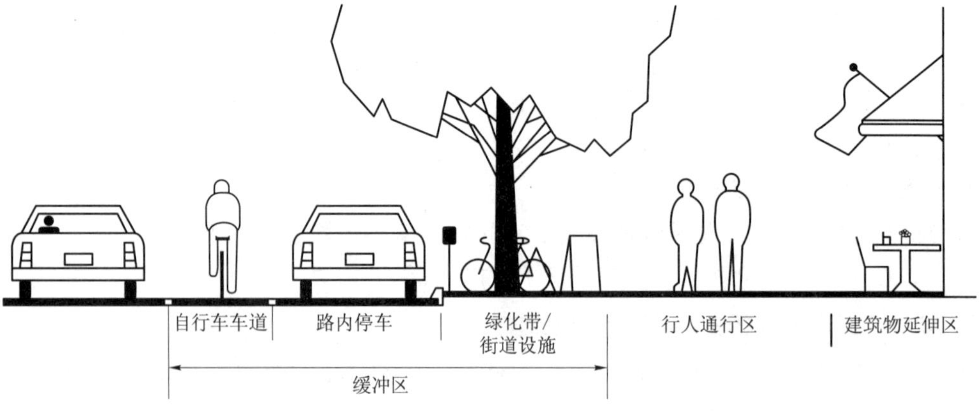

图 4-25　路段人行道功能区划分示意图

2. 路段人行道位置设置

① 在商业中心和主要的居住街道，需要在道路两侧均设置人行道，这样能够使行人到达沿街所有目的地并且最小化行人过街需求。

② 在两侧无密集建筑物的街道或低密度居住区，可以沿道路两侧或仅在一侧设置人行道。

③ 在乡村和郊区，人行道主要用于对学校、商业中心、公园、办公楼、工厂及住宅新开发地提供接入服务。同时，乡村道路由于车速相对较快，且缺乏照明条件，因此加强了对人行道路的需求。

表 4-14 给出了不同用地性质和区域的人行道设置建议。

表 4-14 推荐人行道位置建议表

用地性质和区域	人行道设置建议
商业区	所有道路的两侧
主要居住街道	尽量在两侧
低密度居住区	尽量在两侧，至少在一侧，另一侧有合适的路肩
乡村居住区	尽量在一侧，另一侧有合适的路肩，两侧至少有一个路肩

3. 路段人行道尺寸设置

1）行人通行区宽度

我国《城市道路工程设计规范》（CJJ 37—2012）提出，人行道宽度必须满足行人安全顺畅通过的要求，并应设置无障碍设施。人行道最小宽度应符合表 4-15 的规定。

表 4-15 人行道最小宽度

项目	人行道最小宽度/m	
	一般值	最小值
各级道路	3.0	2.0
商业或公共场所集中路段	5.0	4.0
火车站、码头附近路段	5.0	4.0
长途汽车站	4.0	3.0

2）缓冲区宽度

任何提供车道最外边缘和人行道最近边缘平面分离的事物都可被认为是一个缓冲，包括路肩、自行车道、路内停车和绿化带。在人行道和车道之间的缓冲区提升了行人的安全并改善了步行交通环境。缓冲区为道路景观、路缘斜坡、道路照明、电线杆、交通信号装置、积雪储存和防止积水飞溅提供了空间。

（1）绿化带

如果没有其他缓冲特征（如停车带、自行车道或者路肩），应该设置绿化带，绿化带的宽度应满足《城市道路绿化规划与设计规范》（CJJ 75—1997）的相关要求。车行道边的行道树应满足侧向净宽的要求，并不得侵入道路建筑限界和影响视距。如果绿化带作为仅有的缓冲设施被设置在毗邻车道的地方，建议满足表 4-16 中的宽度要求。

表 4-16 行人道路绿化带宽度推荐值

推荐宽度/m	具体情况
0.6～1.2	次要和集散道路
1.2～1.8	主干道或主要街道
1.5～2.4	特殊树种栽种位置，以及汽车速度和重交通车辆比例特别高的地方

（2）路缘人行道

当无路缘的人行道毗邻设置在道路旁时，在铺装路面边缘和人行道最内侧边缘推荐使用 1.5 m 最小宽度的空间分离。在这个区域上建议种植一定宽度的绿化带（见表 4-16）。这样，能在道路和人行道之间提供视距阻隔，给行人提供重要的安全和舒适保障。

（3）以自行车道作为隔离

当自行车道设置在机动车道和人行道之间时，自行车道就成为机动车道和人行道之间的缓冲带。自行车道可设置在毗邻人行道的地方，垂直路缘、绿化带或者二者结合，如图 4-26 所示。

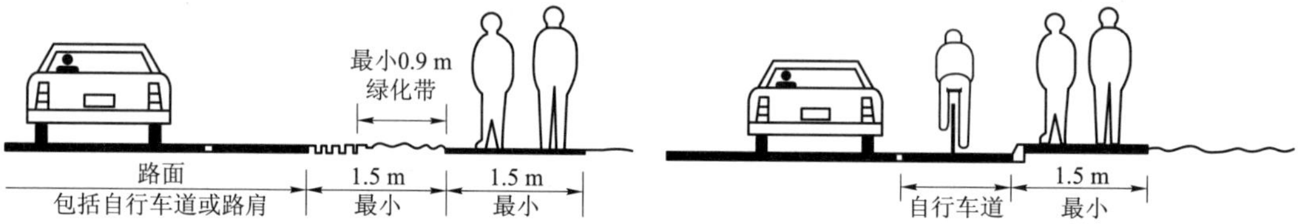

图 4-26 自行车道作为人行道和机动车道之间的缓冲

（4）路内停车带作为隔离

在那些需要设置路内停车的地方，建议给平行设置的停车带与行人通行区之间提供至少 0.6 m 的宽度净空；给较大角度停车或者垂直停车提供 0.9 m 净空，可使得车头（车尾）适当进入人行道，如图 4-27 所示。

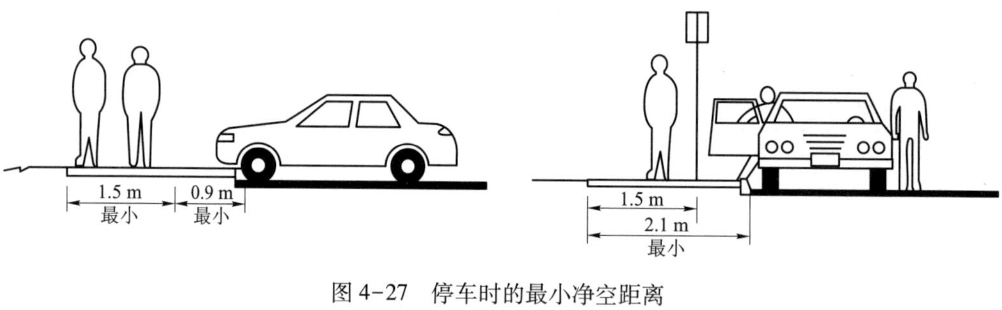

图 4-27 停车时的最小净空距离

（5）其他缓冲区设施

其他缓冲区设施包括护栏、照明灯柱、标志牌、信号灯、城市公共服务设施等，最小宽度不应小于 1 m。设施带内各种设施布局应综合考虑，可与绿化带合并设置。

3）路段人行道净空宽度

无阻碍的人行道净空宽度是不靠近所有障碍物（道路景观、建筑物附属物、路缘斜坡、路灯、电线杆和标志等）的宽度。相关障碍物都应设置于人行道净空之外或者在缓冲区内，而且不应影响行人及驾驶员在交叉口、车道和过街处的视距。

在实际情况下，占据人行道的障碍物的设计，往往超过交通管理的控制范围。在此，提出如下净空设置的指导原则。

① 人行道净空内物体的悬挂不能低于 2.5 m。

② 可以移动物体和固定在墙上或者杆柱上的物体，不能在物体之下有展开空间，这些物体建议高于地面 0.675 m。

③ 高于 0.675 m 及连接在墙上的物体，不能突出墙体超过 0.1 m。

④ 突出部分不能减小人行道通行区的净空宽度。

图 4-28、图 4-29 为优化前后的人行横道净空设置。

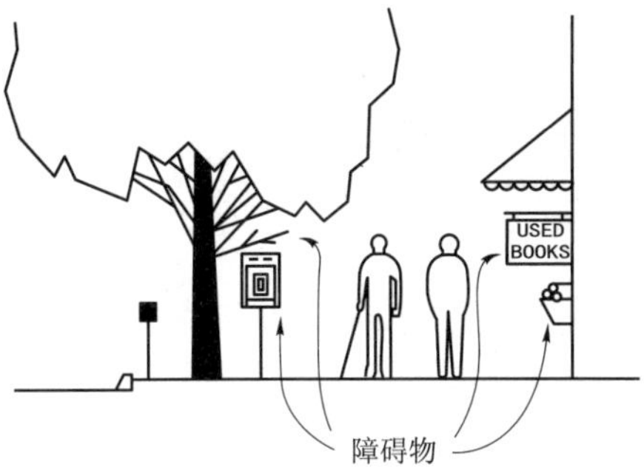

图 4-28 优化前人行横道净空设置

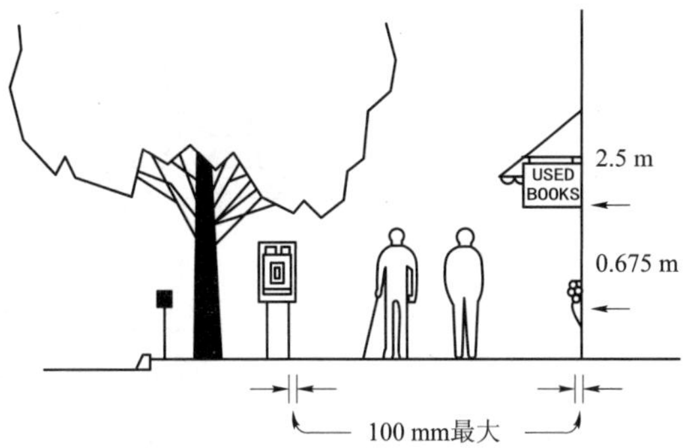

图 4-29 优化后人行横道净空设置

4）路段人行道接入管理

大部分路段上的行人和机动车的冲突，发生在建筑物出入口或路外停车场出入口位置。道路沿线机动车辆的无控制接入，会增加人行道上的行人和进出道路车辆的潜在冲突。对其进行接入管理可以达到如下目的：

① 保证交通运行效率；

② 减少冲突点的数量（尤其是采用中央分隔带减少左转车辆和行人冲突数量）；

③ 在路段出入口处采用无障碍设计，以便于残疾人出行；

④ 保留道路通行能力和延长道路使用寿命，减少道路拓宽成本；

⑤ 改善对建筑物的接入。

图 4-30 和图 4-31 给出机动车进出建筑物对步行交通和非机动车交通的冲突点位置、数量的示意，定义路段建筑物出入口数量为 n，则：

① 机动车无控制接入对于步行交通的冲突点为 $4n$，对于非机动车交通的冲突点为 $4n$，机动车—机动车交通冲突点数量为 n。

② 在改造后的接入条件下，机动车对于步行交通、自行车交通和机动车交通冲突点的数量将分别减少为 $2n$、$2n$ 和 0。

在一些以服务于行人交通为主的面积较小的次要道路交叉口，采用如下技术可以降低行人交通隐患。

① 道路表面材料不要覆盖到人行道的路面上，人行道的路面应采用人行道的材料，在人行道穿过车道的地方可以采用连续的高度提升，以提醒驾驶员进入了步行区域。

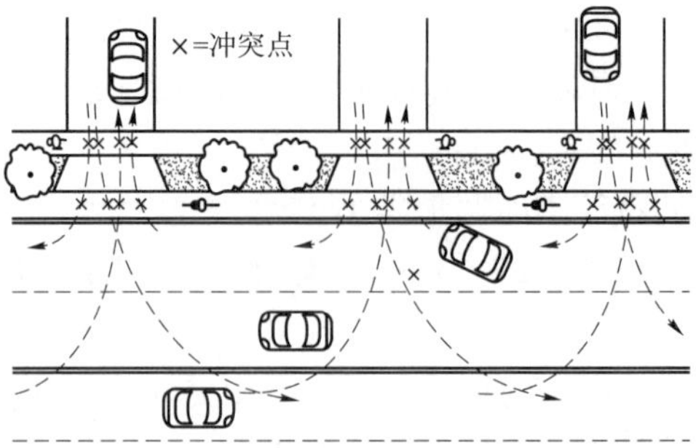

图 4-30 无控制接入产生多个潜在冲突点图

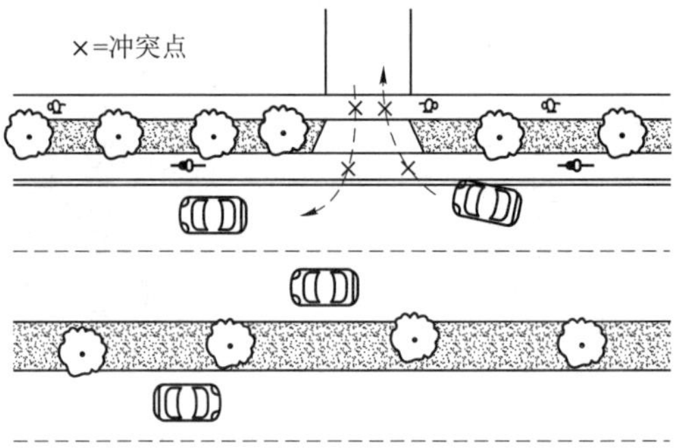

图 4-31 改造后的中央分隔带和接入减少了冲突点

② 尽量减小转弯半径，以降低车辆速度。

③ 尽量减小车道的宽度，刚好满足车辆进出。

④ 在转弯交通量特别大的地方，应考虑右转渠化，或者设置行人优先通行路权。如果转弯车流较大，则应考虑设置信号灯控制方式。

图 4-32、图 4-33 为改进交叉口处车道设置以降低机动车速度的对比。

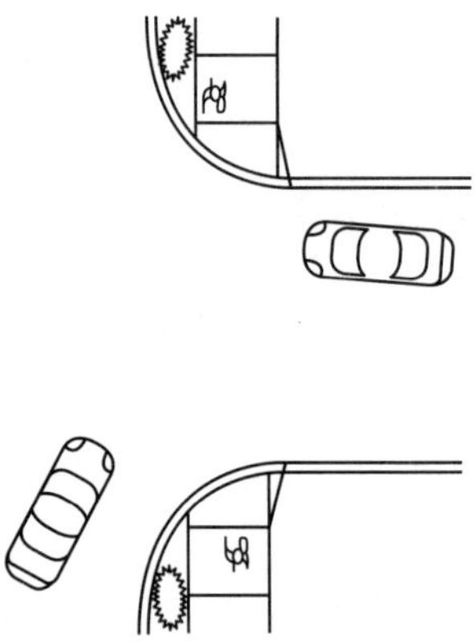

图 4-32 交叉口类型的车道造成高车速转弯

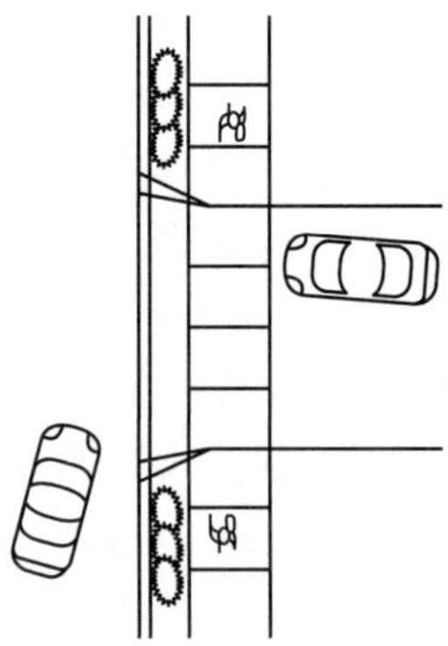

图 4-33 改进后的车道减慢机动车速度

4. 交叉口步行交通设施管理与设计

(1) 交叉口行人过街横道设置的一般原则

① 设在车辆驾驶员容易看清楚的位置，尽可能靠近交叉口。与行人的自然流向一致，

并尽量与车行道垂直，以缩短行人过街的步行距离。

② 当行人过街横道过长（>15 m）时，为了缩短行人过街时间，确保过街行人安全，体现以人为本的宗旨，应在过街横道中间设置行人安全岛，其宽度应大于1.5 m。

③ 人行横道的宽度与过街行人数及信号显示时间相关，顺延干路的人行横道宽度不宜小于5 m，顺延支路的人行横道宽度不宜小于3 m，以1 m为单位增减。

④ 人行横道位置应平行于路段人行道的延长线并适当后退（见图4-34中的$a=1$ m部分)，在右转机动车容易与行人发生冲突的交叉口，为了减少右转机动车对相邻的两个进口道的行人过街交通的影响，其横道线不应相交，至少应留有存放一辆右转车的空间，该后退距离宜取3～4 m（见图4-34中的$b=3$～4 m部分)，当自行车过街横道与行人过街道平行设置时，该位置还应做相应的顺延。

⑤ 人行横道的转角部分（见图4-34中的c部分)，长度应不小于小车的车身长6.0 m，并应设置护栏等隔离设施。

⑥ 有中央分隔带的进口道，行人过街横道应设置在中央分隔带端部后退1.0～2.0 m，或中央分隔带应满足于此设计，为行人过街驻足提供安全保障（见图4-34中的d部分)。

⑦ 当过街人流量很大时，可设置左右分隔式人行横道，增加其通行能力，如图4-35所示。

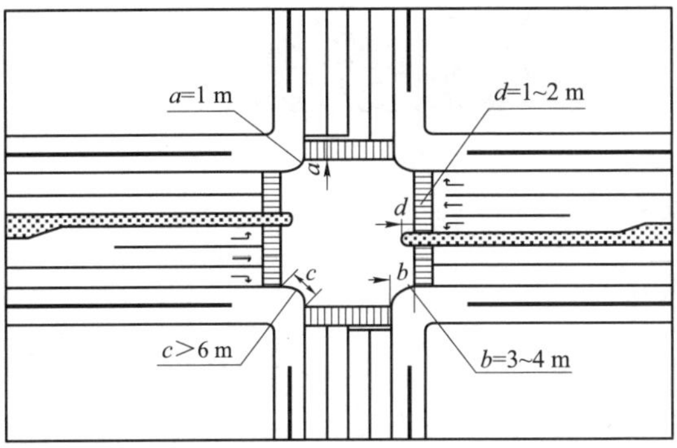

图4-34 行人过街横道的设置示意图

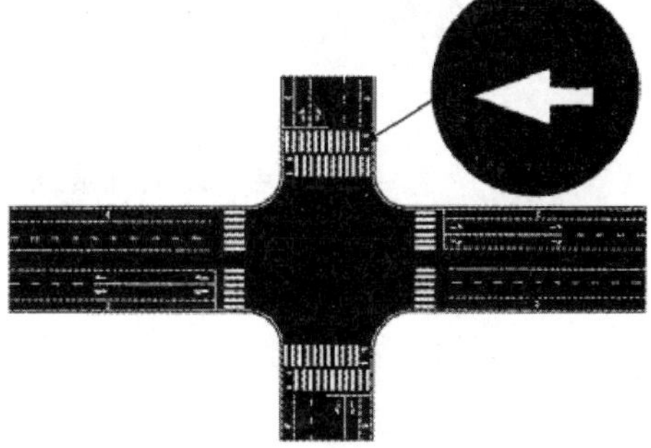

图4-35 左右分隔式人行横道示意图

⑧ 行人过街横道及与之衔接的人行道或交通岛交接处应做成坡道，且不得有任何阻碍行人行走的障碍物。为了确保行人交通的安全，防止机动车或非机动车随意驶上人行道，避免行人随意横穿道路，在行人过街横道和必要的道路进、出口以外的地方，可沿人行道缘石设置绿化带或美观的分隔栏。

(2) 交叉口行人过街控制方式

交叉口行人过街的控制方式包括信号控制和无信号控制两种。

① 信号控制交叉口的行人过街按照行人信号灯的红绿灯设置分配通行权，避免与机动车和其他车辆运行发生冲突。当行人过街交通及其相交的机动车流饱和度、人均待行区面积同时满足表4-17的条件时，建议设置行人过街专用相位，相位时长应根据过街行人所需的过街时间而定。

表 4-17 城市主、次干路设置行人过街专用相位的基本条件

道路性质	行人过街交通平均饱和度	机动车交通平均饱和度	人均待行区面积	待行时间
主干路	≥0.85	≥0.7	行人待行区人均空间<0.6 m^2/人	超过一个周期
次干路	≥0.85	≥0.75		

注：1. 行人待行区人均空间，可用行人待行驻足面积（m^2）除以待行人数得到；
2. 饱和度=车辆（或行人）交通量/通行能力。

② 对于无信号控制交叉口且允许行人通过的断面，应尽可能设置行人过街斑马线，以明确行人过街通行权，在交叉口进口道提前设置减速让行或停车让行交通标志与标线，如图 4-36 所示。

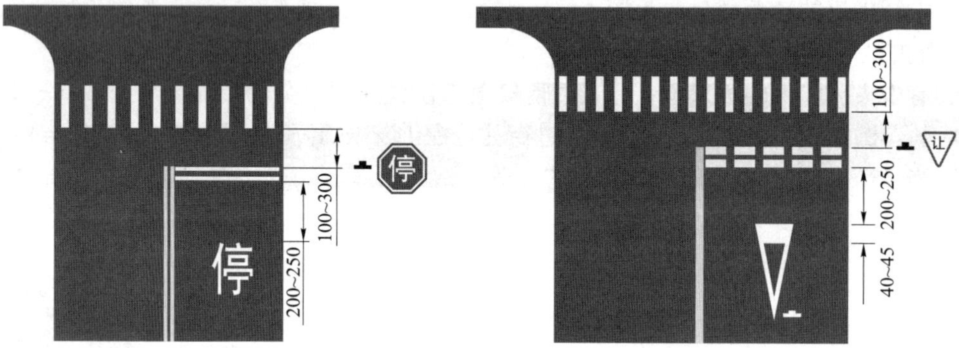

（a）停车让行　　（b）减速让行

图 4-36 停车或减速让行交叉口控制（单位：cm）

（3）交叉口行人过街中央分隔带和安全岛设置

在交叉口及机动车道中段的中央分隔带及安全岛设置，可以为行人过街提供等待区域，它们能够明确行人步行的空间，可以使行人远离车辆。我国《城市道路交通设施设计规范》（GB 50688—2011）规定，当机动车道数大于或等于 6 条或人行横道长度大于 30 m 时，应设安全岛。

中央分隔带和安全岛推荐设计采用如下指导原则。

① 中央分隔带和安全岛推荐宽度为 2.4 ～ 3 m，最小宽度为 1.8 m，以容纳随护所推的轮椅、骑自行车的人和车道之外的行人。

② 为了获得合适的中央分隔带宽度，机动车进口车道可以适当减小宽度，以达到降低机动车在交叉口处速度的效果。

③ 中央分隔带和道路两侧的树木，会减小来车驾驶员在大范围内的视野，以促使他们在靠近交叉口处减速。在安全岛处的道路景观，不能阻挡交叉口区域的行人和驾驶员的视线。

④ 在中央分隔带两侧设置突出的“鼻端”，能够保护行人等待安全。鼻端的设置应被明确标出以给驾驶员充分提醒，可以通过照明、反光、标线、标志等进行设置，鼻端的位置和尺寸应考虑到车辆的转弯运动，如图 4-37 所示。

⑤ 中央分隔带较窄，为容纳较多的等待人流，或交叉口综合布局设计需要时，可设置

错位行人过街安全岛，如图 4-38 所示。

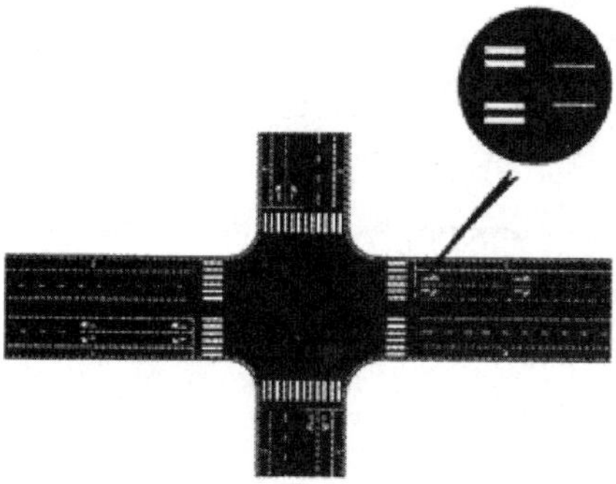

图 4-37　典型交叉口行人过街中央分隔带/安全岛（鼻端）

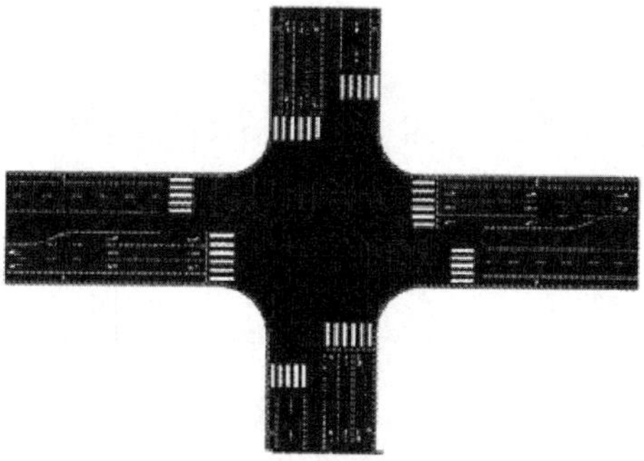

图 4-38　错位行人过街安全岛

（4）交叉口行人过街转弯半径设置

一般来说，和大转弯半径交叉口相比，小转弯半径的交叉口对于行人过街比较有利，在转弯处能够提供更多的行人等候区域，为步行过街提供更好的灵活性和更短的街道转弯，并且能够降低机动车车辆转弯时的速度，如图 4-39 和图 4-40 所示。

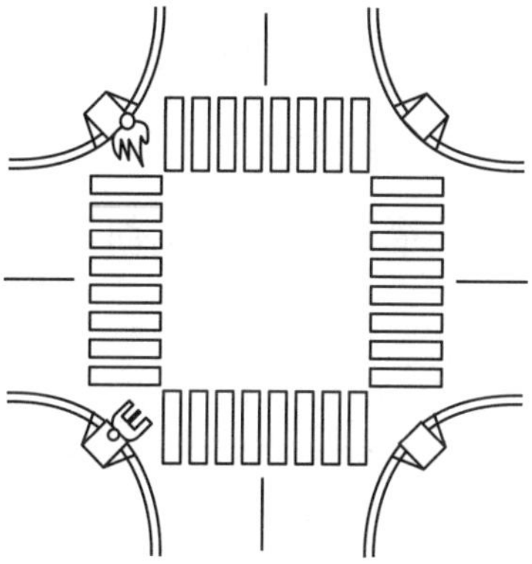

图 4-39　大半径路边转角要求更长的交叉过街口距离

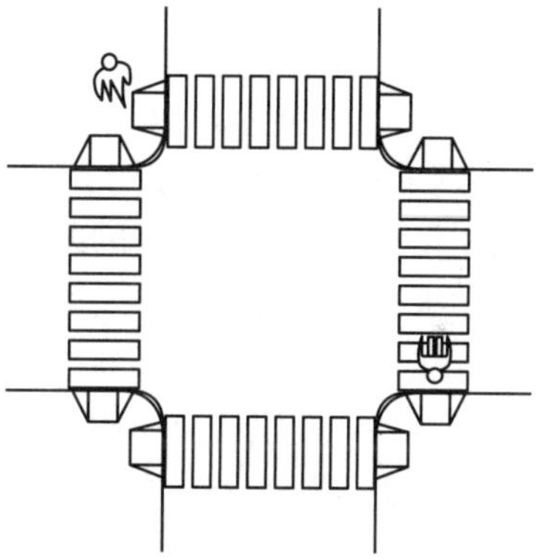

图 4-40　小半径路边转角提供短距离过街条件

可以根据以下条件，综合考虑交叉口转角转弯半径的设置。

① 交叉口的线形（车道数、路肩宽度、交叉口角度等）条件和改造难易程度。

② 转弯半径的设置，应不妨碍机动车流的转向通过（右转）。

③ 交叉口行人过街流量。流量越大，则转弯半径越小。

④ 机动车转向车流的大小。流量越大，则转弯半径越大。

⑤ 在车道和路边是否有停车道或者是自行车道。由于停车带设置或者自行车道的设置，将带来更大的机动车转弯半径（见图 4-41）。

交通管理者必须平衡所有因素，保持所选择的半径在各个环境下的最小可能性。在没有转弯车流的情况下，建议转弯半径最小值为 12 m，或者存在转弯车流的情况下，转弯

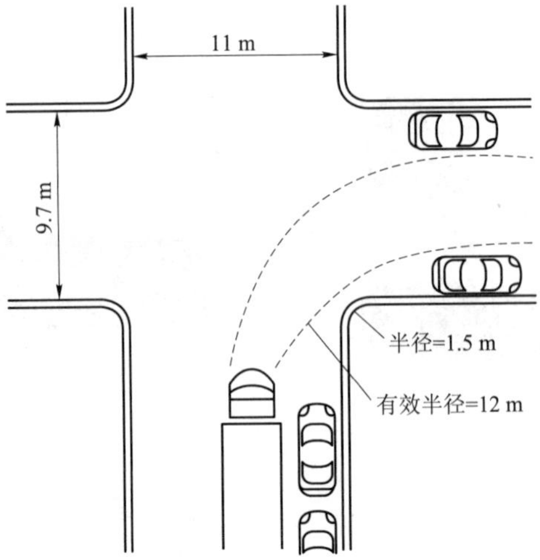

图 4-41　路内停车带设置对机动车转弯半径的影响

半径最小值为 1. 5 m。当交叉口转弯半径大于 9 m 时，需要在交叉口考虑行人等待区域的设置。

(5) 交叉口行人过街路缘延伸设置

路缘石的拓宽可以减小交叉口行人过街距离，增加驾驶员和行人之间的视距（同样适用于道路中段行人过街)。在所有允许路边停车的路段交叉口都应考虑拓宽路缘石，减小行人过街的距离，并同步考虑自行车道的设置。

拓宽路缘石的主要优点在于：

① 减少行人过街必须行走的距离，减少行人暴露在机动车交通流中的时间；

② 增加机动车驾驶员和行人的视距；

③ 使得在交叉口设置路缘斜坡（无障碍设计）更有效率；

④ 为公共基础设施或街道相关设施提供空间；

⑤ 为需要进行限速控制的交叉口提供更好的减速条件。

交叉口路缘石拓宽，主要适用于以下道路交通条件：

① 路段和交叉口的公交车和大型机动车流量较小，对于临时停靠和交叉口转弯影响较小；

② 实施单向交通管理的道路，路段车流运行和交叉口转向复杂性较低；

③ 城市次要道路，并具有较大的机动车停车需求；

④ 信号控制交叉口为行人过街分配的相位，对整体信号配时影响较大的位置，可大幅度缩短行人过街时间。

图 4-42 和图 4-43 为交叉口路缘石拓宽前后的对比；图 4-44 为道路中段路缘石拓宽案例。

(6) 结合交叉口右转渠化岛设置行人过街设施

在交叉口设置机动车右转渠化道，将允许右转机动车辆保持较高的速度通过，但是在一定程度上增加了行人过街的距离，并降低了便利性，因此在设置时需要辅助一定的设计和管理措施。

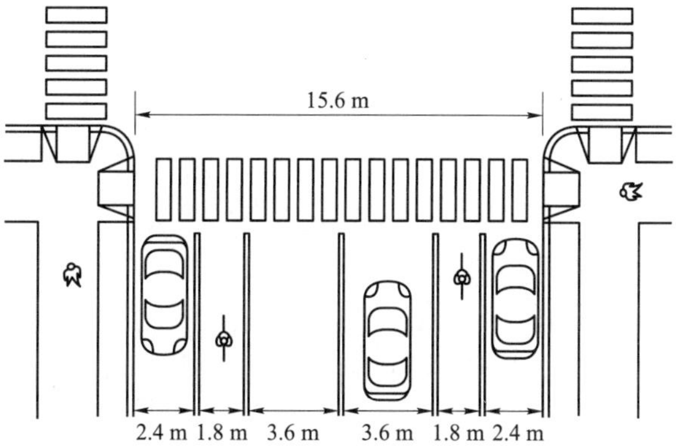

图 4-42　路缘石拓宽前交叉口行人过街

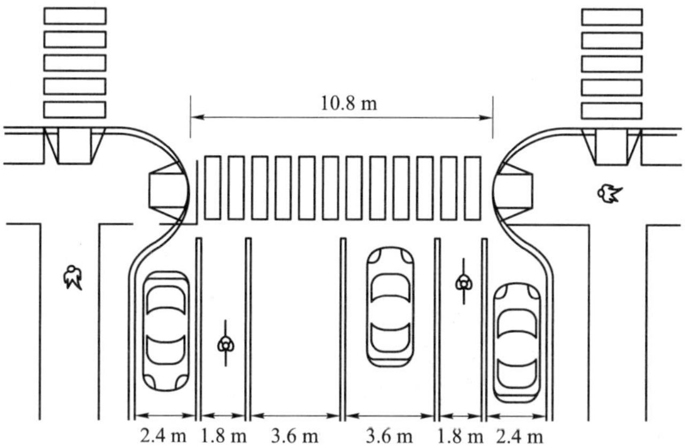

图 4-43　路缘石拓宽后交叉口行人过街

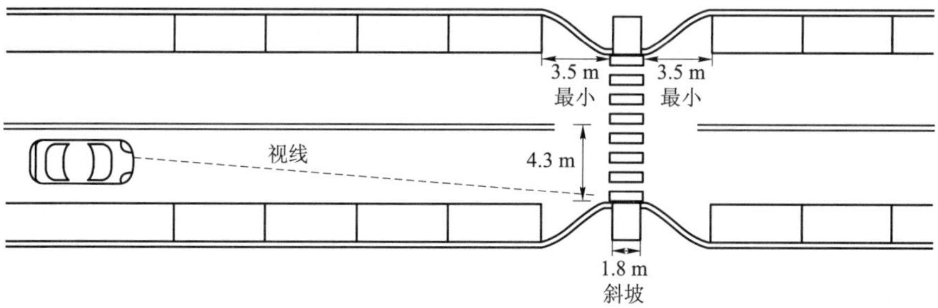

图 4-44　路缘石拓宽后道路中段行人过街

① 渠化岛及右转车道的设计，应能够使驾驶员容易看到行人（保障安全）和他们左侧的车辆（寻找交通流的穿越间隙），行人能够顺利到达安全岛并等待通过。

② 交叉口路缘石不宜采用统一的转弯半径。在渠化岛右转弯车道进口处，采用大转弯半径设计，为大型车的右转弯提供便利；在渠化岛右转弯车道出口处，采用小转弯半径设计，降低车辆速度，降低其与左侧车流合流时发生冲突的可能性。

③ 在渠化岛内应该设置突起以提供垂直障碍，增加车辆和行人之间的保护。安全岛应

该提供路缘斜坡或者便道作为行人和自行车可达通道。当交叉口信号配时无法满足所有行人在一个相位内全部通过时，建议提供行人按钮的交通控制装置，如图 4-45 所示。

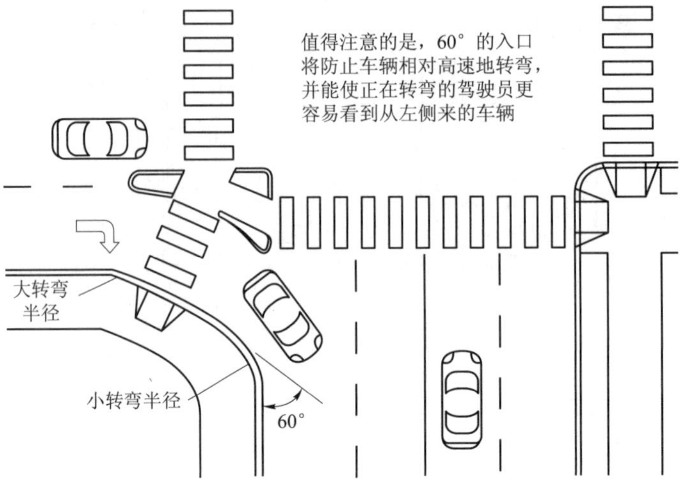

图 4-45　交叉口右转车道及行人安全岛设置

（7）交叉口行人分层过街通道设置

分层交叉口是指将步行与机动车交叉分开到不同层次的设施，即人行立体过街设施，例如立交桥和隧道。这使得行人与机动交通分离，保证了行人不受干扰。但因为分层交叉口造价昂贵，且应用受限，所以只能当作最后手段。

我国《城市人行天桥与人行地道技术规范》（CJJ 69—1995）提出，属于下列情况之一时，宜设置人行天桥或地道：

① 进入交叉口总人流量达到 18 000 人/h，或交叉口的一个进口横过马路的人流量超过 5 000 人/h，且同时在交叉口一个进口或路段上双向当量小汽车交通量超过 1 200 辆/h。

② 进入环形交叉口总人流量达 18 000 人/h，且同时进入环形交叉口的当量小汽车交通量达到 2 000 辆/h 时。

③ 行人横过市区封闭式道路或快速干道或机动车道宽度大于 25 m 时，可每隔 300～400 m 设一座。

④ 铁路与城市道路相交道口，因列车通过一次阻塞人流超过 1 000 人次或道口关闭时间超过 15 min 时。

⑤ 路段上双向当量小汽车交通量达 1 200 辆/h，或过街行人超过 5 000 人/h。

⑥ 有特殊需要可设专门过街设施。

⑦ 复杂交叉路口，机动车行车方向复杂，对行人有明显危险处。

分层式行人过街通道应该满足无障碍设计的要求，包括匝道或者电梯。延伸的匝道应该能够允许轮椅和自行车的出行，但是过长的距离和高度都不鼓励使用。研究表明，如果能够在街道上用相同时间过街，多数行人将不会使用立交桥或者隧道。

（8）交叉口行人过街信号设置

一般交叉口行人过街与车流交通的信号相位与配时设计，是整体统筹考虑的。在交叉口处，应充分利用“车辆停，则行人行”的时空分配机制，提高交叉口的整体通行效率与安全性。

5. 道路中段行人过街管理与设计

多数的行人都不愿为过街而步行很远的距离，道路中段人行道路的设置不仅可以提高行人（尤其是孩童和老人）出行的舒适性和安全性，而且合理的设置可以减少行人随意穿越街道的现象。

1）道路中段行人过街位置设置

道路中段行人过街设施的布置，应遵循如下原则。

① 整条道路统一考虑，宜先根据交叉口形式布设交叉口处人行过街设施，再考虑路段上的人行过街设施的设置，且应优先考虑人行地面过街。

② 人行横道、人行天桥和人行地道的设置，应根据行人横穿道路的实际需要确定。在快速路和主干路上人行横穿设施的间距宜为 300 ～ 500 m，次干路上宜为 150 ～ 300 m。

③ 学校、幼儿园、医院、养老院等门前，应设置人行过街设施。

④ 在土地利用模式会导致高密度的行人等待过街的区域设置人行过街设施，如住宅区对面有零售商店或娱乐设施，或公交站台对面有住宅区或工作单位。

⑤ 当路段或路口进出口机动车道超过 6 条以上时，应在中央分隔带或机非分隔带上的人行横道处设置行人安全岛，安全岛宽度应不小于 1.5 m。

⑥ 人行横道的宽度与过街行人数及信号显示时间相关，顺延主干路的人行横道宽度不宜小于 3 m，顺延其他道路的人行横道宽度不宜小于 3 m，以 1 m 为单位增减。

⑦ 过街设施应设置在驾驶员和行人都有足够视距的地方。任何会影响到过街视距的障碍（邮箱、电线杆、街道设施、标志和绿化等）最好都能拆除或迁移，或者设置缩窄路口来保证过街视距。

在下列位置不宜设置道路中段人行过街设施：

① 视距受限制的路段和急弯陡坡等危险路段，以及车行道宽度渐变路段；

② 在一个信号灯或公交站台的下游 90 m 以内的地方，或者在机动车驾驶员很难意料到会有行人过街的地方；

③ 距离下一个过街处 90 m 以内的地方，除非在城市中心区或者其他有明确需要的位置；

④ 在限速高于 60 km/h 的街道上。

2）道路中段行人无信号控制过街管理

对于无信号控制的道路中段人行道需要标识明显的斑马线，并具备较强的可视性。主要管理措施包括以下几个方面。

① 在可能的条件下，人行道尽量设置安全岛或中间隔离带，为行人过街提供等候空间。安全岛或中间隔离带的设置如果能与道路保持一定的角度，则有助于行人看清楚驶来的车辆（见图 4-46）。

② 对于没有设置路缘斜坡或中间隔离带的道路中段人行道，必须配有明显的警告标志和行人过街标志（见图 4-47）。

③ 突起的道路中段行人过街设计。在道路中段设置人行道缘突起（或减速带）既可以延伸人行道，也可以允许行人一定程度的连续过街，同时也能起到降低机动车速度的作用。通常这种过街人行道只适用于低速、小流量的次要道路（见图 4-48）。

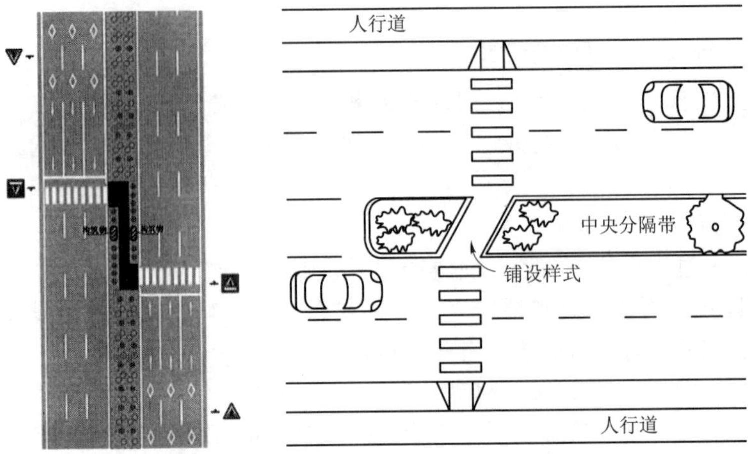

图 4-46　道路中段交叉口中间隔离带安全岛设置

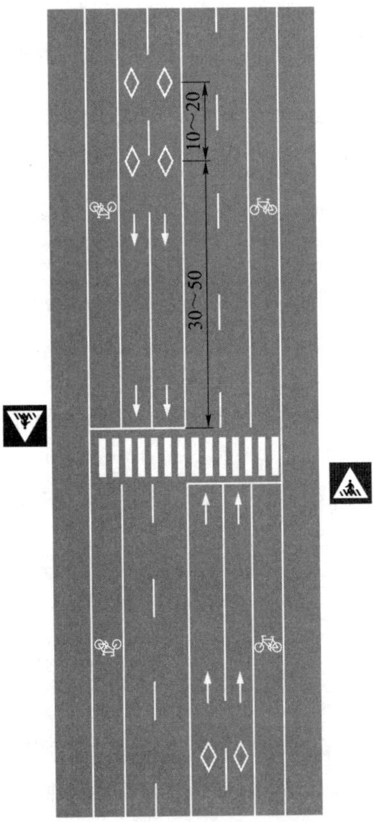

图 4-47　干道上路段中过街（单位：m）

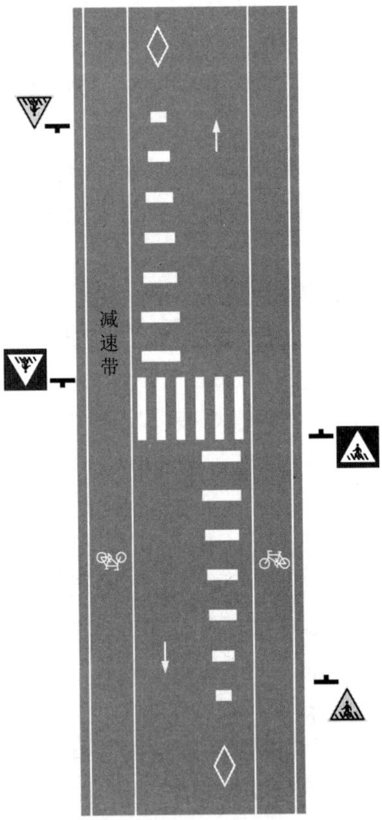

图 4-48　路中段过街处的典型路缘突出设计

在那些提供过街人行道的路段过街处，并且道路一侧或者两侧允许路内停车的地方，路缘突出的使用可以减小过街的距离，而且行人和驾驶员会有更好的可见性。

3）道路中段行人过街信号控制管理

在没有信号控制的道路中段过街处，行人必须等待车流出现一个足够保证其过街而又不影响机动车流行驶的间隙。如果过街间隙的出现频率低于行人等待时间的容忍值，就需要设置信号控制辅助行人过街。《城市步行交通系统规划方法研究》一文中给出无控和信号控制人行横道行人过街的满意及容忍等待时间的调查结果，如表4-18所示。

表4-18 人行横道行人过街满意的等待时间和可容忍的等待时间调查结果 单位：s

控制方式	内容	最小值	最大值	均值
无控人行道	满意等待时间	0	80	26
	可容忍等待时间	3	90	44
信号控制人行横道	满意等待时间	0	90	31
	可容忍等待时间	10	120	56

（1）行人信号控制设置形式

① 定时式信号控制。适用于具有固定的行人过街流量，且机动车流量或车速较慢的路段，这种信号控制的设置还可以为其下游交叉口提供集中车队的功能。

② 按钮（触发）式信号控制。适用于机动车流量或车速较大的道路，以及双向4车道或更多车道数的道路。由于这种信号灯只针对步行交通，所以在行人流量较低时，不会引起机动车的不必要的延误。

③ 黄闪信号控制。它是道路中段过街中一种低成本的处理形式。当行人在过街人行横道上时，闪光灯可以提醒驾驶员减速或停车。可用于有较大机动车交通量的路段，且不造成过度的延误。另外，当道路中段行人过街流量极小时（如夜间），定时式信号控制和按钮式信号控制也可转换为黄闪控制的形式。

（2）行人信号灯控最短绿灯时间

行人绿灯信号时间，应该能够满足大多数人步行速度下的过街需求。在老龄行人或残障行人比例较高的地区，行人绿灯信号时间应该增加。

行人过街所需的最短绿灯时间 G_{min}，可根据人行横道长度及行人过街步行速度确定。美国采用如下公式计算：

$$G_{min}=7+\frac{D}{V_r}-Y \qquad (4-16)$$

式中：G_{min}——行人过街所需的最短绿灯时间，s；

V_r——采用第15百分位步行速度，m/s；

Y——间隔时间，s；

D——人行道长度，m。

澳大利亚则采用下列公式计算：

$$G_{min}=6+\frac{D}{V_r} \qquad (4-17)$$

式中：V_r——采用1.2 m/s。

4.4 非机动车交通管理

4.4.1 自行车交通管理

在一定的出行距离条件下，自行车与其他交通方式相比有着独特的优势。即使是在城市交通机动化进程不断推进的今天，自行车仍是城市居民出行的重要交通工具。

自行车交通的优点主要有以下几方面。

① 节能环保。与机动车相比，自行车没有尾气排放，噪声也远远小于机动车，是目前节能环保型的交通工具之一。

② 方便灵活。方便、灵活、机动性高、自主性高及对道路的适应性强，是自行车交通的主要优点。自行车是门到门的交通，短距离出行无须换乘。大量的统计数据表明，自行车在出行距离为 0.5 ～ 3 km 时是具有较强竞争力的出行方式。

③ 道路利用率高。无论从静止还是行驶状态来看，自行车的占地面积远远小于机动车，相对机动车而言，自行车是一种对道路使用效率较高的交通工具。

④ 有益健康。自行车是名副其实的绿色交通，有利于生态和环境保护，有利于骑行者的身心健康。美国交通部调查数据表明，在美国有 49.6% 的自行车出行是为了锻炼身体，有 43.2% 的自行车出行是作为上班、上学或探亲访友的交通工具。

自行车交通的缺点主要有以下几方面。

① 稳定性差。自行车运行时处于动态平衡状态，当速度发生剧烈的变化或受到外力的横向干扰时很容易失去平衡或改变行驶状态，尤其在冰雪覆盖的路面上，其稳定性远远小于机动车。

② 安全性差。由于骑行者水平的差异，在高密度车流中行驶时，相互间容易发生碰撞；在与机动车并排行驶时，骑行者在心理上受到来自机动车的横向心理压力，容易产生误操作而导致交通事故；由于自行车自身没有保护设施，相对机动车而言是弱势群体，一旦与机动车发生事故，将给自行车骑行者带来严重伤害。

③ 舒适性和适应性差。受体力的限制，在坡度较大、地形复杂的地区，自行车的使用受到极大的限制。由于自行车没有像机动车驾驶室那样的防护设备，因而受气候条件及季节变化影响较大，在风、雪、雨、雾等恶劣条件下，其使用也受到了一定的限制。此外，老人、儿童、残疾人等使用自行车的难度大。

④ 管理难度较大。由于自行车极大的机动灵活性，启动快，转向、聚集、消散、随意等特性强，给交通秩序管理与交通安全管理带来很大难度。

1. 自行车交通行为特征

1）自行车交通空间需求

（1）自行车的样式和尺寸

国内外自行车的种类和设计样式众多，现阶段最为常见的成人自行车包括公路自行车（或旅行自行车）和山地自行车（特点是具有防滑的轮胎）。在中国，电动自行车（以蓄电池作为辅助能源，能实现人力骑行、电动或电助动功能的特种自行车）所占自行车的比例呈现出快速上升的趋势。

图 4-49 给出多种自行车的尺寸范围，其长度为 1.0 ～ 2.4 m，高度为 0.9 ～ 1.1 m。

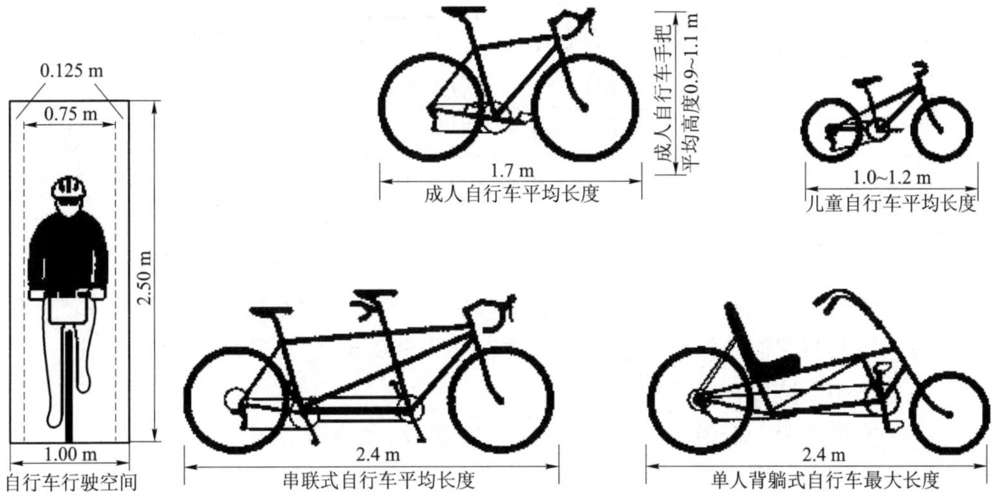

图 4-49 自行车样式和尺寸

（2）自行车行驶宽度

静止条件下，自行车骑行者占用的宽度空间约为 0.75 m，但是自行车骑行过程中会产生摇摆，因此自行车行驶者的行驶宽度通常取 1.0 m。随着爬坡高度的增加，自行车速度降低，摇摆的幅度也会随之增加，这样就需要更宽的行驶宽度。同时，下坡时提供额外的行驶宽度可以允许自行车骑行者在较高的速度下，安全地躲避路面障碍。因此，在可行的情况下，建议在超过 5°的上坡和下坡的地方提供 1.8 m 宽的铺设路肩或自行车道。

我国《城市道路工程设计规范》（CJJ 37—2012）中规定，一条自行车道路面宽度应为 1.0 m。与机动车道合并设置的非机动车道，车道数单向不应小于 2 条，宽度不应小于 2.5 m。非机动车专用道路面宽度应包括车道宽度及两侧路缘带宽度，单向不宜小于 3.5 m，双向不宜小于 4.5 m。

2）自行车交通速度和通行能力

自行车专用路应按设计速度 20 km/h 的要求进行线形设计。自行车道路的规划通行能力的计算应符合下列规定。

① 路段每条车道的规划通行能力应按 1 500 辆/h 计算；平面交叉口每条车道的规划通行能力应按 1 000 辆/h 计算。

② 自行车专用路每条车道的规划通行能力，应按上述的规定乘以 1.1 ～ 1.2。

③ 在自行车道内混有人力三轮车、板车等，应按表 4-19 乘以非机动车的换算系数，当这部分的车流量与总体车流量之比大于 30%时，每条车道的规划通行能力应乘折减系数 0.4 ～ 0.7。

表 4-19 非机动车换算系数

车 种	换算系数
自行车	1
三轮车	3
人力板车或畜力车	5

在非机动车道上行驶的车辆，绝大多数是自行车。因此，非机动车道通行能力应以自行车作为标准车辆。

一条自行车道的理论最大通行能力 C_p，可按“车头间距”的理论进行计算，即：

$$C_p=\frac{1\ 000V_b}{L}=\frac{1\ 000V_b}{\dfrac{V_b t}{3.6}+\dfrac{V_b^2}{254(\mu\pm i)}+l_0+L_车} \tag{4-18}$$

式中：V_b——自行车运行速度，大多数自行车在 15 km/h，km/h；

L——前后车辆净空距离，m；

t——骑车人反应时间，通常在 0.5 ～ 1.0 s 之间，可取平均值为 0.7 s，s；

μ——轮胎与路面间的摩擦系数，通常在 0.3 ～ 0.6 之间，可取 0.5；

i——道路纵坡度，在平原城市可取 0；

l_0——安全间距，取值范围为 0 ～ 1 m，通常取 0.5 m 或者 1.0 m，m；

$L_车$——自行车的车身长度，常用 1.9 m，m。

由于在实际骑行过程中，人们通常不按照理论的车道行驶，因此实际通行能力往往采用自行车实际最大断面通过量进行确定。实际通过量是较长时间连续通过断面的自行车数量除以统计时间，再换算为单车道的通行量，也称为路段平均通过量，用式（4-19）表示：

$$N_可=\frac{N_t}{B_b-0.5}\times\frac{3\ 600}{t} \tag{4-19}$$

式中：$N_可$——每米宽度内自行车连续 1 h 内通过断面的数量，实际为 1 h 内连续车流的平均通过量，辆/（h · m）；

t——连续车流的通行时间，s；

N_t——t 时间内通过观测断面的自行车数量，辆；

B_b——自行车道的宽度，m。

根据《城市道路工程设计规范》（CJJ 37—2012），在无机非分隔带条件下，$N_可$取值分别为 2 100 辆/(h · m) 和1 800 辆/(h · m)。

3）自行车交通服务水平

描述自行车交通服务水平的指标很多，《城市道路工程设计规范》（CJJ 37—2012）建议用自行车骑行速度、占用道路面积、交通量负荷系数（饱和度）与车流状况等指标描述路段自行车交通服务水平，对于交叉口，则采用停车延误时间、交通量负荷系数和路口停车率指标。其中，① 交通量负荷系数，定义为所评定路段高峰小时自行车交通量与该路段通行能力的比值；② 车流状况，是指在某种服务水平条件下车辆可以自由行动的程度，如加速减速、超车转向等；③ 路口停车率，主要说明通过路口时停车等候的自行车车辆数占全部流量的百分率。

表 4-20 和表 4-21 给出了建议的自行车道路路段和交叉口交通服务水平标准值。当服务水平低于三级时，需要对既有设施进行改善设计或交通管理。

表 4-20 建议的自行车道路路段交通服务水平标准

等级	一	二	三	四	五
骑行速度/(km/h)	>25	25～20	20～15	15～10	10～5
占用道路面积/(m^2/辆)	>9.0	9～7	7～5	5～3	<3
交通量负荷系数(V/C)	<0.4	0.4～0.55	0.55～0.7	0.7～0.85	>0.85
车流状况	自由骑行	基本自由骑行	车流基本稳定	非稳定车流受限	间断式束缚交通流
适用条件与运行状态描述	在公路或独立的自行车道上，骑行舒适无干扰，可以自选速度或超车，行人也可穿越	在独立自行车道路或专用自行车道上，很少干扰，骑车人尚舒适，车速可以变化，但稍有约束，可以超车，行人亦可穿越	在专用自行车道或独立自行车道上常有干扰，速度受限不能变更骑车线路，可以维持安全车速，行人横穿难	在物体隔离设施的自行车专用路上，车流密集，干扰多，速度低，行人横穿车道已不可能	在仅有画线混行道路上，车流密集，干扰严重，车速很低，一车倒下后面跟车倒下，行人不能穿越

表 4-21 建议的自行车道路交叉口交通服务水平标准

等级	一	二	三	四	五
过交叉口骑行速度/(km/h)	>16	16～13	13～9	9～6	6～4
停车延误时间/s	<30	30～40	40～60	60～90	>90
交通量负荷系数（V/C）	<0.5	0.5～0.7	0.7～0.8	0.8～0.9	>0.9
路口停车率/%	<20	20～30	30～40	40～50	>50
占用道路面积/(m^2/辆)	8	8～6	6～4	4～2	<2
适用条件与运行状态描述	车辆有较大的自由度，过交叉口方便，基本上在本相位内通过	车辆自由度较小，过交叉口尚易，大部分车辆在本相位通过	车辆呈队列前进，过交叉口需等待较长时间，部分车辆等到下一周期才可通过	车辆前进速度极低，骑车者随时准备下车推行，大部分车辆等到下一周期方可通过	自行车首尾相接，拥挤严重，大部分骑车者下车推行，有时停止等候绿灯，大部分车辆等到下一周期方可通过，甚至还通不过

2. 自行车交通设施管理与设计原则

自行车交通设施主要由路段自行车道、交叉口自行车交通设施组成。本节在自行车交通行为特性分析的基础上，重点提出基于以上设施的交通管理和设计原则及相关标志、标线。

1）自行车交通设施管理与设计的总体原则

① 连续性。自行车道路网应由单独设置的自行车专用路、城市干路两侧的自行车道、城市支路和居住区的道路共同组成一个能保证自行车连续交通的网络。

② 专用性。对于城镇高等级道路，或者机动车道设计速度不小于 40 km/h 时，应使自行车与机动车分道行驶。

③ 分流性。自行车单向流量超过 10 000 辆/h 的路段，应设平行道路分流。在交叉口，当每个路口进入的自行车流量超过 5 000 辆/h 时，应在道路网规划中采取自行车的分流措施。

④ 安全性。若出租车、公交停靠站点等公用设施设置在自行车专用道上，它们不应对自行车的安全行驶造成影响。自行车专用道不应该设置在停车车道和路缘石之间。

⑤ 方向性。自行车专用道应该承担毗邻的相同方向的自行车流（如街道或道路右侧的自行车流）。同时，当存在繁忙的街道双穿越或有使用人行道的需求时，应该考虑短距离双向自行车道。

2）与自行车交通管理相关的主要交通标志

用于自行车交通管理的主要标志包括指示标志、指路标志、警告标志、禁令标志等。如图 4-50 和图 4-51 所示。

图 4-50　用于自行车交通管理的指示、指路标志示例

图 4-51　用于自行车交通管理的禁令、警告标志示例

3. 路段自行车交通设施管理与设计

1）路段自行车交通设施分类及设计

路段自行车交通设施按照与其他交通方式隔离形式的不同，可以分为自行车专用道路和自行车-机动车混用道路。本部分内容重点对这两种道路提出交通管理和设计方法，图 4-52为自行车专用道标线的设计示例。

（1）路段自行车专用道类型及宽度设置

自行车专用道包括与机动车道间有物理隔离（护栏、绿化带等）的自行车专用道（横

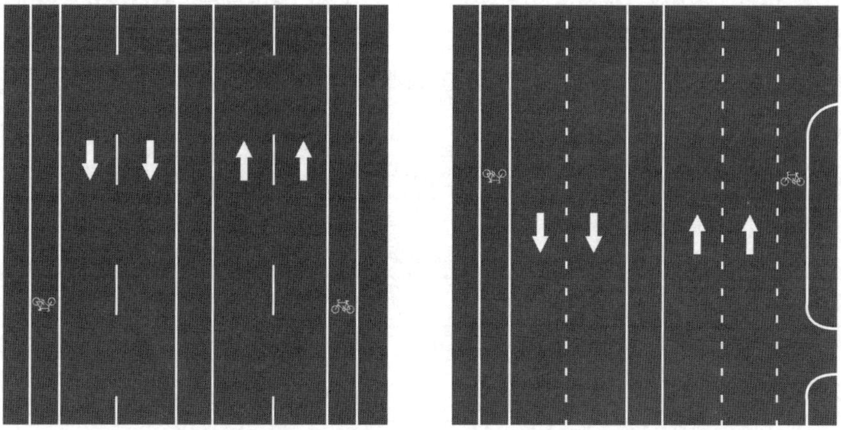

（a）车行道边缘白色实线　　（b）车行道边缘白色虚线

图 4-52 路段自行车专用道路标线设计示例

断面表现为 3 幅以上的道路），以及与机动车道间无物理隔离的自行车专用道（通过标志和路面标记分离通行权利）。本部分内容重点介绍无物理隔离的自行车专用道类型及宽度设置。

① 自行车专用道、禁止路边停车。

该类型自行车专用道的设置又包含有路缘石和无路缘石两种，建议单条自行车专用车道宽度为 1.2 ～ 1.8 m，如单条自行车道无法满足流量要求，则按倍数增加车道数量，如图 4-53、图 4-54 及表 4-22、表 4-23 所示。

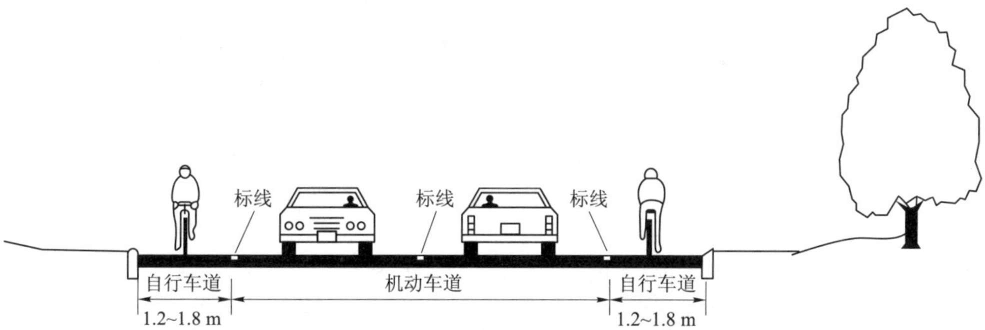

图 4-53 有路缘石、禁止路边停车的单条自行车道设置示意图

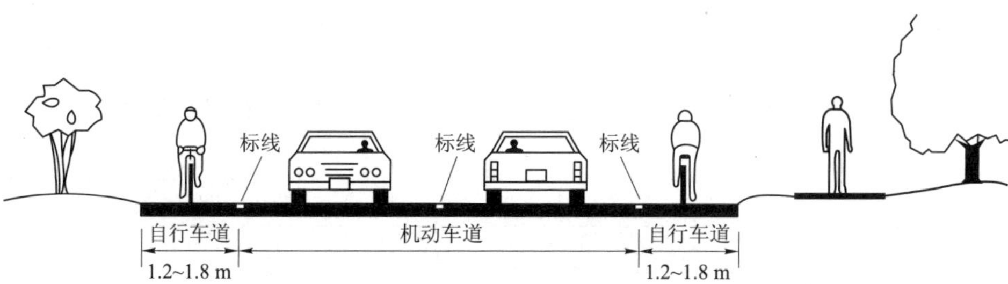

图 4-54 无路缘石、禁止路边停车的单条自行车道设置示意图

表 4-22 有路缘石的街道、禁止路边停车条件下的单条自行车专用道宽度值

最小值	道路条件
1.2 m	城市或乡村有路缘石且禁止路边停车的街道，自行车专用道设置在路缘石旁边
推荐值	道路条件
1.8 m	当自行车流量较大时，或者道路纵坡度大于 5%

表 4-23 无路缘石的街道、禁止路边停车条件下的单条自行车专用道宽度值

最小值	道路条件
1.2 m	受道路边界条件限制，没有额外的自行车车道宽度可供支配
推荐值	道路条件
1.5 m	没有路缘石的道路，机动车设计速度低于 60 km/h
1.8 m	没有路缘石的道路，机动车设计速度超过 60 km/h
1.8 m	自行车流量较大，或者道路纵坡度大于 5%

② 自行车专用道、允许路边停车。

路边机动车辆的停放将直接占用道路空间资源，建议在该条件下，单条自行车专用车道宽度为 1.5 ～ 2.1 m，如单条自行车道无法满足流量要求，则按倍数增加车道数量，如图 4-55、图 4-56 及表 4-24、表 4-25 所示。

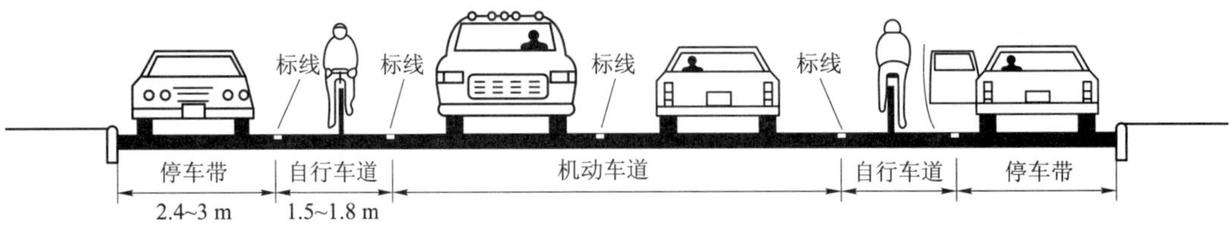

图 4-55 有路缘石、允许路边停车的单条自行车道设置示意图

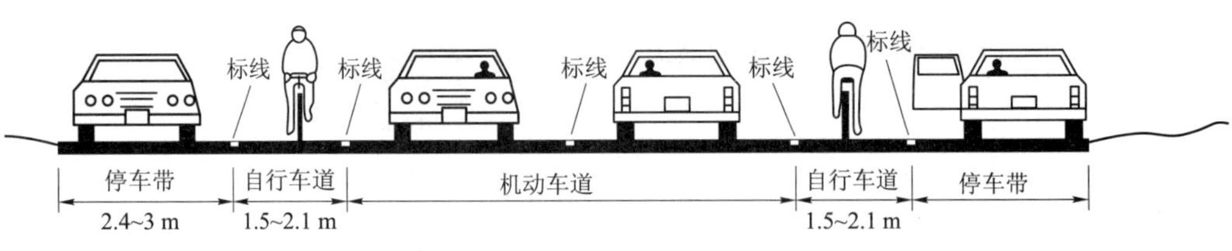

图 4-56 无路缘石、允许路边停车的单条自行车道设置示意图

表 4-24 有路缘石的街道、允许路边停车条件下的单条自行车专用道宽度值

最小值	道路条件
1.5 m	城市或乡村有路缘石的街道，同时有路边停车线
推荐值	道路条件
1.8 m	城市或乡村有路缘石的街道，有路边停车线，同时自行车流量较大，或者道路纵坡度大于 5%

注：最小值和推荐值宽度，是指从路缘石到自行车专用道的中心线。

表 4-25 无路缘石的街道、允许路边停车条件下的单条自行车专用道宽度值

最小值	道路条件
1.5 m	受道路边界条件限制，没有额外的自行车车道宽度可供支配
推荐值	道路条件
1.8 m	没有路缘石的道路，机动车设计速度低于 60 km/h
2.1 m	没有路缘石的道路，机动车设计速度超过 60 km/h
2.1 m	自行车流量较大，或者道路纵坡度大于 5%

（2）路段自行车-机动车共享道路类型及宽度设置

自行车-机动车共享道路，是比正常机动车车道稍宽的道路，可以更好地让自行车和机动车共享一条道路而不用转变车道。

在没有足够的空间设置自行车专用道的乡村或城市区域，适合设置自行车-机动车共享道路（或混合运行道路）。它和自行车专用道的主要不同点在于，不采用专门的物理设施或是标志、标线将机动车道和自行车道进行路权分离。

共享道路设置的主要目的是通过额外空间的设置，更好地满足自行车和机动车在同一条车道上行驶，且机动车可以不需要改变车道直接超过自行车。其主要设置依据如下。

① 当道路宽度条件不足以设置单条物理或画线隔离的自行车专用道，且允许自行车通行时，应设置自行车-机动车共享道路。

② 对现有道路进行车道划分时，通过缩窄机动车道宽度或是减少机动车道数量，可以提供空间设置自行车-机动车共享道路，但是这种重新设置是建立在对道路交通流特性进行仔细分析的基础上的。

③ 在存在陡坡的地方，应该增加自行车-机动车共享道路的车道宽度，以保障骑行者的安全。

④ 在自行车-机动车共享车道和路边停车带中间，应设置明确的交通标线。

自行车-机动车共享道路的最小宽度的设置，受道路等级、设计速度和道路流量等多个条件的影响。当道路上存在大量的大型车通过（货车或公交车），或者视距有限时，应该考虑提供额外的宽度。

无路边停车道的共享道路宽度推荐值为 4.0 m 以上，有路边停车道的共享道路宽度推荐值为 4.3 m 以上，如图 4-57、图 4-58、表 4-26 所示。

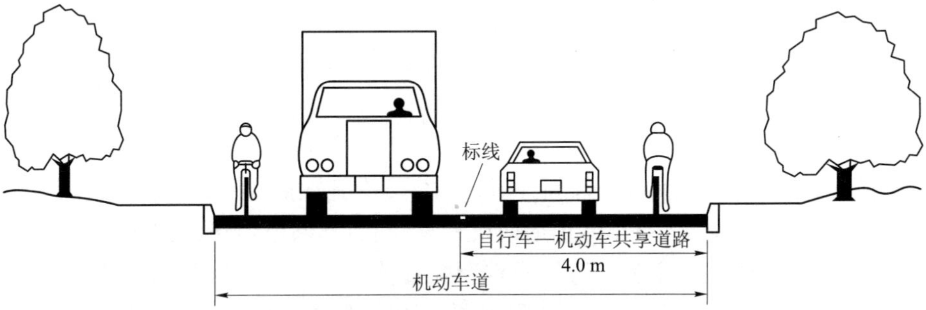

图 4-57 无路边停车带的自行车-机动车共享道路设置示意图

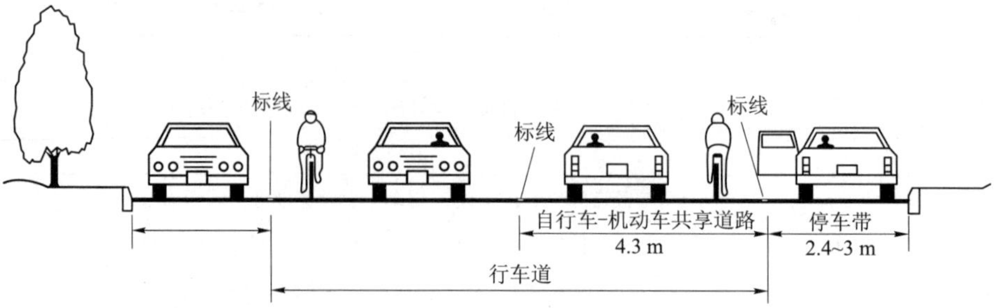

图 4-58 有路边停车带的自行车-机动车共享道路设置示意图

表 4-26 自行车-机动车共享道路宽度值

推荐值	道路条件
4.0 m	无路边停车带
4.3 m	有路边停车带

2）路段空间资源的重新分配

为提供路段自行车道路通行条件，通常采用的方法是缩窄或减少现有机动车道路或路边停车道路。当道路的通行能力超过需求时，这种方法尤为可行。以下是几种路段空间资源重新分配的方式。

① 当交通流量、速度或其他条件允许时，双向 4 车道的路段重新分配成 3 车道的道路，余下的空间可以用作自行车专用道或机动车-自行车共享道路。同样，在条件允许的情况下，也可缩窄双向 3 车道路段的机动车道宽度，形成双向 4 车道且具备自行车道的设置方法，如图 4-59 和图 4-60 所示。

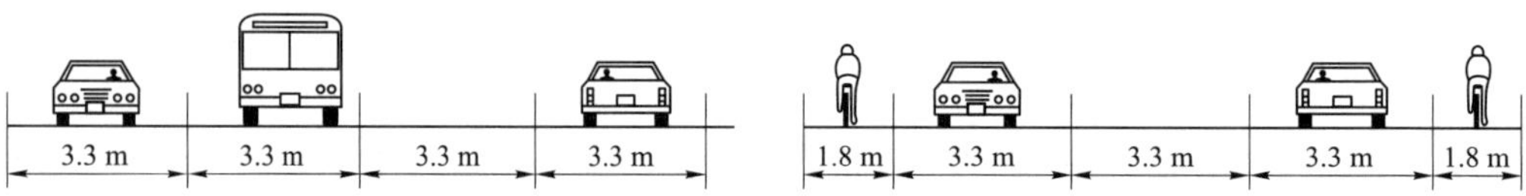

图 4-59 机动车 4 车道改建为 3 车道以设置自行车专用道示意图

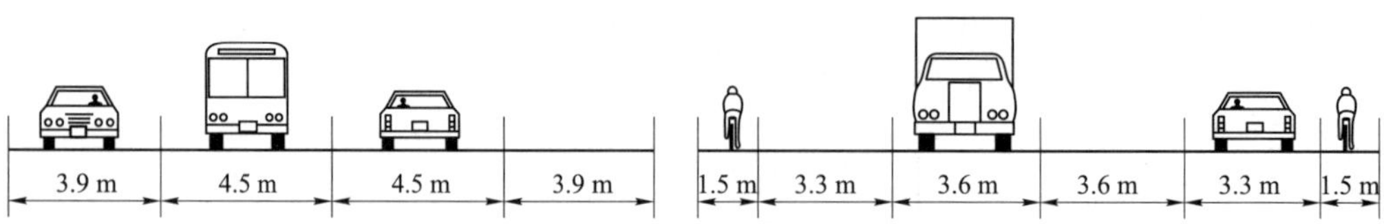

图 4-60 缩窄机动车道以设置自行车专用道示意图

② 当交通流量、速度或其他条件允许时，双向 3 车道的路段可以减少为两车道的设计。改变后余下的空间可以用作自行车专用道或机动车-自行车共享道路，如图 4-61 所示。

③ 重新评估现有的路边停车。清除或重新配置路边停车带，同样可以为自行车专用道或机动车-自行车共享道路的设置提供空间资源。清除路边停车带通常有 3 种方法：一是缩窄路边停车带宽度，或只清除道路一边的停车带；二是将对角线停车转换成平行停车方式，

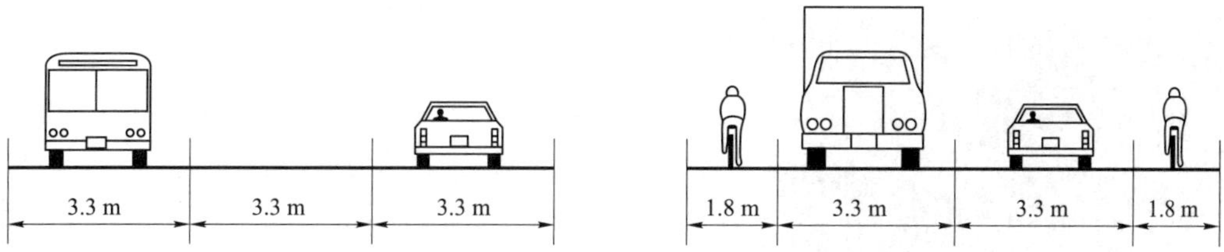

图 4-61 机动车 3 车道改建为两车道以设置自行车专用道示意图

将剩余的空间用作自行车道；三是将平行停车方式转换为港湾式停车方式。如图 4-62 所示。

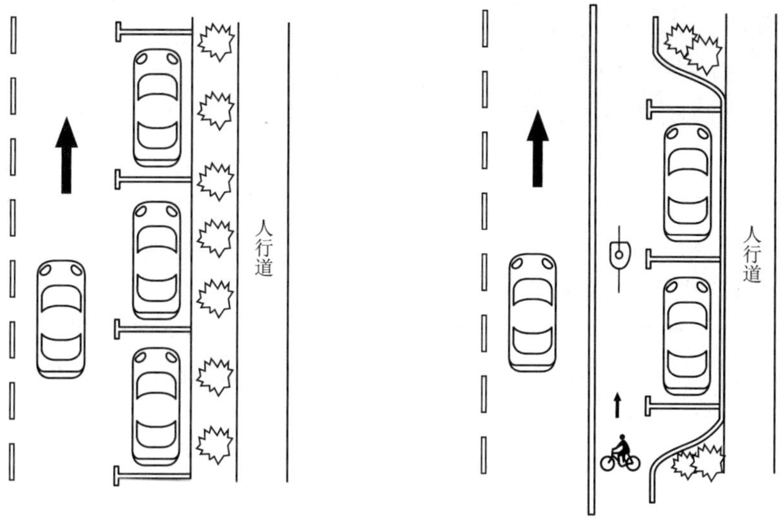

图 4-62 改建前后路边停车与自行车专用道路设置示意图

3）逆向自行车道的设置

逆向自行车道的设置是指在机动车道的一侧（或两侧）设置与机动车行驶方向相反的自行车道。由于逆向自行车骑行违反了交通法规，并且增加了自行车和机动车碰撞的可能性，因此，一般仅在机动车单行交通管理条件下，才考虑设置逆向自行车道，并需要考虑以下交通管理措施。

① 逆向自行车道应该用黄色实线从机动车道中划分出来，表明骑行者在该道路上通行是合法的。

② 逆向自行车道应该设置在单行机动车道的左边。

③ 设置逆向自行车道的路段，不应该有或者很少有与之交叉的小巷和街道。

④ 一般逆向自行车道只设置一条，使得骑行者无法使用逆流自行车道停车或超车。当有迫切需要时，可以设置两条以上逆向自行车道。

⑤ 在设置逆向自行车道的交叉口，应设有交通标志提醒驾驶员单行街道两旁均设有自行车专用道。

逆向自行车道设置示意图如图 4-63 所示。

另外，只有在一些特殊交通环境下才可以考虑设置逆向自行车道：

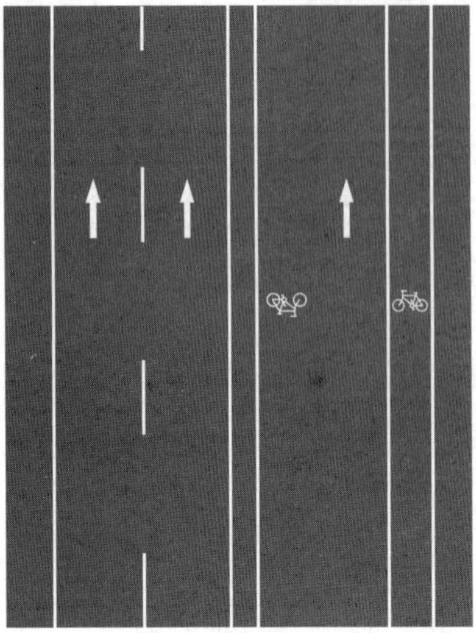

图 4-63 逆向自行车道设置示意图

① 当逆向自行车道非常短时（通常不长于一两个城市街区）；

② 逆向自行车道的使用，大幅度提高了骑行者离开出发地和到达目的地的便利性；

③ 沿着逆向自行车道行驶的安全性，高于多条自行车道的设置；

④ 设置逆向自行车道的路段两端，具备可以安全、便利地融入其他交通流的条件；

⑤ 当有大量自行车骑行者需要使用这条街道时；

⑥ 出于交通管理目的，双向交通刚改变成单向交通时。

4）天桥和地下通道设置

由于自行车的使用对舒适性和接入性的要求非常高，任何要求骑行者直线通过长距离的障碍都是很不利的。天然障碍包括河道、溪流和山谷，人工障碍则包括高速公路、铁路。骑行者遇到这些情况，天桥或者地下通道就可能成为在保证交通运输网络连续性的前提下穿越这些障碍的重要途径。

要求沿着整个天桥或者地下通道，最好都能保证 0.6 m 以上的侧向净空。考虑会有缺乏经验的骑行者和孩童随意走动的情况发生，在设计时最好能保证较宽的人行道或者利用附加设施来物理地分隔自行车道。

4. 交叉口自行车交通设施管理与设计

1）交叉口自行车交通管理的原则

① 交叉口处自行车交通应该与机动车交通进行空间和时间分离，如果没有条件分离，也必须给出适当的空间，让自行车与机动车分道行驶。

② 采取必要措施，使自行车以较低的速度有序地进入交叉口。

③ 应尽量使自行车处于危险状态的时间减小到最少。

④ 如果空间允许，对自行车暂停的地方应该提供实物隔离的措施。

⑤ 为了简化驾驶员在交叉口的观察、思考、判断及采取措施的过程，自行车交通与机动车交通的冲突点应该尽量远离机动车交通之间的冲突点。

⑥ 当自行车与机动车在交叉口等待绿灯或通过交叉口时，应该保证相互间能看得清楚，特别是当自行车通过交叉路口时，应尽可能使机动车驾驶员知道自行车的行驶路线与方向。

2）交叉口自行车交通管理方法

从自行车交通的基本特性、自行车在道路交叉口的交通管理原则和提高通行能力等方面考虑，为了充分利用交叉口的时间和空间资源，交叉口自行车通行管理设计方法可分别采用自行车右转弯专用车道、自行车左转弯专用车道、左转自行车二次过街、自行车停车线提前、左转自行车直行设计等。

（1）自行车右转弯专用车道

利用现有的路面，开辟专门用于右转弯的自行车车道。在右转非机动车流量较大，且交叉口用地条件许可时，应给右转非机动车交通流划出专用通行区域或通行车道；通过设置绿化岛、交通岛、隔离墩或地面标线等，与其他非机动车的行驶空间加以区分。其优点是可以缓解交叉口的交通拥挤，有利于交通安全。设置右转弯专用车道，要求交叉口空间较宽，且骑车人必须严格遵守“各行其道”的规则。

上述优化方法在实际的应用中，对右转自行车的分隔有两种情况：一是有渠化岛，二是无渠化岛。它们的设计如图 4-64 所示。图 4-64 中非机动车右转专用道入口离交叉口停车线的距离，视红灯期间直行及左转非机动车排队等候长度而定。

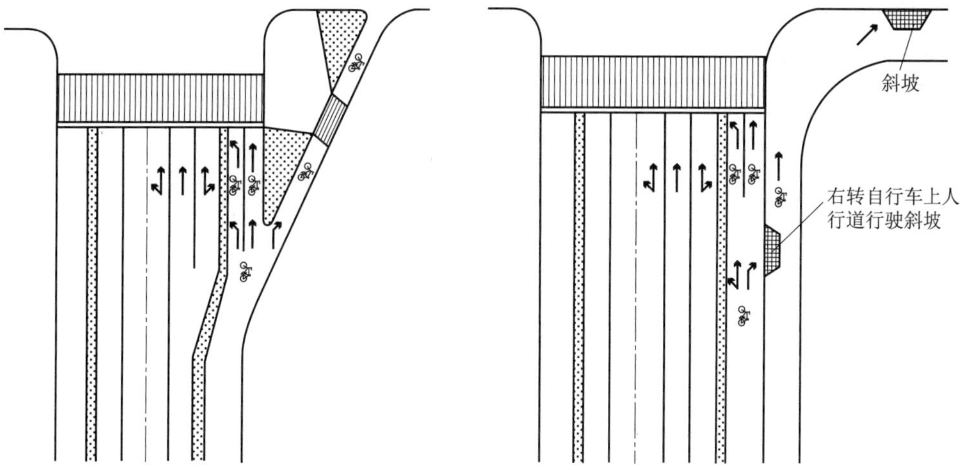

（a）有渠化岛　　（b）无渠化岛

图 4-64　有（无）渠化岛时非机动车专用道示意图

（2）自行车左转弯专用车道

可以通过设置左转专用自行车道，来处理非机动车在交叉口的左转弯问题。使用彩色路面或标线来标示出自行车左转弯专用车道，同时配合专用左转相位，以减少左转弯自行车对直行机动车流的干扰，提高通行能力。这种设计方法对进口道宽度有一定的要求，一般适用于左转弯自行车交通流较小，机动车设有左转专用相位的交叉口。

（3）左转自行车二次过街

当自行车在交叉口内直接左转时，若没有设置左转机动车专用相位，自行车与机动车之间的干扰很大，同时自身安全得不到保障。可以让自行车与行人以二次过街方式通过交叉口，在横向道路自行车进口道前设置左转自行车候车区。绿灯启亮后，左转自行车随直行自行车运行至前方左转候车区内，待另一方向的绿灯亮时再前进，即变左转为两次直行。

① 自行车与机动车公用停车线，先对右转自行车进行提前分离，控制直行自行车先于左转自行车进入交叉口，这样可以大大降低交叉口内用于自行车待行的空间，如图 4-65（a）所示。

② 在自行车流量较大的情况下，如自行车与机动车仍然公用停车线，可先对右转自行车进行提前分离，控制直行自行车先于左转自行车进入交叉口，如图 4-65（b）所示。

③ 对于已经设置交通岛的交叉口，自行车二次过街的设计方法是：在交叉口内利用 4 个角上的实体交通岛作为自行车的等待空间，如图 4-66 所示。

左转自行车二次过街设计方法的优点是：首先，消除了左转自行车与机动车之间的干

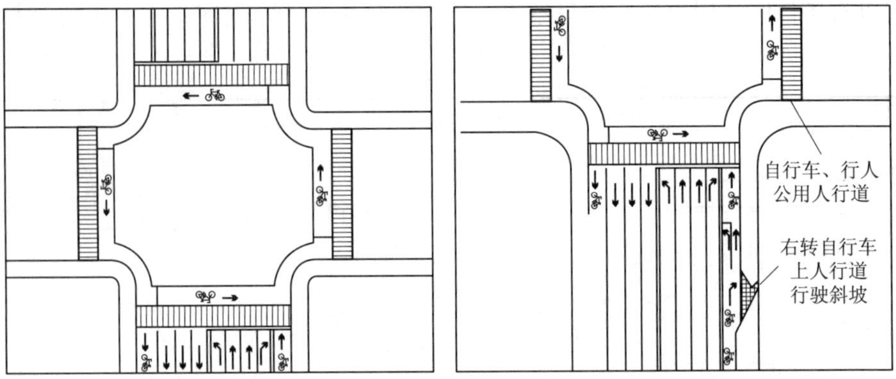

（a）总体设计示意　　（b）右转自行车提前分离示意

图 4-65　一般左转自行车二次过街候车区示意图

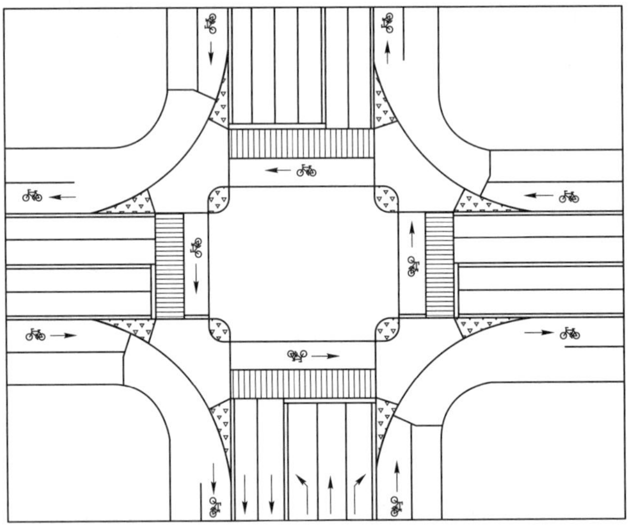

图 4-66　特殊左转自行车二次过街候车区（利用 4 个角上的实体交通岛）示意图

扰，可以提高自行车及机动车通过交叉口的运行速度与通行能力；其次，减少了左转自行车与直行机动车流的冲突点，有利于交通安全。左转自行车二次过街设计方法的主要缺点是：增加了左转自行车的绕行距离。

（4）自行车停车线提前

根据自行车启动快、骑车人急于通过交叉口的特点，可将交叉口进口道自行车停车线划在机动车停车线之前。红灯期间自行车在机动车前方待行；当绿灯启亮时，自行车先驶入交叉口，可避免主要自行车流与机动车流同时过街所产生的冲突与干扰，在一定程度上提高交叉口的通行能力和运行秩序。

自行车停车线提前的交叉口设计，主要有两种形式。

① 对进口车道较多的交叉口，辟出一条或多条机动车进口道供自行车排队停车。为了给自行车提供最大的方便，右转自行车可提前上人行道绕过停车线，避免前方停车过多阻碍右转自行车通行，同时可以让出更多的自行车停车空间。但由于自行车与机动车仍然公用停

车线，所以有条件应使用自行车信号早启，否则会增加自行车对机动车的干扰，如图 4-67 所示。

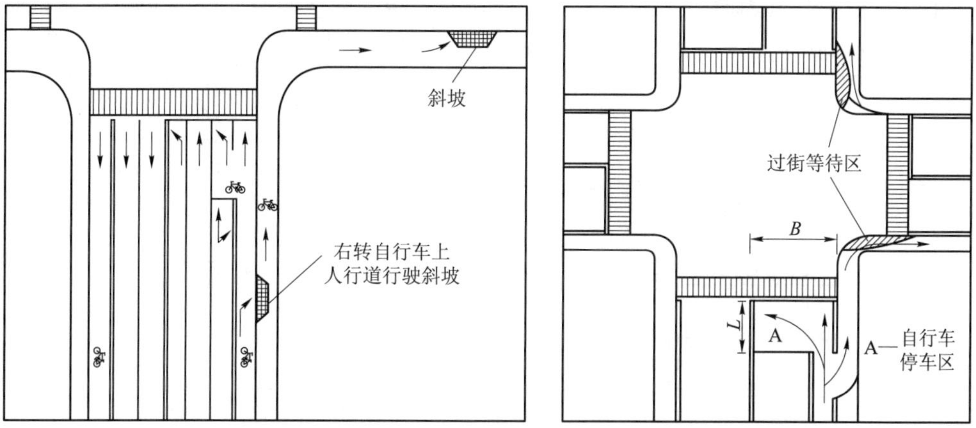

（a）总体设计示意　　（b）局部流线示意

图 4-67　自行车停车线提前示意图

② 自行车停车线设置于人行横道线之前，达到自行车停车空间提前于机动车的目的。该方法适用于面积较小的交叉口，且自行车停车线的设置不应干扰垂直方向机动车交通流的运行。如图 4-68 所示。

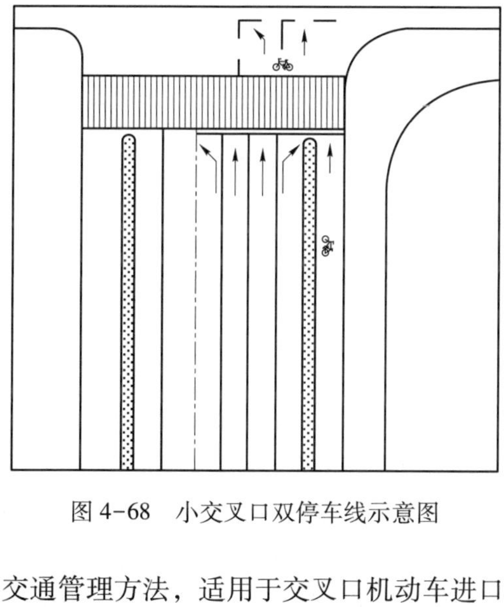

图 4-68　小交叉口双停车线示意图

自行车停车线提前的交通管理方法，适用于交叉口机动车进口车道数较少、两相位信号控制的小型交叉口，也适合左转弯自行车流量较大的情况。但是，只有对自行车骑车人加强管理与教育，使非机动车做到合理停车，才能发挥其作用。

（5）左转自行车直行设计

当交叉口左转自行车流较大，且无法提供专用信号相位通行时，所产生的排队车辆会对机动车流产生较大影响，产生交通安全隐患。因此，当交叉口临近范围存在可利用的次要道路（或街坊道路），可以在交叉口进口道采用禁止自行车流左转的管理措施，引导需要左转的自行车交通流先直行通过交叉口，再利用次要道路连续右转和直行，达到通过交叉口的目的。

该方法对交叉口可利用道路的要求较高，且需要在进口道提供明确的交通标志和标线进行说明，如图 4-69 所示。

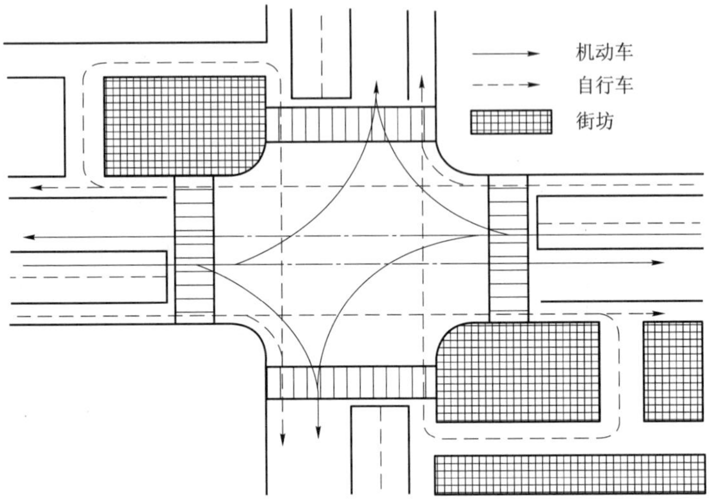

图 4-69 左转自行车直行设计示意图

4.4.2 共享单车租赁

1. 共享单车简介

公共交通工具的“最后一公里”是城市居民出行采用公共交通出行的主要障碍，也是建设绿色城市、低碳城市过程中面临的主要挑战。共享单车企业通过与政府合作，在校园、地铁站点、公交站点、居民区、商业区、公共服务区等提供服务，带动居民使用其他公共交通工具，并与其他公共交通方式产生协同效应。共享单车既是一种分时租赁模式，也是一种新型绿色环保共享经济，是共享经济的一种新形态。

共享单车系统具有以下优点。

① 操作方便、使用高效：相对于公共自行车而言，共享单车不用办卡，只需要手机就能一键借车、还车、缴费等。共享单车的定位功能，不仅能够让用户随时随地了解附近的可用车辆分布情况，也能够让后台了解附近的故障车辆，便于及时维修和更新，提高共享单车的复用率。

② 低碳环保，减少空气污染：共享单车的出现在一定程度上减少了人们对于汽车的依赖。当目的地较短，或者交通拥堵时，共享单车是一个很好的选择，汽车尾气排放也随之减少。

③ 在城市的公园和休闲广场等区域设置共享单车租赁，鼓励市民经常锻炼身体，彰显政府管理的人性化和以人为本的思想。

④ 盘活实体经济：共享单车的出现是一场经营方式的革命。运用互联网独特的方式和手段，将疲软的自行车市场瞬间激活，实体的单车制造企业也迎来了难得的市场机遇。

共享单车系统存在以下问题：

① 单车损坏及占用。由于使用者素质问题，使用单车后随意停放，损坏车辆甚至将其私自占用，导致维护成本巨大。

② 占用公共资源。单车的随意停放及不规范的停车位设置导致占用大量公共资源。

③ 缺乏相关的法律法规约束。没有完善制度的共享单车无法对使用者的行为进行合理约束，给单车的维护带来巨大挑战。

2. 共享单车系统运营的特点

（1）商业模式

共享单车的商业模式是 B2C。B2C 既是电子商务的一种模式，也是直接面向消费者销售产品和服务的商业零售模式。

（2）运营模式

① 政府主导型：致力于共享单车系列产品的研发设计、生产制造和安装集成，为客户提供全方位、立体化的共享单车系统运营方案和服务，为政府提供共享单车管理系统。

② 平台型：企业平台自己不生产车，而是号召公众把自行车共享到平台，然后统一对自行车进行喷绘、维护，共享车主可以获得永久免费使用权。整个过程没有自行车的增量，而是通过“共享”盘活现有自行车的存量。

③ 产品型：不需要大家把自己的自行车共享出来，而是企业自己生产、投放自行车，供消费者共享。平台自己把控整个车型的设计、生产环节，相当于自营模式。

（3）收费政策

共享单车是为缓解日益严重的城市交通问题而产生发展的，因此在定位上共享单车租赁系统具有明显的社会公益性。最初的共享单车企业以租金为主要收入来源，自 2019 年 12 月，随着青桔单车的调价，除 ofo 小黄车外，小蓝单车、摩拜单车（美团单车）、哈啰单车、青桔单车均进入 1.5 元/30 分钟起的骑行时代。小蓝单车、摩拜单车（美团单车）、哈啰单车、青桔单车多采用信用免押金或直接免押金方式。

4.5 公交优先通行管理

公交车辆的单位时间客运量大大超过小汽车和自行车的客运量。道路上 3.5 m 宽的车行道每小时通过公交车辆的客运量可达 10 000 人，而小汽车只有 1 000 余人，自行车 2 500～3 000 人。因此，发展公共交通工具及给予公交车辆通行优先是国内外都积极提倡的。从交通工程学的角度看，公交车辆优先占重要的位置，甚至可作为一种专门的技术管理措施。

4.5.1 常规公共交通优先通行管理

对比其他交通出行方式，城市常规公共交通具有以下优点。

① 与轻轨、地铁等轨道交通相比，常规城市公共交通具有投资小、见效快、线路易调整等优点。

② 与其他机动化交通方式相比，公交单车运量大、运输效率高。据统计，4 辆小汽车所占用的道路面积与 1 辆公交车所占的道路面积相同，而公交车单车载客量通常是小汽车单车

载客量的 30～40 倍，由此可以得出以公交出行时人均占用的道路面积只相当于以小汽车出行时的 12%左右。各种客运方式人均占用道路面积比较结果，如表 4-27 所示。

表 4-27 各种客运方式人均占用道路面积比较

客运方式	公交车服务水平*			自行车	摩托车	单位及私人小汽车	出租车
	高	中	低				
占路面积/(m^2/人)	1.75	1	0.7	3.75	11.66	14	10.5
占路长度/m	7	7	7	1.5	2	3	3
占路宽度/m	3.5	3.5	3.5	1.5	3.5	3.5	3.5
纵向安全净空/m	3	3	3	1	3	3	3
平均承载人数	20	35	50	1	1.5	1.5	2

注：*公交车服务水平分为高、中、低三级：高级指定员 20 人，中级指定员 35 人，低级指定员 50 人。

③ 与其他机动化交通方式相比，公交车人均消耗的能源和人均排放的污染量等都是较低的。不同交通方式的能源消耗差别是很大的，各种交通工具能源消耗的比较结果（见表 4-28），可以看出小汽车的每人公里能源消耗在各种交通方式中是最大的，公交车（单车）的人均能源消耗虽然不是最少的，却只相当于小汽车的 10%左右。

表 4-28 各种交通工具能源消耗比较（以公共汽车单车为 1）

交通工具类别	自行车	摩托车	小汽车	公交车（单车）	公交车（铰接车）	公交车（专用道）	无轨电车（铰接车）	无轨电车（专用道）	有轨电车	轻轨	地铁
每人公里能源消耗	0	5.6	8.1	1	0.9	0.8	0.8	0.7	0.4	0.45	0.5

④ 按照运送同样数量的乘客来计算，公交车与小汽车相比，分别节省 75%的土地资源，80%的建筑材料，83.3%的投资，空气污染是小汽车的 10%，交通事故是小汽车的 1%。

基于上述优点，要缓解我国城市交通需求和基础设施供给直接的矛盾，无疑应优先发展城市公共交通，即实施“公交优先”的策略。“公交优先”从广义上理解，是指实施一切有利于公交发展的政策和技术措施；从狭义上理解，是指在交通控制管理范围内，公交车辆在道路上优先通行的技术措施。城市公交优先通行管理，主要是指提高公交车运行速度与准时率的措施和方法，包括道路交叉口、路段和区域公交优先通行技术等。

1. 公交专用道的设置

公交专用道的设置方法有两种，即隔离路段原有车道和新增车道。所谓隔离路段原有车道，就是保持原有道路上的车道数不变，只是将每个方向上的一条车道划分给公交车辆专用，这种方法适用于道路不易拓宽，且公交车比例较高的情况。一般在老城区的干道上或公交走廊，可以采用这种方法设置公交专用道。所谓新增车道，就是将原有道路进行拓宽来增加机动车道，或者将非机动车道的一部分与人行道合并（以适当加宽自行车和行人共同通行的空间），另一部分则与原先的机动车道合并，从而增设一条公交专用道。

无论是采取隔离路段原有车道还是新增车道的方法，根据所选择的车道位置的不同，公交专用道都可分为3种设置形式，即：沿路外侧机动车道设置的公交专用道（以下简称“路外侧公交专用道”，见图4-70）、沿路中间机动车道设置的公交专用道（以下简称“路中间公交专用道”，见图4-71）、沿路内侧机动车道设置的公交专用道（以下简称“路内侧公交专用道”，见图4-72和图4-73）。下面分别对这3种设置形式的特点进行分析。

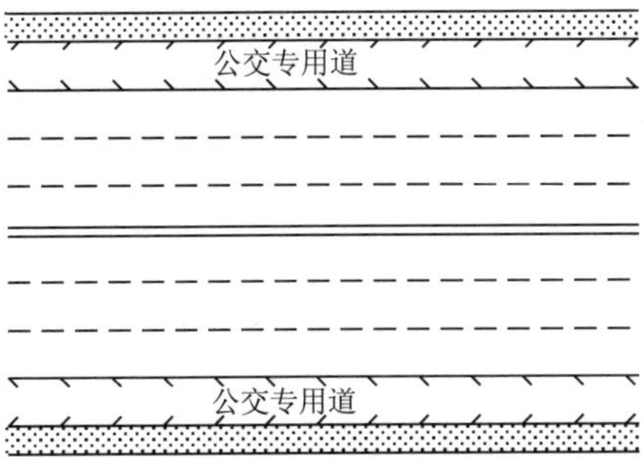

图4-70 路外侧公交专用道示意图

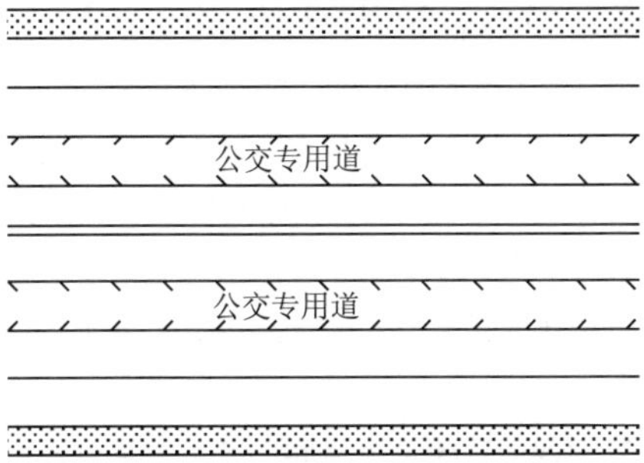

图4-71 路中间公交专用道示意图

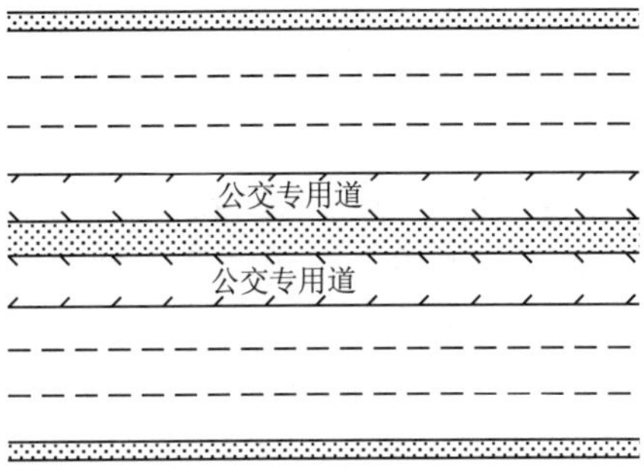

图4-72 路内侧公交专用道示意图
（专用道在路中间隔离带两侧）

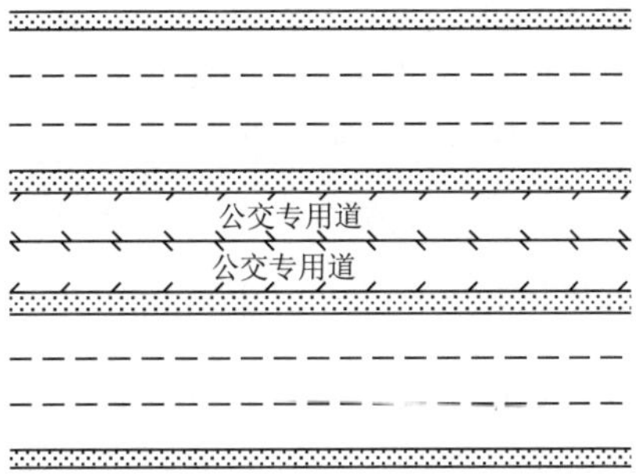

图4-73 路内侧公交专用道示意图
（专用道将路中间隔离带分开）

（1）路外侧公交专用道的主要特点

路外侧公交专用道设置在道路的外侧机动车道上，是最普遍的一种公交专用道设置形式，我国已有的公交专用道基本上采用这一形式。

路外侧公交专用道的主要优点表现在以下几个方面。

① 便利于设置公交停靠站。传统的公交停靠站一般设置在路外侧的人行道上或机非分隔带上，这种停靠站对乘客等候、上下车及出行都比较方便，不需要穿越道路，保障了乘客的出行安全，符合人们的出行心理。而当公交专用道设置在路外侧时，停靠站也应该设置在道路外侧，因而仍然可以发挥这种停靠站的上述优势。此外，道路外侧用地也更有利于设置港湾式停靠站。

② 不需要对公交车辆的乘客门进行改造。传统公交车辆运行时都是靠路侧停靠，因此公交车乘客门都是设置在靠路侧的车身一边，而当公交专用道设置在路外侧时，由于停靠站仍然设置在道路外侧，因此不需要在公交车辆的另外一侧设置乘客门。

③ 实施方便易行，投资少。通常可以利用已有的公交停靠站，甚至可以利用非机动车

道。在机动化发展较快或公交服务较好的城市，自行车出行比例已逐渐萎缩，这就使得原有的非机动车专用道路得不到有效利用，甚至出现非机动车道处于闲置状态的情况，而机动车道上经常出现交通拥挤和堵塞现象。因此，可以因地制宜，将道路的非机动车道改造成公交专用道，原有的非机动车可以移至人行道上（当人行道宽度较大且非机动车流量较小时）或相关平行道路上（当非机动车流量较大时）行驶。

路外侧公交专用道的主要缺点有以下几点。

① 容易受到干扰。如果在公交专用道与非机动车道（或人行道）之间不采用物理隔离，则公交车辆的运行很容易受到非机动车和行人的干扰。此外，路侧接入道路车辆进出时，将和专用道上的公交车辆进行交织，因此也容易干扰公交车辆的正常运行。

② 不利于左转公交车的运行。当公交专用道设置在路外侧时，在下游交叉口需要左转的公交车辆必须从外侧专用道跨越多个车道向内侧移动，这不但影响社会车辆的运行，而且也阻碍了左转公交车的运行。

③ 不利于社会车辆右转。当社会车辆在下游交叉口右转时，需要和专用道上的直行公交车交织，因而既不利于社会车辆在前方交叉口右转，同时社会车辆在前方交叉口右转也干扰了直行公交车辆的运行。

④ 不利于设置出租车停靠站。由于出租车经常需要在路侧上下客，因而路侧通常设置出租车停靠站，当公交专用道设置在路外侧时，则不利于设置出租车停靠站，否则会对专用道上公交车辆的运行产生较大的干扰。

综上所述，路外侧公交专用道适用于前方交叉口右转或直行公交车流量较多，且机动车道与非机动车道（或人行道）之间采用物理分隔，路侧接入道路和出租车停靠站均较少的情况。

（2）路内侧公交专用道的主要特点

路内侧公交专用道有两种设置方法：一种是将公交专用道设置在中间隔离带相邻的两侧车道上，如图 4-72 所示；另一种是将公交专用道设置在中间隔离带的中间，如图 4-73 所示。

路内侧公交专用道可以减少许多干扰公交车辆运行的因素，具体表现在：

① 不受路边停车和非机动车交通运行的影响；

② 不受路侧接入道路机动车进出交通的影响。

因此，公交车辆可以较高的速度运行，有利于减少公交车辆的路段延误。相对于路外侧公交专用道而言，它是一种比较彻底的公交专用道模式。

路内侧公交专用道设置的主要缺点表现在以下几个方面。

① 不利于设置公交停靠站。为方便公交车辆的停靠，路内侧公交专用道的停靠站应设置在中央分隔带上，这样可以利用分隔带的宽度提供乘客候车所需要的空间。如果在道路没有中间分隔带，或中间分隔带较窄（宽度在 2 m 以下）时，则难以设置停靠站。此外，为方便乘客进出公交停靠站，停靠站需要设置在信号交叉口的进出口道附近，以借助交叉口的人行信号灯。如果停靠站设在路段，则需要加装信号灯，这不仅会加大对路段车辆的影响，而且不利于节约成本。

② 不利于交叉口进口道右转公交车的运行。当公交专用道按图 4-72 所示设置在路内侧时，在前方交叉口右转的公交车辆必须从内侧专用道跨越多个车道向外侧移动，这不但影响

直行和左转社会车辆的运行，而且也阻碍了右转公交车的运行。

③ 不利于社会车辆左转。当社会车辆在前方交叉口左转时，需要和专用道上的直行公交车交织，因而既不利于社会车辆在前方交叉口左转，同时也干扰了直行公交车的运行。

④ 乘客出行的安全隐患比较大。车辆沿中央分隔带行驶并且停靠，乘客上下车就必须穿越道路，从这个角度而言，路内侧公交专用道降低了安全性能。此外，由于一般道路中央分隔带宽度有限，难以采用人行天桥或地道的设置方式进行交通组织，而增设行人过街信号又将给正常的车流运行造成延误。

综上所述，路内侧公交专用道适用于道路交叉口间距比较大，在前方交叉口左转或直行公交车流量较多的情况，且道路中间有较宽（最好有 3 m 以上宽度）的物理分隔带（如绿化带），以方便将公交停靠站设置在道路中间分隔带上，或设置在高架道路下面具有干线条件的路段上。

由于路内侧公交专用道对道路条件要求较高，且乘客出行的安全隐患也较大，因此实施起来困难较多，不易推广。

（3）路中间公交专用道的主要特点

路中间公交专用道是将公交专用道设置在道路每个方向的中间车道上，即公交专用道的两侧都有同方向的社会车道，参见图 4-71。

这种类型的公交专用道与路内侧公交专用道的优点基本相同，即公交车辆行驶时不受路边停车、非机动车、单位建筑物进出口等因素干扰，且公交专用道可以一直延伸到下游交叉口，减少公交车与社会车辆的交织，也便于为公交车辆提供优先通行信号。此外，路中间公交专用道对路幅的要求不高，投资少，实施方便，在合适的路段设置可以更好地体现公交优先的特点。

路中间公交专用道存在的主要缺点如下。

① 不利于公交车辆进站停靠。由于公交停靠站通常只能设置在路侧或路中分隔带上，因此在路中间公交专用道上行驶的公交车辆如果要进站停靠，就必须变换车道，不仅对社会车辆的正常行驶产生干扰，而且还增加了公交车辆的延误。

② 不利于转向公交车辆的运行。如果公交车辆需要在下游交叉口左转或右转，就会与直行社会车辆存在相互干扰。

③ 对社会车辆的行驶造成一定的阻隔。公交专用道左侧车道上的社会车辆如需在下游交叉口右转和公交专用道右侧车道上的社会车辆如需在下游交叉口左转，都必须穿越公交专用道，因此路中间公交专用道也容易被社会车辆占用。

综上所述，路中间公交专用道适用于直行公交车流量较多，道路交叉口间距较短或大站快运公交，且路段上不设置公交停靠站的情况。此外，为减少路中间公交专用道对社会车辆行驶阻隔的影响，需要在路段起始点上通过交通标志提示社会车辆分道行驶。如可以在路段起始点上规定：路中间公交专用道左侧车道供直行和左转社会车辆行驶，而路中间公交专用道右侧车道供直行和右转社会车辆行驶。

2. 公交专用道中途停靠站点设置方法

公交停靠站对公交车辆的运行有着较大的影响，公交专用道上的停靠站的设置位置、站距、停靠泊位等可以参考一般公交停靠站的设置方法。下面以我国车辆靠右侧行驶的交通规则为前提，着重讨论与路外侧公交专用道和路内侧公交专用道相匹配的停靠站的设置方法。

1）路外侧公交专用道停靠站的设置方法

在没有公交专用道的情况下，城市的公交车停靠站基本都是沿人行道，或机动车与非机动车道的隔离带设置的，对于乘客上下车具有一定的便利性。路外侧公交专用道停靠站的设置形式和常规公交停靠站的设置形式基本相似，分为直线式（无港湾式）和港湾式两种。

（1）直线式公交停靠站的设置方法

直线式公交停靠站将公交停靠区直接设置在机动车道上，如图 4-74 所示。因此，当公交车辆停靠时就容易形成交通瓶颈路段，对社会车辆的正常行驶和公交车辆的超车产生很大影响，当路段机动车饱和度较大时甚至会造成交通堵塞。因此，直线式公交停靠站一般适用于设置在公交停靠站不易拓宽处，同时机动车饱和度不大的路段。此外，要求直线式公交停靠站的公交车辆到达不出现"列车化"现象，因为如果乘客量过大且公交车到达频率较高，则会出现前面车辆还没离站，后面车辆又到达的情况，如果是画线隔离式的公交专用道，后面的公交车辆要超车时就会占用相邻社会车辆的车道而造成交通流的紊乱；如果是硬质设施隔离的公交专用道，后面的公交车辆就无法超车，只能等待前面的公交车离站，增加公交车辆的延误。

为克服直线式公交停靠站容易形成交通瓶颈的缺点，可将机动车道线进行适当弯曲并压缩社会车辆的车道宽度，使停靠站路段的车道数与正常路段车道数相同，其设置方法如图 4-75 所示。

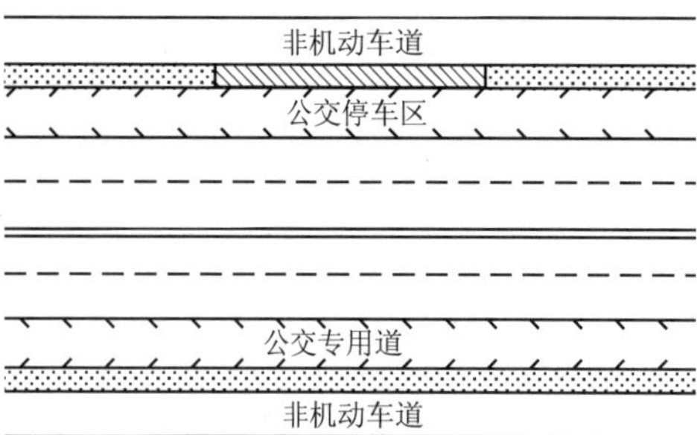

图 4-74　路外侧直线式无超车道公交停靠站示意图

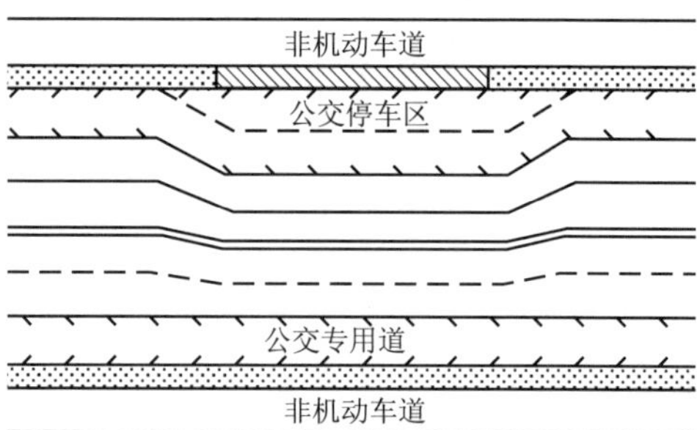

图 4-75　路外侧直线式有超车道公交停靠站示意图

（2）港湾式公交停靠站的设置方法

港湾式停靠站是指在公交停靠站处将道路适当拓宽，将公交车辆的停靠位置设置在正常行驶的车道之外，以减少公交车辆停靠时形成的交通瓶颈对社会车辆和后到先走的公交车辆超车的影响，保证路段车流的正常运行。为保障公交车辆在港湾式停靠站能完全进入港湾停靠，港湾宽度通常与车道宽度相等，也可以略小于车道宽度，但鉴于公交车辆的车身宽度通常为 2.5 m，所以港湾宽度至少要大于 3 m 才能满足要求。设置这种形式的停靠站，通常需要挤占人行道和非机动车道，因此只能在用地条件满足要求的路段才可以设置港湾式公交停靠站。公交专用道位于外侧车道时，港湾式停靠站的设置可以采用以下两种方法。

① 港湾式公交停靠站。机动车道在公交停靠站处没有弯曲，公交停靠区完全没有挤占机动车道，而只是向外侧拓宽挤占机动车道与非机动车道之间的隔离带（以下简称"机非

隔离带”）或将非机动车道与人行道进行局部弯曲而形成港湾区，这样设置的港湾式停靠站称为全港湾式公交停靠站，如图 4-76 所示。如上所述，港湾宽度要大于 3 m 才能满足公交车辆的停靠需求，而为了乘客安全，乘客候车站台宽度通常应大于 1 m。因此，当机非隔离带宽度大于 4 m 时，港湾区域只需要占用该隔离带；而当该隔离带宽度小于 4 m 时，通常需要将非机动车道和人行道进行适当弯曲。全港湾式公交停靠站没有改变原有机动车道的宽度和走向，当公交车辆进站停靠时对后续车流的影响很小，是一种比较彻底的港湾式停靠站。这种形式的停靠站是通过在机动车道之外去获得港湾区，适用于道路两侧用地较宽裕的路段。

② 半港湾式公交停靠站。当机动车道与非机动车道之间只是采用栅栏隔离或隔离带的宽度小于 4 m，而道路外侧用地又不允许将人行道和非机动车道进行弯曲，或虽然允许将人行道和非机动车道进行适当弯曲，但由此获得的港湾区宽度不能满足大于 3 m 的要求时，可以将机动车道在公交停靠站处也进行适当弯曲，并在满足机动车辆行驶要求的前提下将机动车道宽度进行适当压缩。这种既挤占机非隔离带或非机动车道又挤占原有机动车道而形成的港湾式停靠站，称为半港湾式停靠站，如图 4-77 所示。由于半港湾式公交停靠站改变了原有机动车道的宽度和走向，当公交车辆进站停靠时对后续车流有一定的影响，是一种不彻底的港湾式停靠站。在我国许多城市的中心区，由于早期道路交通规划没有考虑公交港湾停靠站的建设用地，往往难以建设全港湾式公交停靠站，可以考虑建设半港湾式公交停靠站。

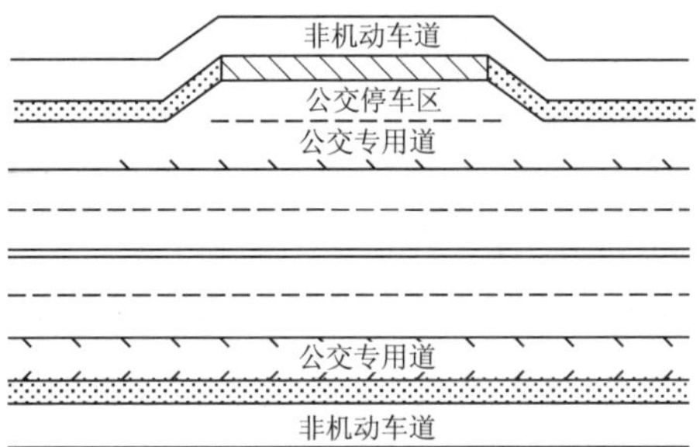

图 4-76 路外侧公交专用道的全港湾式公交停靠站示意图

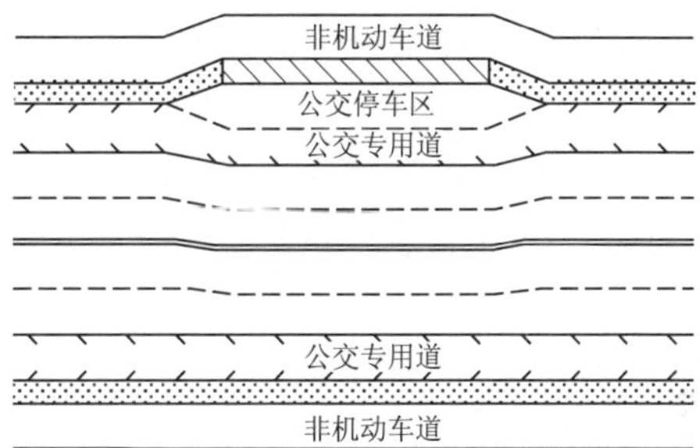

图 4-77 路外侧公交专用道的半港湾式公交停靠站示意图

2）路内侧公交专用道停靠站的设置方法

为避免公交车辆进出停靠站时变换过多的车道，路内侧公交专用道停靠站通常应设置在中间分隔带上。根据设置位置的不同，路内侧公交专用道停靠站可分为设置在路段上的停靠站和设置在交叉口进出口道上的停靠站。当专用道按图 4-73 所示的方法布置时，其停靠站的设置方法类似于路外侧公交专用道停靠站的设置方法（见图 4-75~图 4-77）。下面重点分析专用道按图 4-72 所示的方法布置时的停靠站设置方法。

① 设置在路段上的路内侧公交专用道公交停靠站。图 4-78 上方的停靠站台是直接设置在中间绿化带上，这种设置形式需要对公交车的乘客门进行改造。因为我国的交通规则是车辆靠右侧行驶，所以公交车辆的乘客门也都是设置在车身右边。如果在这种停靠站停靠，则为了方便乘客上下车，就必须在左侧车身上设置乘客门。在一条公交线路上往往难以做到所

有公交停靠站都设置为这种类型。这样一来，为方便乘客上下车，就需要在公交车辆车身两侧都设置乘客门（类似于飞机场使用的摆渡客运车辆）。图 4-78 下方的停靠站设置在公交专用道与非公交专用道之间。为设置乘客候车站台，将非公交专用道进行适当弯曲。这样设置的停靠站，不需要在公交车辆车身两侧开设乘客门。

图 4-78 所示的路内侧公交专用道停靠站的共同缺点是，在停靠站处没有公交车辆的超车道。为克服这一不足，当道路条件允许时（如中间隔离带较宽、车道宽度允许适当压缩等），可以将路段上的路内侧公交专用道停靠站设置成图 4-79 所示的形式，其方法是在停靠站处向路中间隔离带上拓宽一个车道。如果中间隔离带宽度有限，可在向中间隔离带上拓宽的同时，弯曲并压缩本向和对向机动车道宽度来增加车道（图 4-79 所示的正是采用这种方法）。

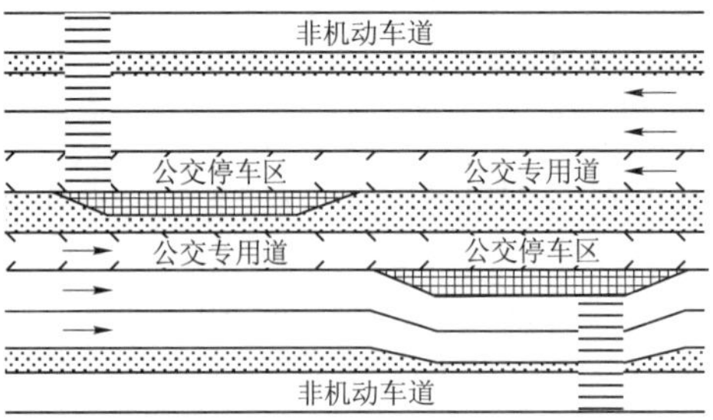

图 4-78 设置在路段上的公交停靠站示意图（无超车道）

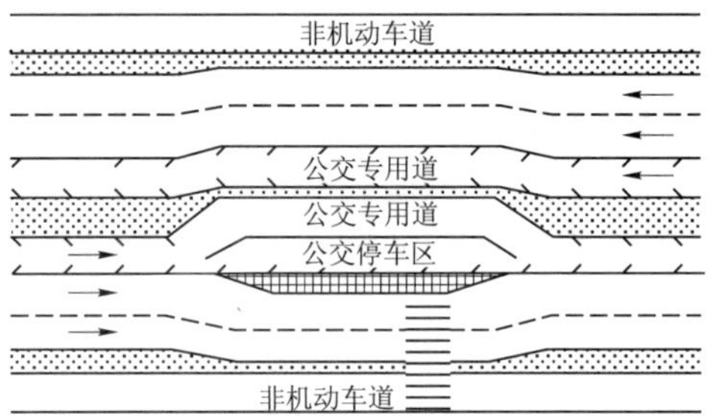

图 4-79 设置在路段上的公交停靠站示意图（有超车道）

在路段上设置路内侧公交专用道停靠站时，乘客需要穿越机动车道才能到达和离开停靠站，这不仅会影响乘客的安全，而且也会影响社会车辆的正常行驶。如果在乘客进出停靠站处安装信号灯，则可保障乘客进出站台的安全，但由此又会增加社会车辆的延误。因此，按图 4-78 和图 4-79 所示那样在路段上设置路内侧公交专用道停靠站，只适用于路段社会车辆流量较小且该站点上下乘客量较小的情况。

② 设置在交叉口进出口道上的路内侧公交专用道公交停靠站。图 4-80 和图 4-81 分别所示的是设置在交叉口进口道和出口道上的路内侧公交专用道公交停靠站示意图（图中所示都设置了公交超车道）。这种设置方法的最大优点是，乘客可以通过交叉口人行斑马线进

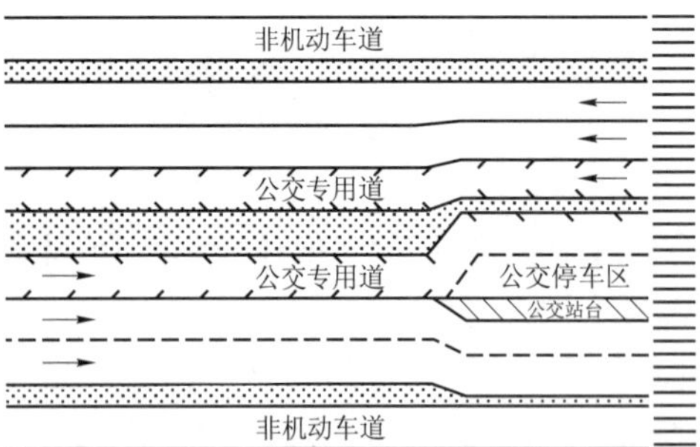

图 4-80 设置在交叉口进口道上的公交停靠站示意图

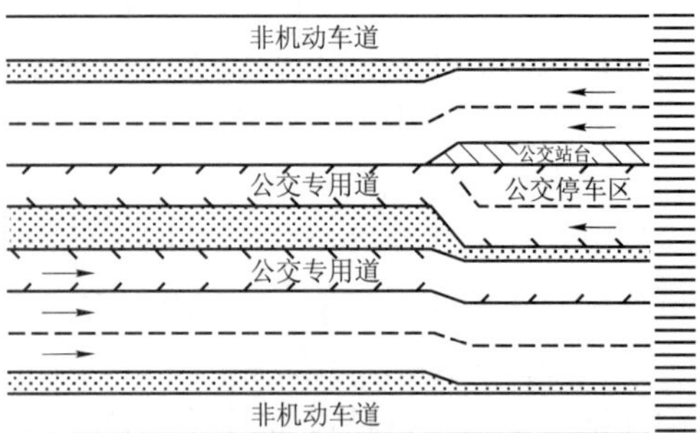

图 4-81 设置在交叉口出口道上的公交停靠站示意图

出停靠站，并受交叉口人行信号灯的控制，而不需要另外设置信号灯，既保障了乘客安全，节省了投资，也不会额外增加社会车辆的延误。但在交叉口进口道上设置的路内侧公交专用道公交停靠站对右转公交车辆不利，因此其主要适用于左转和直行公交车辆较多的情况。相比较而言，在交叉口出口道上设置的路内侧公交专用道公交停靠站不存在影响车辆转向的问题，而且公交车停靠也不受交叉口信号灯的影响。但出口道上的停靠站必须要有足够的停靠能力，否则过多的停靠车辆会延伸到交叉口内，严重影响交叉口的交通秩序。

综上所述，在交叉口出口道上设置的路内侧公交专用道停靠站是一种比较好的形式。

3. 公交专用道回授区的设置方法

交叉口是制约道路通行能力的“咽喉”，也是影响公交车运行准时性的关键因素。对交叉口采取合理的处理方式，能有效地提高交叉口的通行能力，减少绿灯期间的延误。路段上的公交车道，在交叉口处有两种处理方式：一是设置回授区，结束公交专用道；二是设置公交专用进口道。

如果公交专用道一直延伸到交叉口停车线，可能会导致这样的问题：在信号控制交叉口，公交专用进口道排队的车辆很少，而其他车辆的进口道排队很长；如果专用道沿最外侧机动车道设置，并一直延伸到交叉口，还会出现右转车辆与公交车辆冲突的问题，因此提出了设置回授区的方法，即公交专用道在路段上连续设置，延伸到离交叉口停车线前一段距离处终止，这样非公交车辆就能够使用原本属于公交车辆专用的进口道，这段距离称为“回授距离”或者“回授区”，具体方法如图 4-82 所示。

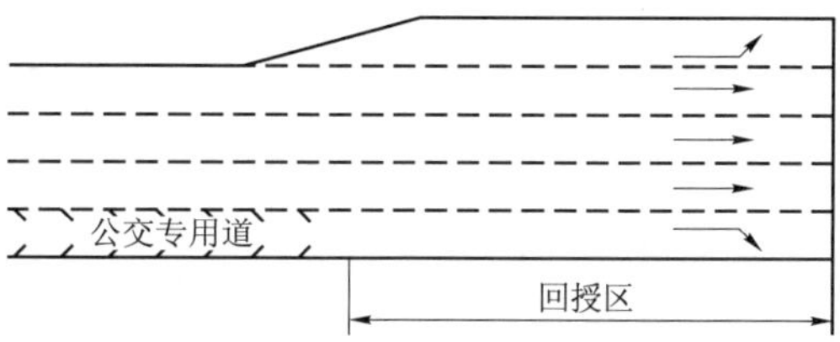

图 4-82 交叉口进口道回授区示意图

回授区的长度主要受下列因素影响。

① 回授区内公交车与社会车辆的交织。回授区的最短长度不能小于公交车和社会车辆的最短交织长度。

② 车辆排队长度的影响。当公交专用道设置在路外（内）侧且有右（左）转专用信号灯时，回授区长度为右（左）转进口道排队长度与相邻直行进口道排队长度的较大值再加上公交车与社会车辆的交织长度；当公交专用道设置在路中时，回授区长度为相邻两个车道方向上的车辆排队长度的较大值再加上公交车与社会车辆的交织长度。

③ 公交停靠站的影响。一般把交叉口附近的公交停靠站设在公交专用道内，且在公交专用道的末端，也就是回授区，最好设在公交停靠站前方。在满足行车条件的前提下，回授区的长度越短越好。

4. 公交专用进口道的设置方法

在信号交叉口设置公交专用进口道，是实施公交优先通行的有效技术措施之一。它是指通过交通标志、标线或其他工程措施将信号交叉口的一个或多个进口道指定为公交车辆专用，其他社会车辆（不包含特殊车辆）不允许进入，以此保证公交车辆在交叉口进口道上同社会车辆分离。红灯时公交车辆不需混杂在其他社会车辆中间排队等待，减少了社会车辆对公交车辆的干扰，而且当前面没有公交车辆排队时，在社会车辆之后到达的公交车辆可直接到达停车线处，这样就能在绿灯亮的时候以第一时间通过交叉口，从而减少公交车辆在交叉口的延误。

1）直行公交专用进口道的设置

（1）路段有公交专用道的情况

当交叉口进口道所连接的路段有公交专用道时，直行公交专用进口道的设置需要考虑与路段公交专用道的匹配。如果设置不合理，则容易引起交通混乱。路段有公交专用道时，直行公交专用进口道可采用以下几种方法设置。

① 公交专用道直接延伸到交叉口停车线，即直通式公交专用进口道。当路段公交专用道位于道路右侧车道，进口道右侧用地条件可以满足向右拓宽一个或多个进口车道，而且由此增设的一条或多条右转进口车道能满足右转交通量的需要，则直行公交专用进口道可以采用图 4-83 所示的设置形式，即公交专用道延伸至停车线，同时在进口道开始前设置一段交织段（图 4-83 中以方格线表示），便于右转社会车辆变换车道。同样，当路段公交专用道位于道路左侧，道路和对向交通条件允许将交叉口进口道附近的道路中心线向左偏移（或将中间绿化带向左拓宽）一个或多个车道，而且由此增设的一条或多条左转进口车道能满足左转交通量的需要，则直行公交专用进口道可以采用图 4-84 所示的设置形式，即公交专用道延伸至停车线，同时在进口道开始前设置一段交织段，便于左转社会车辆变换车道。此外，当路段公交专用道位于路段的中间车道时，其对转向交通的影响很小。因此，如需设置直行公交专用进口道，可将公交专用道直接延伸到交叉口停车线。

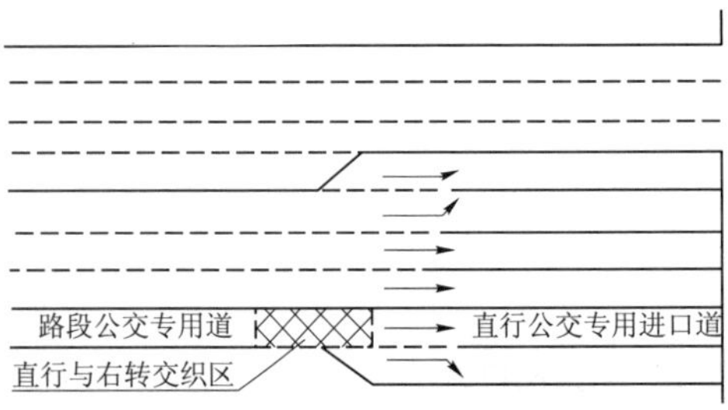

图 4-83 直通式公交专用进口道
（公交专用道在右侧时）

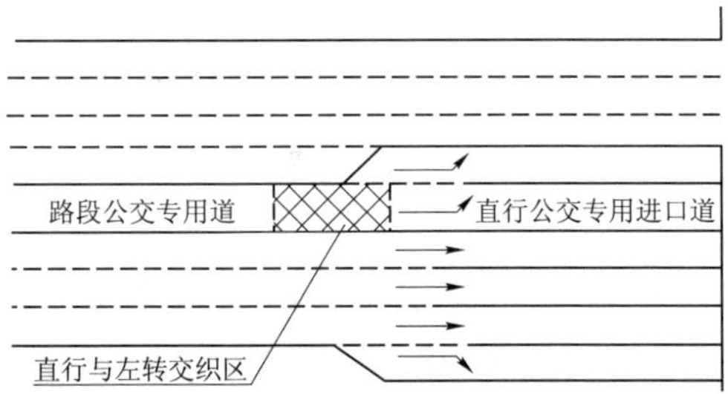

图 4-84 直通式公交专用进口道
（公交专用道在左侧时）

② 公交专用进口道与路段公交专用道不在同一车道，即错开式公交专用进口道。当路段公交专用道位于道路右侧，且右转交通量较大，而进口道右侧用地条件不能满足向右拓宽进口车道时，可以采用图 4-85 所示的设置形式。或者虽然可以向进口道的右侧拓宽，但由此增设的右转进口车道不能满足右转交通量的需要时，可以采用图 4-87 所示的设置形式。图 4-85 和图 4-87 所示的形式都是将公交专用进口道由最右侧车道向左侧移一个车道，同时在进口道开始前设置一段交织段，以便于公交车辆和右转社会车辆变换车道。同样，当路段公交专用道位于道路左侧，且左转交通量较大，而道路和交通条件不适合将交叉口进口道附近的道路中心线向左偏移一个或多个车道，或者虽然可以将交叉口进口道附近的道路中心

线向左偏移一个或多个车道，但由此增设的左转进口车道不能满足左转交通量的需要时，可分别采用图 4-86 和图 4-88 所示的设置形式，即将公交专用进口道由最左侧车道向右侧移一个车道。上述 4 种设置方法都是将公交专用进口道与路段公交专用道错开一个车道，而不是错开多个车道，以便减少公交车变换车道时的困难和对其他交通流的影响。

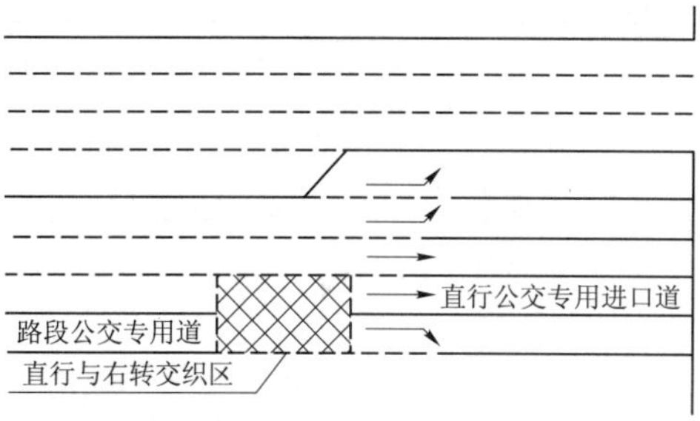

图 4-85 错开式公交专用进口道（公交专用道在右侧，无法向右侧拓宽）

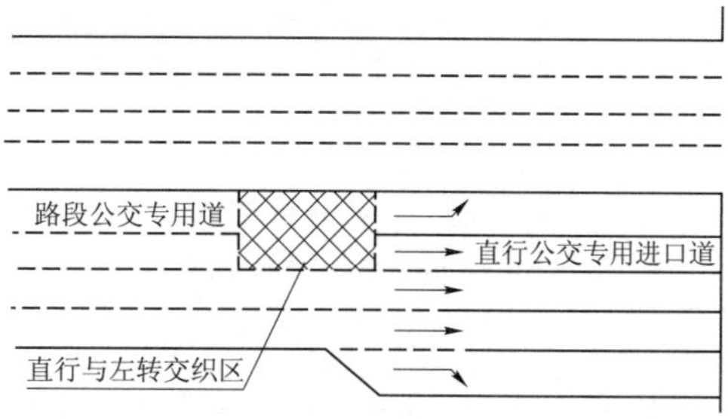

图 4-86 错开式公交专用进口道（公交专用道在左侧，无法向左侧拓宽）

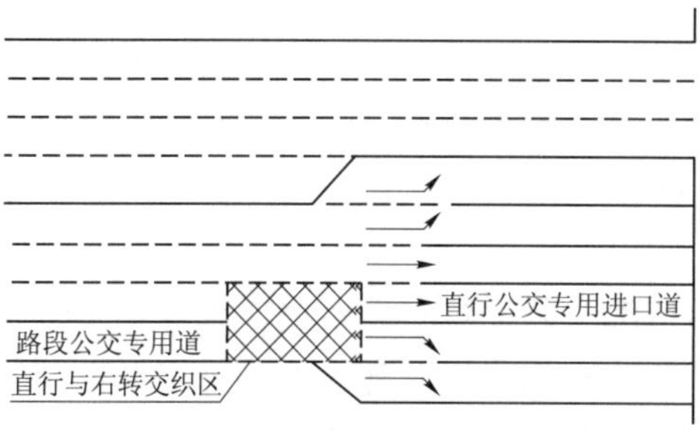

图 4-87 错开式公交专用进口道（公交专用道在右侧，向右侧拓宽一条车道）

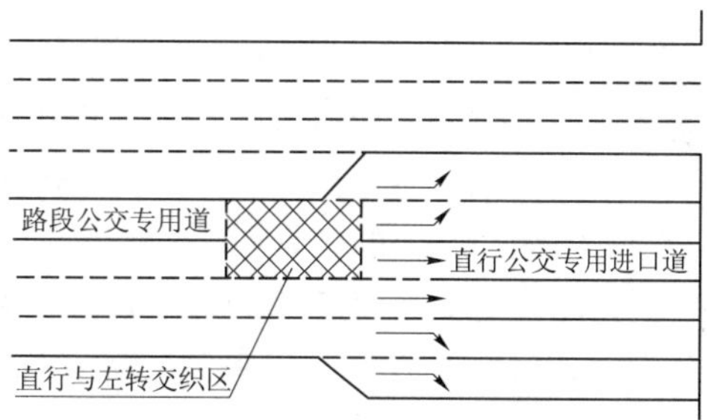

图 4-88 错开式公交专用进口道（公交专用道在左侧，向左侧拓宽一条车道）

③ 直行公交车辆与转向车辆混行进口道。当路段公交专用道位于道路右侧，右转车辆很少，且右转和直行车流公用一个信号相位或右转车辆不受信号控制时，可以采用图 4-89 所示的设置形式，即右侧进口道为右转车辆与直行公交车辆公用。同样，当路段公交专用道位于道路左侧，左转车辆很少，且左转和直行车流公用一个信号相位时，可以采用图 4-90 所示的设置形式，即左侧进口道为左转车辆与直行公交车辆公用。

在以上方法中，直通式公交专用进口道对交通流的影响最小，尤其有利于直行公交车辆的行驶，因为直行公交车辆不需要变换车道。而错开式公交专用进口道对公交车辆和社会车辆的行驶影响均较大，因为两者在进入交叉口时都需要变换车道，在交织过程中容易引起交通混乱。对于直行公交车辆与转向车辆混行进口道，不利于转向车辆的行驶，会增加转向交通的延误。

（2）路段无公交专用道的情况

公交车辆在路段的行驶特性往往要受到公交停靠站的影响，因为公交车辆需要在停靠站进行停靠，为方便进出停靠站，大多数公交车辆驾驶员习惯将公交车辆行驶在靠近停靠站一侧的车道上。为此，当路段没有公交专用道时，如需设置直行公交专用进口道，必须遵循以下原则。

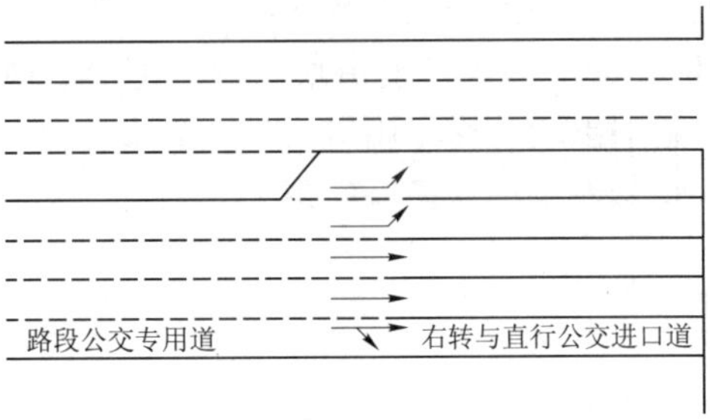

图 4-89　直行公交车辆与右转车辆公用一个进口道

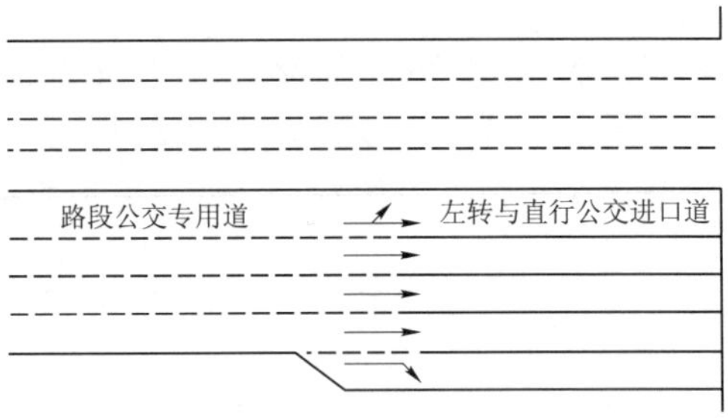

图 4-90　直行公交车辆与左转车辆公用一个进口道

① 避免公交车辆在进入进口道时变换过多的车道，直行公交专用进口道应该和路段公交停靠站的设置相协调。当公交停靠站沿着道路最右侧车道设置时，直行公交专用进口道应该设置在路段右侧车道的进口道上（类似于图 4-83 所示的形式）或紧邻右侧车道的进口道上（类似于图 4-85 或图 4-87 所示的形式）。

② 同样，当公交停靠站沿着道路最左侧车道设置时（即设置在道路中间隔离带上），直行公交专用进口道应该设置在路段左侧车道的进口道上（类似于图 4-84 所示的形式）或紧邻左侧车道的进口道上（类似于图 4-86 或图 4-88 所示的形式）。

2）*左转公交专用进口道的设置*

无论路段有无公交专用道，左转公交专用进口道都必须设置在左转进口车道上，但为了避免在左转出口车道上左转公交车辆与左转社会车辆因交织产生混乱，左转公交专用进口道的设置形式必须与车辆左转后的出口车道及公交停靠站的设置形式相协调。

当左转车辆的出口车道设置了公交专用道（以下简称“左转出口公交专用道”）时，左转公交专用进口道的设置形式必须与左转出口公交专用道相匹配；当左转出口车道没有设置公交专用道时，左转公交专用进口道的设置形式必须与左转出口车道公交停靠站的设置形式相匹配。具体地说，应按照如下方法来设置左转公交专用进口道。

① 当左转出口公交专用道位于左转出口车道的右侧车道，或虽然没有左转出口公交专用道，但公交停靠站位于左转出口车道的右侧时，左转公交专用进口道应该设置在左转进口车道的右侧车道上。这样，一方面可以避免公交车辆在进入左转公交专用进口道时变换较多的车道和过多的交织给交通带来的影响，另一方面可避免左转公交车辆在进入出口车道的公交专用道或停靠站时与左转社会车辆发生交织。图 4-91 所示的由东向南设置的左转公交专用进口道是合理的，其左转公交车辆的行驶轨迹（图中用带箭头的虚线表示）与左转社会车辆的行驶轨迹（图中用带箭头的实线表示）没有交织；而图 4-91 所示的由西向北设置的左转公交专用进口道是不合理的，其左转公交车辆的行驶轨迹与左转社会车辆的行驶轨迹存在交织。

② 当左转出口公交专用道位于左转出口车道的左侧车道，或虽然没有左转出口公交专用道，但公交停靠站位于左转出口车道的左侧（即设置在道路中间隔离带上）时，左转公交专用进口道应该设置在左转进口车道的左侧车道上。

③ 当左转出口公交专用道位于左转出口车道的中间车道，或左转出口车道没有设置公

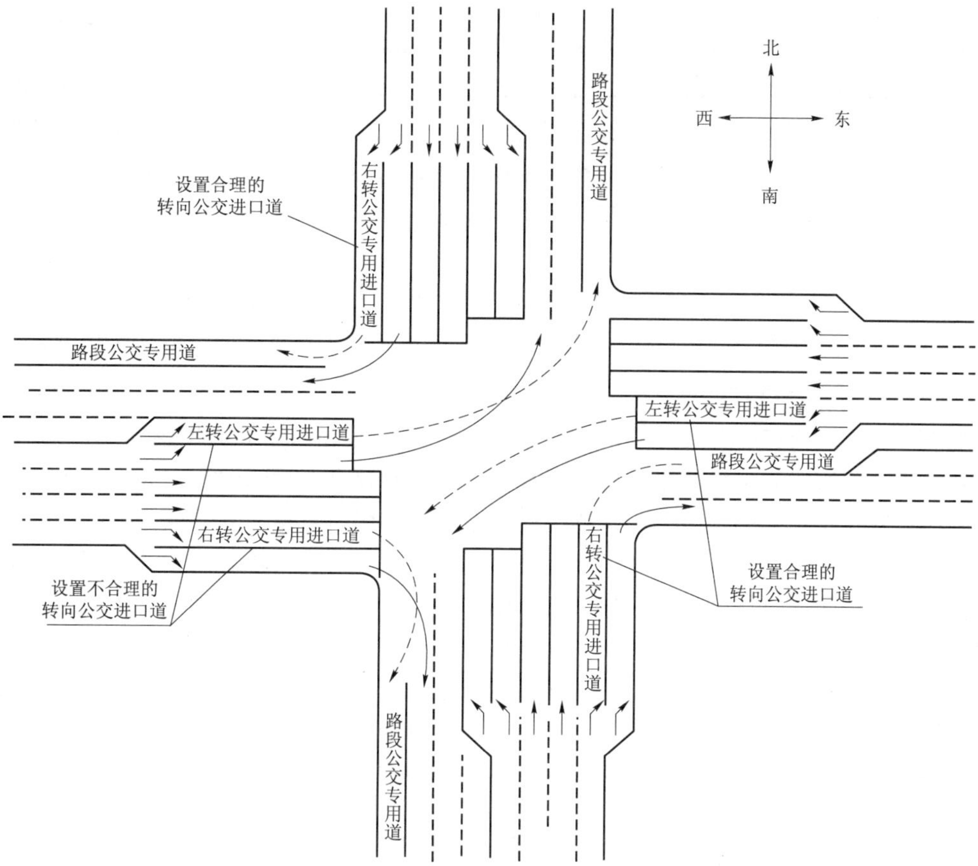

图 4-91　转向公交专用进口道设置合理与不合理对比示意图

交专用道与公交停靠站时，为避免公交车辆在进入左转公交专用进口道时变换较多的车道和过多的交织对交通带来的影响，左转公交专用进口道也应该设置在左转进口车道的右侧车道上。

3）*右转公交专用进口道的设置*

在信号交叉口通常不需要设置右转公交专用进口道，但当右转车道上也设置信号灯（目的是减少右转机动车交通流对行人与非机动车的干扰）或右转公交车流量比较大时，往往也需要设置右转公交专用进口道。

与左转公交专用进口道的设置相类似，为了避免在右转出口车道上右转公交车辆与右转社会车辆的交织带来的混乱，右转公交专用进口道的设置形式必须与车辆右转后的出口车道的公交专用道（以下简称“右转出口公交专用道”）及公交停靠站的设置形式相协调。具体地说，应按照如下方法来设置右转公交专用进口道。

① 当右转出口公交专用道位于右转出口车道的右侧车道，或虽然没有右转出口公交专用道，但公交停靠站位于右转出口车道的右侧时，右转公交专用进口道应该设置在右转进口车道的右侧车道上。图 4-91 所示的由北向西设置的右转公交专用进口道是合理的，其右转公交车辆的行驶轨迹（图中用带箭头的虚线表示）与右转社会车辆的行驶轨迹（图中用带箭头的实线表示）没有交织；而图 4-91 所示的由西向南设置的右转公交专用进口道是不合

理的，其右转公交车辆的行驶轨迹与右转社会车辆的行驶轨迹存在交织。

② 当右转出口公交专用道位于右转出口车道的左侧车道，或虽然没有右转出口公交专用道，但公交停靠站位于右转出口车道的左侧（即设置在道路中间隔离带上）时，右转公交专用进口道应该设置在右转进口车道的左侧车道上。图 4-91 所示的由南向东设置的右转公交专用进口道是合理的，其右转公交车辆的行驶轨迹（图中用带箭头的虚线表示）与右转社会车辆的行驶轨迹（图中用带箭头的实线表示）没有交织。

③ 当右转出口公交专用道位于右转出口车道的中间车道，或右转出口车道没有设置公交专用道与公交停靠站时，为避免公交车辆在进入右转公交专用进口道时变换较多的车道和过多的交织对交通带来的影响，右转公交专用进口道也应该设置在右转进口车道的左侧车道上。

5. 基于公交优先通行的交叉口预信号设置

基于公交优先通行的交叉口预信号控制方法是：在交叉口进口道的通行区域内设置前后两条停车线，通过在后一条停车线上设置预信号来控制社会车辆的通行，即社会车辆在预信号控制的候驶区排队等待，而公交车辆可以通过公交专用道直接进入主信号控制的前一条停车线之后的候驶区排队等待，这样可确保红灯期间到达的公交车辆总是在社会车辆的前面排队等待，其目的是提供优先通行权给公交车辆，以减少公交车辆在交叉口的延误。

基于公交优先的预先信号控制下，交叉口进口道设置方法有以下两种。

① 将信号交叉口一个流向全部进口道设置双停车线（见图 4-92 和图 4-93），该流向在预信号红灯期间到达的全部社会车辆在预信号控制的候驶区排队等待，而公交车辆通过专用道进入主信号控制的候驶区排队等待。

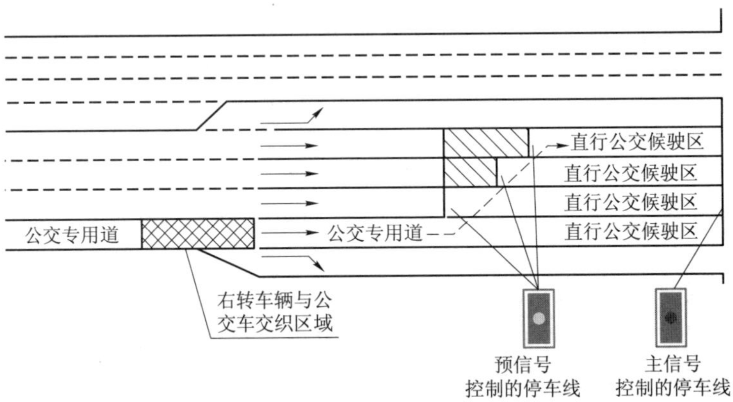

图 4-92　路段公交专用道在最外侧车道时的预信号控制直行进口道布局方法（全部直行进口道都是双停车线）

② 将信号交叉口一个流向部分进口道设置双停车线（见图 4-94 和图 4-95），这样该流向在预先信号红灯期间到达的社会车辆，一部分可以通过没有设置预信号的进口道直接进入主信号控制的候驶区排队等待，而另一部分社会车辆在预信号控制的候驶区排队等待，公交车辆则在主信号控制的候驶区排队等待。

图 4-96 所示的是左转进口道设置预信号控制时进口道的布局方法。在信号交叉口通常不需要设置右转预信号控制，但有时为了减少右转机动车对行人与非机动车的干扰，且在右转公交车流量比较大时，往往也需要设置信号灯进行控制。如果在右转进口道上设置了右转

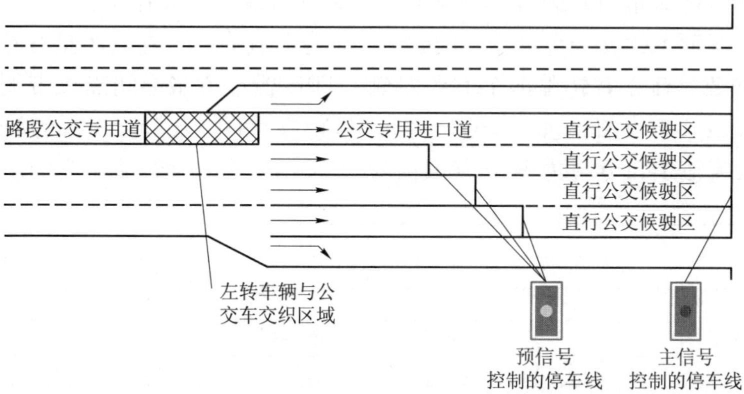

图 4-93 路段公交专用道在最内侧车道时的预信号控制直行进口道布局方法（全部直行进口道设置双停车线）

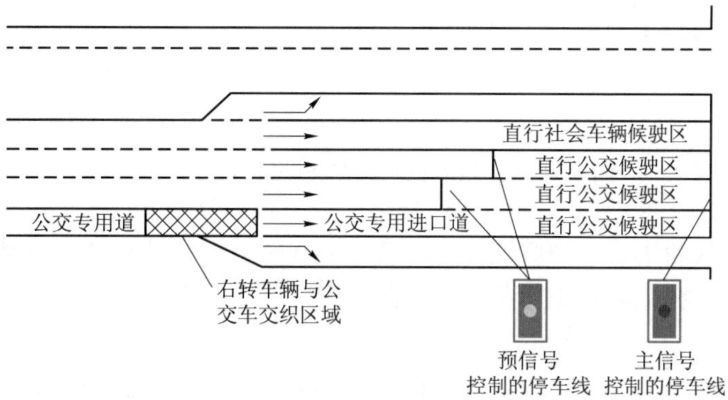

图 4-94 路段公交专用道在最外侧车道时的预信号控制直行进口道布局方法（部分直行进口道设置双停车线）

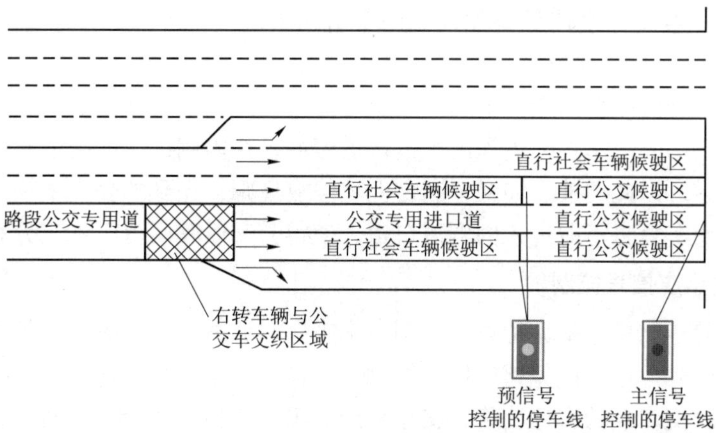

图 4-95 路段公交专用道在中间车道时的预信号控制直行进口道布局方法（部分直行进口道设置双停车线）

预信号控制，其进口道布局方法与左转预信号控制时的进口道布局方法相类似。

为避免社会车辆干扰公交车辆进入候驶区，无论是在直行、左转还是右转进口道上设置预信号控制，都必须有公交车辆进入其候驶区的专用通道。当路段有公交专用道时，可将其延伸到公交候驶区（参见图 4-92 ～图 4-95）；当路段没有设置公交专用道时，可在进口道的一段设置公交专用进口道（见图 4-96）。

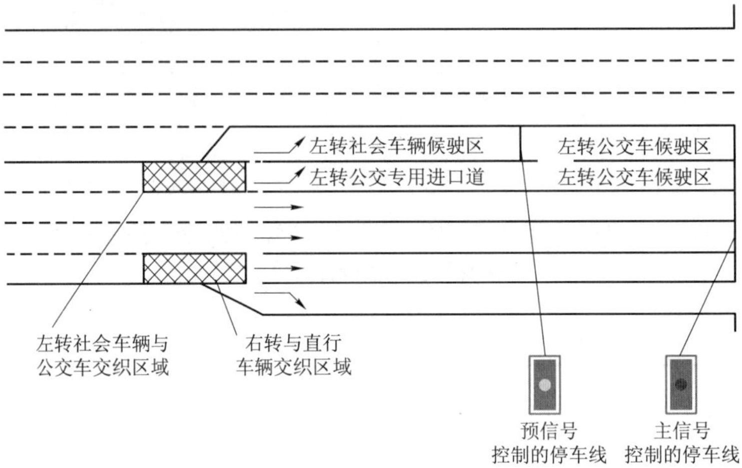

图 4-96　预信号控制的左转进口道布局方法

为提高交叉口的利用效率，应该在左、直、右 3 个方向中选择公交车到达率最高的方向来设置预信号控制。在道路和交通条件许可的情况下，可同时在左、直、右 3 个进口方向设置预信号控制。

为方便公交车进入其专用候驶区，预信号控制的社会车辆停车线不应是平齐的，而应该设计成错位式的。以图 4-92 为例，当公交车由公交专用道进入主信号控制的候驶区时，在进入最左侧进口道时需要先左转，然后直行停靠，由于存在一定的左转弯半径，公交车辆进入左侧车道时只能按图 4-92 所示的带箭头虚线轨迹行驶，如果预信号停车线设置为平齐的形式，则会使得主信号候驶区左侧车道的末端（图 4-92 中斜线区域）得不到完全利用。

为确保公交候驶区能得到充分利用，公交车进入候驶区必须遵循如下停靠规则：当主信号红灯亮时，先到的公交车必须进入内侧进口道停靠，在内侧进口道已没有停靠空间时才能停靠次内侧进口道，以此类推。如果不制定上述停靠规则，先到的公交车辆占满外侧进口道之后，后到的公交车辆将不能进入内侧进口道，使得公交候驶区得不到充分利用。

6. 公交优先感应信号控制

交通感应信号控制措施是一种通过检测技术来实时调整信号配时，以便给被检测到的车辆及时提供通行信号。公交优先感应信号控制的工作过程是：公交优先信号控制系统利用车辆检测技术检测公交车辆的到达，将公交车辆的标识号码传到系统的控制器，控制器激活一个“公交优先权申请”并将其发送给交通信号控制机。系统的控制器持续这一呼叫，直到公交车辆通过交叉口。过分长的公交优先权申请将会导致检出无效，所以系统通过预先确定的“最大”计时器来结束一个过分长的公交优先申请。系统的控制器可以记录每辆公交车的到达和离开时间，以及主要道路交叉口每周期优先绿灯相位的起止时间。

公交优先感应信号控制的目的是尽量减少公交车辆在信号交叉口的延误，为此感应信号控制应做到：当公交车辆到达交叉口时，如果交叉口的信号相位已经是绿灯且绿灯即将结束时，为确保公交车辆在绿灯末期能顺利通过交叉口，绿灯可以适当延长而超过它的正常结束时间；当公交车辆到达交叉口时，如果信号相位是红灯，为减少公交车辆停车等待时间，绿灯可以较正常时间提前启亮。

采用公交优先感应信号控制方法要根据交叉口的交通状况来实施，如果使用不当将难以取得预想的效果，甚至会导致交叉口的交通秩序混乱。公交优先感应信号控制，比较适合于以下几种情况。

① 交叉口饱和度较低。给予有“公交优先”请求的相位延长绿灯时间，将会增加其余相位车辆的停车等待时间。当周期不变时，给予有“公交优先”请求的相位延长绿灯时间，则是通过缩短其余相位的绿灯时间来实现的。当交叉口饱和度较大时，这样可能会造成其他相位的交通拥挤和延误的大量增加，可能会使得这种公交优先的措施得不偿失。为减少这种影响，这种因保障公交车优先通行而延长个别相位绿灯时间的措施是有条件的，也就是说，延长绿灯或缩短红灯时间要综合考虑各进口道的到达交通量。

② 最好只有一个相位有公交车辆或一个相位公交车辆比例较高。如果交叉口的多个相位有公交车辆（实际情况通常是这样），且各相位公交车辆的到达率比较接近，这种情况下往往难以做到整个交叉口公交车辆的同时优先。因为当给其中一个相位延长绿灯时间或缩短红灯时间时，其余相位上同时到达的公交车辆将可能被迫停车等待，或多个相位同时有公交优先请求时将容易产生混乱。

③ 公交车辆流量较小且前后公交车辆到达交叉口间隔的时间较长。因为当交叉口某进口道公交车辆流量较大且呈集结到达的形式（即一个进口道上多辆公交车同时到达）时，如果要使这些公交车辆都在绿灯结束时通过交叉口，则可能需要将绿灯时间延长很多，这将使其余相位车辆等待时间太长，所以如上所述，感应信号需要在系统通过预先确定的“最大”计时器来结束一个过分长的公交优先申请，由此使得该进口道部分公交车辆难以获得优先通行的权利。如果公交车流量较低，则不会存在上述两难的局面。

4.5.2 快速公交优先通行管理

1. 快速公交概念

快速公交（bus rapid transit，BRT）是一种结合轨道交通系统的服务品质和地面公共交通的灵活性，通过对公共交通车辆、行驶道路和车站、先进技术、运营组织等方面系统性整合，形成的一种建设成本低、服务快速、可靠、运量高的城市快速公共交通服务模式。

2. BRT 组成

BRT 系统作为一种新型的快速公共交通服务模式，是通过对硬件设施和软件技术众多要素的系统整合后形成的一个整体，其核心构成部分主要包括专用行驶路权、BRT 车站、BRT 车辆、智能交通技术等几个部分。

① 专用行驶路权。与其他社会车辆隔离程度较高的道路使用权是 BRT 系统构成核心部分。区别于常规地面公交运行形式，BRT 的道路使用形式主要包括：道路外侧车道专用

(只适用于交叉口间距较大的路段)、道路内侧车道专用、BRT 专用路(街)、BRT 专用桥(隧道)。

② BRT 车站。吸收轨道交通车站的优点，设置专用的 BRT 车站，车站可提供乘客良好的候客环境，同时通过与车辆、售票系统、信息发布系统的整合，实现水平登车、车外售票、全方位信息发布等服务，从而提高系统服务的效率和舒适性。

③ BRT 车辆。采用新型独特设计的车辆，典型 BRT 车辆具备这样的特点：长车体、低车厢、人性化的车内环境、智能交通技术及独特的外观形状，这样的车辆不仅使 BRT 系统可以满足高运量、良好舒适性、高可靠度的服务需求，同时其独具个性的外观往往可以成为经营者树立服务品牌、提升公交吸引力的重要筹码。

④ 智能交通技术。智能交通作为未来交通技术发展的一个重点，在 BRT 系统中得到了充分应用，当前应用于 BRT 系统的技术包括交叉口优先通行技术、车辆自动定位技术、线路实时调度技术、信息发布技术等。

3. BRT 功能

BRT 系统作为城市快速公共交通服务模式的一种，具有运量高、成本低和快速、可靠等特点。根据国外已有的 BRT 运营经验，市区内 BRT 运营速度一般在 20 ～ 30 km/h，而运量可以满足 1.0 万～4.5 万人次/(单向·h)不同需求范围，建设成本不到同等服务能力轨道交通的 1/10。因此，BRT 系统在城市公共交通系统中具有以下功能。

① 独立构成城市快速公共交通系统。在城市中形成完善的 BRT 服务网络，在城市的主要客运走廊上提供高运量、快速可靠的公交服务。国外城市中如巴西的库里蒂巴、哥伦比亚的波哥大即属于该类形式，在我国快速发展中等城市及大城市的郊区新城内 BRT 即可发挥这样的功能。

② 与轨道交通共同构成城市快速公共交通系统。在特大城市中或是已有轨道交通的城市中，通过建设 BRT 服务系统形成在城市中有不同服务模式的快速公交系统。

③ 作为轨道交通的过渡方式。利用 BRT 系统建设成本低、服务灵活的特点，可以将其设置在未来可能实施轨道交通的通道上，作为客流较小阶段的通道上快速公交的服务模式。

4. BRT 信号优先的概念及基本原理

简单来说，快速公共交通信号优先是指通过调整信号配时、增设 BRT 车辆专用相位等方法，为 BRT 车辆提供在交叉口的优先通行权，从而保证 BRT 车辆能够顺利通过交叉口，减少 BRT 车辆在信号交叉口的延误，大大提高 BRT 车辆的准点率和可靠性。

(1) BRT 信号优先思想

通常，在实施快速公交信号优先控制的过程中，所遵循的优先思想主要有主动优先(active priority)和被动优先(passive priority)。

主动优先：通过在交叉口设置 BRT 车辆检测装置并结合通信技术，检测交叉口 BRT 车辆到达、排队情况，从而实施信号调整方案，使其优先通行。

被动优先：通过采用预先制订好的方案设置交叉口信号系统，来适应 BRT 车辆运行，减少 BRT 车辆的延误。

由于被动优先采取既定方案，无法实时获取 BRT 车辆运行的动态信息，因此很难保证

BRT 车辆在信号交叉口都能够获得优先权，可靠性低。而主动优先刚好弥补了这方面的不足，时效性强，优先效果明显，因此应用更加广泛。

（2）BRT 信号优先控制策略

目前所采用的基本信号控制策略主要有以下 4 种。

① 实时控制策略：也称感应控制策略，根据不断更新的信息制定相应的决策，为公交车辆提供优先通行的权利。实时信号控制策略遵循主动优先的控制思想，能够灵活适应交通状况的需求。

② 定时控制策略：根据区域内交通状况的平均状态制订一个信号控制方案。定时控制策略对交通状况实时变化的信息不具有动态处理的功能，属于被动优先。

③ 基于公交车辆时刻表的控制策略：优先权的提供基于公交车辆的运行时刻表。对于运行过程中发生延误的公交车辆将获得在交叉口优先通行的权利。这种控制策略对于减少车辆运行时间有很大的帮助。

④ 基于公交车辆运行间隔的控制策略：实施这种优先控制策略可以有效调整公交车辆间合理的运行间隔，而且能有效地减少乘客的候车时间。

实行快速公交信号优先控制可根据实际情况采用以上控制策略，通常，基于公交车辆时刻表的控制策略和基于公交车辆运行间隔的控制策略需要与实时控制策略或定时控制策略相结合。

近年来由于模糊控制和神经网络控制理论研究的不断深入，在结合模糊神经网络控制和遗传算法的基础上，提出了公交信号优先的模糊控制策略。

（3）BRT 信号优先实现方法

快速公交信号优先控制策略的实施是对交叉口信号灯的配时、相位等进行调整，以适应 BRT 车辆优先通行的需要。目前对信号灯进行调整的方法主要有以下几种。

① 扩展优先（green extension）：即为绿灯延长，通过延长绿灯时间来实现 BRT 优先。当路口信号为绿灯而又不足以让 BRT 车辆在本周期内通过时，为使 BRT 车辆不停车通过路口而延长本相位绿灯时间。

② 调用优先（red truncation / early start）：即为红灯切断，通过提前切段 BRT 相位红灯时间来实现 BRT 优先。如果 BRT 车辆在信号为红灯时到达交叉口，这时可以通过缩短当前的绿灯相位使下一个绿灯相位提前的方式来实现 BRT 优先。

③ 专用相位优先（special phase）：即为相位插入，通过插入专用相位来实现 BRT 优先。如果 BRT 车辆在信号灯为红灯时到达交叉口，并且下一个相位仍不允许 BRT 车辆放行，在当前相位和下一相位之间插入一个 BRT 专用相位来实现 BRT 优先。

④ 绿灯重启优先（green recall）：BRT 车辆在信号灯绿灯已经结束后到达交叉口，采用绿灯重启使 BRT 车辆通过交叉口而不等到下一个周期才允许它通过交叉口。

⑤ 公交权重优先（weight priority）：在通常的控制模式中提高 BRT 路线方向交通流的权重系数，增加 BRT 车辆无延误通过路口的机会。

⑥ 预置配时优先（pre-timing priority）：根据 BRT 车辆发车时间表和车速，预测 BRT 车辆到达路口的时间，并在信号控制程序内预置相应的信号时刻表，增加 BRT 车辆无延误通过路口的机会。

4.6 交通需求管理

4.6.1 交通需求管理的基本理念

在通常情况下，交通管理直接针对的是路面的交通存在和交通行为的。然而，通常的交通管理的方法，如采用设立标志、限制速度、疏导车辆、提高道路通行能力等措施，总是去管理已经发生和存在各种各样问题的交通，处于被动状态。交通管理要争取主动，就需要从新的角度去实施管理。换句话说，需要对产生交通的各个方面进行管理，花力气减少路上的车流（交通量），减少或合理安排好交通需求的产生，这就是通常所说的交通需求管理（travel 或 trip demand management，TDM）。

交通需求管理的理念，是人们在交通治理的实践中，认识到：增加交通供应是无法满足交通需求的无限增长的，反而会给增、扩交通污染创造条件；交通需求的无限增长，汽车滥用有限的道路资源是交通祸害的真正根源。

人们对交通祸害的认识有了这样的深化以后，在交通系统管理的基础上进一步升华，才提出了“交通需求管理”的理念。

“交通需求管理”这一译名，若用传统的交通管理观念从字面上理解，很容易被误解为限制汽车数量、限制汽车行驶等种种限制性的管理措施。然而，从交通发达国家普遍采用的“交通需求管理”的种种措施看，交通需求管理的根本理念应是：引导人们采取科学的交通行为，理智地使用（不滥用）道路交通设施的有限资源。简言之，交通需求管理主要管的是：人们理性地使用汽车，而不是人们是否拥有汽车。

因此，交通需求管理的目的有以下几方面：

① 促进与完善交通规划与交通管理的互动与反馈，减少和避免不必要的交通发生源和吸引源；

② 协调和处理有限的城市空间与不同交通设施之间的矛盾，形成最大的交通设施；

③ 促进公共交通的发展，充分发挥公共交通的运能优势，引导其他交通方式的合理使用，形成可持续发展的城市交通结构；

④ 缓解有限的道路交通资源同不断增长的交通需求之间的矛盾，合理控制道路上私人交通总量，引导理智地使用道路交通资源，使道路设施得到最充分和最有效的利用。

4.6.2 交通需求管理的必要性

交通需求管理是交通可持续发展所必需的，是城市正常运行、解决交通需求与供给矛盾的有效方法。以下列出了交通需求管理的一些理由，实际上也是交通需求管理实施的先决条件。

1. 城市交通设施的容量有限

城市道路（包括停车场）面积占城市用地比率称为城市道路面积率。通常用该项指标来度量城市交通空间大小。一个建设性城市，道路用地只是城市占地面积的一部分，根据以往经验，城市道路面积率以20%～25%为宜，但有的城市道路面积率不足10%，美国首都华盛顿的道路面积率相当高，为43%。城市交通空间有了定值后，城市所能容纳的交通量也就随之而定了。当交通量等于或大于容量时，就产生交通拥挤、堵塞。交通管理者的职责驱使采用交通需求管理措施，保持交通量小于交通容量，维持交通通畅。

2. 交通需求持续增加

国民经济高速增长和人民生活水平的持续提高，对交通产生了更大的需求。北京市的私人汽车拥有量 2000 年为 49.41 万辆，2021 年接近 600 万辆，增加了约 11 倍。随着居民收入的增加，居民的生活丰富多彩，出行方式的改变，日出行次数增加了。目前我国城市化水平还不高，每年都有农村的剩余劳动力转移到城市，流动人口的日出行次数是城市居民日出行次数的 3 倍左右。

另外，我国城市老城区的人口密度比外国某些城市大，如表 4-29 所示。中国对 10 座 200 万人口以上的城市统计结果，老城区人口密度平均为 2.17 万人/km^2，而国外每平方千米才几千人。居住密度大，出行量大且集中，致使在某个时候，交通量超过交通容量，造成交通拥堵。

表 4-29　城市人口密度表

城市	洛杉矶	巴黎	伦敦	新加坡	曼谷	北京	上海
密度/(万人/ km^2)	0.25	0.29	0.65	0.5	0.3	2.41	3.4

3. 土地资源少，不能扩大道路面积率

根据第三次全国国土调查数据显示，我国耕地面积有 19.179 亿亩。自 1990 年以来，每年减少耕地 500 多万亩。我国城市的数量增加很多，目前已有 700 多个，百万人以上的大城市近百个。虽然增大道路面积率可多容纳一些交通，但从可持续发展理念出发，不应增大道路面积率，而应控制交通需求的无限制膨胀。

4. 净化环境的要求

汽车排放的废气、卷扬的粉尘和产生的噪声，是城市重要的污染源。汽车废气中含有 CO、NO_x、HC 等多种对人身体有害的物质。从保护环境的角度来说，应控制汽车交通的需求量。

大型、特大型城市空气污染严重，居民深受其害，产生了诸多不良影响。为提高市民的健康水平，从总体上减少汽车的使用量无疑是交通需求管理最可走的一步棋。

4.6.3　交通需求管理的主要措施

1. 交通需求管理的基本策略

交通发达国家普遍采用的交通需求管理措施可归纳为：通过对交通源的调整来减少交通发生量；通过对交通方式的引导和私人小汽车的高效利用来减少汽车交通量；通过对出行车辆的出行时间和路径的诱导来使交通在道路的时空上均匀分布。

2. 交通需求管理的层次

① 通过土地规划管理交通需求。

② 通过改变交通方式管理交通需求。

③ 通过调整交通发生的时间和空间管理交通需求。

3. 交通行为各阶段的交通需求管理主要措施

“交通需求管理”措施贯穿交通行为的各个阶段。

(1) 出行产生阶段

用家庭办公、工作，调节生活、工作活动，电信代出行，网上购物等措施减少人们的出行产生量。

(2) 出行分布阶段

用交通影响分析技术，控制和调整大型人流、交通集散地的分布，使之从交通拥挤地区转向不拥挤地区；就近就业的土地利用规划，以“公交为本”的土地发展规划（transit-oriented development，TOD）等方法缩减或均衡出行分布量。

(3) 出行方式选择阶段

最主要的措施是：发展轨道交通、公交优先、做好换乘设施（P+R）、配以停车管理政策、运用交通信息服务系统引导人们使用轨道交通、公交出行，或由原来小汽车全程出行改为由小汽车从家到轨道交通、公交车站的短距出行+换乘轨道交通、公交车的长距出行；组织汽车合乘、配以合乘车停车优先、开辟大容量客车专用车道（high-occupancy vehicle lane，HOV lane）；改善自行车、行人系统，开辟轨道交通站行人直达通道等减少路上的小汽车交通量。

(4) 路径选择（交通分配）阶段

运用交通信息服务系统、路线导行系统、拥挤收费政策等在路网上均衡分布汽车交通量；用弹性时间工作制来分散高峰时段的交通量。

(5) 其他

建立物流系统以减少城市货运交通量；用货运车辆定时定线行驶等措施减少交通敏感时段和地段上的货车交通量。

4. 交通需求管理的主要措施

1) 控制车辆的拥有

(1) 调节汽车拥有税

在购买汽车时需增交汽车拥有税，购买后在车辆使用过程中每年缴纳拥有税。

(2) 增加汽车牌照税

为达到控制汽车拥有量的目的，增加首次登记牌照的税额。

(3) 交纳年检费

每年年检对车辆性能提出严格要求，达标者，交相当额度的年检费；不达标者，修理后再检。因对车辆性能要求严，修理需要多花钱。

登记车辆者必须有停车位的证明。停车位需交相当数量的费用，否则，不予登记购买。

(4) 严格定额供应

严格定额供应可有效控制机动车的拥有量。根据道路现有容量、新建道路增长速度、汽车报废情况，规定每年发放购车证数量。

控制车辆拥有量的各种措施，应谨慎从事，否则也会产生某些漏洞。如在车辆拥有水平低的郊区购车，到市中心区使用；黑市炒卖牌照指标；或利用手中分发购车指标的权力收受贿赂。

2）控制车辆使用

（1）单双号行驶

单数日允许单数牌号车辆通行，双数日允许双数牌号车辆通行。这种方法在雅典、墨西哥城、首尔、北京使用过。

（2）市中心区禁入

在某段时间内，禁止某种车辆进入市中心区。如意大利的米兰，在7:30—16:30禁止私人小汽车经过市中心；中国的香港在早、晚高峰时段，禁止任何型号货车经过主要居住区。

（3）调节道路使用空间

变双向行驶的道路为单向通行；将机动车道改为步行道，禁止机动车通行；开辟公共汽车专用道；开辟自行车专用道；画出高载客率车道。

（4）限行

限制某种车辆在某时段行驶在某路上或进入某一地区，其中对货车行驶时间需认真安排。

（5）错峰上班

某城市的交通高峰是一定的，为削减高峰时间的交通量，可实行错时上下班，或采用弹性工作时间，错开工作出行的高峰时段。

（6）合乘

号召、组织、鼓励去同一方向上班的人员合乘一辆车，合乘人轮流提供车辆。这样，若4人合乘，则变4辆车出行为1辆车出行，既减少了路上交通量，又减少了对环境的污染。

（7）调整使用费

提高汽车使用费是非常简便的控制交通需求的措施。它可以直接影响汽车的使用成本，达到减少汽车使用的目的，同时又增加了财政收入。通常采用的方法是增加燃料税，提高汽车零件、轮胎的价格。不过，后者会产生减少车辆正常保养的缺点。

收过路费、过桥费也属于此列。1984年香港海底隧道用加倍收费的方法，使出租车和小汽车的通过量减少15%。广州用该方法调整5座跨河桥上的交通量，也收到了效果。

（8）停车控制

城市中心区交通拥挤，用控制停车需求的方法减少该区交通量，如定额供给停车位数量、提高停车收费等。这种措施对过境交通不起作用，还会导致驾驶员为寻找停车位而增加绕行。

（9）特许证制

在规定时间，对特定地区，需持有事先办理的特许证方准进入。这种方法对控制交通量效果明显。

（10）组织货运

经过论证，将货运交通排在夜间，且车站、码头、仓库办理送货上门，避免各用户单独取货产生无效交通。

3）合理的城市规划

在城市客运交通中，工作出行因面广、量大、集中，且要求必须在规定的短时间内，将劳动者准时送到各自的工作岗位，因而是最应该认真解决的问题。如果在城市规划时，能注意到就近上班问题，就会避免住西城、到东城上班，家在南城、工作单位在北城的现象。同时减小了劳动者出行疲劳程度，有利于身心健康，有利于提高工作效率。在城市，居民都做到就近上班有难度，但在有条件的前提下，注意安排一些人就近上班是可能的。这样，对交通大为有利。

4.7 交通组织优化

4.7.1 交通组织优化的概念

交通组织优化是指在有限的道路空间上，综合运用交通工程规划、交通限制和管理等措施，科学合理地分时、分路、分车种、分流向使用道路，使道路交通始终处于有序、高效运行状态。

随着道路交通的发展，道路交通流必然随之发生变化，往往会出现总体上的比例失调、交通混乱等问题，因此交通组织优化是一项综合性、系统性的工作。根据组织优化的层次不同，可以划分为宏观交通组织优化、区域交通组织优化和微观交通组织优化；根据组织优化的方式不同，可以区分为道路通行时空资源的分配优化、交通流的管制与诱导优化两类。

4.7.2 交通组织优化的思路

产生交通问题的本质，是在交通系统中出现交通供应和需求的矛盾。因此，交通组织优化的核心思路即分解矛盾、消除矛盾。对于宏观或区域交通组织优化，主要考虑在时间上削峰填谷，在空间上要控密补稀，体现出矛盾分散、时空均分的原则；对于微观交通组织优化，考虑信号配时的分秒必争、车道渠化的寸土必夺，体现出在冲突分离基础上充分利用空闲时间和空闲面积。对于道路通行时空资源的分配优化，重点解决通行能力和路权分配问题，为动态流量调控和组织奠定基础；而交通流的管制与诱导优化，重点需要解决路网负荷均分问题，防止交通压力过于集中造成拥堵。换而言之，道路通行时空资源的分配是基础，交通流的管制与诱导是手段；宏观上要解决好压力均分，在微观上解决好冲突分离。

4.7.3 交通组织优化的原则

1. 优先考虑宏观交通组织优化的原则

从土地利用、道路网络规划、交通模式结构的选用等宏观方面优化城市交通系统，这是解决一切交通问题的根源。

2. 道路交通分离的原则

对混合道路交通实行各从其类、各行其道的时间与空间上的调整控制。

3. 道路交通流量均分的原则

对分布具有明显时间性、方向性、区域性和形态差异较大的道路交通流量实行时间和空间上的调整和疏导。

4. 道路交通连续的原则

对交通系统中的交通方式、交通设施、交通线路彼此间实行合理的有机联系。

5. 道路交通总量削减的原则

努力使道路上行驶的车辆、行走的行人数量减少，运行时间缩短，减少对道路通行时空资源的占用。

6. 公共交通优先通行的原则

在道路通行时空资源分配上，优先秩序按照公交、步行、自行车、出租车、私人小汽车这样的顺序来排列，优先从时间和空间上保障公共交通的行驶环境。

7. 排障导流的原则

排除道路和路面上的各种障碍，疏导交通流，使之畅通无阻。

4.7.4 交通组织优化的常用措施

1. 宏观交通组织优化

(1) 控制交通发生源

它主要包括区域系统合理布局、人流系统结构调整及物流系统结构调整。区域交通合理布局即对城市和地区的生产系统、生活系统及其总体系统实行合理布局；人流系统结构调整通过对城市中住宅区、商业区、工业区、文化区等功能区合理调整，使得人流出行更方便，同时又能缩减交通量；物流系统结构调整即指理顺物资供需关系，协调流通环节。

(2) 改善交通服务方式

它主要包括在客运交通系统中优先发展公共交通，在大城市建立可提供高效服务的轨道交通服务系统；在物流系统中发展专业性货物运输事业。

(3) 将道路交通转向广义交通

依靠更广意义上的交通来转移、降低道路上交通量的需求，主要发展方向有：发展管道交通运输，解决液体和气体物资的运输；广泛应用信息技术，利用信息的沟通来降低交通出行的需求。

2. 区域交通组织优化

(1) 分离交通流

分离交通流包括按照交通流类别分离、利用隔离设施对不同交通方式进行分离、按专用通行带进行交通分离。

(2) 合理分配交通流

在时间上对交通流错时削峰，即在城市区域范围内实行错时上下班制、弹性工作制、轮流休息制；在空间上对交通流量进行调节，实行单行线、可变车道、禁止左转等。

3. 微观交通组织优化

(1) 平面交叉口交通组织优化

对于平面交叉口可以考虑设置路口导向车道、组织左转车辆行驶、渠化平交路口车行道（利用画线和渠化岛组织交通走向，渠化岛包括方向岛、分隔岛、中心岛和安全岛）、信号控制等。

(2) 路段交通组织优化

路段交通组织即对同一条道路分布的不同方式、不同形态、不同流向的交通流，通行资源与交通流相结合、道路交通与交通环境相结合、局部道路与整体路网相结合的优化组织。主要通过路段交通流系统组织使得各交通流各行其道，通行顺畅；道路与交通环境系统组织(合理道路横断面、规范交叉道路和路侧用地开口等)。

复习思考题

1. 简述交叉口转弯半径设置大小对于行人过街交通管理的影响。

2. 分析影响道路中段行人过街设施设置的主要因素及管理方法。

3. 交叉口内自行车通行管理设计方法有哪些?

4. 某路外停车场泊位数为 300 个，出口接入的主要道路流量为 1 080 辆/h。主路车流上允许出口道等待插入车辆汇入的最小间隙为 6.0 s，出口处排队车辆连续插入路段时相邻两车之间的时间间隔为 3.0 s。已知高峰小时该停车场驶出车辆数为 330 辆/h，问：(1) 停车场出口道能否满足设计要求；(2) 一次性疏散所有停放车辆所需的时间上限。

5. 论述公交优先感应信号控制的适用条件。

6. 为什么要实施交通需求管理? 需求管理的措施有哪些? 对城市发展有什么作用?

7. 现在提倡“以人为本”的交通管理理念，你认为哪些交通管理措施体现“人性化管理”? 还有哪些不足之处? 举例说明。

第 5 章

交通信号控制理论基础

交通控制，源自城市交通信号控制。由于高速公路的快速发展，城市交通信号控制在结合高速公路特点和应用需求的基础上，形成了道路交通控制的另一个重要分支。计算机、通信、最优控制等技术被应用到交通系统中，先进、有效和智能化的交通控制方法也不断涌现，因而交通控制的内涵得到极大充实，包含一切通过人员或设备向车辆及出行者提供信息来引导和限制交通流的理论与技术，从而提高道路的通行能力，保障交通畅通和安全。

交通控制系统包括输入量、输出量、控制量、反馈量和误差、噪声等要素。控制系统接收由各种检测设备反馈回来的实时信息，并采用控制理论和各种优化算法对数据进行处理，给出控制量，使控制对象按照预期的轨迹运动，从而达到控制的目的。交通控制的对象是交通流；反馈量一般是指速度、密度、占有率、流量、排队长度；控制量一般是指红、绿灯信号，主线限速标志，可变信息板，以及车载通信系统等。控制的性能指标一般是指总行程时间最小、总服务量流量最大、总延误最小及流量与速度乘积最大、入口匝道平均等待时间最短等。

5.1　交通控制的发展及分类

5.1.1　交通控制发展的历史沿革

早在 19 世纪，人们就开始研究交通信号，用信号指挥车辆通行，控制车辆进出交叉口的次序。第一组交通信号灯是 1868 年在伦敦威斯敏斯特街安装的红、绿两色煤气交通信号灯，但一次意外的煤气爆炸事故宣告了这种灯的结束。自 1914 年美国的纽约、克利夫兰和芝加哥，先后出现了以电力驱动的交通信号灯，与现在意义上的信号灯类似，标志着道路交通控制技术发展的开始。1926 年在英国首次采用了自动化交通信号控制器来控制交通信号灯，这是第一次具有自动化意义的城市交通控制。

交通信号协调控制系统，于 1963 年出现在加拿大多伦多市，它是由 IBM650 型计算机控制的，这是道路交通控制技术发展的里程碑。该系统第一次把计算机技术用于交通控制，完成了以数字计算机为核心的城市交通控制（urban traffic control，UTC）系统，大大提高了控制系统的性能和水平。之后，西欧、北美、日本很快也建立了改进式的 UTC 系统。

1969 年英国设计出了区域控制系统优化程序——TRANSYT（traffic network study tool），它是一个脱机仿真优化的配时程序，被世界各国广泛采用，对交通控制系统的发展起到了促进作用。20 世纪 70 年代初期，英国先后建立了试验性区域交通控制系统，并于 1979 年成功研制了 SCOOT 实时自适应交通控制系统。与 SCOOT 系统齐名的还有澳大利亚的 SCATS 系统等。

RT-TRACS 系统是根据美国 UTCS（urban traffic control system）项目的开发要求建立的，具有多层控制结构，上层控制策略以嵌入方式协作下层策略，顶层控制应用专家系统，可以根据局部路况选取能达到最大效益的控制策略，提供不同程度的响应。RT-TRACS 系统由于采用专家系统，需要大量专业知识与处理经验，在一定程度上降低了系统的可移植性。

除上述几种控制系统以外，日本的 STREAM（strategic real time control for megalopolis traffic）系统，德国的 MOTION（method for the optimization of traffic signals in online controlled network）系统，意大利 Mizar Automazione 公司的 SPOT（signal progression optimization technology）系统也在应用中取得了不错的成效。

20 世纪 80 年代中后期，我国的北京、上海先后引进了英国和澳大利亚的新一代控制系统。20 世纪 90 年代，我国省会一级城市基本都建立了区域交通控制系统。

国内早期主要依靠引进开发相结合的方式建立交通信号控制系统，大部分城市使用的都是 SCOOT 系统，也有一小部分城市引进了其他系统，例如北京、中山等城市使用的就是西门子公司的 ACTRA（advanced control & traffic responsive algorithm）系统。但是引入上述系统并没有真正改善国内存在的交通问题，因为这些系统普遍存在着通信协议不开放、扩展空间小等缺点。此后国内对智能交通信号系统的研究重点以适应我国交通特点为主，由此研发出南京 NUTCS（nanjing urban traffic control system）系统、海信 Hicon 和深圳 SMOOTH 系统等。这些系统针对城市的交通需求和交通特征，借鉴 SCOOT 和 SCATS 系统的控制策略，能够提供更加综合、更加灵活的解决方案。

20 世纪 80 年代以后，世界各国交通控制出现了前所未有的发展热潮，特别是信息技术的迅速发展，使得交通控制开始从传统的控制方式向信息化、智能化方向发展。20 世纪 90 年代，发达国家开始出现智能交通控制系统。

随着近些年卫星定位技术、车牌识别技术、电子标签技术、车联网技术等新技术的发展，车辆检测也逐渐走向智能化，检测精度不断提高，可追踪到每一辆车的实时信息，为交通控制系统的模型计算提供了丰富的数据基础。从原来的单向数据输入—模型优化—信号输出转变为可以反馈的数据输入—模型优化—信号输出—效果评价—模型反馈的过程，从而可以通过实时监控控制效果来实时改善控制方法。

另外，在技术方面，比如新的控制技术的研究应用，模型预测控制、智能控制理论（如专家系统、模糊逻辑、人工神经网络、遗传算法等人工智能技术）等，在自适应控制的实现上不再单纯依赖于模型，更加重视知识的核心作用，基于采集的海量数据，通过在线后评估，实现控制模型在线自学习能力。

在百年的发展中，道路交通信号控制系统经历了手动控制到自动控制、定时控制到感应控制、单点控制到干线控制再到区域控制，无车辆检测器到有车辆检测器，再到集成化、智能化、多模式化的前沿控制系统的过程。

交通控制系统的发展过程及其技术要点如表 5-1 所示。

表 5-1　交通控制系统的发展

年份	方式	国别（或地区）	系统名称	系统特征	周期	检测器
1868	点控	英国	—	燃气色灯	定	无
1917	线控	美国	—	手控协调	定	
1926	点控	英国	—	自动信号机	定	无
1928	点控	美国	—	感应信号机	变	气压式
1928	线控	美国	—	步进式定时	变	
1952	面控	美国	—	模拟计算机动态控制	变	气压式
1963	面控	加拿大	—	数字计算机动态控制	变	电磁式
1968	面控	英国	TRANSYT	静态控制	变	环形线圈
1973	面控	日本	STREAM	动态控制	变	环形线圈
1980	面控	英国	SCOOT	动态控制	变	环形线圈
1982	面控	澳大利亚	SCATS	动态控制	变	环形线圈
1985	面控	意大利	SPOT	分布式实时控制	变	环形线圈等
1991	面控	德国	MOTION	递阶分层控制、模块化结构	变	环形线圈等
1991	面控	中国	NUTCS	自适应控制	变	环形线圈等
1992	面控	美国	RT-TRACS	动态控制	变	环形线圈
1996	面控	美国	OPAC	动态控制	变	环形线圈
2004	面控	中国（深圳）	SMOOTH	分布式、三层结构	变	环形线圈等
2004	面控	中国（青岛）	HiCon	动态控制	变	环形线圈等

5.1.2　交通控制的分类

交通控制的发展是一个不断实践的过程，在发展过程中形成了许多概念和名称。而根据其侧重点的不同，划分类别也不尽相同，具体如下。

1. 按控制范围划分

（1）单点信号控制

单点信号控制又称孤立交叉口信号控制，简称点控制，是指对某一城市道路平面交叉口、高速公路匝道口独立进行信号控制。这种控制的特点是各交叉口的信号配时之间没有关联，各自独立调整和运行。单点控制的主要出发点是使本交叉口车辆的延误和停车次数等指标达到最小，同时要保证交叉口有比较大的通行能力。

（2）干线信号控制

干线信号控制简称线控制，是指将一条城市交通干线上的多个相邻交叉口视为一个整体进行信号协调控制。干线控制的主要目的是减少不必要的停车和排队延误，保持干线上车流的连续通行。

（3）区域信号控制

区域信号控制简称面控制，是指将一个区域内的多个信号交叉口视为一个整体进行信号协调控制。这种控制方式是以路网的总延误和停车率的加权和最小为目标，也可以用平均排队长度最短作为目标。

2. 按控制方式划分

（1）定时控制

交叉口信号机执行固定信号配时方案对车流进行控制的方式称为定时控制，也称为定周期控制。配时方案可以是一个或多个，一天只执行一个配时方案的称为单段式定时控制；一天按不同时段分别执行不同配时方案的称为多段式定时控制。

（2）感应控制

感应控制是在交叉口进口道设置车辆检测器，信号机进行控制时，根据检测器实时检测到的交通流数据，实时改变信号配时方案的一种控制方式。感应控制的基本方式是单个交叉口的感应控制，简称单点感应控制。根据检测器设置方式的不同，单点感应控制可分为半感应控制和全感应控制两种类型。

（3）自适应控制

把交通系统作为一个不确定性系统，能够连续测量其状态，如车流量、停车次数、延误时间、排队长度等，逐渐了解和掌握对象，把它们与希望的动态特性进行比较，并利用差值以改变系统的可调参数或产生一个控制，从而保证不论环境如何变化，均可使控制效果达到最优或次最优。

3. 其他分类

它主要包括按类别划分和按信号控制方案生成的技术划分等。按类别划分，包括以交通限制为主的控制，以交通信号为主的控制，以传递信息、协调控制与需求为主的控制（交通诱导系统）。按信号控制方案生成的技术划分，分为人工优化技术、脱机优化技术、联机优化技术 3 种。

5.2 交通信号控制的设置依据

事实上，并非所有交叉口都适合采用信号控制。对于交通量较低或是主次路权清晰的交叉口，有时采用减速或停车让行控制的效果会比信号控制更好。因此，在设计交叉口管理控制方案之前，应当考虑采用哪种控制方式为宜。

5.2.1 设置交通信号控制的利弊

广义的交叉口控制方式不仅包括信号控制，还包括停车让路控制和减速让路控制等。无论是停车让路控制还是减速让路控制，在通行权上处于次要地位的车流需要等待拥有优先通行权的车流出现可穿越间隙时方可通行，而对于何种间隙为可穿越间隙并没有强制性规定，不同驾驶员对可穿越间隙的执行标准也不相同。相比而言，信号控制对通行权的分配带有更多的强制性。驾驶员通过当前信号灯的颜色判断是否可以通行。因此，信号控制方式对通行权的分配最为明确，而其他控制方式在通行权的分配上弹性较大，对驾驶员主观判断的依赖性也较大。当交叉口的交通流量处于较低水平时，信号控制方式因其固有的红灯时间导致延误较大，而停车让路控制、减速让路控制方式则相对延误较小。另外，当交叉口的交通量处于较高水平时，拥有优先通行权的车流中可穿越间隙数量较少，导致通行权上处于次要地位的车流等待可穿越间隙出现的时间变长，因而致使延误上升；同时，由于车流量的增大，车辆寻找可穿越间隙进行穿行变得困难，在一定程度上增大了交通事故发生的概率。信号控制方式在交通量较大的情况下则更具有优势。信号控制对通行权的明确分配，不仅延误水平较低，而且规范了交叉口通行秩序，使交叉口的安全状况得到改善，安全水平得到提升。

然而，信号控制并非在所有情况下都能起到改善交通安全的作用。当车辆长时间等待红灯且其他进口道无车辆到达时，往往容易引发故意闯红灯的现象。因此，信号控制交叉口的交通事故，往往发生在交通量较低的交叉口，或是交通量较低的时段。

通过上述分析可知，交通信号控制并非适用于所有交叉口。对于道路通行权主、次清晰且交通量较低的交叉口，设置信号灯并不利于交叉口延误的降低和交通安全状况的改善。因此，研究制定合理设置交通信号灯的依据十分重要。一方面，使信号灯设置有据可依，真正发挥信号控制方式的作用；另一方面，其也可避免无谓的投资浪费。

5.2.2 设置交通信号控制的理论依据

通常，对于主次通行权分明及交通量较低的交叉口，采用停车让路控制或减速让路控制；对于交通量较大的交叉口则采用信号控制。决定是否将停车让路控制或减速让路控制改变为信号控制时，应主要考察两个因素：交叉口的通行能力和延误。如果继续采用停车让路控制或减速让路控制，是否能满足交叉口实际交通量的通行要求；如果改为信号控制，交叉口的平均延误水平是否得到改善。

1. 停车让路控制或减速让路控制交叉口的通行能力

停车让路控制或减速让路控制交叉口的通行规则约定：拥有优先通行权道路上的车流行驶不受次要道路上行驶车辆的影响；而次要道路上的车辆到达交叉口时则需先减速或停车，等待主要道路上的车流出现可穿越间隙后方可穿行通过交叉口。因此，主要道路的最大通行能力可接近其饱和流量；而次要道路的通行能力则与主要道路上车流的车头时距分布情况相关。当主要道路车辆到达率服从泊松分布（即车头时距服从负指数分布）时，根据上述通行规则，可以得到交叉口次要道路的通行能力的计算公式：

$$Q_{\max}=\frac{q\mathrm{e}^{-\frac{q\tau}{3\,600}}}{1-\mathrm{e}^{-\frac{qh}{3\,600}}} \tag{5-1}$$

式中：$Q_{\max}$——次要道路的最大通行能力，pcu/h；

q——主要道路交通量，pcu/h；

τ——主要道路车流中可供次要道路车辆穿越的临界间隙时距，一般取值范围为4.5～10 s；

h——次要道路车辆连续穿越主要道路车流间隙时的饱和时距，一般取值范围为2～3 s。

利用式（5-1）可算出不同主要道路车流量水平下次要道路的通行能力。不难发现，随着主要道路车流量的增大，次要道路的通行能力逐渐减小，如图5-1所示。

次要道路交通量大于其通行能力时，应采用信号控制。除此之外，当主要道路的交通量接近通行能力值时，次要道路车辆穿越主要道路车流通行会变得十分困难，排队长度和延误也迅速上升，此时应考虑将交叉口的控制方式改为信号控制。

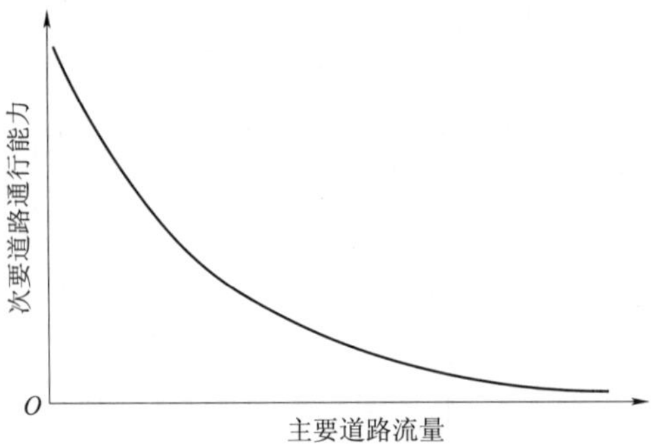

图 5-1 停车/减速让路控制方式下主要道路流量-次要道路通行能力相关变化曲线

2. 交叉口的平均延误时间

停车让路控制或减速让路控制的通行规则使得主要道路车流通过交叉口几乎无任何延误，然而这是以牺牲次要道路车辆的利益为代价的，可能导致次要道路的车辆延误很大。信号控制可以有效降低次要道路车辆的平均延误，但必然造成主要道路上部分车辆延误的增加。因此，当考虑是否将停车让路控制或减速让路控制改为信号控制时，还应当分析改变前后交叉口车辆平均延误的变化情况。

目前在停车让路控制和减速让路控制交叉口的延误计算方面，虽然理论研究成果很多，但真正实用的少。较为成熟的延误计算方法是美国《道路通行能力手册》（2010 版）中提供的停车让路控制交叉口延误计算方法。然而，该方法中的模型是基于美国交叉口的通行规则和交通流特点建立的，主要模型参数也是基于美国道路交通状况标定的，因此该方法并不能完全适用于我国的道路交通状况。虽然对于停车让路控制和减速让路控制交叉口延误的定量理论分析较为困难，但定性分析仍然可以为交叉口控制方式的选择提供一定的参考和依据。

当主、次道路交通量的比值为固定值时，停车让路控制、减速让路控制和信号控制方式下的交通流量-延误时间变化关系可用图 5-2 近似描述。从图中曲线可以看出，当交叉口流量较小时，信号控制下的延误要高于停车让路控制（或减速让路控制）下的延误；随着交叉口交通量的增大，这两种控制方式的延误水平越来越接近，直至交通量增大到某一临界值（通常分布在 800 ～ 1 200 pcu/h）时，两种控制方式的延误水平相同；随后，当交通量继续增大时，停车让路控制或减速让路控制方式的延误时间迅速上升，明显高于信号控制方式下的延误水平。

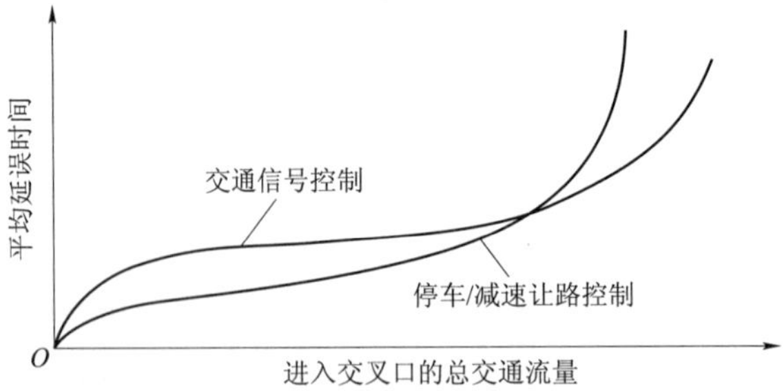

图 5-2 停车/减速让路控制方式下与信号控制方式下交通流量-延误时间变化曲线

3. 设置交通信号控制的条件和标准

设置交通信号控制虽有一些理论依据，但这些理论依据大多包含大量的复杂模型，不便于交通工程师的实际应用，且世界各国的交通特点各有差异。因此，各国会根据上述理论依据，充分考虑各自的交通实际状况，制定合适的交通信号控制设置标准。以美国《统一交通控制设施手册》（以下简称《手册》）为例，该《手册》详细给出了设置信号控制的条件，主要包括以下 9 个方面。

（1）8 小时交通量

① 工作日 8 小时流量中的任意 1 小时符合下列条件之一即要考虑交通信号控制：主路和次路进口道，出现大于表 5-2 中条件 A（最小车流量）100% 栏的车流量 2 个及以上；主路和次路进口道，出现大于表 5-2 中条件 B（中断连续交通流）100% 栏的车流量 2 个及以上。

② 工作日 8 小时流量中的任意 1 小时同时符合下列条件，即要考虑交通信号控制：主路和次路进口道，出现大于表 5-2 中条件 A 的 80% 栏车流量 2 个；主路和次路进口道，出现大于表 5-2 中条件 B 的 80% 栏的车流量 2 个。

表 5-2 《手册》规定交叉口设置信号灯的 8 小时交通流量标准

条件 A——最小车流量									
进口道通车车道数		主要道路车辆数/（pcu/h）（双向进口道的总和）				次要道路车辆数/（pcu/h）（单向中流量较大者）			
主要道路	次要道路	100%	80%	70%	56%	100%	80%	70%	56%
1	1	500	400	350	280	150	120	105	84
2 及以上	1	600	480	420	336	150	120	105	84
2 及以上	2 及以上	600	480	420	336	200	160	140	112
1	2 及以上	500	400	350	280	200	160	140	112
条件 B——中断连续交通流									
进口道通车车道数		主要道路车辆数/（pcu/h）（双向进口道的总和）				次要道路车辆数/（pcu/h）（单向中流量较大者）			
主要道路	次要道路	100%	80%	70%	56%	100%	80%	70%	56%
1	1	750	600	525	420	75	60	53	42
2 及以上	1	900	720	630	504	75	60	53	42
2 及以上	2 及以上	900	720	630	504	100	80	70	56
1	2 及以上	750	600	525	420	100	80	70	56

（2）4 小时交通量

工作日任意 4 小时交通量中每小时主路流量（双向进口道的总和）与次路较大流量（单向）的交点，全部落在图 5-3 曲线上方时，宜考虑设置交通控制信号灯。

（3）高峰小时

满足下列条件之一，则要考虑交通信号控制。

① 工作日的 1 小时（任意 4 个连续 15 min）内同时出现下列 3 种情况：停车标志管制

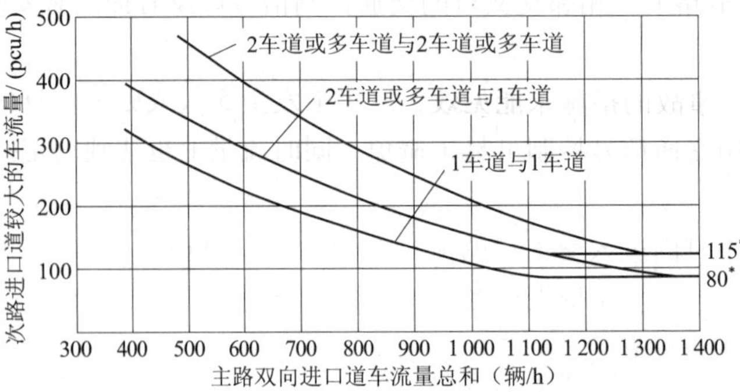

图 5-3　《手册》规定交叉口设置信号灯的 4 小时交通流量标准

注：115 pcu/h 是次路具有 2 车道或多车道的进口道流量下限，

80 pcu/h 是次路进口道具有 1 车道的进口道流量下限。

的次路进口道上，单向一条车道的总停车延误大于或等于 4 车 · h，或单向两车道的总停车延误大于或等于 5 车 · h；在次路同一进口道上，一条车道的单向流量大于或等于 100 辆/h，或 2 条车道的单向流量大于或等于 150 辆/h；在这 1 小时中进入三岔交叉口的总流量大于或等于 650 辆/h，或进入四岔或多岔交叉口的总流量大于或等于 800 辆/h。

② 工作日的 1 小时（任意 4 个连续 15 min）主路每小时双向总流量与次路相应的较大流量进口道上单向流量的交点全部落在图 5-4 曲线上方。

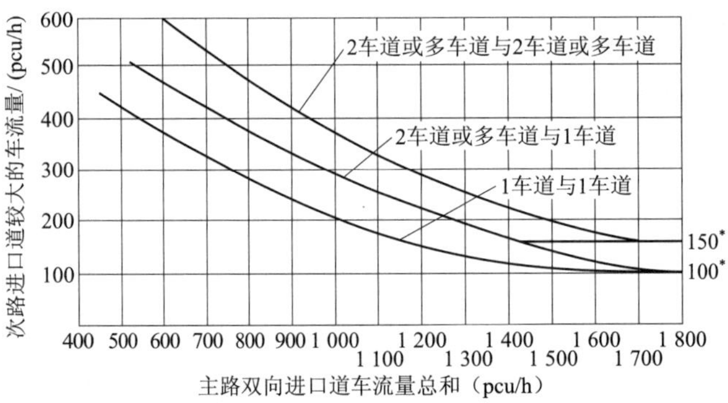

图 5-4　《手册》规定交叉口设置信号灯的高峰小时交通流量标准

注：150 pcu/h 是次路具有 2 车道或多车道的进口道流量下限，

100 pcu/h 是次路进口道具有 1 车道的进口道流量下限。

（4）行人流量

工作日行人过街流量大于《手册》中推荐的流量值时，宜考虑设置交通控制信号灯。

（5）学童过街

车流中实际出现的空当时间小于学童过街所需的空当时间，可考虑设置交通信号灯。

（6）联动信号系统

出现下列情况之一时，应考虑设置信号灯：

① 具有一个方向流量为主的道路或单向交通道路上，相邻交叉口的交通控制信号灯设置得较远而没有提供必要的车队控制；

② 在双向交通道路上，相邻交叉口的交通控制信号灯没有提供必要的车队控制。

（7）事故记录

加强管理以减少事故的措施未能见效，一年中发生 5 次或更多人身伤害或财产损失的交通事故，这类事故用交通信号控制可易于避免。同时流量上也达到一定的设置信号的条件。

（8）道路网络

在工作日高峰小时内进入交叉口的流量至少达到 1 000 辆/h，以及预计 5 年内工作日流量满足第（1）、（2）、（3）条依据中的一个或数个条件时，可考虑设置交通控制信号灯。

（9）平交道路附近的路口

在出现下列情况之一时，应考虑设置信号灯：

① 在设有停车或让行标志的铁路和道路的平交路口，距离路口停车线在 140 英尺之内时；

② 在有轨道车辆通过的交叉口，其高峰小时流量落在曲线上时。

4. 我国信号灯设置

国家标准《道路交通信号灯设置与安装规范》（GB 14886—2016）对信号灯的安装作出了如下规定。

（1）用于路口指导机动车通行的信号灯设置的交通流量条件

① 机动车高峰小时流量条件。路口机动车高峰小时流量超过表 5-3 所列数值时，应设置信号灯。

表 5-3　路口机动车高峰小时流量

主要道路单向车道数/条	次要道路单向车道数/条	主要道路双向高峰小时流量/（pcu/h）	流量较大次要道路单向高峰小时流量/（pcu/h）
1	1	750	300
		900	230
		1 200	140
1	≥2	750	400
		900	340
		1 200	220
≥2	1	900	340
		1 050	280
		1 400	160
≥2	≥2	900	420
		1 050	350
		1 400	200

注 1：主要道路指两条相交道路中流量较大的道路。

2：次要道路指两条相交道路中流量较小的道路。

3：车道数以路口 50 m 以上的渠化段或路段数计。

4：在无专用非机动车道的进口，应将该进口进入路口非机动车流量折算成当量小汽车流量并统一考虑。

5：在统计次要道路单向流量时应取每一个流量统计时间段内两个进口的较大值累计。

② 任意连续 8 h 的机动车小时流量条件。即路口任意连续 8 h 的机动车平均小时流量超过表 5-4 所列数值时，应设置信号灯。

表 5-4　路口任意连续 8 h 机动车小时流量

主要道路单向车道数/条	次要道路单向车道数/条	主要道路双向任意连续 8 h 平均小时流量/（pcu/h）	流量较大次要道路单向任意连续 8 h 平均小时流量/（pcu/h）
1	1	750	75
		500	150
1	≥2	750	100
		500	200
≥2	1	900	75
		600	150
≥2	≥2	900	100
		600	200

（2）路口非机动车信号灯设置

对于机动车单行线上的交叉口，在与机动车交通流相对的进口应设置非机动车信号灯。非机动车驾驶人在路口距停车线 25 m 范围内不能清晰视认用于指导机动车通行的信号灯的显示状态时，应设置非机动车信号灯。

在其他特殊情况下，如通过交通组织仍不能解决机动车与非机动车冲突，宜设置非机动车信号灯。

（3）路口人行横道信号灯设置

在采用信号控制的路口，已施划人行横道标线的，应相应设置人行横道信号灯。

行人与车辆交通流通行权冲突，可设置人行横道信号灯。

（4）路口方向指示信号灯设置原则

在有专用转弯机动车道的路口，若采用多相位的相位设置方式，应设置方向指示信号灯。

在全天 24 h 均不采用多相位的相位设置方式的路口，不应设置方向指示信号灯。

（5）车道信号灯设置

在可变车道入口和路段、隧道、收费站等地，应设置车道信号灯。

在城市快速路进出口等地视实际情况可设置车道信号灯。

（6）闪光警告信号灯设置

在需要提示驾驶人和行人注意瞭望、确认安全后通过的路口，宜设置闪光警告信号灯。

（7）路口信号灯设置的交通事故条件

① 对 3 年内平均每年发生 5 次以上交通事故的路口，从事故原因分析通过设置信号灯可避免发生事故的，应设置信号灯。

② 对 3 年内平均每年发生一次以上死亡交通事故的路口，应设置信号灯。

（8）道口信号灯设置条件

达到以下条件之一的道路与铁路的平面交叉口（以下简称道口），应设置道口信号灯：

① 日间连续 12 h 内，通过道口的车辆平均小时流量达到 500 pcu/h 以上，且瞭望条件良好的道口；

② 日间连续 12 h 内，通过道口的车辆平均小时流量达到 200 pcu/h 以上，且瞭望条件不良的道口；

③ 近 5 年内发生过较大事故或重复发生事故的道口；

④ 有通勤汽车或公交车通过的道口。

(9) 路口信号灯设置的综合条件

① 当表 5-3、表 5-4 和规定（7）中，有两个或两个以上条件达到 80% 时，路口应设置信号灯。

② 对于畸形路口或多路交叉的路口，应进行合理交通渠化后设置信号灯。

③ 在不具备①条件的路口，但在交通信号控制系统协调控制范围内的，可设置信号灯。

④ 在不具备①条件的路口，但因行人和非机动车通行易造成拥堵或交通事故的路口，可设置信号灯。

(10) 路段人行横道信号灯和机动车信号灯设置的流量条件

在已施划人行横道的路段，符合下列条件之一时，应设置人行横道信号灯：

路段机动车和行人高峰小时流量超过表 5-5 所规定的数值时，应设置人行横道信号灯和相应的机动车信号灯。

表 5-5　路段机动车和行人高峰小时流量

路段双向车道数/条	路段机动车高峰小时流量/（pcu/h）	行人高峰小时流量/（人次/h）
<3	600	160
	750	390
	1 050	300
≥3	750	500
	900	440
	1 250	320

路段任意连续 8 h 的机动车和行人平均小时流量超过表 5-6 所规定的数值时，应设置人行横道信号灯和相应的机动车信号灯。

表 5-6　路段任意连续 8 h 机动车和行人平均小时流量

路段双向车道数/条	任意连续 8 h 的机动车平均小时流量/（pcu/h）	任意连续 8 h 的行人平均小时流量/（人次/h）
<3	520	45
	270	90
≥3	670	45
	370	90

(11) 路段交通事故条件

路段交通事故符合下列条件之一时，应设置人行横道信号灯和相应的机动车信号灯：

① 3 年内平均每年发生 5 次以上交通事故，从事故原因分析通过设置信号灯可避免发生

事故的路段；

② 3 年内平均每年发生 1 次以上死亡交通事故的路段。

（12）车道信号灯设置条件

在隧道、收费站、潮汐车道以及需要对车道进行控制的路段，应设置车道信号灯。

（13）匝道

根据城市快速路、高等级公路等道路交通状况，当车辆通过入口匝道汇入主路，对主路行驶车流产生严重冲突或造成下游路段拥堵的，可在匝道设置信号灯。

双向机动车车道数达到或多于 3 条，双向机动车高峰小时流量超过 750 pcu 及 12 小时流量超过 8 000 pcu 的路段上，当通过人行横道的行人高峰小时流量超过 500 人次时，应设置人行横道信号灯和相应的机动车信号灯。

注：对于机动车单行路，车道数按允许通行方向车道数统计，机动车高峰小时流量按允许通行方向流量统计。

对于处于规划中的城市道路交叉口，我国《城市道路交叉口规划规范》（GB 50647—2011）对是否采用交通信号控制也作了说明。对以下几类情况，该规范建议采用信号控制方式：

① 规划中的主干路与主干路交叉口；

② 规划中的主干路与次干路交叉口；

③ 规划中的次干路与次干路交叉口。

对于规划中的主干路与支路交叉口、次干路与支路交叉口以及支路与支路交叉口在选择交通控制方式时，需结合规划道路建成后预计的流量情况和交通管制情况加以考虑。

5.3 交通信号控制类型及基本参数

5.3.1 单交叉口信号控制方式划分

单交叉口信号控制根据控制方式的不同主要分为定时式控制、感应式控制及自适应控制。

① 定时式控制是指交叉口信号具有确定的控制方案，信号灯在控制时段内按照预先设定的控制方案周期式地进行信号控制。定时式控制具有工作稳定可靠，便于与相邻交叉口的交通信号进行协调，设施成本较低，安装、维护方便等优点，适用于交通需求波动小或交通量较大（接近饱和状态）的情况，但存在灵活性差、不适应交通需求波动的缺点。

② 感应式控制是指交通信号灯根据交通检测器检测到的交叉口实时交通流状况，采用适当的信号显示时间以适应交通需求的一种信号控制方式。感应式控制对车辆随机到达及交通需求波动较大的情况适应性较强，然而存在协调性差、设施成本较高的缺点。

③ 自适应控制是基于人工智能技术发展起来的一种信号控制方式，具有学习、抽象、推理和决策等功能，能根据环境的变化作出恰当的适应性反应。自适应控制具有较强的实时性、鲁棒性和独立性，但控制策略较为复杂，且需要配套相应的检测装置。单交叉口信号控制方式的选择应根据实际情况具体分析。

5.3.2　单交叉口信号控制的基本参数

交叉口信号控制方案的设计是一个复杂的过程，在深入探讨信号控制方案及进行信号控制分析之前，有必要先了解一下与单点信号控制相关的基本概念。

1. 信号周期

信号周期是指信号灯色按设定的相位顺序显示一周所需的时间，如图 5-5 所示，用 C 表示，单位为秒（s）。一般来说，每一种通行需求的交通流（各种不同转向的机动车流、非机动车流和行人过街交通流）都会在一个周期内获得至少一次绿灯信号。在实际中，对于信号控制较为简单的中小型交叉口，信号周期取值一般在 40 ～ 120 s；对于信号控制较为复杂的大型交叉口，信号周期取值一般在 180 s。

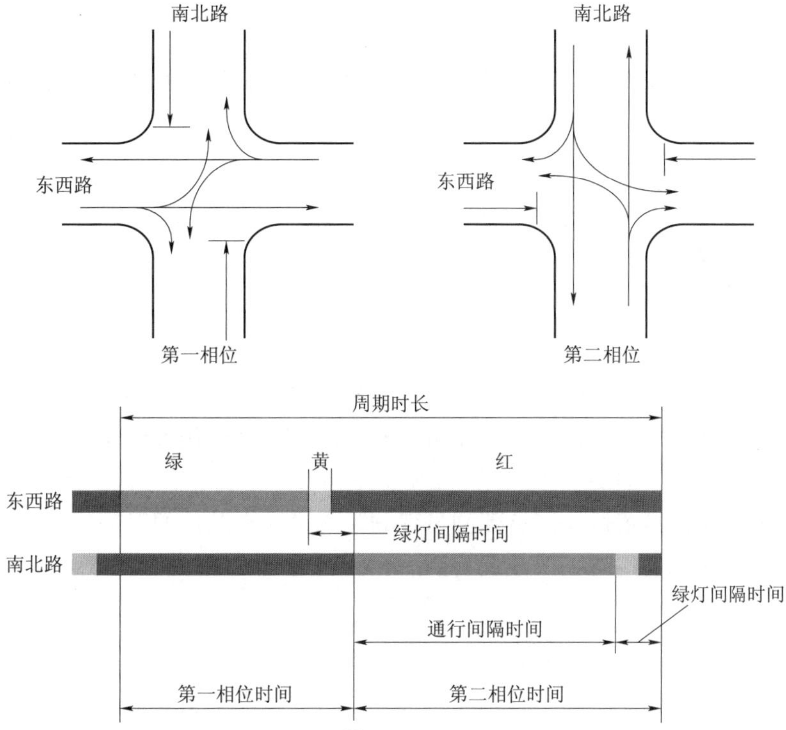

图 5-5　两相位信号周期图

2. 信号相位

在信号控制交叉口，每一种控制状态（一种通行权），即对各进口道不同方向所显示的不同灯色的组合，称为一个信号相位。在一个信号相位中，获得通行权进口道的信号灯显示时间通常由绿灯时间和黄灯时间组成，大型交叉口有时还包括全红时间。所有这些信号相位及其顺序统称为相位（相位方案），一个信号控制方案在一个周期内有几个信号相位，则称该信号控制方案为几相位的信号控制。十字形交叉口通常采用 2 ～ 4 个信号相位。图 5-5 是一种最基本的两相位方案。过少的相位不能有效地分配交叉口的通行权，容易导致交通秩序混乱及交通安全性下降；而过多的相位虽然使交叉口的通行秩序和安全性得到了改善，然而却因过多的相位转换损失了大量的通行时间，导致交叉口通行能力下降和车辆、行人延误上升。

3. 控制步伐

对于某一时刻，交叉口各个方向各交通信号灯状态所组成的一组确定的灯色状态组合，称为控制步伐。控制步伐持续的时间称为步长。一般而言，一个信号相位通常包含一个主要控制步伐和若干个过渡性控制步伐。主要控制步伐的步长一般由放行方向的交通量决定，过渡性控制步伐的步长取值一般在 3 s 左右。

4. 控制链

控制链是在交通信号控制系统中相位方案在同一个控制器中的时间排序。

5. 绿信比

绿信比是指一个信号周期内某信号相位的有效绿灯时长与信号周期时长的比值，一般用 λ 表示：

$$\lambda = \frac{g_E}{C} \tag{5-2}$$

式中：g_E——有效绿灯时长，s；

C——信号周期时长，s。

6. 黄灯时间

黄灯通常设置于信号相位中绿灯结束之后，提醒驾驶员红灯即将开启。黄灯时间一般不建议车辆驶出停车线进入交叉口，除非在黄灯开启之初，已经接近停车线，无法安全制动的车辆，可以开出停车线。如图 5-6 所示，黄灯时间为（t_5-t_3），包括后补偿时间及后损失时间，其中后补偿时间是指黄灯期间有驾驶员驾驶车辆进入交叉口的时间。黄灯时长与驶入进口道的车速有关，实际使用时一般设置为 2 ～ 3 s。

7. 全红时长

所谓全红信号，是指交叉口所有进口方向的车道信号灯都为红灯的状态。全红信号通常设置于黄灯之后，主要功能是使黄灯期间进入交叉口而未能驶出交叉口的车辆能够在下一相位的首车到达冲突点前安全驶出交叉口。如图 5-6 所示，全红时长为（t_6-t_5）。全红时长与交叉口的几何尺寸有关，实际使用时一般设置在 3 s 以内。

8. 绿灯间隔时间

绿灯间隔时间是指一个相位绿灯结束到下一相位绿灯开始之前的时间间隔，通常用 I 表示。设置绿灯间隔的作用是确保已通过停车线进入交叉口的车辆能够在下一相位的首车到达冲突点前安全通过冲突点，驶出交叉口。绿灯间隔时间，亦称相位过渡时间，通常由黄灯时间或者黄灯时间加上全红时间组成，如图 5-6 所示，绿灯间隔时间为（t_6-t_3）。

9. 损失时间

损失时间是指在信号周期内无法被利用的时间，包括前损失时间、后损失时间及全红信号损失时间。前损失时间又称为启动损失时间，是指绿灯刚启亮时由于驾驶员的反应延迟、

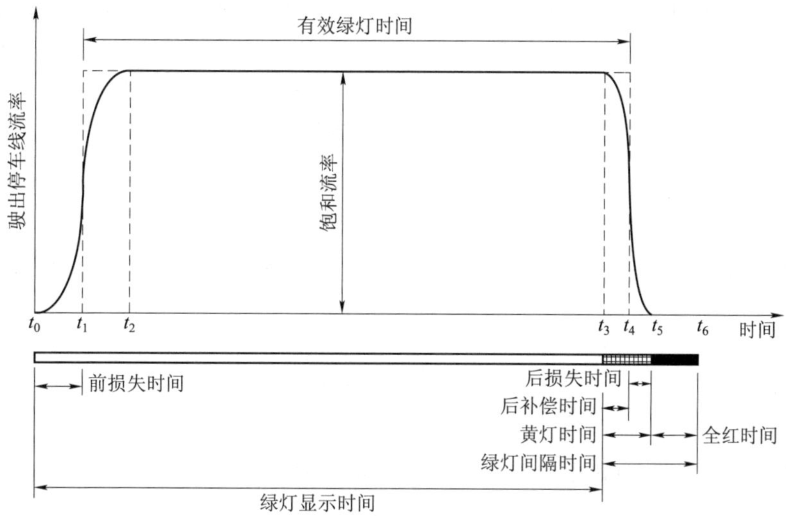

图 5-6　信号相位期间车流驶出停车线流率示意图

车辆从静止加速到正常行驶速度造成的时间损失。后损失时间是指绿灯末期及黄灯期间驾驶员减缓车速损失的时间。全红信号损失时间即为全红信号时长。如图 5-6 所示，前损失时间为(t_1-t_0)，后损失时间为(t_5-t_4)，全红信号损失时间为(t_6-t_5)。

10. 有效绿灯时长

所谓有效绿灯时长，是指与信号相位内可利用的通行时间相等效的理想通行状态所对应的绿灯时长。在一个信号相位期间，车辆可通行时间包括绿灯显示时间和黄灯时间。然而，由于绿灯刚启亮时驾驶员存在反应延迟，而绿灯末期和黄灯期间驾驶员又要放缓车速，因此，一个相位通行时间首尾部分的通行效率是较低的。若所有车流始终以饱和流率通过停车线，则只需要花费有效绿灯时长即可。如图 5-6 所示，有效绿灯时间与饱和流率的乘积在数值上等于实际驶出停车线流率曲线与时间轴围成区域的面积。有效绿灯时间与损失时间之和组成一个完整的信号周期。值得注意的是，相对于前损失时间(t_1-t_0)而言，后损失时间为(t_5-t_4)较短，且较难观测。因此，在实际应用中，常常忽略后损失时间，仅考虑前损失时间 l 和全红时间，则有效绿灯时长可用如下公式表达：

$$g_E=g+A-l \tag{5-3}$$

式中：g——绿灯显示时间，s；

A——黄灯时间，s；

l——前损失时间（或启动损失时间），s。

有效绿灯时长与损失时间之和组成一个完整的信号周期。

11. 饱和流量

当绿灯信号开放时，由于车辆的启动特性、驾驶员的反应时间和某些环境条件所限，车辆需要一段时间启动并加速到正常行驶速度，几秒以后车辆才能以一个大致稳定的流率通过交叉口停车线，该稳定流率就是饱和流量。这一流率也可以看成是忽略车流驶出率在绿灯时间前几秒及后几秒时间段的增大或减小，车辆通过停车线的平均流率。所以，可将饱和流量定义为：在一次连续的绿灯信号时间内，进口道上一列连续车队能通过进口道停车线的最大流量，单位是 pcu/h。

饱和流量的大小受交叉口几何因素、渠化方式及各流向交通冲突等情况影响，比较复杂。因此，应尽量采用实测数据，实在无法取得实测数据时，如新建交叉口设计时，才考虑用公式计算并结合经验修正的方法。

12. 流量比

流量比即交叉口某一进口车道的车流量与其饱和流量的比值，可由下式计算：

$$y=\frac{q}{S} \tag{5-4}$$

式中：q——车流量；

S——饱和流量。

将各个相位的 y 值求和即得出整个交叉路口的 Y 值：

$$Y=\sum y \tag{5-5}$$

当在一个相位中具有多个车流同时运行时，应取各个车流中最大的 y 值作为该相位的 y 值。当为了释放左转车流而具有相位的导前和滞后设置时，相位的 y 值应是左转车流的 y 值加上具有较短绿灯时间的进口道的 y 值。但如果与左转车流在同一进口车道上的直行车流具有更大的 y 值，则应取后者为相位的 y 值。

流量比是交叉路口堵塞程度的一个衡量尺度，也是计算信号配时所使用的重要参数之一。

13. 饱和度

某一交叉口进口道的车流量与可从该进口道通过交叉口的最大车流量的比称为该进口道的饱和度。由下式计算：

$$x=\frac{q}{\lambda S} \tag{5-6}$$

式中：q——车流量；

λ——绿信比；

S——饱和流量。

14. 通行能力

道路的通行能力是指可以疏通道路上某一地点交通的能力，即道路上某一点某一车道或某一断面处，单位时间内可能通过的最大交通量。在信号控制的情况下，交叉口上某一入口车行道上的通行能力可以用式（5-7）计算：

$$N=\frac{g_E S}{C}=\lambda S \tag{5-7}$$

式中：N——信号交叉口某一入口道的通行能力；

g_E——某相信号的有效绿灯时间，s；

C——信号周期长度，s；

S——饱和流量，pcu/h。

信号灯控制交叉口的通行能力计算，在实际应用中可采用不同的形式。例如，区分不同功能车道（直行、直右、直左、直左右、左转、右转等）、不同交叉口（十字形交叉口、T形交叉口、环形交叉口等）及其布局特性进行计算和折减。重要的是，需分清设计通行能力（最大通行能力）、实际通行能力（运行能力）和储存通行能力三者之间意义、计算条件及其作用上的差异，并根据应用需要分别加以处理。

5.3.3 黄灯时间和全红时间的确定

在介绍交叉口信号控制方案设计之前，有必要先了解一下黄灯时间和全红时间的确定方法。在交叉口各相位之间转换过渡时，使用黄灯是非常普遍的做法。在欧洲，黄灯不仅被用于绿灯结束后，还经常设置在红灯结束到绿灯开启前的过渡时间。而在美国，从红灯信号转变为绿灯信号时使用黄灯信号是被禁止的。对于全红信号的使用，美国《统一交通控制设施手册》认为并不是必要的。因为美国的大部分州法律都允许车辆在黄灯信号时进入交叉口。一旦绿灯信号开启，进入交叉口的车辆有责任避免与其他任何进入交叉口的车辆产生冲突，包括那些在黄灯期间进入交叉口的对向车辆。有些学者则指出这并不是一种合理的要求，由于不设全红信号而引起的交通事故也时有发生。可见，黄灯时间与全红时间的确定应紧密围绕着如何减少冲突、提高交通安全这一原则进行。为此，先介绍一个交叉口信号控制中的重要概念——两难困境。

1. 两难困境

当绿灯信号即将结束时，驾驶员面临两种选择：一是减速并安全停靠于停车线内；二是不停车并安全通过交叉口。然而，并非所有时候驾驶员都有机会完成上述两种选择。存在一种特殊的情况，当绿灯信号结束时，驾驶员既无法将车辆停靠于停车线内，又无法安全通过交叉口，当驾驶员处于这种情况时就称其处于两难困境。

如图 5-7 所示，车辆以速度 v_0 驶入进口车道并最终减速停于停车线内，则车辆安全停靠的制动时间（忽略反应时间）为：

$$t_s=\frac{v_0}{a+9.8g} \tag{5-8}$$

这段时间内的行驶距离为：

$$s=\frac{v_0}{2}\times\frac{v_0}{a+9.8g}=\frac{v_0^2}{2a+19.6g} \tag{5-9}$$

式中：t_s——停车时间，s；

a——车辆制动时的减速度，没有实测数据时取 3 m/s^2，m/s^2；

g——进口车道坡度；

s——制动距离，m；

v_0——初速度，m/s。

其他变量定义同前。

如图 5-7 所示，当车辆以速度 v_0 从距停车线距离 d 处驶入进口车道时，保证车辆安全通过交叉口的必要时间为：

$$t_c=\frac{d+w+L}{v_0} \tag{5-10}$$

式中：t_c——交叉口安全清空时间，s；

d——车辆到达停车线的距离，m；

w——从停车线到远端对向冲突车道的距离，m；

L——汽车标准长度，通常取 5 ～ 6 m。

当 $d<s$ 时，存在图 5-7 中阴影区域所示的“两难区域”，当驾驶员位于两难区域时，就会陷入既不能将车辆停靠于停车线之内，又不能安全驶出交叉口的两难境地。为了避免两难区域的出现，需要保证 $d \geqslant s$，并在此基础上确定黄灯信号和全红信号的时长。将式（5-9）代入式（5-10）并考虑驾驶员的反应时间，则：

$$I=\left(t+\frac{v_0}{2a+19.6g}\right)+\left(\frac{w+L}{v_0}\right) \tag{5-11}$$

式中：I——绿灯间隔时长，亦即黄灯信号和全红信号时长和，s；

t——驾驶员反应时间，一般取值为 1 s，s。

其他变量定义同前。若依据式（5-11）确定绿灯间隔时长，则可以避免两难困境的发生。

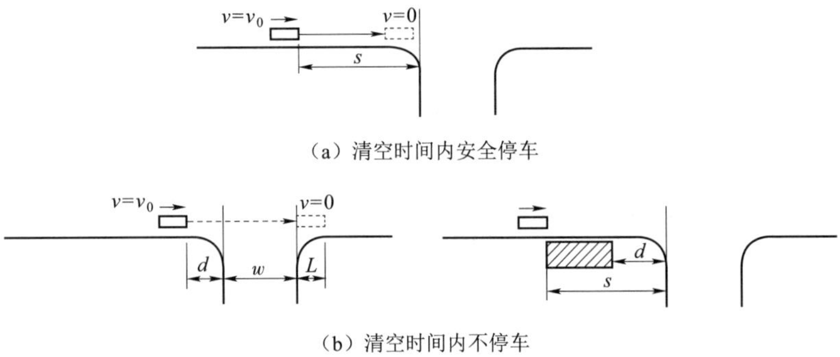

图 5-7　两难困境区域示意图

2. 黄灯时长

两难困境区域的界定，其意义不仅在于可以从信号控制层面合理地避免两难困境的发生，更为重要的是，它为黄灯时长和全红时长的确定提供了依据。鉴于黄灯期间仍允许距离交叉口很近却又无法安全制动的车辆驶过停车线进入交叉口，因此黄灯时长的确定应当满足如下最不利情况，即当绿灯信号结束、黄灯开启时刻，驾驶员处于最小制动距离处时，恰好能够在黄灯结束时驶离停车线。不难发现，式（5-11）右边第一个括号内的部分即可作为满足这一条件的黄灯时长。为安全起见，在实际应用中通常使用第 85 百分位车速 V_{85}，替换式（5-11）中的车速 v_0，黄灯时长的表达式如下：

$$A=t+\frac{V_{85}}{2a+19.6g} \tag{5-12}$$

式中：A——黄灯信号时长，s；

t——驾驶员反应时间，一般取值为 1 s，s；

V_{85}——85% 车速，或合理的速度限制值，m/s；

a——汽车减速度，m/s^2；

g——坡度，用小数表示；

19. 6——2 倍重力加速度值，m/s^2。

3. 全红时长

全红信号的作用是为黄灯期间进入交叉口却又无法完全驶离交叉口的车辆提供时间补偿，以便在下一信号相位开启前清空交叉口。据此可知，式（5-11）右边第二个括号内的部分，即为交叉口的安全清空时间，也即全红时长。全红信号交通冲突示意图如图 5-8 所示。为安全起见，在实际应用中通常采用第 15 百分位车速口 V_{15}，替换式中的车速 v_0，全红时长的表达式为：

$$r=\frac{w+L}{V_{15}} \tag{5-13}$$

式中：r——全红信号时长，s；

w——从停车线到远端对向冲突车道的距离，m；

L——汽车标准长度，m，通常取 5 ~ 6 m；

V_{15}——15% 车速，m/s。

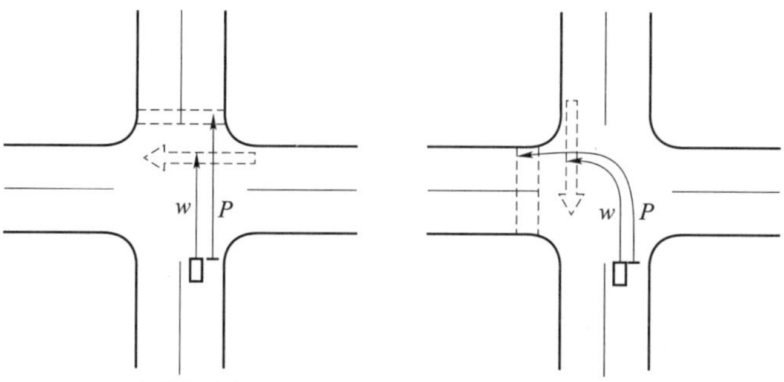

（a）直行车辆　　（b）左转车辆

图 5-8　全红信号交通冲突示意图

当存在明显的行人过街交通流，或者存在行人过街保护相位时，全红时长宜采用下式计算：

$$r=\frac{P+L}{V_{15}} \tag{5-14}$$

式中：P——从停车线到远端冲突行人过街横道的距离，m。

当有行人过街横道，行人过街交通流量中等时，全红时长采用下式计算：

$$r=\max\left(\frac{w+L}{V_{15}},\frac{P}{V_{15}}\right) \tag{5-15}$$

黄灯信号时长计算式中采用第 85 百分位车速，而全红信号时长则采用第 15 百分位车速。两者都是保守的假设，可使计算结果满足除了 15% 极限速度分布以外的其他情况。如果在分析时不能取得完整的速度分布，第 85 百分位车速可以用平均速度加上一个标准偏差来估计，第 15 百分位车速可以用平均速度减去一个标准偏差来估计。若得不到标准偏差值，可取经验值 2. 2 m/s。

【例 5-1】 进口道平均车速为 36 km/h（10 m/s），坡度为-2. 5%，停车线到最远冲突车道的距离为 10 m，停车线到对向人行横道的距离为 14 m，车辆标准长度为 5.0 m，驾驶员反应时间为 1.0 s。

此种情况的交叉口，黄灯和全红信号时长应如何进行设置?

【解】采用式（5-12）计算黄灯信号合理时长，由于缺少 85% 车速的实测数据，故采用平均车速加上一个标准偏差 2.2 m/s 作为 85% 车速的估计值，则 $V_{85}=10+2.2=12.2$ m/s；由于缺少实测数据，车辆制动减速度取 3 m/s^2。则黄灯信号时长：

$$A=t+\frac{V_{85}}{2a+19.6g}=1.0+\frac{12.2}{2\times3+19.6\times(-0.025)}\approx3.2\ \text{s}$$

全红信号时长的计算公式取决于行人交通量的大小及是否有行人过街信号。同时，15% 车速估计值类似于黄灯信号计算时采用的 85% 车速，则 $V_{15}=10-2.2=7.8$ m/s。假设不考虑行人交通影响，则依据式（5-13）：

$$r=\frac{w+L}{V_{15}}=\frac{10+5}{7.8}\approx1.9\ \text{s}$$

若存在行人过街信号，或者有大量的过街行人，则依据式（5-14）：

$$r=\frac{P+L}{V_{15}}=\frac{14+5}{7.8}\approx2.4\ \text{s}$$

若行人流规模中等，则全红信号时长为以下两者的较大者：1.9 s 和 $r=\frac{P}{V_{15}}=\frac{14}{7.8}\approx1.8$ s，因此取 1.9 s。

因此，若无明显行人交通流，则 $A=3.2$ s，$r=1.9$ s。$I=3.2$ s$+1.9$ s$=5.1$ s；若存在行人过街信号或过街行人交通流量大，则 $A=3.2$ s，$r=2.4$ s。$z=3.2$ s$+2.4$ s$=5.6$ s，这样就可以保证不存在两难困境区域。

5.4 交通口车流运动过程及特性

无信号交叉口的车流运行特性受交叉口的类型影响较大。对于主次两条相交的交叉口，无论是在次要道路进口道上采用停车/减速让行控制，还是全无控制形式，主要道路上的车流一般都为随机到达，基本不受影响，即多车道车流的车头时距分布符合负指数分布规律，而次要道路上的车流遵循停车/减速让行次序，利用主路的车头间隙穿过交叉口。

对交叉口设置信号控制后，其车流的运行特性直接取决于信号配时的设计。在 20 世纪 40 年代初取得了一些奠基性的成果，克莱顿（Clayton）提出了车流通过交叉口时的基本运动模式，后来沃德洛尔、韦伯斯特和柯布等学者沿用并发展了这一模式，使之成为图 5-9 所示的信号控制交叉口车流通行模式，该模式一直作为研究信号控制交叉口车流运行特性的主要依据。

图 5-9 表明，当信号灯转为绿灯显示时，原先等候在停车线后面的车流便开始向前运动，车辆依次越过停车线，其流率由零很快增至一个稳定的数值，即饱和流量 S（或称饱和流率）。美国格林希尔兹于 20 世纪 40 年代通过现场观察和对通行过程照相发现，当绿灯开启时，停车线后车队的车头时距（运行车队相邻两辆车通过道路中某一固定点的时间差）从第 6 辆车开始趋于稳定，为 2.1 s，而前 5 辆车的车头时距依次为：3.8 s、3.1 s、2.7 s、

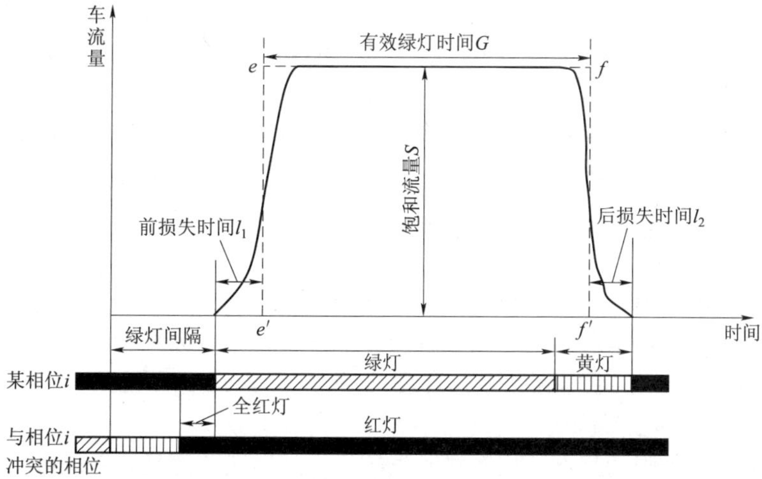

图 5-9　绿灯期间车流通过交叉口的流量图

2. 4 s 和 2. 2 s，前 5 辆车超过稳定车头时距值 3. 7 s。这意味着绿灯开始时的一小段时间没有得到充分利用。由图 5-9 可以看到，在绿灯启亮的最初几秒，车辆从原来的静止状态开始加速，速度逐步由零变为正常行驶速度，流率变化很快。在此期间，车辆通过交叉口（停车线）的车流量比饱和流量低。同理，绿灯开始闪烁后或者在绿灯结束后的黄灯时间（许多国家的交通法规允许车辆在判断能通过交叉口的情况下在黄灯时间越过停车线），由于部分车辆因采取制动措施停止前进，部分车辆虽未停止但也已经开始减速，因此通过交叉口（停车线）的流量便由原来保持的饱和流量水平逐渐降下来。当然，这里主要针对直行车流而言的，左转车流在黄灯期间通过交叉口的流量反而会变得更大一些，这是因为由于对向直行车的存在，左转车在绿灯期间只能聚集在路口中央等候区待机通行，这样在绿灯结束时便积存一些左转车，它们只能利用黄灯时间迅速驶出路口。

从图 5-9 中还可以看出，绿灯信号的实际显示时段与有效绿灯时段是错开的。有效绿灯时间的起点滞后于绿灯实际起点。我们将这一段滞后的时间差称为“前损失时间”。同样，有效绿灯时间的终点也滞后于绿灯实际结束点（这当然指黄灯期间允许车辆继续通行的情况），将这一段滞后时间差称为“绿灯后补偿”，而未得到完全利用的可通行黄灯时间称为“后损失时间”。可见，在一个信号相位上，绿灯时间和黄灯时间之和为车辆的可通行时间，但可通行时间并不能全部得到充分利用，一个相信号的损失时间 l 等于其开放和关闭时造成的两个损失时间之和，即：

$$l=l_1+l_2$$

应该注意的是，只有当绿灯期间停车线后始终保持有连续的车队时，车流通过停车线的流率才能稳定在饱和流量的水平上。图 5-9 正是一个完全饱和的实例，即在绿灯结束之前，始终都有车辆连续不断地通过停车线。

为了便于研究，图 5-9 中实曲线所代表的实际流量过程线常用虚折线 $e'eff'$ 来近似表示，虚线与横坐标轴所包围的矩形面积与实曲线所包围的面积相等。这样矩形的高就代表饱和流量 S 的值，而矩形的宽则代表有效绿灯时间 G。换句话说，矩形的面积 SG 恰好等于一个周期内实际通过交叉口的平均车辆数。

5.5 不同饱和状态下交叉口车辆延误模型

实施城市交通控制的目标是保障交通流畅通、平稳运行，因此对车辆延误的分析和控制就成为其中的一个核心问题。

5.5.1 车辆受阻描述

在信号交叉口进口道处，车辆在红灯期间受阻，需排队等待绿灯放行。车辆受阻程度，一方面与进口道车流到达率及其饱和流率有关，另一方面又与交叉口信号配时参数有关。在车辆到达率与饱和流率一定的情况下，合理的信号配时方案，可使交叉口车辆延误达到最小。

车辆通过交叉口受阻的程度可用车辆延误的大小来描述，而且后者也可用来反映交叉口的服务水平。描述车辆延误的指标有：周期车辆延误 d（veh · s）、平均车辆延误$\bar{d}$（s）、平均排队长度$\overline{Q}$（veh）、小时车辆延误 D（veh · h）。

通常以关键车道的车辆延误作为交叉口车辆延误计算的基本单元。各相位关键车道的车辆延误之和为交叉口的延误。

1. 交叉口的交通状态类型

车辆在交叉口的受阻情况因交叉口不同的交通状态而异。一般将交叉口交通状况分为 3 种：欠饱和、临界饱和（饱和）、过饱和。

设交叉口信号周期为 C，相位绿灯时间为 G，对应相位绿信比为 λ，进口道到达车流率为 q，饱和流率为 S，进口道流量比为 y，进口道的饱和度为 x，道路通行能力为 N，消散时间为 τ。各状态有关特征比较如表 5-7 所示。

表 5-7 交叉口交通状况描述

比较项目	欠饱和	临界饱和	过饱和
周期来车数 qC 与绿灯最大放行车辆数 SG	$qC<SG$	$qC=SG$	$qC>SG$
消散时间 τ 与绿灯时间 G	$\tau<G$	$\tau=G$	$\tau>G$
通行能力 N 与到达车流率 q	$N>q$（$x<1$）	$N=q$（$x=1$）	$N<q$（$x>1$）
流量比 y 与绿信比 λ	$y<\lambda$	$y=\lambda$	$y>\lambda$

2. 欠饱和状况

欠饱和状况的特点是：到达车流率 q 小于通行能力 N、周期来车数 qC 小于绿灯最大放行车辆数 SG、车队消散时间 τ 小于绿灯时间 G。根据这些特征值，可绘制欠饱和车辆受阻图。

（1）车辆受阻过程分析

欠饱和车辆受阻图如图 5-10 所示，主要由两条斜线组成：一条斜线始于 O 点，其斜率为 q；另一条斜线始于绿灯时间 G 的起点，其斜率为 S。

在欠饱和状况下，进口道车流到达与放行过程为：

车流到达率为 q，红灯排队，绿灯放行。在红灯时间 R 结束时刻，进口道上排队长度 Q

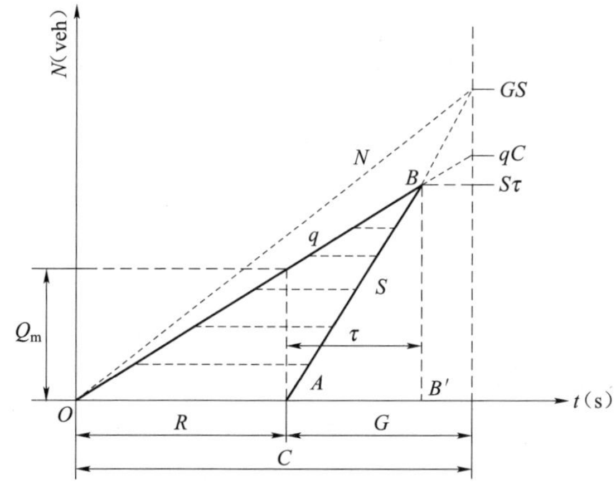

G—相位 i 绿灯时间；R—相位 i 红灯时间

图 5-10　欠饱和车辆受阻图

达最大值，称之为最大排队长度 Q_m，即：

$$Q_m = qR \tag{5-16}$$

绿灯时间 G 开始后，车队以饱和流率 S 放行，驶离停车线，其驶出率为 S。与此同时，进口道车队长度由其最大值 Q_m 逐渐减少；当 $Q=0$ 时，对应于两条斜线的交点 B，所耗费的时间为饱和绿灯时间，称之为消散时间 τ，其表达式为：

$$\tau = \frac{Q_m}{S-q} \tag{5-17}$$

在消散时间 τ 内，放行的车辆均为受阻的车辆，故受阻车辆数或最大停车辆数 $m=S\tau$，且 $S\tau<qC$。

在非饱和绿灯时间 $G-\tau$ 内，车流离开率为 q。这表明，在 $G-\tau$ 时段内，进口道上车队已完全消散，来一辆车就走一辆车，没有受阻，即此段时间内车辆延误为零。

（2）车辆延误

周期车辆延误 d：在一个信号周期内，对于某一相位进口车道，到达的车辆延误为周期车辆延误，用 d 表示，单位为 veh · s/周期，可简写为 veh · s。

一个周期内受阻车辆数为 m，周期车辆延误 d 是 m 辆车受阻延误时间的总和，即：

$$d = \sum_{i=1}^{m} t_i$$

式中：t_i——第 i 辆车的延误时间，s；

m——周期内受阻车辆数，$m=S\tau$，veh。

周期车辆延误 d 可直接由图 5-10 所示的车辆受阻图中延误三角形的面积来求取，即：

$$\begin{aligned} d &= \triangle AOB \\ &= \triangle B'OB - \triangle B'AB \\ &= \frac{(R+\tau)S\tau}{2} - \frac{\tau \cdot S\tau}{2} \\ &= \frac{RS\tau}{2} \end{aligned} \tag{5-18}$$

式中：消散时间 $\tau=\frac{Q_m}{S-q}=\frac{Rq}{S-q}$，故式（5-18）可改写为：

$$d=\frac{SqR^2}{2(S-q)} \tag{5-19}$$

式中：S——饱和流率，veh/s；

q——车流到达率，veh/s；

R——红灯时间，s。

由式（5-19）可见，周期车辆延误 d 与红灯时间 R 的平方成正比。

平均车辆延误 $\overline{d}$：一个周期内车辆平均延误时间是指在持续时间内，进口道处平均每辆车受到的延误时间，用 $\overline{d}$ 表示，单位为 s。在持续时间内，信号周期为 C，车流到达率为 q，则平均车辆延误 $\overline{d}$ 等于周期车辆延误 d 除以周期放行车辆数 qC，即：

$$\overline{d}=\frac{d}{qC} \tag{5-20}$$

平均排队长度 $\overline{Q}$：平均排队长度是指在持续时间内，进口道处车辆排队的平均长度，用 $\overline{Q}$ 表示，单位为辆。在持续时间内，信号周期为 C，车流到达率为 q，则平均排队长度 $\overline{Q}$ 等于周期车辆延误 d 除以信号周期 C，即：

$$\overline{Q}=\frac{d}{C}=\overline{d}q \tag{5-21}$$

在一个信号周期内，进口道车队长度是在变化的，如图 5-11 所示。在红灯时间 R 内，车队长度 Q 由零增长至最大值 Q_m；在消散时间 τ 内，车队长度由最大值 Q_m减少至零。

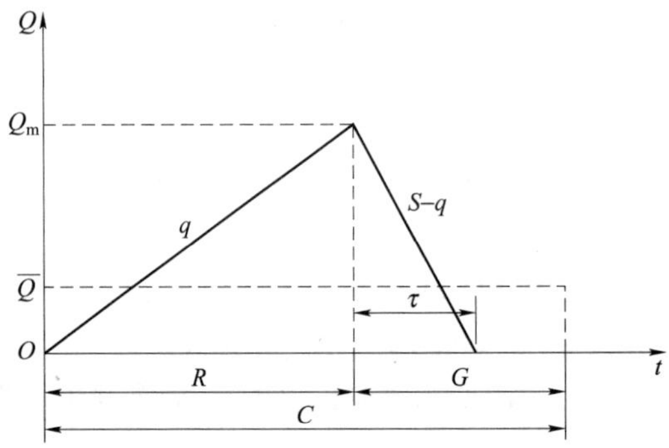

图 5-11　平均排队长度 Q

图 5-11 中折线表示车队长度 Q 的变化，三角形面积为周期车辆延误 d。平均排队长度 $\overline{Q}$相当于三角形在信号周期长度 C 内的平均高度，故得：

$$\overline{Q}=\frac{d}{C}$$

小时车辆延误 D：小时车辆延误是指在进口道持续一小时情况下的车辆延误，用 D 表示，单位为 veh · h。在持续时间内，车流到达率为 q，则小时车辆延误 D 等于周期车辆延误 d 乘以小时周期数 K。

周期车辆延误 d 单位为 veh · s，当用单位 veh · h 来表示时，改写为（d/3 600）veh · h，

又小时周期数 $K=3\,600/C$，则得小时车辆延误 D 为：

$$D=\frac{d}{3\,600}\cdot\frac{3\,600}{C}=\frac{d}{C} \tag{5-22}$$

比较小时车辆延误 D 与平均排队长度 $\overline{Q}$ 可见，两者单位不同，其数值相等。

3. 临界饱和（饱和）状况

通常我们称临界饱和为饱和，它的状况特点是：到达车流率 q 等于通行能力 N，周期来车数 qC 等于绿灯最大放行车辆数 GS，以及车队消散时间 τ 等于绿灯时间 G。

（1）车辆受阻过程分析

根据上述饱和状况的特点，可绘制车辆受阻图，如图 5-12 所示。

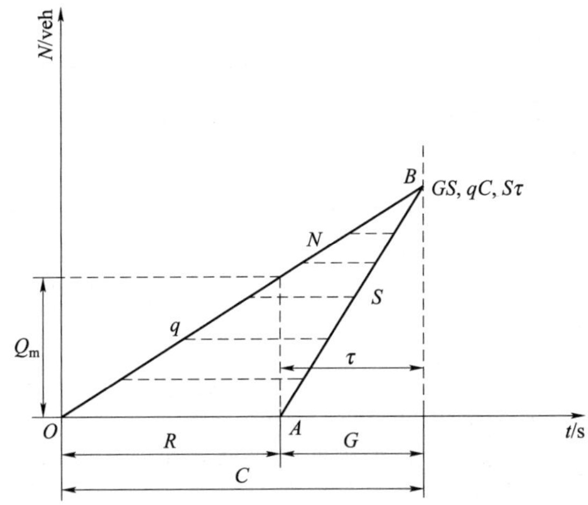

G—相位 i 绿灯时间；R—相位 i 红灯时间

图 5-12　临界饱和车辆受阻图

分析车辆受阻图可知，在饱和状态下，车流到达率 q、饱和流率 S 和相位流量比 y 均有其临界值：

① 在 S 和 λ 一定的情况下，q 达到其最大值，即 $q=q_{\max}=N$；

② 在 q 和 λ 一定的情况下，S 为其最小值，即 $S=S_{\min}$；

③ 在 q 和 S 一定的情况下，λ 为其最小值，即 $\lambda=\lambda_{\min}$。

在实际中，饱和状况是极不稳定的，只要 q 接近 $q_{\max}$，即 q 接近 N，或 S 接近 $S_{\min}$，或 λ 接近 $\lambda_{\min}$，进口道交通状况就会由欠饱和变为过饱和，几乎无法维持在饱和状况。

（2）车辆延误

周期车辆延误 d：与欠饱和状况下的计算分析相同，周期车辆延误 d 可由车辆受阻图中延误三角形的面积求取。即：

$$d=S_{\triangle AOB}=\frac{RNC}{2} \tag{5-23}$$

平均车辆延误 $\overline{d}$：在持续时间内，车流到达率为 $q=N$，则平均车辆延误 $\overline{d}$ 等于周期车辆延误 d 除以周期放行车辆数 qC。即：

$$\overline{d}=\frac{d}{NC}=\frac{R}{2} \tag{5-24}$$

平均排队长度 $\overline{Q}$：在持续时间内，车流到达率 $q=N$，则平均排队长度 $\overline{Q}$等于周期车辆延误 d 除以信号周期 C。即：

$$\overline{Q}=\frac{d}{C}=\frac{NR}{2} \tag{5-25}$$

同时，平均排队长度$\overline{Q}$可视为图 5-12 延误三角形的平均高度。

小时车辆延误 D：小时车辆延误 D 与平均排队长度$\overline{Q}$数值相同，只是两者单位不同。即：

$$D=\frac{NR}{2} \tag{5-26}$$

4. 过饱和状况

过饱和状况的特点是：到达车流率 q 大于通过能力 N，周期来车数 qC 大于绿灯最大放行车辆数 SG，以及车队所需消散时间 λ 大于绿灯时间 G。

导致 $q>N$ 的原因是多方面的，主要有：

- 到达率 q 增加，$q>N_{max}$，从而使 $q>N$；
- 饱和流率 S 降低，$S=S_{min}$，通行能力 $N=S\lambda$ 随之减小，出现 $q>N$；
- 绿信比 λ 减小，$\lambda=\lambda_{min}$，通行能力 $N=S\lambda$ 随之减小，出现 $q>N$。

（1）车辆受阻过程分析

在过饱和持续时间内，车流到达率 q，且 $q>N$，致使进口道上出现滞留车队。设第一个信号周期内的过饱和车辆受阻过程如图 5-13 所示。

在绿灯时间 G 结束时，在进口道处存在滞留车队，其长度为 Q_1，即：

$$Q_1=(q-N)C \tag{5-27}$$

式中：Q_1——信号周期Ⅰ的滞留车队，veh。

图 5-14 为第二个信号周期的过饱和车辆受阻图。

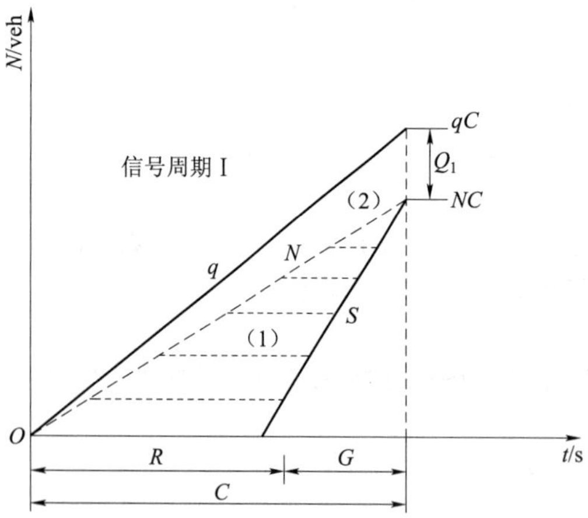

(1)—正常相位延误；(2)—过饱和延误

图 5-13 信号周期车辆受阻图（Ⅰ）

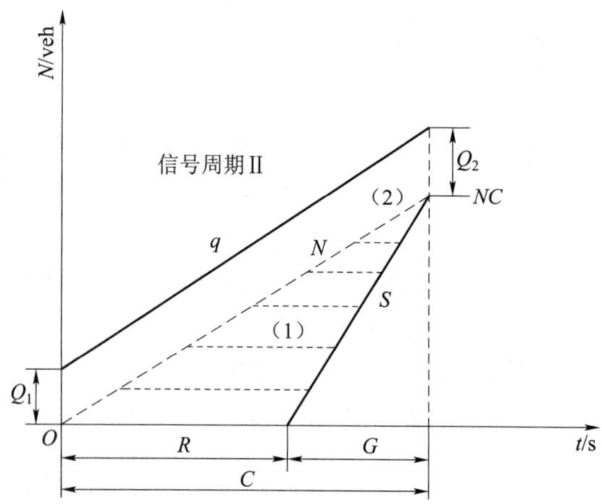

G—相位 i 绿灯时间；R—相位 i 红灯时间；

(1)—正常相位延误；(2)—过饱和延误

图 5-14 信号周期车辆受阻图（Ⅱ）

由图 5-14 可知，信号周期Ⅰ滞留车队 Q_1 是信号周期Ⅱ的初始车队长度；信号周期Ⅱ绿灯时间 G 结束时，进口道滞留车队为 Q_2。

$$Q_2 = Q_1 + (q-N)C = 2Q_1 \tag{5-28}$$

式中：Q_2——信号周期Ⅱ的滞留车队，veh。

若上述过饱和过程延续至第三个信号周期，并记延续持续时间为 T，则过饱和车辆受阻过程如图 5-15 所示，滞留车队长度为：

$$Q_T = (q-N)T \tag{5-29}$$

取 $T=3C$，则得：

$$Q_3 = 3(q-N)C$$

在延续时间 T 内，滞留车队 Q 的变化如图 5-16 所示。

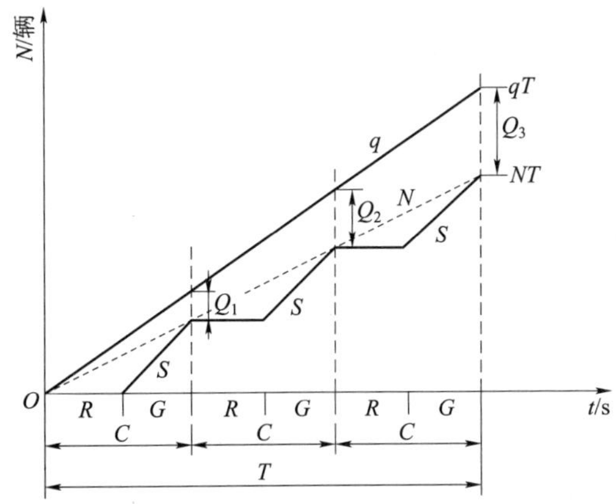

图 5-15　持续时间 T 车辆受阻图

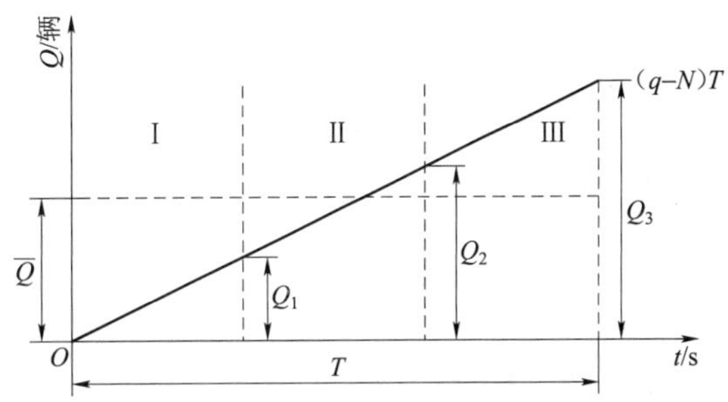

图 5-16　持续时间 T 滞留车队图

（2）车辆延误

已知正常相位延误 D_1 是由于红灯期间车辆受阻排队而导致的车辆延误，对应饱和状况下的小时车辆延误，见式（5-26）。

过饱和延误 D_2 是由于车流到达率 q 大于通行能力 N 而出现的车辆延误，其值与饱和度 x 和持续时间 T 有关，即：

$$D_2 = \frac{(q-N)T}{2}$$

将饱和度 $x=\frac{q}{N}$ 代入上式，得：

$$D_2 = \frac{(x-1)NT}{2} \tag{5-30}$$

在过饱和延续时间 T 内，车辆延误等于正常相位延误 D_1 和过饱和延误 D_2 两部分之和，即：

$$D = D_1 + D_2 = \frac{NR+(x-1)NT}{2} \tag{5-31}$$

由以上分析可见，正常相位延误 D_1 是在 $x=1$ 情况下求得的，与饱和度 x 和持续时间 T

无关；而过饱和延误 D_2则与饱和度 x、持续时间 T 密切相关，饱和度越高，持续时间越长，过饱和延误部分就越大。

此外，式（5-30）表明，当 $x=1$ 时，过饱和延误 $D_2=0$。但在实际中，存在过饱和延误，即 $D_2\neq0$。为此，对过饱和状况下的车辆延误尚需作进一步讨论。

5.5.2 韦伯斯特延误模型

F. 韦伯斯特运用排队论，并通过计算机模拟与试验研究，建立了韦伯斯特延误模型。此模型只适用于欠饱和状况下车辆延误的估计，韦伯斯特延误曲线如图 5-17 所示。图中车辆延误由两部分组成：正常相位延误 D_1和随机延误 D_2。

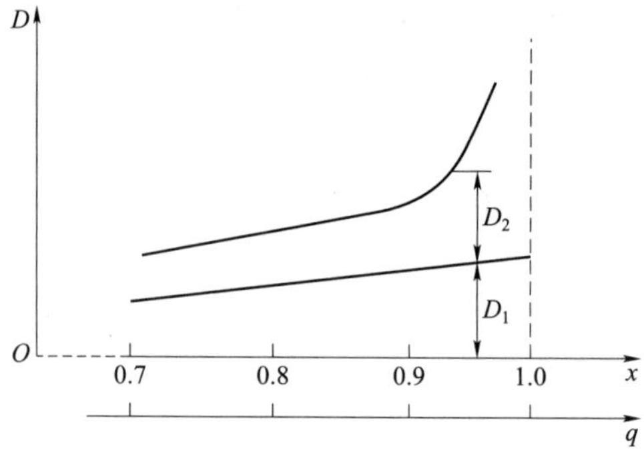

图 5-17 韦伯斯特延误曲线

1. 正常相位延误 D_1

已知欠饱和车辆延误，即正常通行状态下周期延误表达式：

$$d_1=\frac{SqR^2}{2(S-q)}$$

将 $y=q/S$ 代入上式中，经整理后得周期延误：

$$d_1=\frac{qR^2}{2(1-y)} \tag{5-32}$$

则一个周期内车辆平均延误时间为：

$$\overline{d_1}=\frac{qR^2}{2(1-y)}\cdot\frac{1}{qC}=\frac{R^2}{2(1-y)C} \tag{5-33}$$

近似地，$\lambda=G/C=(C-R)/C$，可推得 $R=C$（$1-\lambda$），代入式（5-33），可写为：

$$\overline{d_1}=\frac{C(1-\lambda)^2}{2(1-y)}$$

$$=\frac{C(1-\lambda)^2}{2(1-\lambda x)}$$

2. 随机延误 D_2

d_1和 D_1表示交通流均匀到达引起的车辆平均延误时间，这是基于 q 为常量的基本假定，实际车流到达率存在波动，故需考虑附加的随机延误。由于车辆随机到达引起的延误时间有多种不同的表达方式，韦伯斯特在假定交通流的到达为泊松分布时，先求出理论公式，再用模拟方法加以修正，得出随机延误模型，即车辆平均延误：

$$\overline{d_2}=\frac{x^2}{2q(1-x)}-0.65\left(\frac{C}{q^2}\right)^{\frac{1}{3}}x^{2+5\lambda} \tag{5-34}$$

式中：第一项表示考虑随机波动的泊松分布到达，第二项表示由模拟方法求出的修正项，因此，D_2代表车辆到达率随机波动产生的附加延误时间，包括个别周期出现过饱和情况而产生的附加延误时间。

3. 韦伯斯特延误模型

综合 D_1和 D_2，韦伯斯特延误模型可表达为：

$$\overline{d}=\frac{C(1-\lambda)^2}{2(1-\lambda x)}+\frac{x^2}{2q(1-x)}-0.65\left(\frac{C}{q^2}\right)^{\frac{1}{3}}x^{2+5\lambda} \tag{5-35}$$

上式中：第一项表示均匀到达；第二项表示考虑随机波动的泊松分布到达；第三项表示由模拟方法求出的修正项。

小时车辆延误模型为：

$$D=\frac{qC(1-\lambda)^2}{2(1-\lambda x)}+\frac{x^2}{2(1-x)}-0.65(qC)^{\frac{1}{3}}x^{2+5\lambda} \tag{5-36}$$

4. 模型特性分析

在信号配时参数一定的情况下，由韦伯斯特延误模型可求得不同饱和度 x（或流量 q）下的正常相位延误 D_1和随机延误 D_2，如图 5-17 所示。

韦伯斯特延误模型只适用于欠饱和状况下车辆延误的估计。当饱和度较低时，计算结果比较符合实际；当饱和度偏高，特别是接近 1 时，计算结果与实际相差较大；当饱和度大于等于 1 时，该模型的结果显然是不符合实际的。

鉴于韦伯斯特延误模型的不足之处，为此有必要寻求既适用于欠饱和又适用于过饱和状况下的延误模型。

5.5.3 综合延误模型

多年来，许多学者对欠饱和与过饱和延误模型进行了综合分析研究，在韦伯斯特延误模型的基础上，给出了综合延误模型。此模型描述两部分车辆延误：正常相位延误 D_1、随机延误与过饱和延误 D_2，如图 5-18 所示。

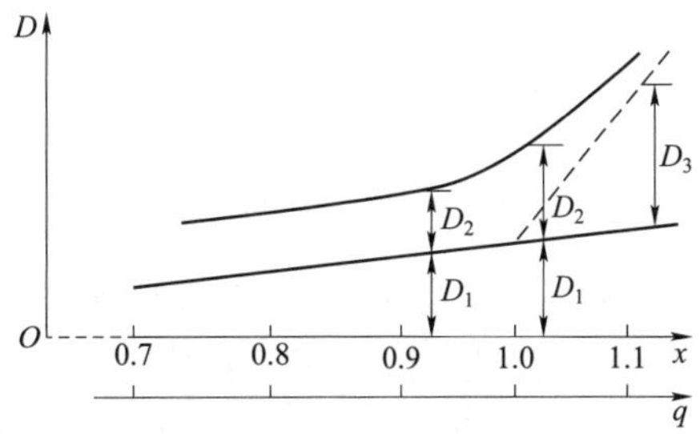

图 5-18 综合延误曲线

综合延误模型可表示为 $D=D_1+D_2$，即：

$$D=\frac{qC(1-\lambda)^2}{2(1-\lambda x)}+N_0x \tag{5-37}$$

式中：第一项为正常相位延误 D_1，与韦伯斯特延误模型中的第一项相同。第二项考虑了随机与过饱和交通延误 D_2，用平均过剩滞留车辆数（或过饱和时溢出车辆数）N_0与饱和度 x 的乘积表达式描述，即：

$$D_2=N_0x \tag{5-38}$$

N_0按下式计算：

$$N_0=\begin{cases}\dfrac{1.5(x-x_0)}{1-x} & \text{当 } x>x_0 \text{ 时}\\ 0 & \text{当 } x\leqslant x_0 \text{ 时}\end{cases}$$

式中：$x_0=0.67+\dfrac{S\cdot g_e}{600}$，

S——饱和流量；

g_e——有效绿灯时间。

由综合延误模型可绘制延误曲线，即图 5-18。与韦伯斯特延误模型比较，可见：

① 此模型既适用于欠饱和又适用于过饱和状况；

② 当饱和度较低时，计算结果与韦伯斯特延误模型相近；

③ 该模型能描述在饱和度 $x=1$ 及其附近时的交通状况；

④ 当 $x\gg1$ 时，随机与过饱和延误 D_2趋近于过饱和延误 D_s。

5.5.4 基于延误指标的服务水平

对于信号控制交叉口而言，延误和饱和度都是衡量该交叉口设施交通服务水平的重要指标。由于交叉口车辆平均延误与交叉口饱和度之间存在着单调的相关性，因此交通工程界逐渐习惯于仅采用延误指标作为交叉口服务水平的评价标准。每车平均信控延误数值与信号交叉口的服务水平的对应关系如表 5-8 所示。

表 5-8 信号交叉口延误-服务水平关系

服务水平	每车信控延误/s	服务水平	每车信控延误/s
A	≤10	D	36 ～ 55
B	11 ～ 20	E	56 ～ 80
C	21 ～ 35	F	>80

对于现有交叉口服务水平的评价，延误应采用现场观测数值作为评价依据。对于设计交叉口的服务水平评价，延误可采用模型进行估算。新建、改建交叉口设计服务水平宜取 B 级，治理交叉口宜取 C 级。在服务水平不合格时，应调整进口道渠化设计或信号控制方案，重新进行设计。

【例 5-2】 如下情况的两相位信号控制交叉口（见图 5-19），各进口道交通流量和饱和流量列于表 5-9 中，信号周期时长为 54 s，东西向有效绿灯时长为 24 s，南北向有效绿灯时长为 16 s，计算交叉口的通行能力与延误。

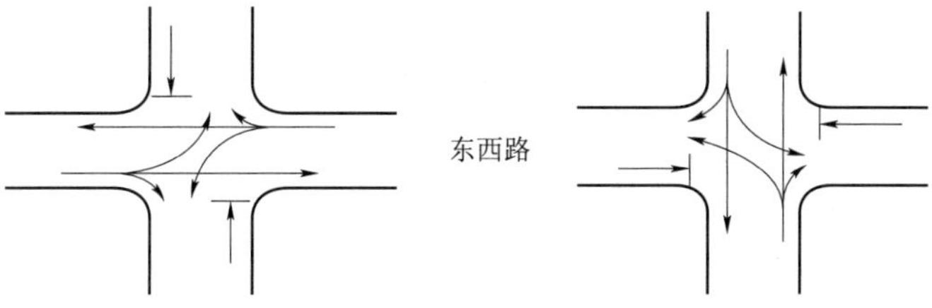

图 5-19 交叉口信号相位条件示意图

表 5-9 交叉口各进口道流量及饱和流量

项目	北进口	南进口	东进口	西进口
小时流量/(pcu/h)	620	720	390	440
饱和流量/(pcu/h)	2 400	2 400	1 000	1 000

【解】 步骤一：计算该交叉口的通行能力。

北进口的通行能力：$CAP_1 = S_1\lambda_1 = 2\ 400\times(16/54)\approx 711$ (pcu/h)

南进口的通行能力：$CAP_2 = CAP_1 = 711$ (pcu/h)

西进口的通行能力：$CAP_3 = S_3\lambda_3 = 1\ 000\times(24/54)\approx 444$ (pcu/h)

东进口的通行能力：$CAP_4 = CAP_3 \approx 444$ (pcu/h)

步骤二：计算各进口道饱和度。

北进口：$x_1 = \dfrac{620}{2\ 400\times 0.30}\approx 0.86$

南进口：$x_2 = \dfrac{720}{2\ 400\times 0.30} = 1$

东进口：$x_3 = \dfrac{390}{1\ 000\times 0.44}\approx 0.89$

西进口：$x_4 = \dfrac{440}{1\ 000\times 0.44} = 1$

步骤三：计算该交叉口的延误。

(1) 均衡延误的计算。

北进口：$d_1 = \dfrac{0.5C\ (1-\lambda)^2}{1-[\min\ (1,\ x)\ \lambda]} = \dfrac{0.5\times 54\times\left(1-\dfrac{16}{54}\right)^2}{1-\left[\min\ (1,\ 0.86)\ \times\dfrac{16}{54}\right]}\approx 17.94$ (s/pcu)

类似地，可以依次计算出其他各进口的均衡延误。南进口：$d_1\approx 19$ s/pcu；东进口：$d_1\approx 13.79$ s/pcu；西进口：$d_1\approx 15$ s/pcu。

(2) 随机附加延误的计算。

北进口：$d_2 = 900T\left[(x-1)\ +\sqrt{(x-1)^2+\left(\dfrac{8ex}{QT}\right)}\right]$

$$=900\times0.25\times\left[(0.86-1)+\sqrt{(0.86-1)^2+\left(\frac{8\times0.5\times0.86}{711\times0.25}\right)}\right]$$

$$=12.91\ (\mathrm{s/pcu})$$

类似地，可以依次计算出其他各进口的随机附加延误。南进口：$d_2=33.75$ s/pcu；东进口：$d_2\approx22.54$ s/pcu；西进口：$d_2\approx42.71$ s/pcu。

（3）该交叉口各进口道的延误为：

北进口：$d=d_1+d_2=17.94+12.91=30.85$（s/pcu）

南进口：$d=d_1+d_2=19+33.75=52.75$（s/pcu）

东进口：$d=d_1+d_2=13.79+22.54=36.33$（s/pcu）

西进口：$d=d_1+d_2=15+42.71=57.71$（s/pcu）

复习思考题

1. 交通信号的作用是什么？
2. 如何理解设置交通信号灯的利与弊？
3. 将无信号灯控制改为信号灯控制时主要考虑的因素是什么？
4. 试分析我国与美国设置信号灯控制依据的异同点。
5. 某交叉口进口车道车辆平均到达速度为60 km/h，无纵坡，停车线距最远冲突车道的外侧车道线13 m，距最远冲突人行过街横道的外缘线16 m。假设平均车长为5 m，驾驶员反应时间为1.5 s。考虑行人过街的影响，则该进口车道的最佳黄灯时间和全红时间分别为多少？
6. 列举并解释不同饱和状态下交叉口车辆延误模型。
7. 从周围的道路环境中选取一案例交叉口，观测相关的道路和交通数据，计算交叉口的通行能力与延误。

第 6 章

单交叉口信号控制

6.1 单交叉口信号控制类型

6.1.1 概述

交叉路口是城市道路网络交通中各向交通流汇聚交错的地点，对它的交通信号控制既是城市交通控制系统的根本，也是实现干道协调控制系统和区域协调控制系统的基础，更是实现未来城市交通控制的智能化和自动化的关键。

单个交叉口上的信号控制即单独考虑当前交叉路口交通运行状况，不涉及其他任何相邻路口交通的影响，即“点控制”，简称“点控”。其基本目标是合理分配各入口道车辆通行权（时间），尽可能减少或消除交通冲突点，使车辆或行人延误时间最短，使车道或路口通行能力最大。交叉口信号控制常常是个多目标问题，在实际应用中应该综合比较理论计算参数，并结合实际进行调整和权衡，以实现整体效能最大。

点控一般有定时控制（固定配时）和感应控制两种类型。固定配时适用于在一段时间各个方向交通流比较稳定的情况，以给定周期长度和绿信比等信号配时参数运行。目前国内大多数地区采用固定配时。感应控制则适用于各交通流向流量变化明显的情况，因其可即时调整通行时间，所以感应控制下的交叉口延误比固定配时更短，目前美国大多数城市都安装有感应配时控制。

6.1.2 信号控制方案

交叉口信号控制方案是指基于一定交通需求条件下设计的控制类型、控制阶段划分及相应的配时方案，配时方案由信号相位和各配时参数构成。在此，控制类型和控制阶段的确定是前提；配时方案中的相位设计、周期长度等参数的确定是核心内容。

控制类型主要取决于交叉口交通需求的变化规律，并需综合考虑技术设备的经济及安装可行性。确定配时方案需进一步考察交叉口的总交通需求随时间的变化，交叉口某方向的需求随时间的变化，等等。综合交通需求的变化特性，可以把一天的时间划分为几个时段，然后确定应该采用的配时方案数目。例如，某日一路口交通流变化，如图 6-1 所示。

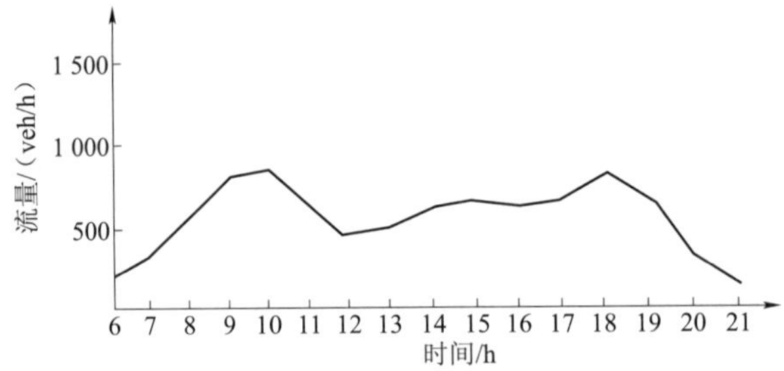

图 6-1　交叉口交通需求

6.2　单交叉口定时信号控制设计

信号设计最重要的方面之一是在给定条件下找到合适的信号控制方案。相比而言，信号设计中涉及的一些关键参数如周期长度、有效绿灯时间等可以依照公式计算得出，然而确定一种信号配时方案却没有简单的方法。此外，任何确定周期长度及绿灯时间的分析方法都依赖于对应的相位方案。因此，确定一种信号配时方案比确定信号配时参数包含更多专业性的判断。

对于信号配时方案的确定，最关键的步骤是：考虑是否需要设置左转保护相位以及如何设置左转保护相位。

在确定合适有效的信号控制方案时，需要重点注意以下几点。

① 信号控制可以通过分离冲突车流来降低事故发生的风险（如左转车流与对向直行车流分离）。但是，信号相位数的增多会导致信号周期时间变长、延误增加和通行效率降低等不利影响。

② 虽然相位数的增加导致了大量的时间损失，但是因为分离了冲突车流之间的相互干扰而使得饱和流率得到提高，在一定程度上能够消除上述不利影响。因此，在确定相位个数时需要慎重考虑并均衡利弊。

③ 信号控制方案的设计必须和交叉口几何特征、车道的划分、交通量、车辆行驶速度以及行人过街要求相一致。

关于相位表达，目前，应用较多的是由美国电器制造商协会（National Electrical Manufacturers Association，NEMA）定义的相关术语，而信号配时方案一般用环-分界的相位相序表达结构，标准的 8 相位如图 6-2（a）所示。8 个相位被分为两个环来控制，一个周期内的某个时刻将分别对应环 1 的某相位与环 2 的某相位。分界通常用于分开东西向和南北向交通流来确保安全。分界处两个环的相位同时结束。在图 6-2（a）中，相位 3 和相位 4 的长度可以不同，相位 4 和相位 8 须同时结束。

该结构可被进一步由相序图（phase diagram）和控制图（ring diagram）来表示。习惯上，给定相位下车流的通行权一般用箭头表示。在有些文献中，不允许通行的车流也用箭头顶端画一条直线的方式表示出来。

图 6-2（b）给出了信号相序图或控制图中的一些基本车流通行权的表达形式，并以某四相位（标准 8 相位）信号控制方案为例，运用左侧所列基本车流通行权表达形式表示相

位方案。相关的定义和解释说明如下。

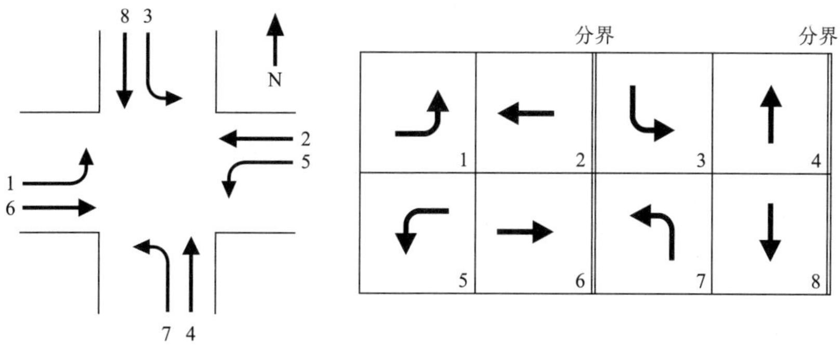

（a）标准8相位

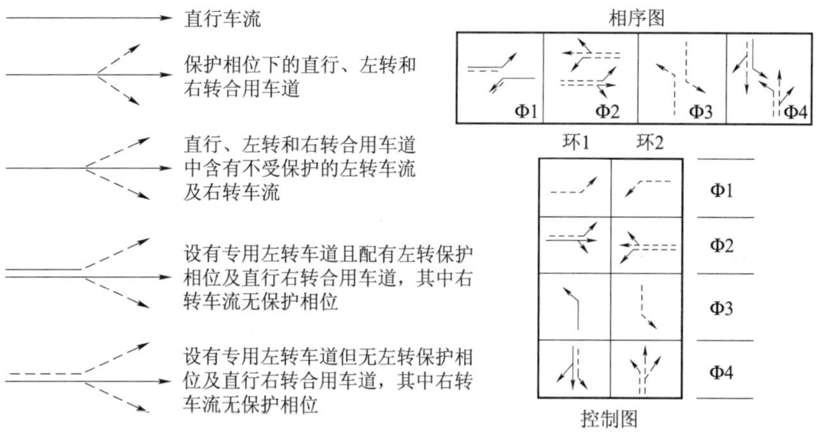

（b）相序图、控制图

图 6-2　NEMA 相位图和信号相位标志及相序图、控制图示意图

① 实体箭头表示完全受相位保护，不与其他车流、人流发生冲突的车流。定义信号控制下的所有直行车流都是无冲突的。无冲突的左转车流表示没有对向直行车流的干扰。无冲突的右转车流表示右转时不受过街行人与自行车流的影响。

② 存在冲突的左转和右转车流用虚线或点线表示。

③ 合用车道的转弯车流由连接在直行车流线上的箭头来表示车道公用。

④ 专用车道上的转弯车流由单独分开的箭头表示。

相序图将所有车流按照给定的相位顺序逐个表达，因此，对立的两个直行车流在相序图中可以用一个相位表示。控制图则用于描述每一个控制环（ring）在各相位中所控制的车流通行情况。一条控制环一般固定控制相位中的一部分信号。在控制图中，每对方向（东西或南北）的直行车流则由两个控制环分别表示，也可用一个相位表示。

6.2.1　基本信号控制方案：两相位控制

图 6-3 所示的是最简单、应用最广泛的信号控制形式，即两相位信号控制（NEMA 4 相位），每一条路上的车流在同一个相位。即使存在专用转弯车道，所有合用车道上的左转车

辆和右转车辆都允许通行。当左转车辆与对向直行车辆混合行驶且不会因为左转车而造成不合理的延误增加和不安全时，可以采用两相位控制。

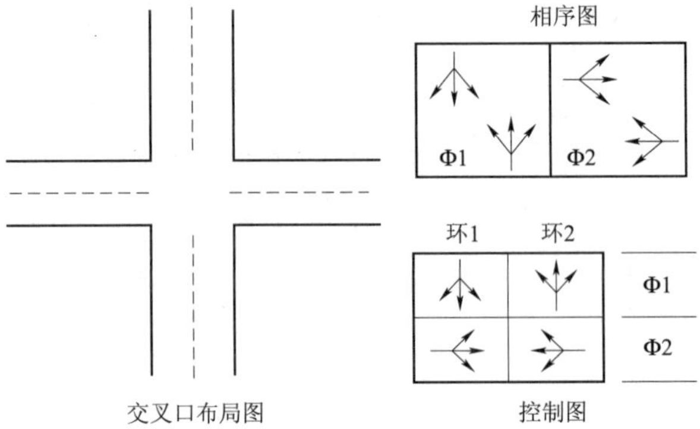

图 6-3 两相位信号控制方案示意图

6.2.2 使用左转保护相位

由于两相位控制方式无法有效地分离左转车流和对向直行车流，因此，当左转车流量和直行车流量较大时，两相位信号控制无法保证一个周期内的左转车流在该周期内顺利通过交叉口，往往容易导致左转车辆延误大幅增加、左转车流与直行车流冲突数上升，以及因左转车流无法及时通过交叉口而对进口道其他车辆通行造成阻碍。此时，最简单、最常用的解决办法是为左转车流设置左转保护相位。同样，当进口道设有左转专用车道时或采用左转复合相位时，也应设置左转保护相位。

在进行左转保护相位设计时，通常给流量接近的对向两边左转车流设置同一左转保护相位。在美国等其他国家，相对进口方向（如东西方向）的左转保护相位可一起设置在直行相位之前或之后，或一前一后。在我国，左转保护相位通常用于直行相位之后，并且在大型交叉口常有左转候驶区配合左转保护相位共同使用。关于是否需要在某个交叉口进口或者所有进口设置左转保护相位的问题是非常复杂的，这涉及许多需要考虑的情况。下面给出 3 个一般性原则：

① 当左转车数少于 100 pcu/h 时，一般可不设置左转保护相位。

② 当左转车数大于 200 pcu/h 时，通常应考虑设置左转保护相位。

③ 当左转车数介于上述两者之间时，左转保护相位的设置应考虑对向直行交通量及车道数、历史事故情况、区域信号协调控制和其他相关的因素。当无历史事故情况、区域信号协调控制等相关信息时，可采用以下方法进行判断：若左转车流量与对向单车道平均直行车流量的乘积大于 50 000 pcu/h 时，则需要设置左转保护相位；反之，可不设。

需要说明的是，即使左转交通量小于 100 pcu/h，如果行车视距受到限制，或在不规则几何地形处左转车流和对向直行车流之间存在严重冲突时，左转保护相位也是可以使用的。图 6-4 所示的是一种典型的三相位信号控制方案，其中东、西进口方向设置了左转保护相位。值得注意的是，设有左转保护相位的进口道一般会设有左转专用车道，左转专用车道须有足够长度来容许每个信号周期内排队的车辆。

除了图 6-4 所示的三相位信号控制方案之外，四相位的控制方案采用了全左转保护相位，这种四相位信号控制一般用于 4 个进口方向左转车流量都较大的大型交叉口，如图 6-5 所示。

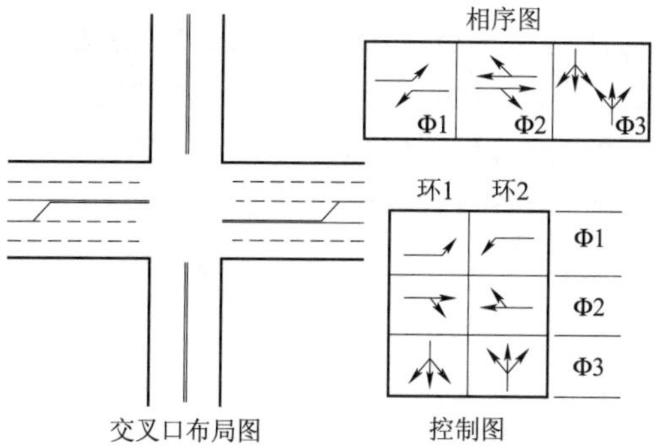

图 6-4　三相位信号控制方案示意图

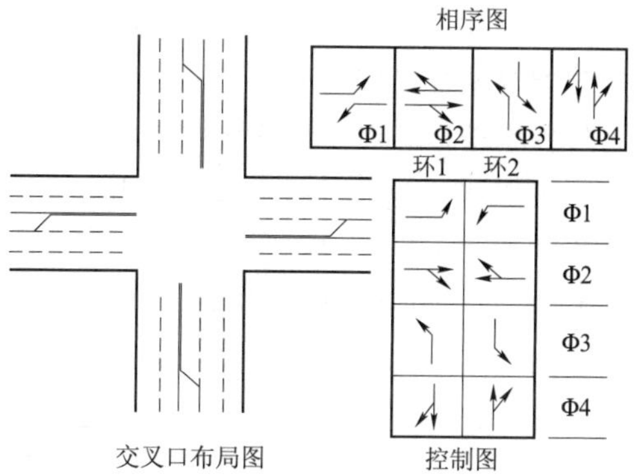

图 6-5　四相位信号控制方案示意图

左转复合相位是一种混合控制模式，常见于美国，是指左转保护相位和非保护相位联合使用的组合相位方案。仍以上述三相位信号控制方案为例，若在相位二中，仍然允许东进口和西进口的左转车辆利用对向直行车流的间隙通行，则可以形成如图 6-6（a）所示的左转复合相位方案。同样，如对南进口和北进口也设置类似的左转复合相位，将构成如图 6-6（b）所示新的四相位控制方案。

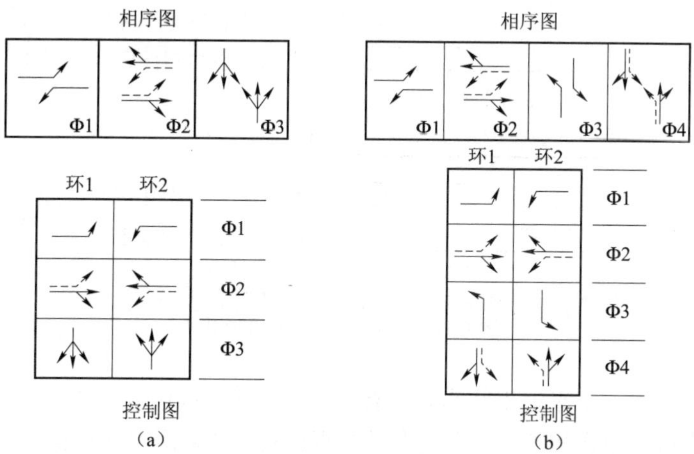

图 6-6　带有左转复合相位的典型三相位与四相位示意图

需要说明的是，左转复合相位的使用能够减少左转车辆的延误，但在国内往往会增加驾驶员理解上的难度，因而只有当左转车流量和对向直行车流量非常大以至于仅仅设置左转保护相位会使得周期长度过大，甚至不能满足通行能力要求时，才使用左转复合相位。

6.2.3　车道组及相关概念

在进行交叉口信号配时设计时，一个基本的原则是“均衡负荷”，即在满足交叉口通行需求的前提下，尽可能使各相位、各车道处于相同的交通负荷水平。为此，首先介绍车道组及其相关概念。

1. 车道组

驾驶员在进入交叉口时往往会尽可能选择交通负荷水平低的车道，以尽快通过交叉口。当每位驾驶员都采取这种车道选择策略后，交通流在进口车道之间的分配就会逐渐趋于均衡，使各条备选进口车道的交通负荷水平十分接近。于是，这些备选进口车道便构成了一种车道组合形式，习惯上称之为车道组。一般来说，所有的直行车道和直行右转、直行左转合用车道构成一个车道组；而左转专用车道、右转专用车道各自独立形成车道组。交叉口进口车道共有 4 种车道组构成形式，如图 6-7 所示。

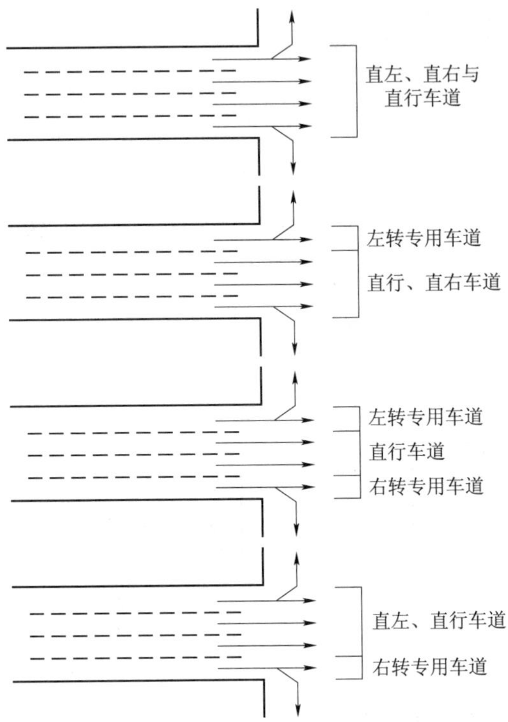

图 6-7 常见进口车道组形式

需要注意的是，每一个车道组并非只含有一条车道，可以包含多条车道，例如，图 6-7 所示的左转车道组也可以包含两条左转专用车道。直行右转车道组可以仅由一条直行右转合用车道构成，也可由一条直行右转合用车道和多条直行车道共同构成。车道组的概念决定了一个车道组内的所有车道都应同时获得通行权，即同一车道组内的车道应属于同一信号相位控制。因此，在进行信号控制方案设计时，采用车道组作为基本单元进行分析既简单又符合实际情况。

2. 饱和流率

所谓饱和流率，是指某一车道或车道组在一次连续的绿灯信号时间内能够通过的最大流率，单位是 pcu/h。车道或车道组的饱和流率并非定值，而是受到交叉口的几何条件、车道组的构成形式、各转向车流量的比例以及各流向交通冲突情况等诸多因素的影响，比较复杂。因此，饱和流率应尽量采用实测数据，实在无法取得实测数据时，如新建交叉口设计时，才考虑进行估算。

饱和流率的估算方法采用基本饱和流率乘以各影响因素校正系数的方法，基本公式为：

$$S_i = S_0 \cdot N \cdot \prod_i f_i \tag{6-1}$$

式中：S_i——车道组 i 的饱和流率，pcu/h；

S_0——进口车道基本饱和流率，pcu/h，在缺乏实测数据时取值 1 900 pcu/h；

N——车道组 i 所包含的车道数；

f_i——进口车道各类校正系数。

下面介绍几个最基本的校正系数的确定方法。

（1）车道宽度校正

交叉口理想的车道宽度分布在 3.0～3.5 m 之间。车道宽度校正系数与车道宽度成正比。当车道宽度等于理想宽度时，车道宽度校正系数为 1；当车道宽度小于理想宽度时，校正系数小于 1；当车道宽度大于理想宽度时，校正系数大于 1。具体表达为：

$$f_W = \begin{cases} 1 & 3.0 \leqslant W \leqslant 3.5 \\ 0.4(W-0.5) & 2.5 \leqslant W < 3.0 \\ 0.05(W+16.5) & W > 3.5 \end{cases} \tag{6-2}$$

式中：f_W——车道宽度校正系数；

W——车道宽度，m。

（2）车道纵坡校正

实测结果表明，进口道纵坡对饱和流率存在影响。当纵坡为上坡（正方向）时，坡度对饱和流率有抑制作用，反之，当纵坡为下坡（负方向）时，坡度对饱和流率有一定的提升作用。具体表达为：

$$f_g = 1-0.5G \tag{6-3}$$

式中：f_g——车道纵坡校正系数；

G——车道纵坡，弧度制。

（3）大车校正

大车对进口道饱和流率存在着负影响，大车校正系数依下式计算：

$$f_{\mathrm{HV}} = \frac{1}{1+P_{\mathrm{HV}}(E_{\mathrm{HV}}-1)} \tag{6-4}$$

式中：f_{HV}——大车校正系数；

P_{HV}——大车在车流中的比例；

E_{HV}——大车的小汽车当量，无实测数据时取 2.0。

（4）右转车流校正

对于含有右转车流的车道组，通常有以下 3 类形式，即：由右转专用车道组成的车道组、包含直行和直行右转合用车道的车道组、仅包含一条直行左右转合用车道的车道组。对于这 3 类车道组，右转车流校正系数具有不同的形式：

$$f_{\mathrm{RT}} = \begin{cases} 0.85 & \text{右转专用车道} \\ 1.0-0.15P_{\mathrm{RT}} & \text{直行右转合用车道} \\ 1.0-0.135P_{\mathrm{RT}} & \text{直行左右转合用车道} \end{cases} \tag{6-5}$$

式中：f_{RT}——右转车校正系数；

P_{RT}——右转车在车流中的比例。

(5) 左转车流校正

对于左转车流的校正是较为复杂的，通常含有左转车流的车道组存在以下4种基本情况：有左转专用车道且配有左转保护相位，有左转专用车道无左转保护相位，无左转专用车道有左转保护相位，无左转专用车道且无左转保护相位。在这4类基本类型中，第一种类型和第三种类型的左转车流校正系数较为简单，表达式如下：

$$f_{LT}=\begin{cases}0.95 & \text{左转专用车道且配有保护相位}\\ \dfrac{1}{1.0+0.05P_{LT}} & \text{直行左转合用车道有保护相位}\end{cases} \tag{6-6}$$

式中：E_{LT}——左转车校正系数；

P_{LT}——左转车在车流中的比例。

以上是最基本的积累校正系数的确定方法。除此之外，还有较为复杂的校正系数，包括对非左转保护相位的校正系数、对行人和自行车的校正系数等，在此不再赘述。

3. 流率比和直行当量

所谓流率比，是指车道（组）的实际交通量或设计交通量与该车道（组）的饱和流率的比值。流率比是交叉口信号控制方案设计的关键参数，其本质上反映的是车道的交通负荷水平。根据定义，计算流率比首先应确定车道（组）的饱和流率。但有时当饱和流率无法进行实测时，需按公式计算获得，此方法较为复杂。因此，这里介绍另一种流率比的计算方法——直行当量计算法。

直行当量计算法是由美国《道路通行能力手册》中饱和流率模型简化而来的一种流率比简易计算方法，其思路是将左转和右转车流量都转化为等效直行车流量，从而将各种类型车道的流率比问题最终都转化为直行车道的流率比计算问题，而直行车道的流率比计算是相对简单的。这里的等效直行车流量是指在与左转车流或右转车流通行时间相同的时间内能够通过的直行车流量。等效直行车流量由左转或右转车流量乘以直行当量系数得到。受到相位类型、对向直行车道数、行人和非机动车流量等诸多因素的影响，直行当量系数并非定值。为了便于实际应用，将各种情况下直行当量系数的取值制成表格，以方便计算时查阅，如表6-1和表6-2所示。

表6-1 左转车流直行当量系数表

对向直行车流量/(pcu/h)	对向直行车流的车道数/条		
	1	2	3
0	1.1	1.1	1.1
200	2.5	2.0	1.8
400	5.0	3.0	2.5
600	10.0*	5.0	4.0
800	13.0*	8.0	6.0
1 000	15.0*	13.0*	10.0*
≥1 200	15.0*	15.0*	15.0*
左转保护相位：$E_{LT}=1.05$			

注：表中E_{LT}为左转车流的直行当量系数；带*的数值表示此时左转车流只能利用绿灯末期直行车流尾部的间隙通过交叉口；对于设有左转保护相位的左转车流，其直行当量系数取值为1.05。

表 6-2　右转车流直行当量系数表

与右转机动车冲突的行人流量/(peds/h)	E_{RT}	与右转机动车冲突的行人流量/(人次/h)	E_{RT}
无（0）	1.18	高（400）	1.52
低（50）	1.21	非常高（800）	2.14
中（200）	1.32		

注：表中 E_{RT} 为右转车流的直行当量系数。

上述直行当量系数表中仅给出了部分流量值对应的直行当量系数，其他流量情况下的直行当量系数可采用线性插值获得。通过查找直行当量系数表，可以方便地将各种转向的车流量转换为等效直行车流量，从而计算出车道（组）的流率比，这在分析含有合用车道的车道组流率比时显得尤为方便。在应用直行当量法进行流率比分析时，直行车道的饱和流率的理想状态值为 1 650 辆/h，当实际条件为非理想状态条件时，直行车道的饱和流率需要依照各校正系数进行校正。下面举例加以说明。

【例 6-1】 某交叉口西进口共 3 条进口车道，分别为一条左转专用车道、一条直行车道和一条直行右转合用车道（见图 6-8）。高峰小时西进口直行车流量为 600 pcu/h，右转车流量为 70 pcu/h，左转车流量 35 pcu/h；南进口行人过街流量为 200 人次/h；东进口设有 2 条直行车道，直行车流量为 500 pcu/h。试分析该交叉口西进口各车道的流率比情况（直行车道饱和流率 $S_L = 1\ 650$ pcu/h）。

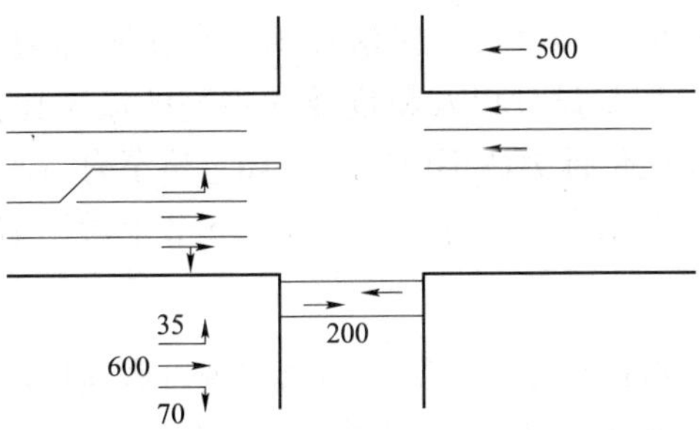

图 6-8　交叉口几何条件及流量分布示意图

【解】 首先，分析该交叉口西进口的车道组构成情况。由于西进口设置了左转专用车道，因而左转车道成为一个独立的车道组。直行车道和直右合用车道构成一个车道组，直行车辆在该车道组内的两条车道间可自由选择，使车道组内的两条车道交通负荷相当，即可认为直行车道与直右合用车道的流率比相同。

其次，分析信号相位方案。考虑到西进口的左转车流量很小，小于设置左转保护相位的流量要求，故可不设左转保护相位。由于设置了直行右转合用车道，直行车流和右转车流应在同一信号相位获得通行权。

接下来，分析西进口各车道的流率比。对于左转车道，注意到其对向直行车道共有 2 条，直行车流量为 500 pcu/h，查表 6-1，无直行流量为 500 pcu/h 的情况，考虑采用插值法。注意到表中对向直行车流量为 400 pcu/h 和 600 pcu/h 且车道数为 2 的直行当量系数分别为 3.0 和 5.0，则由线性插值可知，对向直行车流量为 500 pcu/h 且有 2 条直行车道的直

行当量系数 $E_{LT}=4.0$。于是，西进口左转车流量的等效直行流量为：

$$V_L^E=V_L\cdot E_{LT}=35\times4.0=14(\text{pcu/h})$$

式中：V_L^E——左转车流的等效直行流量；

V_L——左转流量。

则西进口左转车道的流率比为：

$$\frac{V_L}{S_L}=\frac{V_L^E}{S_T}=\frac{140}{1\ 650}\approx0.085$$

同样，对于西进口直行右转合用车道，其中右转车流的直行当量系数查表 6-2 可得 $E_{RT}=1.32$。于是，右转车流的等效直行流量为：

$$V_R^E=V_R\cdot E_{RT}=70\times1.32\approx92(\text{pcu/h})$$

式中：V_R^E——右转车流的等效直行流量；

V_R——右转流量。

对于直行车道而言，其直行当量系数为 1，等效直行车流量 $V_T^E=V_T=600$ pcu/h，其中 V_T 为直行流量。

由于直行车道和直行右转合用车道同属于一个车道组，这两个车道的流率比相同。因此，该车道组整体的流率比为：

$$\frac{V_T}{S_T}=\frac{V_{TR}}{S_{TR}}=\frac{V_T^E+V_L^E}{2S_T}=\frac{600+92}{2\times1\ 650}\approx0.210$$

通过上述例子，可以看出采用直行当量法计算流率比时无须计算各条车道的饱和流率值，这对于信号控制方案的初步设计以及精度要求不高的流率比分析不失为一种便捷的方法。但是，这种简易的流率比估计方法不够精确，如忽略了自行车的影响。流率比估计方法需要依赖于对车道组饱和流率的准确估计，这将在 6.6 节中做详细介绍。

4. 饱和度

所谓饱和度，是指交叉口进口车道实际交通量与进口道通行能力的比值。对于信号控制交叉口而言，进口道的通行能力并不等于饱和流率，而是进口道的饱和流率与绿信比的乘积。因此，饱和度可以表达为如下形式：

$$\frac{V}{\text{CAP}}=\frac{V}{S\lambda}=\frac{V/S}{\lambda}\tag{6-7}$$

式中：V——进口车道实际交通量，pcu/h；

S——进口车道饱和流率，pcu/h；

CAP——进口车道通行能力，pcu/h；

V/S——进口车道流率比；

λ——进口车道绿信比。

从式（6-7）不难看出，信号控制交叉口的进口车道饱和度等于该进口道流率比与绿信比的比值，或者表述为进口车道流率比等于饱和度与绿信比的乘积。饱和度是交叉口信号控制方案设计中的又一个关键参数，经典的信号相位设计就是以“等饱和度”原则为基础建立的。

6.2.4 单交叉口定时信号控制设计方法

交叉口信号控制方案的设计是一项复杂的系统工程，一个恰当方案的形成过程往往需要经过多次的迭代与方案比选。本节内容主要介绍信号控制方案的简易设计方法，了解简易设计方法有助于理解交叉口信号设计的基本原理，为进行信号控制的深入分析奠定基础。

单点定时信号控制的方案设计一般可分为以下几个步骤：① 准备工作；② 交叉口渠化设计与相位方案设计；③ 流率比分析与关键车流确定；④ 周期时长确定；⑤ 相位绿时分配。

1. 准备工作

在进行信号控制设计之前要做好相关的准备工作，这些工作包括确定交叉口的几何特征以及设计小时的交通需求等。确定交叉口的几何特征主要包括交叉口各进口道路的横断面形式、各进口车道的宽度、中央分隔带宽度和转弯车道的转弯半径等。而设计小时的交通需求包括各进口各流向的所有车型以及行人过街的交通量。设计交通需求应从高峰小时实测交通数据中获取，对于某一交叉口的第 i 时段第 j 进口道第 k 流向的车流，其设计交通量可以用 q_{dijk} 表示：

$$q_{dijk}=4\times q_{ijk,15\ \text{min}} \tag{6-8}$$

式中：$q_{ijk,15\text{min}}$——实测的第 i 时段第 j 进口道第 k 流向车流的高峰小时中最高 15 min 的流率，pcu/15 min。

当无高峰小时中最高 15 min 的流率实测数据时，可按下式进行估算：

$$q_{dijk}=\frac{q_{ijk}}{\text{PHF}_{ijk}} \tag{6-9}$$

式中：q_{ijk}——第 i 时段第 j 进口道第 k 流向车流的高峰小时流量估计值，pcu/h；

PHF_{ijk}——高峰小时折算系数，对于主要进口道可取 0.75，对于次要进口道可取 0.8。

2. 交叉口渠化设计与相位方案设计

交叉口信号控制方案的设计与进口道渠化设计是紧密联系在一起的。交叉口交通控制的基本目的是实现交叉口时空资源的优化配置。对交叉口空间资源和时间资源的分配应当同步进行，不能割裂开来。

理想的信号控制方案应将交叉口各车道的交通负荷控制在一个恰当的水平，并且尽可能使各车道的饱和度相当，即尽可能使各车道拥有相同的利用率，以达到时空资源的均衡配置。在进行进口道渠化设计时通常遵循以下原则：

① 除右转车流量非常大或与右转机动车流冲突的非机动车流量、行人流量非常大这类情况以外，一般不采用右转专用车道的设置方式，而采用直行右转合用车道的设置形式；

② 尽可能提供左转专用车道，即便对于不设左转保护相位的情况也是如此，对于设有对称式左转保护相位的进口道，则必须提供相应的左转专用车道；

③ 在交叉口空间允许的情况下，增加进口车道数量，以降低各车道的流率比；

④ 尽可能保证同相位下进口车道数与出口车道数相一致，保持进口道与出口道通行能力的匹配。

在进行信号相位方案设计时，通常从分析左转相位开始。首先根据上述使用左转保护相位中介绍的一般性原则判断是否需要设置左转保护相位。若所有进口方向都不需要设置左转保护相位，则该交叉口可采用两相位信号控制。若仅有位于同一条道路上的两个进口方向需要设置左转保护相位，则采用三相位信号控制。若 4 个进口方向都需要设置左转保护相位，则采用四相位信号控制设计。需要注意的是，当各相关进口道左转车流量相近时，宜采用双向左转保护相位（即对向左转车流一起放行），否则，采用单向左转保护相位（对向左转车流分别放行）。当按照上述基本信号相位方案进行控制出现同一相位下各进口方向的车流量不均衡时，则可以考虑采用信号早启和迟断来提高交叉口的运行效率。

3. 流率比分析与关键车流确定

当交叉口的进口车道划分和信号控制初步方案确定后，即可确定各进口方向的车道组构成，并进行车道组流率比分析。在简单的定时信号控制设计方法中，对于车道组流率比的分析可采用直行当量法进行计算。在计算时，车道组的设计流量依照式（6-8）及式（6-9）确定。

对于同一个相位而言，通常有若干个车道组的交通流在该相位内同时获得通行权。这些通行权处于同一相位下的车道组各自的流率比往往并不相同。显然，其中流率比最大的车道组对于绿灯时长的确定最为关键。因此，我们把同一相位下流率比最大的车道组（或车流）称为关键车道组（或关键车流）。

4. 周期时长确定

一般来说，较长的信号周期有利于提高交叉口通行能力和减少平均停车次数，但会导致交叉口车辆平均延误的上升。相反，采用较短的信号周期有利于降低交叉口的车辆平均延误时间，但会增加信号损失，从而导致通行能力下降。因此，出于不同的控制策略，周期的选择也有所不同。目前，应用最广泛的单交叉口信号周期有 3 种，分别是最短信号周期、实用信号周期以及 Webster 方法计算的最佳信号周期。

（1）最短信号周期 C_m

既然较长的信号周期有利于交叉口的通行能力，那么就一定存在一个信号周期，使其刚好能够满足交叉口的通行需求，任何小于该信号周期时长的周期都会导致通行能力不足。我们把上述信号周期称为最短信号周期。在理想条件下，当信号周期时长为最短信号周期时，一个信号周期内到达交叉口的车流量恰好能够全部通过交叉口，既无滞留车辆，又无富余绿灯时间。因此，最短信号周期 C_m 应当恰好等于一个周期内各相位的关键车流通过交叉口所需的有效绿灯时间与总的信号损失时间之和，即：

$$C_m = L + C_m \frac{q_1}{S_1} + C_m \frac{q_2}{S_2} + \cdots + C_m \frac{q_n}{S_n} \tag{6-10}$$

式中：L——信号总损失时间，按下式计算：

$$L = \sum_{i=1}^{n} (l + I_i - A_i) \tag{6-11}$$

式中：l——启动损失时间，实测获得，无实测数据时可取 3 s；

I_i——第 i 相位末的绿灯间隔时间，s；

A_i——第 i 相位末的黄灯时间，s。

整理可得：

$$C_m = \frac{L}{1 - \sum_{i=1}^{n} \frac{q_i}{S_i}} = \frac{L}{1 - \sum_{i=1}^{n} y_i} = \frac{L}{1 - Y} \tag{6-12}$$

式中：q_i——第 i 相位的关键车流量，pcu/h；

S_i——第 i 相位的关键车道组饱和流率，pcu/h；

y_i——第 i 相位的关键车道组流率比；

Y——周期内所有相位的关键车道组的流率比之和。

以上最短信号周期公式要求关键流率比之和 Y 必须小于 1。关键流率比之和 Y 在一定程度上反映了交叉口的整体交通负荷水平，Y 值越接近于 1，则意味着该交叉口的交通负荷水平越接近饱和状态。在实际应用时，通常要求 $Y \leqslant 0.9$。当 Y 值不满足要求时，应当重新考虑交叉口的渠化方案及相位设计方案，以降低 Y 值。

（2）实用信号周期

采用最短信号周期控制的交叉口刚好能够满足高峰小时设计交通量的通行需求，周期内没有任何富余的绿灯时间，缺少通行能力储备。当高峰时段交通流量出现波动时，很容易造成交叉口通行能力不足。为了克服这一问题，人们提出按照高峰小时交叉口饱和度控制目标进行信号周期设计的方法，于是产生了实用信号周期公式：

$$C_{\mathrm{p}}=\frac{L}{1-\dfrac{Y}{(v/c)}} \tag{6-13}$$

式中：C_{p}——实用信号周期；

v/c——交叉口设计饱和度。

当设计关键车流量考虑高峰小时流量系数时，实用信号周期公式有以下表达形式：

$$C_{\mathrm{p}}=\frac{L}{1-\dfrac{Y}{\mathrm{PHF}\cdot(v/c)}} \tag{6-14}$$

式中：PHF——高峰小时流量系数。

在式（6-14）中，v/c 一般小于 1，因此实用信号周期通常应大于最短信号周期。当交叉口设计饱和度为 1 时，实用信号周期即为最短信号周期。这说明最短信号周期本质上是实用信号周期的一个特例，或者说在最短信号周期控制下，高峰小时交叉口处于或接近完全饱和状态。

（3）延误最小的最佳信号周期 C_0

5.5.2 节韦伯斯特提出的信号控制交叉口延误计算模型包含了均衡相位平均延误、随机平均延误和修正项 3 部分，如式（5-36）所示。进一步分析可发现，韦伯斯特延误模型是一个关于信号周期时长的函数。将韦伯斯特延误公式对信号周期时长 C 求导，并令一阶导数为 0，即可求解得到延误最小的信号周期时长，称为延误最小的最佳信号周期。整理后的最佳信号周期表达式如下：

$$C_0=\frac{1.5L+5}{1-Y} \tag{6-15}$$

式中：C_0——最佳信号周期，s；

L——信号总损失时间，s；

Y——周期内所有相位的关键车道组的流率比之和。

5. 相位绿时分配

相位方案和信号周期长确定之后，即可为各相位分配绿灯时间，由于信号周期可分为信号损失和有效绿灯两部分，因而首先考虑有效绿灯在各相位中的分配。在经典的交叉口信号控制设计理论中，一个重要的原则是尽可能使各车道组具有相同的利用率，即饱和度相同。我们称这一原则为等饱和度原则。考虑到同一相位下不同车道组的流率比并不完全相同，因此，在信号控制设计时，等饱和度原则常表述为使各相位关键车流的饱和度相同。根据这一原则要求，对信号周期内任意第 j 个相位及第 k 个相位，其饱和度有如下关系：

$$\frac{y_j}{\lambda_j}=\frac{y_k}{\lambda_k} \tag{6-16}$$

根据绿信比定义，有：

$$\lambda_j=\frac{g_{E,j}}{C} \tag{6-17}$$

$$\lambda_k=\frac{g_{E,k}}{C} \tag{6-18}$$

式中：$g_{E,j}$——j 相位的有效绿灯时间；

$g_{E,k}$——k 相位的有效绿灯时间。

将式（6-17）和式（6-18）代入式（6-16），可得：

$$\frac{g_{E,j}}{g_{E,k}}=\frac{y_j}{y_k} \tag{6-19}$$

从式（6-19）可以看出，相位的有效绿灯时间与该相位的关键车道组流率比成正比。于是，第 j 相位的有效绿灯时间为：

$$g_{E,j}=(C-L)\frac{y_j}{Y} \tag{6-20}$$

各相位的有效绿灯时间分配完成后，即可根据式（6-20）确定各相位的绿灯显示时间。以第 j 相位为例，绿灯显示时间为：

$$g_j=g_{E,j}+l_j-A_j \tag{6-21}$$

直行相位的绿灯显示时间确定后，还需进行行人过街时间的检验。满足行人过街要求的最短绿灯时间按下式计算：

$$g_{\min}=7+\frac{L_p}{v_p}-I \tag{6-22}$$

式中：$g_{\min}$——最短绿灯时间，s；

L_p——行人过街长度，m；

v_p——行人过街步行速度，m/s；

I——绿灯间隔时间，s。

当计算的直行相位绿灯显示时间小于相应的最短绿灯时间时，即当 $g_j<g_{\min}$，应延长计算信号周期的长度，重新进行各相位绿时分配，以满足最短绿灯的要求。

【例 6-2】 如下情况的两相位信号控制交叉口（见图 6-9），各进口道交通流量和饱和流量列于表 6-3 中，绿灯间隔时间为 7 s，黄灯时间为 3 s，启动损失为 3 s，试计算信号配时。

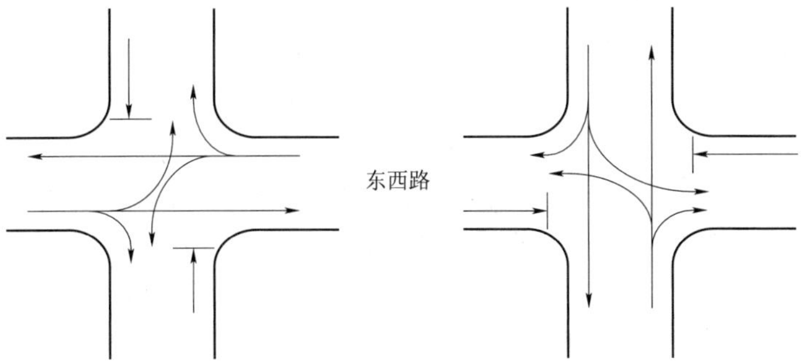

图 6-9　交叉口信号相位条件示意图

表 6-3　交叉口各进口道流量及饱和流量

项目	北进口	南进口	东进口	西进口
小时流量/(pcu/h)	620	720	390	440
饱和流量/(pcu/h)	2 400	2 400	1 000	1 000

【解】 步骤 1：各进口道流率比及关键车道组选择

首先对各个进口道流率比进行计算，即用进口道小时流量除以对应进口道饱和流量，计算结果见表 6-4。根据计算结果及交叉口信号相位设置，选择关键车道组。

表 6-4　各进口道流率比及关键车道组选择

项目	北进口	南进口	东进口	西进口
流率比	0. 26	0. 3	0. 39	0. 44
$\max(y_1, y_2)$	0. 3		0. 44	

步骤 2：每周期总损失时间计算

根据式（6-11），计算每周期总损失时间：

$$L = \sum_{i=1}^{n} (l + I_i - A_i) = 2 \times 7 = 14\ \text{s}$$

步骤 3：周期时长计算

根据式（6-12），计算最短周期时长：

$$C_{\text{m}} = \frac{L}{1 - \sum_{i=1}^{n} \frac{q_i}{S_i}} = \frac{L}{1 - \sum_{i=1}^{n} y_i} = \frac{L}{1 - Y} = \frac{14}{1 - 0.74} \approx 54\ \text{s}$$

步骤 4：有效绿灯时长计算

$$G_{\text{e}} = G - L = 54 - 14 = 40\ \text{s}$$

$$g_{\text{eNS}} = \frac{0.3}{0.74} \times 40 \approx 16.2\ \text{s}，取整得\ g_{\text{eNS}} = 16\ \text{s}$$

$$g_{\text{eEW}} = \frac{0.44}{0.74} \times 40 \approx 23.8\ \text{s}，取整得\ g_{\text{eEW}} = 24\ \text{s}$$

步骤 5：显示绿灯时长计算

$$g_{NS}=g_{eNS}-A+l=16\ \text{s}$$
$$g_{EW}=g_{eEW}-A+l=24\ \text{s}$$

计算结束。

【例 6-3】 如下十字形交叉口，已知高峰小时流量系数 PHF 为 0.95，设计目标 v/c 为 0.95，驾驶员的反应时间为 1.0 s，所有进口道的坡度均为 0，设计到达车速限制均为 40 km/h，行人过街步行速度为 1.2 m/s，行人过街流量中等，人行过街横道宽度为 3 m，交叉口渠化情况、几何条件及各进口方向机动车设计流量如图 6-10 所示。试为该交叉口进行信号控制方案设计。

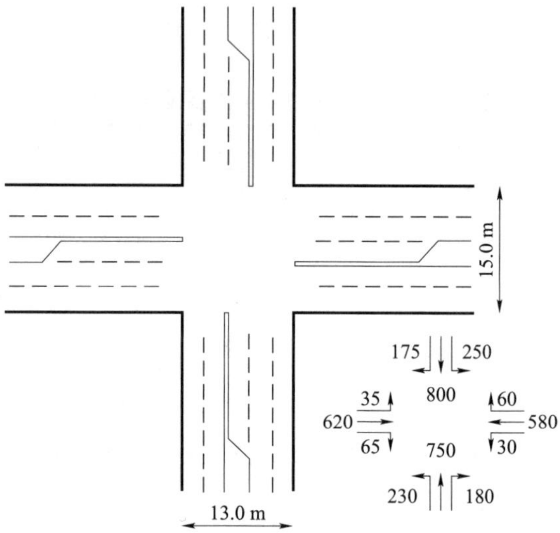

图 6-10　交叉口几何条件及流量分布示意图

【解】 步骤 1：交叉口渠化设计与相位方案设计

首先分析各进口的车道功能划分情况。从交叉口的几何示意图可以看出，4 个进口方向都向左拓宽出了车道，形成 3 个进口车道。考虑到 4 个进口方向的直行和右转车流量都不大，且各进口方向的行人过街流量都为中等流量强度，无须设置右转专用车道。因此，右侧两个车道可以组成车道组共同承担直行和右转车流的需求，而左侧的拓宽车道可用作左转车的专用车道。

接下来，分析各进口道是否需要设置左转保护相位。按照本章给出的左转保护相位判别条件对各进口逐一进行判断：

西进口：$q_{LT}=35<200$ 且 $35\times(580/2)=10\,150<50\,000$，无须设置左转保护相位

东进口：$q_{LT}=30<200$ 且 $30\times(620/2)=9\,300<50\,000$，无须设置左转保护相位

北进口：$q_{LT}=250>200$，需要设置左转保护相位

南进口：$q_{LT}=230>200$，需要设置左转保护相位

考虑到南进口和北进口的左转车流量十分接近，因此可以设置对称式的左转保护相位。于是交叉口的相位设计方案初步确定如下：相位一(Φ1) 为南北向对称式左转保护相位，相位二(Φ2) 为南北向直行和右转相位，相位三(Φ3) 为东西向直行、右转和左转相位，

如图 6-11 所示。

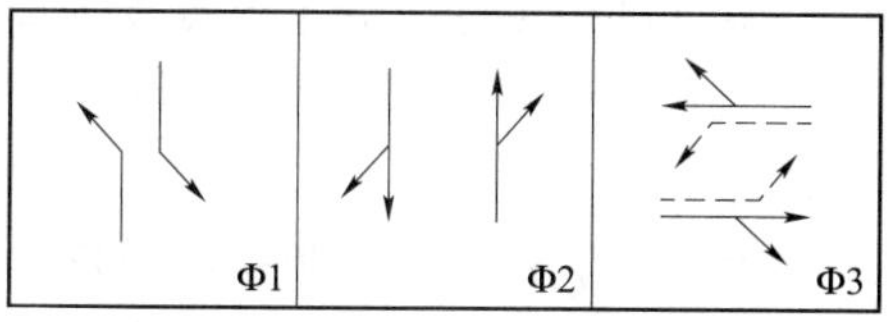

图 6-11 交叉口相位示意图

步骤 2：各车道组直行当量计算

查表 6-1 和表 6-2，获得各进口道各转向车流的直行当量系数，填写于直行当量计算表 6-5 中，计算得出各车道组的直行车流当量。

表 6-5 车道组直行当量计算

进口方向	转向	流量	直行当量系数	直行当量	车道组直行当量	平均单车道直行当量
西进口	左	35	4.80*	168	168	168
	直	620	1.00	620	706	353
	右	65	1.32	86		
东进口	左	30	5.30*	159	159	159
	直	580	1.00	580	659	330
	右	60	1.32	79		
南进口	左	230	1.05	242	242	242
	直	750	1.00	750	988	494
	右	180	1.32	238		
北进口	左	250	1.05	263	263	263
	直	800	1.00	800	1 031	516
	右	175	1.32	231		

* 注：表中带 * 号直行当量系数采用线性插值法得出。

步骤 3：流率比分析与关键车流确定

绘制相位设计方案的相序图和控制图，并按照表 6-5 计算结果给各相位的车道组标上直行当量，然后比较分析，确定各相位的关键车流及其流量值，具体过程如图 6-12 所示。

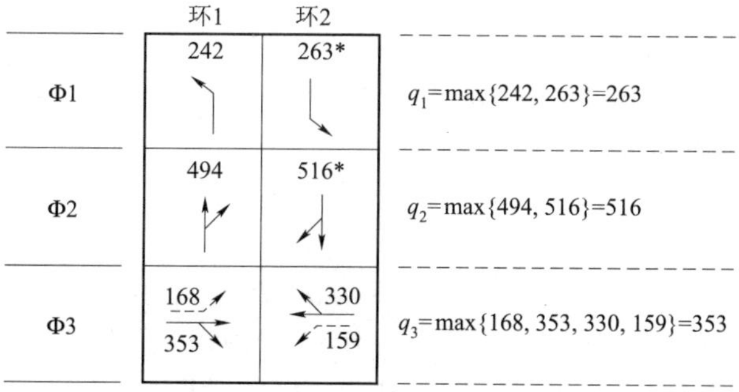

图 6-12 关键车流分析示意图

对于东进口道和西进口道，每个车道宽度都为 3.0 m，无纵坡，符合理想条件，因此直行道饱和流率值为 1 650 辆/h。南进口和北进口的车道宽度为 2.6 m，直行道饱和流率应进行校正，根据车道宽度校正式（6-2）可得，南、北进口道直行饱和流率为 1 386 辆/h。于是，各相位的关键流率比如下：

$$y_1=q_1/S_T=263/1\ 386\approx 0.190$$
$$y_2=q_2/S_T=516/1\ 386\approx 0.372$$
$$y_3=q_3/S_T=353/1\ 650\approx 0.214$$

各相位的关键流率比之和为 $Y=y_1+y_2+y_3=0.190+0.372+0.214=0.776<0.9$，满足要求，可以进行下一步设计。

步骤 4：确定黄灯时间和全红时间

由于各进口道的设计车速相同，故各相位具有相同的黄灯时长，计算结果如下：

$$A_{1,2,3}=1.0+\frac{40}{3.6\times(2\times 3.0+0)}\approx 2.9(\mathrm{s})$$

为计时方便，对黄灯时长取整，$A_{1,2,3}=3$ s。

全红时长与交叉口道路宽度有关，因此，相位一与相位二的全红时长相同，与相位三的全红时长不同。考虑到该交叉口有中等行人过街交通需求，因此，全红时长的确定应考虑人行过街横道的宽度，给予过街行人充分的保护。具体计算过程如下：

$$r_{1,2}=\frac{15+3+5}{40/3.6}\approx 2.0(\mathrm{s})$$

$$r_3=\frac{13+3+5}{40/3.6}\approx 1.9(\mathrm{s})$$

式中，5 m 为平均车辆长度。为计时方便，相位三的全红时长取整数 2.0 s。

因此，各相位的绿灯间隔时间为：

$$I_1=A_1+r_1=3.0+2.0=5.0(\mathrm{s})$$
$$I_2=A_2+r_2=3.0+2.0=5.0(\mathrm{s})$$
$$I_3=A_3+r_3=3.0+2.0=5.0(\mathrm{s})$$

步骤 5：确定信号损失时间

一个周期的信号损失时间由所有相位的启动损失及全红时间组成。在没有实测数据的情况下，一般启动损失取 3 s，于是各相位的信号损失如下：

$$L_{1,2,3}=3+2=5(\mathrm{s})$$

一个周期的总信号损失时间为：

$$L=L_1+L_2+L_3=5+5+5=15(\mathrm{s})$$

步骤 6：确定信号周期时长

根据实用信号周期公式，该交叉口的信号周期为：

$$C_p=\frac{L}{1-\dfrac{Y}{\mathrm{PHF}\cdot(v/c)}}=\frac{15}{1-\dfrac{0.776}{0.95\times 0.95}}\approx 107.1(\mathrm{s})$$

为了便于控制，对计算周期取整，则得到信号周期时长为 $C_p=110$ s。

步骤 7：绿时分配

根据式（6-20），各相位的有效绿灯时长为：

$$g_{E,1}=(C-L)\frac{y_1}{Y}=(110-15)\times\frac{0.190}{0.776}\approx 23.3(s)$$

$$g_{E,2}=(C-L)\frac{y_2}{Y}=(110-15)\times\frac{0.372}{0.776}\approx 45.5(s)$$

$$g_{E,3}=(C-L)\frac{y_3}{Y}=(110-15)\times\frac{0.214}{0.776}\approx 26.2(s)$$

根据式（6-21）计算各相位绿灯显示时间并取整，可得：

$$g_1=g_{E,1}+l_1-A_1=23.3+3-3=23.3\approx 23(s)$$

$$g_2=g_{E,2}+l_2-A_2=45.5+3-3=45.5\approx 46(s)$$

$$g_3=g_{E,3}+l_3-A_3=26.2+3-3=26.2\approx 26(s)$$

为避免绿灯显示时间取整过程中产生误差，对绿灯显示时间、黄灯时间和全红时间进行累加，检验是否与周期长相等。检验结果符合要求，进入下一步设计。

步骤 8：行人过街时间检验

在相位二和相位三期间，存在行人过街需求，因此，需要对相位二和相位三的绿灯显示时间进行检验，采用式（6-22）计算满足行人过街需求的最短绿灯显示时间，结果如下：

$$g_{\min}^{(2)}=7+\frac{L_P^{(2)}}{v_P}-I_2=7+\frac{15}{1.2}-5=14.5\ s<g_2$$

$$g_{\min}^{(3)}=7+\frac{L_P^{(3)}}{v_P}-I_3=7+\frac{13}{1.2}-5\approx 12.8\ s<g_3$$

各相位绿灯显示时间满足行人过街需求，因此该信号控制方案可行，设计结束。

【例 6-4】 如下情况的 T 形交叉口，已知高峰小时流量系数 PHF 为 0.92，设计目标 v/c 为 0.95，驾驶员的反应时间为 1.0 s，所有进口道的坡度均为 0，设计到达车速限制均为 40 km/h，行人过街步速为 1.2 m/s，行人过街流量较低，人行过街横道宽度为 3 m，交叉口渠化情况、几何条件及各进口方向机动车设计流量如图 6-13 所示。试为该交叉口进行信号控制方案设计。

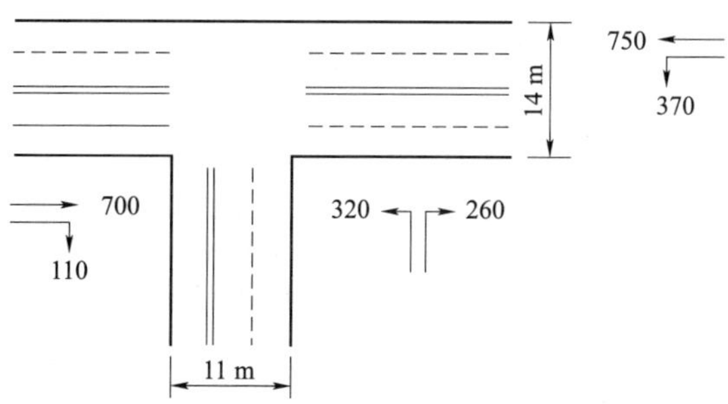

图 6-13 交叉口几何条件及流量分布示意图

【解】 步骤 1：交叉口渠化设计与相位方案设计

首先分析各进口的车道功能划分情况。从交叉口的几何示意图可以看出，3 个进口方向都包含两个进口车道。西进口右转车流量较低，且交叉口行人过街流量也较低，因此不设置右转专用车道，而考虑采用直行车道和直行右转合用车道的形式组成车道组。南进口的左转和右转车流量相当，因此南进口两车道分别设置为左转专用车道与右转专用车道。东进口的左转车流量较高，设置左转专用车道，另一条车道设置为直行车道。

接下来，分析各进口道是否需要设置左转保护相位。按照左转保护相位判别条件对各进口逐一进行判断：

东进口：$q_{LT}=370>200$，需要设置左转保护相位

南进口：$q_{LT}=320>200$，需要设置左转保护相位

考虑到东进口的直行车流仅与南进口的左转车流存在交汇冲突，与其他进口转向的车流都不存在冲突，因此，可对东进口的直行相位采用延迟控制，使其与西进口的相位有部分重叠。对于南进口的左转和右转车流可设置于同一相位内。具体相位方案如图 6-14 所示，这里相位一和相位二同属于一个相位的两个子相位，其中东进口直行车在相位一与相位二中都具有通行权，东进口的左转车流与西进口的直行右转车流的通行权分别在相位一和相位二中获得。相位三对应南进口方向的通行权。

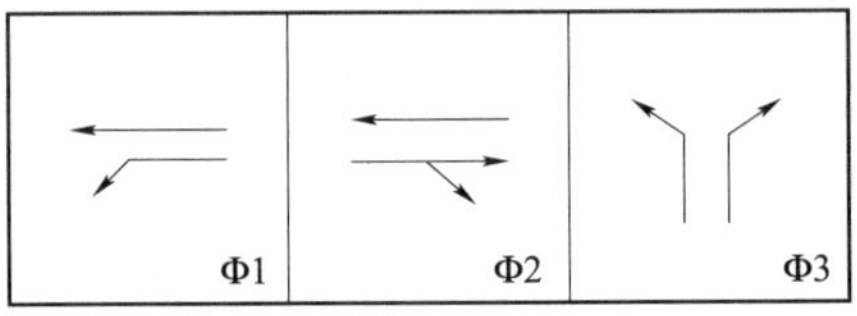

图 6-14　交叉口相位示意图

步骤 2：各车道组直行当量计算

查表 6-1 和表 6-2，获得各进口道各转向车流的立行当量系数，填写于直行当量计算表 6-6 中，计算得出各车道组的直行车流当量。

表 6-6　车道组直行当量计算表

进口方向	转向	流量	直行当量系数	直行当量	车道组直行当量	平均单车道直行当量
西进口	直	700	1.00	700	833	417
	右	110	1.21	133		
东进口	左	370	1.05*	389	389	389
	直	750	1.00	750	750	750
南进口	左	320	1.05*	336	336	336
	右	260	1.21	315	315	315

注：表中带 * 的左转车流直行当量系数按照左转保护相位的系数取值，对于 T 形交叉口这类特殊交叉口，该进口方向左转车流也可被看作对向直行冲突车流为 0 的情况，直行当量系数亦可按表 6-1，取值 1.10。

步骤 3：流率比分析与关键车流确定

绘制相位设计方案的相序图和控制图，并按照表 6-6 计算结果给各相位的车道组标上直行当量，然后比较分析，确定各相位的关键车流及其流量值，具体过程如图 6-15 所示。

交叉口各进口车道宽度都大于 3.0 m，无纵坡，符合理想条件，因此直行道饱和流率值

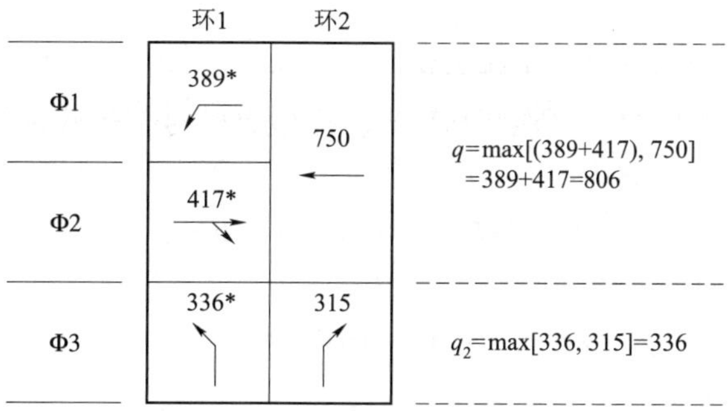

图 6-15　关键车流分析示意图

为 1 650 辆/h。于是，各相位的关键流率比如下：

$$y=q/S_T=806/1\ 650\approx 0.488$$

$$y_1=q_1/S_T=389/1\ 650\approx 0.236$$

$$y_2=q_2/S_T=417/1\ 650\approx 0.253$$

$$y_3=q_3/S_T=336/1\ 650\approx 0.204$$

各相位的关键流率比之和为 $Y=y+y_3=0.488+0.204=0.692<0.9$，满足要求，可以进行下一步设计。

步骤 4：确定黄灯时间和全红时间

在分析时，进口车道的车速采用设计车速限制值 40 km/h 计算。由于各进口道的设计车速相同，故各相位具有相同的黄灯时长，计算结果如下：

$$A_{1,2,3}=1.0+\frac{40}{3.6\times(2\times 3.0+0)}\approx 2.9\ \text{s}$$

为计时方便，对黄灯时长取整，$A_{1,2,3}=3$ s。

由于该交叉口行人过街流量较低，因此没有设置对行人过街的保护相位。穿越南进口的过街行人在相位二内通行，穿越东、西进口的过街行人在相位三中通行。全红时长确定时无须考虑行人过街横道的宽度。具体计算过程如下：

$$r_{1,2}=\frac{11+5}{40/3.6}\approx 1.4\ \text{s}$$

$$r_3=\frac{14+5}{40/3.6}\approx 1.7\ \text{s}$$

式中，5 m 为平均车辆长度。为计时方便，各相位的全红时长取整数 2 s。

因此，各相位的绿灯间隔时间为：

$$I_1=A_1+r_1=3.0+2.0=5.0\ \text{s}$$

$$I_2=A_2+r_2=3.0+2.0=5.0\ \text{s}$$

$$I_3=A_3+r_3=3.0+2.0=5.0\ \text{s}$$

步骤 5：确定信号损失时间

一个周期的信号损失时间由所有相位的启动损失及全红时间组成。在没有实测数据的情况下，一般启动损失取 3 s，于是各相位的信号损失如下：

$$L_{1,2,3}=3+2=5(\mathrm{s})$$

该信号控制中两个控制链各自包含的相位数不同，控制链 1 包含 3 个相位（3 个信号损失），控制链 2 包含 2 个相位（2 个信号损失）。以包含信号损失较多的控制链为计算依据，则一个周期的总信号损失时间为：

$$L=L_1+L_2+L_3=5+5+5=15(\mathrm{s})$$

步骤 6：确定信号周期时长

根据实用信号周期公式，该交叉口的信号周期为：

$$C_{\mathrm{p}}=\frac{L}{1-\dfrac{Y}{\mathrm{PHF}\cdot(v/c)}}=\frac{15}{1-\dfrac{0.692}{0.92\times0.95}}\approx72.03(\mathrm{s})$$

为了便于控制，对计算周期取整，则得到信号周期时长为 $C_{\mathrm{p}}=72$ s。

步骤 7：绿时分配

根据式（6-20），各相位的有效绿灯时长为：

$$g_{\mathrm{E},1}=(C-L)\frac{y_1}{Y}=(75-15)\times\frac{0.235}{0.692}\approx20.4(\mathrm{s})$$

$$g_{\mathrm{E},2}=(C-L)\frac{y_2}{Y}=(75-15)\times\frac{0.253}{0.692}\approx21.9(\mathrm{s})$$

$$g_{\mathrm{E},3}=(C-L)\frac{y_3}{Y}=(75-15)\times\frac{0.204}{0.692}\approx17.7(\mathrm{s})$$

根据式（6-21）计算各相位绿灯显示时间并取整，可得：

$$g_1=g_{\mathrm{E},1}+l_1-A_1=20.4+3-3=20.4\approx20(\mathrm{s})$$
$$g_2=g_{\mathrm{E},2}+l_2-A_2=21.9+3-3=21.9\approx22(\mathrm{s})$$
$$g_3=g_{\mathrm{E},3}+l_3-A_3=17.7+3-3=17.7\approx18(\mathrm{s})$$

需要注意的是，东进口直行相位包含了相位一和相位二，因此，东进口直行相位的绿灯显示时间应等于相位一和相位二的绿灯显示时间与相位一的绿灯间隔时间之和，即 47 s。为避免绿灯显示时间取整过程中产生误差，对绿灯显示时间、黄灯时间和全红时间进行累加，检验是否与周期长相等。检验结果符合要求，进入下一步设计。

步骤 8：行人过街时间检验

在相位二和相位三期间，存在行人过街需求，因此，需要对相位二和相位三的绿灯显示时间进行检验，采用式（6-22）计算满足行人过街需求的最短绿灯显示时间，结果如下：

$$g_{\min}^{(2)}=7+\frac{L_{\mathrm{P}}^{(2)}}{v_{\mathrm{P}}}-I_2=7+\frac{11}{1.2}-5\approx11.2\ \mathrm{s}<g_2$$

$$g_{\min}^{(3)}=7+\frac{L_{\mathrm{P}}^{(3)}}{v_{\mathrm{P}}}-I_3=7+\frac{14}{1.2}-5\approx13.7\ \mathrm{s}<g_3$$

各相位绿灯显示时间满足行人过街需求，因此该信号控制方案可行，设计结束。

单交叉口定时信号配时设计的流程，如图 6-16 所示。

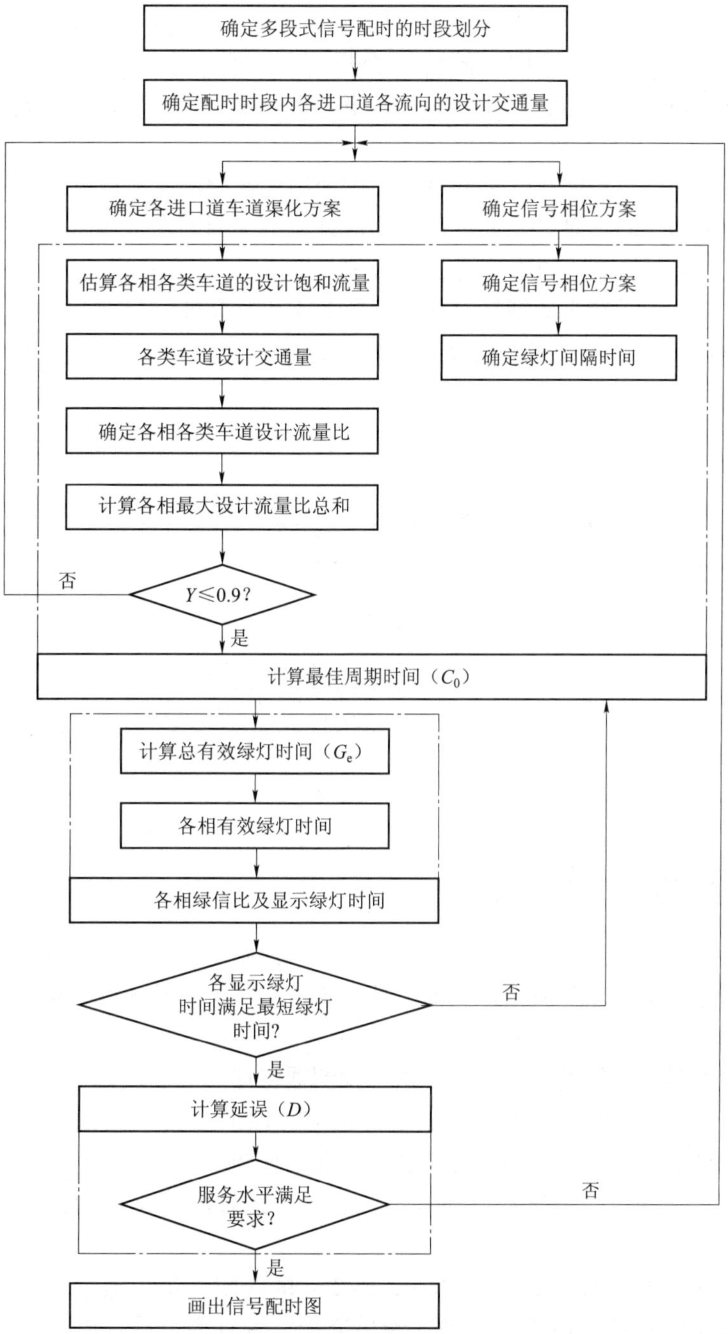

图 6-16　定时信号配时的设计流程

6.3　单交叉口感应信号控制设计

定时式信号控制具有固定不变的周期时长、相位序列和绿灯时间，每相位具有固定不变的通行能力。如图 6-17 所示，该相位具有固定不变的通行能力：10 辆/周期，即在 5 个周期内最多可通行 50 辆车。图中的例子具有与通行能力相等的交通需求：50 辆车。然而，交通需求是波动性的，到达率不均匀，因此，尽管 5 个周期内绿灯时间所提供的通行能力能够满足总的交通需求，而事实上这 5 个周期过去之后，仍然产生了 6 辆车的排队。

感应式信号控制就是要解决这类问题。通过使用车辆检测器，可以给感应式信号控制器提供当前交通需求的实时信息，从而可以根据信息随不同周期内交通需求的变化而决定绿灯时间的分配。在图 6-17 中，如果交通信号控制器根据交通需求的大小改变绿灯时间的分配，周期 2 和 3 会被给予较少的绿灯时间，而周期 4 和 5 会被分配更多的绿灯时间。结果就不会出现排队或者仅仅出现很短的排队，可以有效减少交叉口的延误，提高交叉口的服务水平。

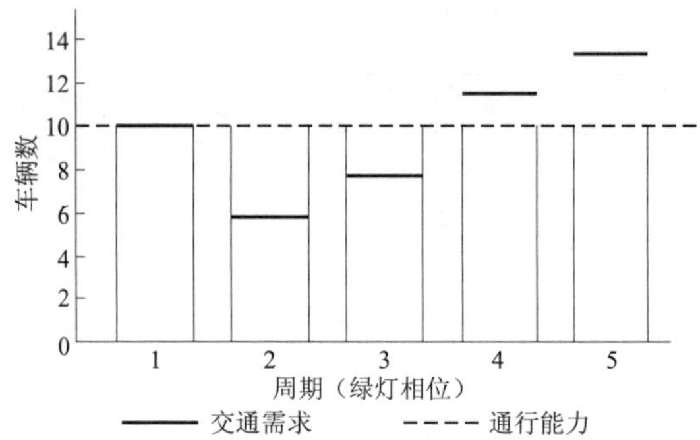

图 6-17　信号控制交叉口到达车辆的波动性

6.3.1　车辆检测器基本工作原理

车辆检测器是感应式交通控制乃至交通信号协调控制系统的重要组成部分之一。常用的有环形线圈检测器、脉冲超声波式检测器、地磁式检测器，另外还有雷达检测器、光电检测器等。

环形线圈检测器目前使用最为广泛。这种检测器将环形线圈埋置在路面下，是检测装置中振荡器的一个元件（电感）。振荡器由电源供应，以谐振频率振荡。车辆行至线圈上方时，其铁质 2 构件引起谐振回路中电感参数改变和谐振频率的偏移。检测到此频率偏移，即表明车辆的存在。它既是检测车辆存在和排队长度的最好的一类检测器，也能检测车辆的通过。

环形线圈尺寸随需要而定，常用的是 2 m×2 m 的线圈，每车道埋设一个，计数精度可达到±2%，排队长度测量可精确到±5%。测出流量、占有率之后，借助于预定的平均有效车辆长度还可估计出密度与时间平均速度。在有些情况下，为了较准确地直接测量速度，还采用每车道连续埋置两个环形线圈的方案。

由图 6-18 可知，当车辆经过环形线圈上方时，检测器将产生一个方波信号。检测器中的微型计算机（或逻辑部件）对方波进行计数并测量其宽度，即可测量出每个测量周期内的交通流量、占有率、交通密度和时间平均速度。

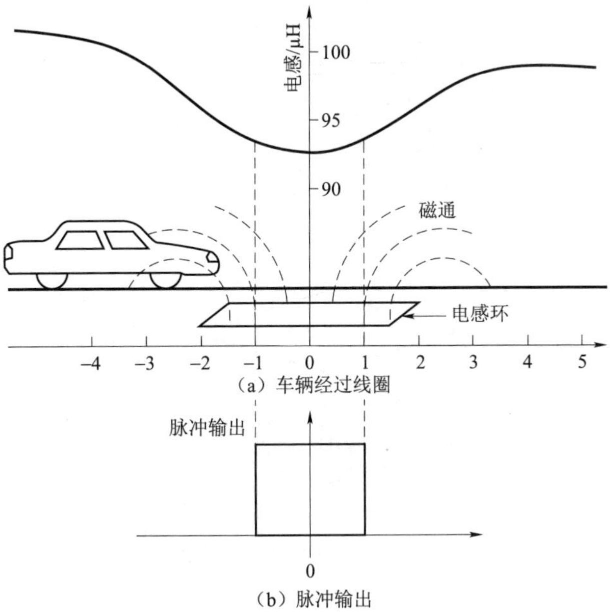

图 6-18　环形线圈车辆检测器工作原理示意图

6.3.2　感应式信号控制的类型划分及适用性分析

按照车辆检测器设置在交叉口进口道的数量、位置及控制方式的不同，可将感应式信号控制分为两种控制类型——半感应信号控制和全感应信号控制。

1. 半感应信号控制

半感应信号控制只在交叉口部分进口道上设置检测器的感应控制。该控制方式适用于主次道路相交且交通量变化较大的交叉口上，按检测器设置位置的不同可分为以下两类。

（1）检测器设在次要道路上

这种感应控制适用于平时主路上总是绿灯，对次路预置最短绿灯时间的情况。当次路上检测器测到有车时，立即改变相位，次路为绿灯，后继无车时，相位即返回主路；否则，当到达最短绿灯时，强制改换相位。这种感应控制的运行流程图如图 6-19 所示。

这种感应控制实质上是次路优先，只要次路有车到达就会打断主路车流。当次路车辆很少时，主路上的行人和非机动车往往要等待很长时间，直到有机动车到达时，才可随机动车通过交叉口。另外，该控制也不利于主路信号联动，所以，这种半感应控制只是在某些特殊需要的地方才适用，如消防队、救护车重要机关出入口等。

（2）检测器设在主要道路上

这种感应控制让主路绿灯保持常亮，当检测器在一段时间内测不到主路有车辆时，才换相位让次路通车；当主路上测得车辆到达时，通车相位返回主路。这种感应控制的运行流程图如图 6-20 所示。这种控制方式可避免主路车流被次路车辆打断，且有利于次路上自行车的通行。

2. 全感应信号控制

在全感应信号控制中，所有的进口道都安装有车辆检测器。根据各个进口道的服务需求

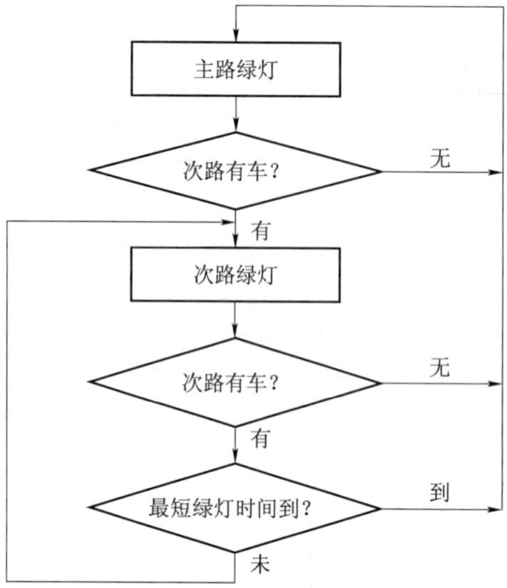

图 6-19　次路检测半感应控制流程图

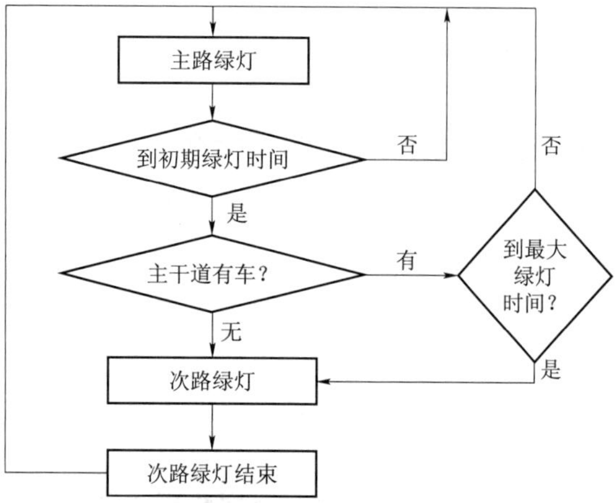

图 6-20　主路检测半感应控制流程图

决定信号相位的顺序。这类控制方式主要适用于相交道路等级相当、交通量相仿且变化较大的交叉口上。

全感应控制的基本原理是：当交叉口没有机动车到达时，信号机以定周期方式按最小周期运行。当某一方向来车时，则对来车方向放绿灯，并通过是否达到最大绿灯时间的判断，进行通行权力的转换。全感应控制流程图如图 6-21 所示。

3. 单信号控制交叉口控制方式选择

美国的国家公路合作研究计划（National Cooperative Highway Research Program，NCHRP）组织过一个专题研究，确定了单交叉口交通信号控制方式的选择适用性范围，如图 6-22 所示。

图 6-22 的横坐标和纵坐标分别是主要道路关键车道交通量和相交道路关键车道的交通量。交叉口两相交道路关键车道交通量的坐标点落在哪一区域内，即以选用该区域所示的控

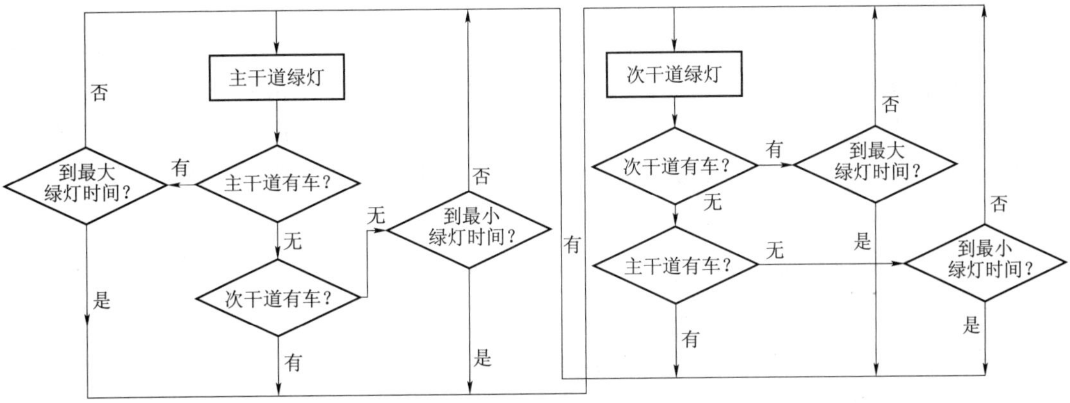

图 6-21　全感应控制流程图

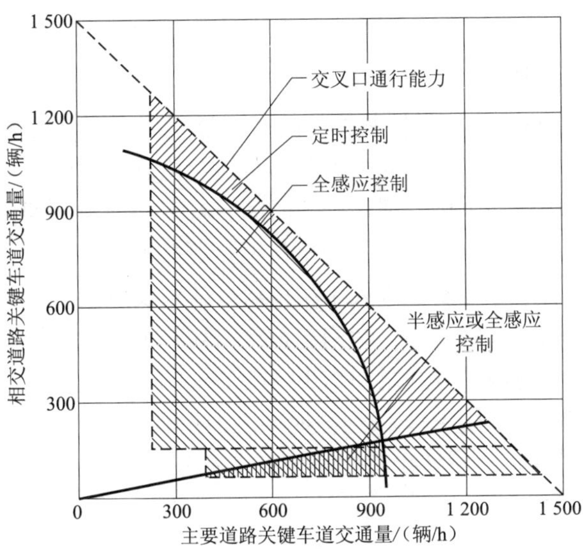

图 6-22　定时控制或感应控制选用图

制方式为宜。

6.3.3　感应式信号控制的参数

半感应信号控制的感应相位和全感应信号控制的所有相位都具有下述参数。

1. 最小绿灯时间 G_{min}

每一个相位都有一个最小绿灯时间 G_{min}。旧式控制器将其分为两部分——初始绿灯时间和一个单位绿灯延长时间。初始绿灯时间是在相位的开始阶段所给予的通行时间，以确保从停车线到车辆检测器之间的排队车辆能够全部通过停车线。单位绿灯延长时间允许再多一辆车可以由车辆检测器到达停车线。

2. 检测器到达停车线通行时间

检测器到达停车线通行时间与单位绿灯延长时间类似，它使得车辆可以在此期间由车辆检测器到达停车线。此外，该参数的设定也定义了为保留某一给定相位所允许的车辆之间的最大时距。如果车辆从检测器到达停车线的实际通行时间太短，可适当延长该参数以满足车队中可允许的前后车辆之间的最大时距。在一些旧式的控制器中，检测器到达停车线通行时间和单位绿灯延长时间可以分别设定。

3. 最大绿灯时间 G_{max}

每个相位都有一个最大绿灯时间 G_{max}。如果某一相位的交通需求很大，该相位的绿灯会一直延长到最大绿灯时间；此时，如果其他相位有车辆等待，该相位绿灯将立即终止。

4. “召回”设置

在感应控制中，每个相位都有一个召回开关；当召回开关处于“开”的状态，不管该相位是否有交通需求，该相位都会至少运行一个最小绿灯时长后再结束。当召回开关处于“关”的状态，该相位可被跳过，只有在其检测到有车等待时绿灯才能启亮。

5. 黄灯时间和全红时间

图 6-23 描绘了一个感应式信号控制相位的运行过程。当绿灯启亮时，它至少要维持所设定的最小绿灯时间。在最小绿灯期间，检测器可能会检测到车辆，如果检测到车辆的那一刻距离最小绿灯结束不小于一个单位绿灯延长时间，将不会增加该相位的绿灯时间，反之则在检测器感应到车辆的那一时刻起增加一个单位绿灯延长时间，正如图 6-23 中检测器感应到第一辆车的情形。随后信号控制器进入了相位绿灯的延长阶段。如果在绿灯结束之前再次检测到车辆，将会从检测到车辆的那一时刻起再次增加一个单位绿灯延长时间。这个过程将继续下去，最后绿灯以下述两种方式之一结束：

① 在后续的一个检测器到达停车线通行时间之内没有感应到车辆的到达；

② 到达了最大绿灯时间，并且在其他相位有车辆到达。因此，相位的长度介于最小绿灯时间和最大绿灯时间之间。

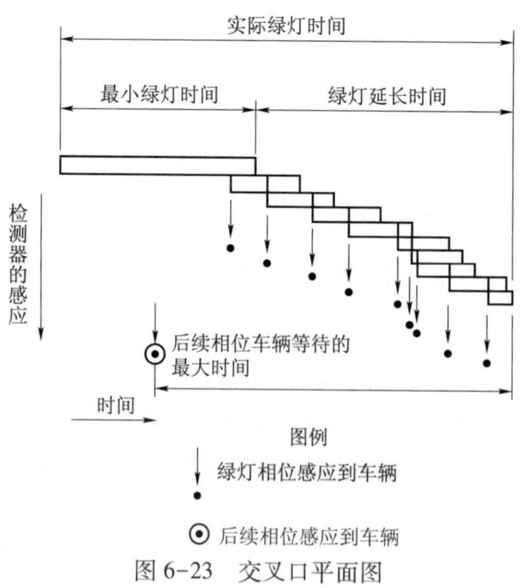

图 6-23　交叉口平面图

在通常情况下，检测器测到的单个车流内前后车辆之间的时距比实际值小。原因在于：当车辆经过感应线圈时，它触发了检测器的感应；然而，只有在车辆的尾部经过线圈之后该感应才结束。时距的实际值与测量值之间的偏差值就是车辆通过感应线圈所花费的时间。

6.3.4　感应式信号控制配时参数的计算和检测器的位置

影响感应式信号控制配时参数的最重要因素之一是检测器的位置，即检测器距停车线的距离。本部分将重点讨论感应信号配时参数，以及对于既定的检测器位置如何计算这些参数。

1. 最小绿灯时间

最小绿灯时间应允许所有介于停车线和检测器之间排队的车辆都能进入交叉口。由于感应式交通信号控制器只是记录是否存在车辆，但是不记录车辆数，因此必须假定在检测器和停车线之间排满了车辆。初始绿灯时间应允许停留在检测器和停车线之间的所有车辆都能够进入交叉口。除了每辆车需要 2 s 外，还应包括 4 s 的“启动”时间。于是有：

$$G_{\min}=4+h\times\left(\frac{d}{l}\right) \tag{6-23}$$

式中：$G_{\min}$——最小绿灯时间，s；

d——检测器和停车线之间的距离，m；

l——排队车辆的车头间距，通常取 6 m；

h——饱和车流通过停车线的车头时距，通常取 2 s；

Integer——进位取整函数，表示不小于自变量且最接近自变量的整数。

假定这样的情形：检测器位于距停车线 15 m 的地方，进口道车速是 40 km/h，于是有：

$$G_{\min}=4+2\times\text{Integer}\left(\frac{15}{6}\right)=4+2\times3=10(\text{s})$$

2. 检测器到达停车线通行时间及最大可允许时距

检测器到达停车线通行时间是车辆以一定的行驶速度，如检测器到达停车线所需要花费的时间：

$$P=\frac{d}{0.2778\ v} \tag{6-24}$$

式中：P——检测器到达停车线通行时间，s；

d——检测器到停车线的距离，m；

v——交叉口进口道车辆行驶速度，km/h。

对于任何给定了检测器位置的相位都可以用式（6-24）计算检测器到达停车线通行时间。然而，检测器到达停车线通行时间也用来作为延长绿灯时间可允许的车辆之间最大感应时距。当检测器所感应到的前后车之间的时距大于该值时，绿灯时间将不再延长。

举例来说，进口道车辆速度为 40 km/h，检测器距停车线 15 m，则：

$$P=\frac{15}{0.277\ 8\times40}\approx1.35(\text{s})$$

将检测器到达停车线通行时间 1.35 s 作为最大可允许时距是不合适的。实际上，只有当检测器感应的车头时距小于该值时才能延长绿灯时间。饱和车流的车头时距通常在 2.0～3.0 s。因此，对于这样短的最大可允许时距，几乎不大可能在最短绿灯时间结束之后延长绿灯时间。

如果由于检测器到达停车线通行时间太短而导致了过小的最大可允许时距，就必须将其提高到一个可接受的水平。总的来说，最大可允许时距在大多数情况下介于 3～4 s。

3. 最大绿灯时间

最大绿灯时间的设定：在假定采用定时式信号控制下，计算最佳周期以及每个相位的绿灯时间。这可以根据前面介绍的定时式信号配时的方法进行计算。之后，再将计算出的绿灯时间乘以 1.25 或者 1.5，就得到最大绿灯时间。

4. 检测器的位置

给定进口道车辆的行驶速度和期望的最小绿灯时间，就可以估计检测器放置的最佳位置。最短绿灯时间要尽可能短，以便车辆更加充分地利用最短绿灯时间，尽量减少由于交通需求不足所带来的最小绿灯时间的浪费。

【例 6-5】 感应式信号控制交叉口进口道车辆的行驶速度为 60 km/h，设定交叉口最短绿灯时间为 10 s，以及 3～4 s 的最大可允许时距，计算检测器放置的位置。

【解】 方法 1：应用式（6-23），在忽略进位取整运算符的情况下求检测器距停车线的距离：

$$d=3\times G_{\min}-12=3\times 10-12=18(\mathrm{m})$$

为了获得 10 s 的最短绿灯时间，检测器应放置在停车线之后 18 m 的位置。由于在式中忽略了进位取整函数 Integer，因此计算结果是期望值的一个近似。在上述例子中，计算结果刚好是 6 的一个整数倍，因此答案可行。如果不为整数，则需要将求出的 d 值反代入式（6-23）中计算 $G_{\min}$，以检验结果的合理性。

方法 2：考虑将检测器放置在停车线后一定的距离，其大小等于车辆在 3～4 s 之间的行驶距离，而 3～4 s 也正是最大可允许时距的变化范围，于是有：

$$d=0.2778\times S\times 3=0.8334\times S \tag{6-25a}$$

或者：

$$d=0.2778\times S\times 4=1.1112\times S \tag{6-25b}$$

对于上面的例子，应用式（6-25a）计算得：

$$d=0.8334\times 60\approx 50(\mathrm{m})$$

对于采用方法 2 所计算的检测器位置，按照式（6-23）重新计算最小绿灯时间，得到：

$$G_{\min}=4+2\times \mathrm{Integer}\left(\frac{50}{6}\right)=22(\mathrm{s})$$

为了避免最小绿灯时间过长，车辆检测器在停车线之后的最大距离应在 40～50 m。

根据 3～4 s 的规则，表 6-7 给出了与进口道行驶速度相对应的感应式信号控制参数：检测器后置停车线距离、最小绿灯时间和检测器到达停车线通行时间。随着进口道速度的增加，检测器的后置距离也随之增加，并导致最小绿灯时间的增加。

表 6-7　检测器的位置和感应式信号控制参数

进口道车辆行驶速度/(km/h)	检测器后置停车线距离/m	最小绿灯时间/s	检测器到达停车线通行时间/s
24	12	8	3
32	18	10	3
40	24	12	3
48	30	14	3.5
56	41	18	3.5
64	52	22	3.5

然而，在工程实践中有许多因素会限制表 6-7 推荐值的使用。例如：当交叉口进口道附近存在接入道路，则检测器应放置在该接入道路的下游；否则，检测器将无法检测由接入道路驶入的车辆。另外，在允许路边停车的情形下，检测器放置位置不当，可能导致其无法检测出来自路侧停放区域的车辆。对城市郊区的孤立交叉口，如果没有路边停车和支路接入，表 6-7 中的推荐值更容易实施。

6.3.5　考虑行人过街要求的感应式信号控制配时

行人对感应式信号控制的要求和定时式信号控制的要求相同。两者的主要区别在于感应式信号控制的最小绿灯时间很少能满足行人横穿道路的要求。因此，大多数的感应式信号控制相位必须有人行过街按钮及行人过街相位。由于行人过街需要很长的时间，行人交通量过大的交叉口不适合采用感应式信号控制。

【例 6-6】图 6-24 是一个由主路和次路相交而成的平面交叉口。若采用定时式信号控制，按两相位信号配时计算，$C=22$ s，主路和次路绿灯时间分配比例为 858 ∶ 135；每相位损失时间为 3 s。主路车辆行驶速度是 64 km/h，次路车辆行驶速度是 40 km/h。由于交叉口几何设计的限制，检测器距离停车线不能超过 9 m。主路行人穿越次路的步行距离为 5.4 m，次路行人穿越主路的步行距离为 12.8 m，行人步行速度为 1.2 m/s，所需启动时间为 4 s。如果该交叉口采取了半感应信号控制（检测器设置在次要道路），试分析主要配时参数。

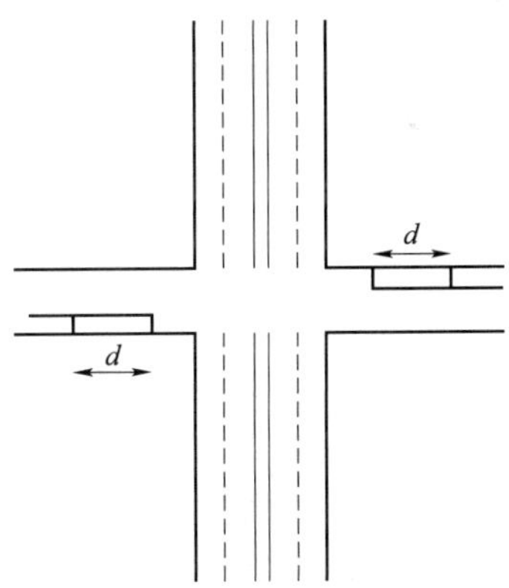

图 6-24　感应式信号控制相位的运行

【解】(1) 次路检测器的位置及最小绿灯时间

题中说明次路车辆行驶速度是 40 km/h，表 6-7 对应于这一速度的检测器后置距离推荐值是 24 m，最小绿灯时间推荐值是 12 s。检测器后置距离推荐值大于题中的最大要求值，因此只能将检测器后置停车线的距离取为所容许的最大值 9 m。然后，由式（6-23）计算最小绿灯时间：

$$G_{\min}=4+\left[2\times\text{Integer}\left(\frac{d}{6}\right)\right]=4+\left[2\times\text{Integer}\left(\frac{9}{6}\right)\right]=8(\text{s})$$

在次要道路的两个进口道，检测器距离停车线的距离都是 9 m，感应相位（次路）最短绿灯时间是 8 s。

（2）次路检测器到达停车线通行时间和最大可允许时距

检测器离停车线的距离为 9 m，由式（6-23）计算检测器到达停车线通行时间：

$$P=\frac{d}{0.277\,8S}=\frac{9}{0.277\,8\times40}\approx0.81(\text{s})$$

行驶中的前后两车之间不可能靠得太近，这个数值对于“最大可允许时距”是不合适的。对于 40 km/h 的行驶速度，表 6-7 中的推荐值是 3 s。因此，将检测器到达停车线通行时间设定为 3 s。

（3）次路最大绿灯时间

假定采用定时式信号控制，则次要道路相位二的最大绿灯时间为：

$$g_2=(22-6)\times\frac{135}{858+135}\approx2.18(\text{s})$$

计算结果远小于最小绿灯时间 8 s。因此，可以将最大绿灯时间取为 8 s。在这种情况下，次路的每个相位的最小绿灯时间都是 8 s，无法进行延长。如果次路的交通需求存在某些远高于均值的高峰时段，可以适当增加最大绿灯时间。

（4）主路最小绿灯时间

尽管主路相位（相位一）不是感应式的，但必须确定其最小绿灯时间。这一参数可以防止次路频繁获取绿灯而影响主路的通行。只有当主路经历了最小绿灯时间后，次路才可能重新获得绿灯。

根据题意，主路最小绿灯与次路最小绿灯之比应为 858∶135，即有：

$$\frac{g_{1\min}}{g_{2\min}}=\frac{858}{135}$$

于是有：$g_{1\min}=\frac{858}{135}\times g_{2\min}=\frac{858}{135}\times8\approx50.8\text{ s}$

取整后，主路最小绿灯时间取值为 51 s。

（5）行人过街要求

为了保证安全，必须检查行人的过街要求。所有相位的最小绿灯时间应满足行人穿越道路的要求。当无法满足时，应安装行人按触装置，以便在需要时启动一个能满足行人过街要求的最小绿灯时间。

当主路绿灯启亮时，最小绿灯是 51 s。主路行人穿过次路所需要的时间应小于主路最小绿灯时间+黄灯时间+全红时间=51+4.3+0.75≈56.1 s。已知主路行人穿越次路的步行距离为 5.4 m，步行速度为 1.2 m/s，启动时间为 4 s。于是主路行人横穿次路所需的时间为：

$$4+\frac{5.4}{1.2}=8.5(\text{s})$$

该值远小于主路最小绿灯时间与黄灯时间和全红时间之和。因此，不需要为主路行人穿越次路提供行人按触装置和行人信号灯。

次路行人穿越主路所需的时间应不小于次路最小绿灯时间与黄灯时间和全红时间之和，即：8+3. 2+2. 3=13. 5 s。

已知次路行人穿越主路的步行距离为12. 8 m，步行速度为1. 2 m/s，启动时间为4 s。于是次路行人穿越主路所需的时间为：

$$4+\frac{12.8}{1.2}\approx 14.7(\mathrm{s})$$

该值大于次路最小绿灯时间与黄灯时间和全红时间之和。因此，需要为次路行人穿越主路提供行人按触装置和行人信号灯。当行人启动装置时，将引发一个时间长度为14. 7-3. 2-2. 3=9. 2(s) 的最小绿灯。

【例6-7】待分析的交叉口位于一个相对孤立的地点，交叉口几何设计如图6-25所示，具有三个相位（相位一：南北向左转，相位二：南北向直行与右转，相位三：东西向直行、右转与左转），黄灯时间为2. 9 s，全红时间为1. 8 s。若采用定时式信号控制，配时参数为：$g_1=9.4$ s，$g_2=18.3$ s，$g_3=13.3$ s，$L=9$ s。交叉口每个进口道车辆的行驶速度都是56 km/h。在人行横道处，行人横穿道路的距离是16. 5 m，步行速度是1. 2 m/s，启动时间是4 s。如果该交叉口采取了全感应式信号控制，试分析主要配时参数。

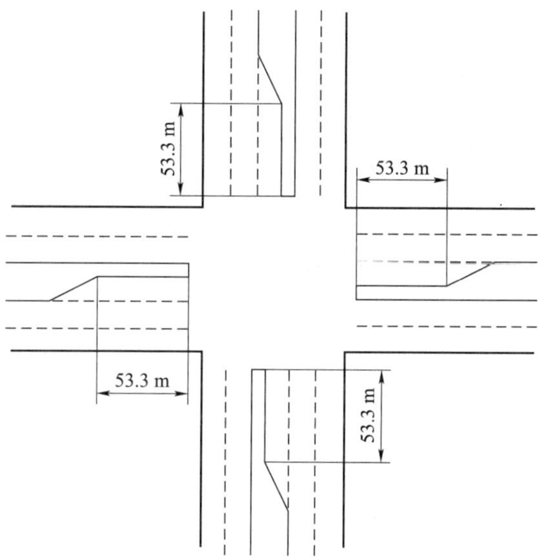

图6-25 交叉口平面图

【解】（1）最小绿灯时间和检测器的位置

对应于56 km/h的行驶速度，表6-7建议将检测器放置在停车线之后的41 m处。在不存在物理限制的情况下可以接受该值。根据式（6-22）计算最小绿灯时间：

$$G_{\min}=4+2\times \mathrm{Integer}\left(\frac{d}{6}\right)=4+2\times \mathrm{Integer}\left(\frac{41}{6}\right)=18(\mathrm{s})$$

计算结果正是表6-7中的推荐值。

（2）检测器到达停车线通行时间和最大可允许时距

根据检测器离停车线的距离，由式（6-24）计算检测器到达停车线通行时间：

$$P=\frac{d}{0.2778S}=\frac{41}{0.2778\times56}\approx2.64(\mathrm{s})$$

这个数值偏少，几乎是该参数所允许的最小值。对应于 56 km/h，表 6-7 对该参数的推荐值是 3.5 s。这个数值比上式计算的结果略大，因此可以采用该推荐值。

(3) 最大绿灯时间

将定时式信号控制假定下所计算的绿灯时间乘以 1.5 倍，得到最大绿灯时间，于是有：

$$g_{1\max}=9.4\times1.5=14.1(\mathrm{s})$$

$$g_{2\max}=18.3\times1.5\approx27.5(\mathrm{s})$$

$$g_{3\max}=13.3\times1.5\approx20.0(\mathrm{s})$$

$$C_{\max}=g_{1\max}+g_{2\max}+g_{3\max}+L=14.1+27.5+20.0+9=70.6(\mathrm{s})$$

以上计算结果与 18 s 的最小绿灯时间相矛盾。这里解决方法有两个：

① 减少最小绿灯时间，同时将检测器前移，靠近停车线；

② 按比例增加最大绿灯时间。

在本例中，不存在妨碍检测器前移的问题。而最大周期时间的长度已超过了 60 s，不宜延长最大绿灯时间。因此，采用前一种方法更合理。如果将检测器前移，使其距停车线的距离为 12.2 m，则最小绿灯时间为：

$$G_{\min}=4+2\times\mathrm{Integer}\left(\frac{d}{6}\right)=4+2\times\mathrm{Integer}\left(\frac{12.2}{6}\right)=10(\mathrm{s})$$

这里，将采用上述修订后的检测器位置和最小绿灯时间。

表 6-7 中的有关检测器的后置距离和最小绿灯时间推荐值有些大，它们适用于交通负荷较大的交叉口，较长的最小绿灯时间能够更好地满足较大的交通量。而在本题中，高峰时期的交通需求不大，不需要过长的最小绿灯时间。

(4) 行人过街要求

每个相位的最小绿灯时间（8 s）与黄灯时间（2.9 s）和全红时间（1.8 s）之和是 8+2.9+1.8=12.7 s，行人横穿道路所需时间应不小于该数值。

已知在人行横道处，行人横穿道路的距离是 16.5 m，步行速度是 1.2 m/s，启动时间是 4 s。于是行人穿越道路所需的时间是：

$$4+\frac{16.5}{1.2}\approx17.8(\mathrm{s})$$

该值大于最小绿灯时间与黄灯时间和全红时间之和。因此，必须为行人提供行人按触装置和行人信号灯。当行人启动该装置时，将引发一个时间长度为 17.8−2.9−1.8=13.1 (s) 的最小绿灯时间。

6.4 单交叉口智能信号控制设计

交叉口交通信号经典的控制方法包括定时控制和感应控制。但是它们都有一定的局限性。定时控制适合于交叉口的交通流量变化比较有规律的交通情况，对于一天内的交通量的不同变化情况，采用多时段定时控制可以适应交通情况的规律变化，仍是一种常用的信号配时方案。但是，由于城市的发展，定时控制运行一段时间后，交通情况会发生一些变化，这时需要进行交通调查重新确定配时方案，比较费时费力，当某些交通情况变化没有规律且受随机因素影响较大时，定时配时的方案会导致停车次数和延误的增加，一般很少采用。

感应控制比定时控制更能适应交通流量的随机变化，但是感应控制的算法中只是考虑对当前通行相位时间的延长，而没有考虑其他相位的车辆排队情况。有时，即使通行相位有车辆连续到达，如果其他方向的车辆排队长度很长，也要及时改变相位，以取得整个路口交通效益的最大化。

解决该问题的方法有两种：一是采用数学模型对交叉口各个方向的车辆到达作准确的预测，根据运筹学和最优化的理论确定各个方向的绿灯时间；二是采用智能控制的方法对交叉口进行控制。由于城市交通系统具有随机性、模糊性、不确定性等特点，很难对其建立数学模型。国内外学者通过建立交通系统的数学模型提出了各种控制算法，且算法十分复杂。由于数学模型不能很好地反映实际的交通系统，因此控制效果不尽如人意，实时性也较差。近年来，随着智能控制理论的发展，用智能控制的方法对交通系统的控制得到了国内外学者的关注。自 20 世纪 80 年代自适应信号控制就出现在大众视野中，对于单个路口的智能控制也引起了国内外不少学者的兴趣。

6.4.1 模糊控制

自从 Pappis 和 Mamdani 将模糊控制应用到单个路口信号控制以来，已有大量的研究将模糊控制应用到交通控制中，其中也有神经网络、遗传算法等其他智能计算方法的应用研究，然而大多是对模糊控制器进行实现和优化，模糊控制仍是最常见的信号控制的智能方法。它具有较强的实时性、鲁棒性和独立性。

模糊控制通过模糊逻辑和近似推理方法，把人的经验形式化、模糊化，变成计算机可以接受的控制模型，让计算机代替人来进行有效的实时控制。模糊控制的关键是模糊控制器的设计，设计模糊控制器必须解决以下几个问题：

① 确定模糊控制器的输入变量和输出变量；

② 设计模糊控制器的控制规则；

③ 确定模糊化和解模糊的方法；

④ 选择模糊控制器的输入变量及输出变量的论域，并确定模糊控制器的参数；

⑤ 编制模糊控制算法的应用程序；

⑥ 合理选择模糊控制算法的采样时间。

两级模糊控制系统的组成框图如图 6-26 所示，此系统为闭环控制系统。

两级模糊控制器的第一级为观测级，第二级为决策级。观测级包括两个模块：红灯相位选择模块和绿灯相位观察模块。决策级包含一个模块：决策模块。每个模块都是一个子模糊控制器。

红灯相位选择模块根据车辆检测器检测到的交通信息判断除当前绿灯方向外所有红灯相位的交通状况，计算各红灯相位等待绿灯的紧迫度，并确定出对绿灯要求最为紧迫的红灯相位作为下一个绿灯相位的候选相位和它的相位紧迫度，将它们传送给决策模块；绿灯相位观察模块根据车辆检测器检测到的交通信息判断当前绿灯方向交通状况，确定绿灯相位繁忙度，也将其传送给决策模块；决策模块根据第一级两个模块的输出比较红灯相位等待绿灯的紧迫度和绿灯相位的繁忙度，决定是切换相位还是延长当前绿灯时间。如果由红灯相位选择

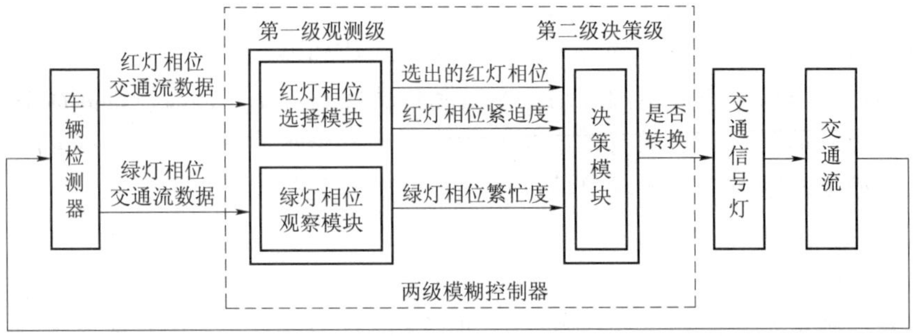

图 6-26　两级模糊控制系统的组成框图

模块选出的相位紧迫度比由绿灯相位观察模块观察的绿灯相位繁忙度高，那么决策模块将进行绿灯相位的切换，否则继续延长当前绿灯时间。该结构易于扩充到各种相位交叉口的信号控制。同时，该结构可以根据现场情况和经验选取红灯和绿灯方向的交通参数，如排队车辆数、车道占有率、红灯持续时间等，有较大的灵活性。

6.4.2　神经网络自学习控制

从前面的方法中可以看到，模糊控制规则一经确定就不再改变，即不具备实时学习功能。这样一来，系统的信号控制效果完全依赖于控制规则的合理性和遍历性，这对于交通状况复杂的路口，特别是多相位路口，是很难做到的。本节介绍的神经网络自学习控制是一种具有实时学习功能的信号控制方法，该控制方法由两个处于底层的神经网络信号控制器和一个处于顶层的控制效果评价准则组成。当系统处于自学习运行状态时，两个神经网络总是交替处于学习和工作状态，控制效果评价准则则根据路口的实际交通状况，确定神经网络是否需要进行学习。神经网络完成自学习后就可作为信号控制器使用。相关文献的仿真研究表明该方法能有效提高多相位路口的通行能力，对车流的变化具有很强的适应性。

众所周知，在车流量大和车流复杂的情况下，传统信号控制方法很难实施有效的控制，但一个经验丰富的交通警察却能应付自如，这说明可模拟交通警察思维的智能控制方法在复杂路口的信号控制方面有着广泛的应用前景。

现在来看交通警察进行交通指挥的过程：他首先将通行权交给某一方向，在此期间他将不断评价目前的交通状况，如果通行方向的大部分车辆已疏散，而另一个方向车辆数增多，他会把通行权交给另一个方向；如果各方向的车辆数均比较多，则通行时间较长；如果各方向的车辆数均比较少，则通行时间较短。神经网络可以自主学习交通警察的指挥经验，具有在线自学习功能的智能控制方法结构如图 6-27 所示。从图 6-27 中可以看出该系统由评价准则、两个神经网络和交叉路口 3 个部分组成。

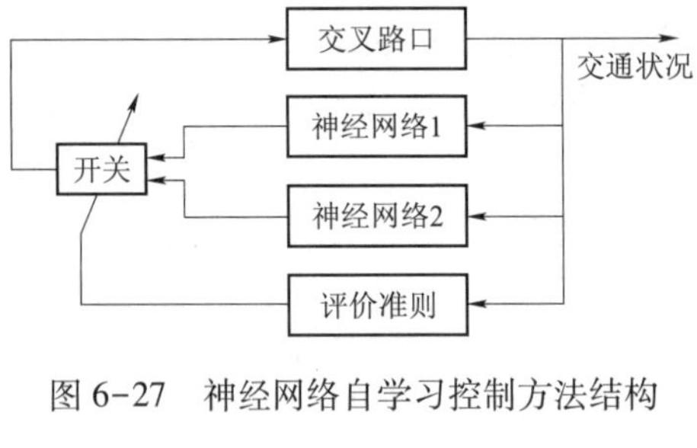

图 6-27　神经网络自学习控制方法结构

6.4.3 其他智能控制方法

在前面两节中介绍了模糊控制和神经网络的智能控制方法，目前，这两种方法是比较常见的。特别是模糊控制，可以说是其他智能控制方法的基础。现在智能控制研究成果较多，各类改进的模型层出不穷，但从总体上来说它们主要是对模糊控制方法的改进，或者是把模糊控制和其他的方法（如神经网络、遗传算法等）结合起来的优化方法。本节将简要介绍两种其他的智能控制方法。

1. 采用遗传算法优化的两级模糊控制方法

模糊控制器首先采用人工初始设置的隶属度函数进行模糊控制，同时历史数据库记录各时间段的交通数据。每经过一定的时间间隔，采用遗传算法利用历史数据库中的数据对模糊隶属度函数进行寻优，找出适合于当前交通流的模糊隶属度函数，并将调整后的隶属度函数送入模糊控制器加以更新。

2. ANN 自校正预测控制

预测控制采用模型预测、滚动优化和模型误差反馈校正，因此，其控制精度高且鲁棒性强。近 20 年来已在许多工业部门得到广泛应用。神经网络因其具有较强的非线性映射能力正引起控制界的极大兴趣，神经网络与预测控制相结合是解决非线性系统控制问题的一种方法。由于交叉路口的信号控制系统具有较强的非线性、随机性、模糊性和不确定性，因而适合采用上述方法。相关文献研究提出了一种新的车流量检测方式，在此基础上建立了排队长度交通模型，其中，下一周期到达的车辆数用一人工神经网络（artificial neural network, ANN）来预测，而 ANN 的输入采用某时刻前上游出口的车流量；通过该 ANN 还可获得确定最佳周期长度所需要的交通参量，因此可预测下一周期的长度；本周期结束时，用到达车辆数的实测值和本周期预测值的差对下周期的预测值进行反馈校正，于是排队长度模型被确定，在此基础上即可给出控制变量带有上下界约束的预测控制方法，从而确定下一周期该路口的控制方案。由于控制方案的求解最终被归结为一个典型的二次凸规划问题，因此，如何求解该优化问题成为解决问题的关键。相关研究根据该二次规划问题的特点，用一种等价的线性规划问题进行求解，大大提高了计算速度，从而满足了交通控制的实时性要求。

6.5 环形交叉口信号控制

环形交叉口的信号控制，是在现有交叉口形式的基础上，安装交通信号灯设施，形成环形交叉口加信号灯控制的交通管理方式，如图 6-28 所示。

1. 作用

类似于普通十字形平面交叉口，在停车（或让路）标志管理交叉口的基础上，当交通需求超过停车管理交叉口所能容纳的程度时，应改为信号控制交叉口。环形交叉口也可在原停车管理的基础上改用交通信号控制，以进一步提高其交通效益。环形交叉口的交通信号灯是用来给环内车辆及入环车辆轮流分配通行权，组织入环车辆与环内车辆之间的交织，而不同于普通十字形交叉口用交通信号来控制两向车流交叉。因此，环形交叉口在信号灯的配置、信号灯头的面对方向、停止线位置的画法及信号控制方式上，同十字形交叉口都有所不

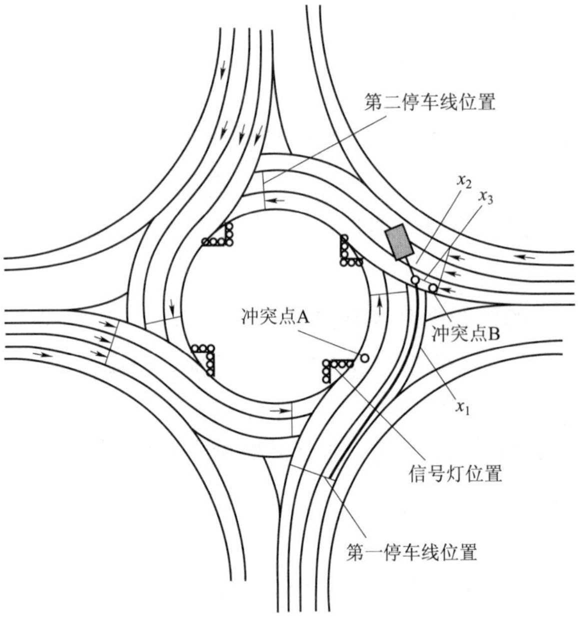

图 6-28 环形交叉口信号控制方式示意图

同。而且用信号控制的环形交叉口的平面布局同常规环交也有差别。

2. 信号灯的配置

在环形交叉口的每一个进口端，应有两组信号灯：一组面对进口道上的入环车辆，叫入口灯；另一组面对这一进口道与上游进口道之间环道上行驶的车辆，称为环道灯。由这两组灯轮流给入环车辆与环内车辆分配通行权，使它们有条件以多股车流分时交织通过环道交织段。

3. 停止线

相应于上述两组信号灯，在每个进口端也有两条停车线：一条画在进口道的入口端，在进口导向岛的角顶，作入环车流的停止线；另一条画在这个进口道上游方向的环道上，近右侧导向岛的前端角顶，作环内车流的停止线。

4. 信号控制方式

环形交叉口，在交通需求很大，达到需要多股车流交织程度时，才需要信号控制，所以一般以采用定时信号为宜。同时，为使同一行车方向上的车辆，不致在通过入口灯后，在其下游的环道灯前再次停车，同一方向上的进口道入口灯同其下游的环道灯应组织联动。

5. 信号配时

在多路环形交叉口信号周期时长优化时，周期时长范围的选择需要同时满足两个约束：① 每个周期环道车流在环道内的停车容量约束；② 出口道停车容量的约束。如果一个周期内环道停车线的排队长度超过环道的停车容量，则排队溢出将造成出环车辆无法出环；如果出口停车线的排队长度超过了出口道停车容量，也将造成排队溢出影响环道的正常运行。以上两种情况都将造成交叉口出现死锁现象。上游环道排队溢出，使得下个相位的环道车流无法出环，从而造成环内车辆无法流动，各进口道都被封堵的死锁现象。因此，信号周期时长在同时满足环道停车容量和出口道停车容量需求的基础上，尽可能取较大值以保证信号配时的绿信比最优。

6.6 饱和流率的观测与分析

在交叉口信号控制设计中，很多情况下，模型不能直接应用于分析，首先需要根据实际情况对模型中的参数进行标定，然后再应用模型进行分析。本节将对交通信号控制模型中的几个基本参数的实测方法做简要介绍。

6.6.1 饱和流率的测量

1. 实际饱和流率的测量

对实际饱和流率的观测一般不直接进行，而是通过观测实际饱和车头时距进行推算的方法获得。车头时距一般在给定进口道的停车线处测量。定义前车的后保险杠通过停止线与本车的后保险杠通过停止线之间的时间间隔为车头时距。对于第一辆车的车头时距则定义为从绿灯信号开始至第一辆车的后保险杠通过停车线之间的时间。

表 6-8 是一张记录车头时距的表格。需要注意的是，每一条车道都是独立观测的，并且每一条车道的饱和流率也是独立计算的。

表 6-8 实地观测记录表

实地记录表——饱和流研究

地点：________________________________

日期：________/________ 时间：________________ 城市：____________

交通范围：________________ 进口道方向：________________

观测者：________________ 天气：________________

允许的车辆转向方向

☐ 直行

☐ 右转　　观测所有车道以及所研究车道的运动

☐ 左转

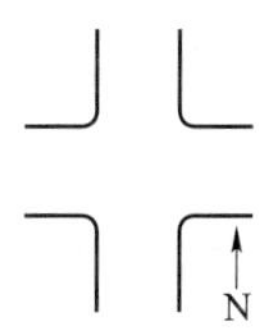

排队车辆	周期 1			周期 2			周期 3			周期 4			周期 5			周期 6		
	时间	HV	T	时间	HV	T	时间	HV	T	时间	HV	T	时间	HV	T	时间	HV	T
1																		
2																		
3																		
4																		
5																		
6																		
7																		
8																		
9																		
10																		
11																		
12																		
13																		
14																		
15																		

HV=大型车

T=转向车（L=左转，R=右转）

饱和流率的测量对于观测时间要求非常严格，观测时间内被观测车道的交通必须处于饱和状态。由于一列车队中的前 4 辆车存在较大的启动损失，因此车队的前 4 个车头时距不符合饱和条件。严格意义上的饱和条件的结束应以绿灯亮时停在停车线后的最后一辆车完全通过停止线的时刻为准。在实际观测时，如果经观察者判断车头时距与前面饱和车队的车头时距相似，那么在绿灯启亮后加入车队尾部的车辆亦可纳入计算。

因此，饱和流率的观测要求红灯期间车辆排队的长度至少为 5 辆车，同时要注意记录每个观测周期内车队的最后一辆车。

表 6-9 给出了一个交叉口进口车道的实际饱和流率观测案例，该车道是一个直行车道。大型车辆以“H”表示，车队中的最后一辆车用一条下划线作为标志。

表 6-9　饱和流率实地观测示例

排队车辆	车头时距观测值（s）与周期数						饱和车头时距之和	饱和车头时距数
	1	2	3	4	5	6		
1	3.5	2.9	3.9	4.2H	2.9	3.2	0.0	0
2	3.2	3.0	3.3	3.6	3.5H	3.0	0.0	0
3	2.6	2.3	2.4	3.2H	2.7	2.5	0.0	0
4	2.8H	2.2	2.4	2.5	2.1	2.9H	0.0	0
5	2.5	2.3	2.1	2.1	2.2	2.5	13.7	6
6	2.3	2.1	2.4	2.2	2.0	2.3	13.3	6
7	3.2H	2.0	2.4	2.4	2.2	2.3	14.5	6
8	2.5	1.9	2.2	2.3	2.4	2.0	13.3	6
9	4.5	2.9H	2.7H	1.9	2.2	2.4	12.1	5
10	6.0	2.5	2.4	2.3	2.7H	2.1	12.0	5
11		2.8H	4.0	2.2	2.4	2.0	9.4	4
12		2.5	7.0	2.9H	5.0	2.3	7.7	3
13		5.0		4.1		6.0	0.0	0
14		7.5					0.0	0
15							0.0	0
合计							96.0	41

要注意，每个观测周期中前 4 个车头时距是不用的，因为它们反映的是饱和车头时距与启动损失时间之和。此外，最后一辆排队车辆之后的车头时距一般也不用于分析。因此，在第 1 个周期中，第 5 辆车至第 8 辆车的车头时距可以用来反映饱和状况；在第 2 个周期中，第 5 辆车至第 12 辆车的车头时距可用；在第 3 个周期中，第 5 辆车至第 10 辆车的车头时距可用；在第 4 个周期中，第 5 辆车至第 12 辆车的车头时距可用；第 5 个周期中，第 5 辆车至第 11 辆车车头时距可用；在第 6 个周期中，第 5 辆车至第 12 辆车的车头时距可用。

因此，这 6 个观察周期内饱和车头时距总和为 96 s。观测到的饱和车头时距共有 41 个。

平均饱和车头时距是：

$$h=\frac{96.0}{41}\approx 2.34(\mathrm{s})$$

观测到的饱和流率为：

$$S=\frac{3\ 600}{h}=\frac{3\ 600}{2.34}\approx 1\ 538(\text{辆/h})$$

2. 理想饱和流率的观测

饱和流率的实测方法使人们不需要用公式来估计实际饱和流率。然而，这种方法是有局限性的，因为它仅适用于对现有交叉口的分析。对于设计交叉口或一些无法进行实测的情况，则必须依靠饱和流率模型进行估算。

饱和流率模型中有一个最基本的参数——理想饱和流率。对理想饱和流率进行实地观测是一个很艰难的过程，因为严格的理想状态在现实中很难被观测到。一般来说，符合以下要求的路段即可被认为满足理想的几何条件：3.0～3.5 m 宽的车道，无路边停车带，无坡度等。如果可能的话，最好是大于三车道的进口道，这样就可以对仅有直行车的中央车道进行观测。除此之外，需要注意的一个问题是如何处理大型车。

假设一个进口车道的几何条件是理想的，那么怎样的车头时距可以被认为是理想状态的车头时距呢？显然，任何一个受大型车或转向车影响的车头时距都是不符合理想状态要求的。这些大型车辆或转向车辆不仅影响了它们本身的车头时距，同时也影响了行驶于其后的车辆。因此，只有不出现在大型车或转向车之前车辆的车头时距才是“理想”的。此外，需要注意的是，与实际饱和流率的测量一样，车队中的前 4 个车头时距是不用的，因为它们包含了启动损失时间。

在表 6-10 的实例中，假设车道的几何条件是理想的，那么在所有观测周期中只有周期 2 和周期 3 存在理想的车头时距。在其余任一周期中，都有一辆大型车出现在车队的前 4 辆车中。在周期 2 和周期 3 中，第一辆大型车都是出现在车队的第 9 位。因此，这两个周期中，第 5 至第 8 个车头时距可以被认为是理想状态下的车头时距。表 6-10 给出了这些理想状态下车头时距的记录情况。

表 6-10　表 6-9 中数据的理想饱和流率计算

排队车辆	车头时距观测值/s	
	周期数	
	2	3
5	2.3	2.1
6	2.1	2.4
7	2.0	2.4
8	1.9	2.2
SUM	8.3	9.1
	17.4	

从表 6-10 中可以看出，观测时段内符合理想状态的车头时距共有 8 个，总和为 17. 4 s。则该进口车道的平均理想车头时距为：

$$h_{\mathrm{idl}}=\frac{17.4}{8}\approx 2.18(\mathrm{s})$$

因此，理想饱和流率 S_{idl} 为：

$$S_{\mathrm{idl}}=\frac{3\,600}{2.18}\approx 1\,651(\text{辆}/\mathrm{h})$$

这一结果可以用来作为该进口车道的基本参数，这样做可以使分析过程更准确地反映实际道路交通条件和驾驶特性。当然，校准用于模型分析的理想饱和流率不能仅依据对一个交叉口进口车道的几次短时的观测，而应在较长的时间内观测很多地点，然后参照上述的方法对理想饱和流率进行估计。

6. 6. 2 启动损失时间的测量

启动损失时间是计算信号交叉口周期以及通行能力的关键参数。启动损失时间的观测主要针对车队中前 4 辆车的车头时距，启动损失的计算以理想饱和车头时距的观测值为基础。

需要说明的是，虽然标准做法要求使用每列车队的前 4 辆车的车头时距来计算启动损失，然而这并不是必需的，存在不同的研究认为计算启动损失时间也许要考虑车队前 6 辆车的车头时距才更为合理。可以通过绘制车队中不同位置车辆的车头时距分布图，然后找出从哪个车头时距开始数据趋于平稳，从而确定启动损失计算应考虑哪些车辆。以图 6-29 为例，前 6 辆车显然都存在较为明显的启动损失，因此，前 6 辆车的车头时距可以包括在启动损失时间的标定中，而从第 7 辆车开始以后的车头时距才可以用于饱和流率的标定。

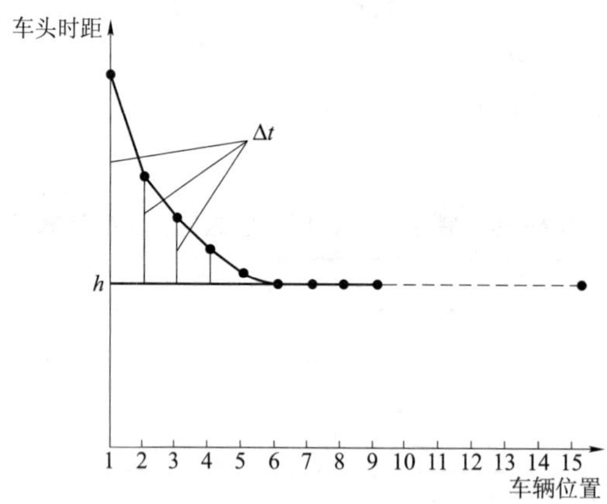

图 6-29 车队启动过程中车头时距分布图

实践经验表明，在大多数情况下，启动损失时间只需要考虑车队的前 4 辆车。表 6-11 具体说明了一条车道上一个单独观测车队的启动损失计算方法。需要注意的是，既然启动损失时间是要在理想条件下测定的，那么任何一列在前 4 辆车的位置上有大型车或者转向车辆出现的车队数据都是不可用的。在表 6-11 的例子中，理想饱和车头时距是 2.0 s，因此，启动损失时间为前 4 辆车的车头时距观测值与 2.0 s 之间的差值之和。

表 6-11 启动损失时间计算示例

排队车/辆	车头时距/s	车头时距>2.0 s
1	3.5	1.5
2	3.0	1.0
3	2.4	0.4
4	2.2	0.2
启动损失时间=3.1 s		

6.7 单交叉口信号控制设计示例

【例 6-8】 已知一新建交叉口为主干道与主干道相交的十字形交叉口，道路条件满足规划要求，自行车道宽 5.5 m，有关交叉口的基本交通条件如下。

① 根据预测通车时交叉口各流向高峰时段高峰小时 Q_{mn}（直行车大车率：东西进口道 4%，南北进口道 2%；左、右转大车率为 0）、最高 15 min 流率换算的小时交通量 q_{dmn}（PHF 取 0.75）如表 6-12 所示。

表 6-12 交叉口各流向流量

进口道		Q_{mn}/(pcu/h)	大车率/%	q_{dmn}/(pcu/h)
西进口	直行	475	4	633
	左转	104	0	139
	右转	84	0	112
总计		663		884
东进口	直行	374	4	499
	左转	127	0	169
	右转	60	0	80
总计		561		748
北进口	直行	486	2	648
	左转	46	0	61
	右转	58	0	77
总计		590		786
南进口	直行	570	2	760
	左转	64	0	85
	右转	61	0	81
总计		695		926

② 预测高峰时段高峰小时自行车交通量 q_{dmn}（估计北进口左转率为 25%，其他进口左

转率为 10%；右转率均为 15%）、最高 15 min 交通量的平均流率如表 6-13 所示。

表 6-13　自行车交通量和最高 15 min 交通量的平均流率

进口道	Q_{bmn}/（辆/h）	平均流率/（辆/min）
西进口	1 260	28
东进口	1 350	30
北进口	900	20
南进口	1 215	27

③ 估计各向行人流量为 600 人/h。

试根据所提供的资料和数据及本章前述的有关方法对该交叉口进行信号配时设计。交叉口信号配时设计需要进行试算，下面为配时设计过程。

【解】（1）渠化设计与饱和流量校正计算

第一次试算：根据前述方法，先初步确定该交叉口的渠化方案（车道功能划分）如图 6-30 所示。

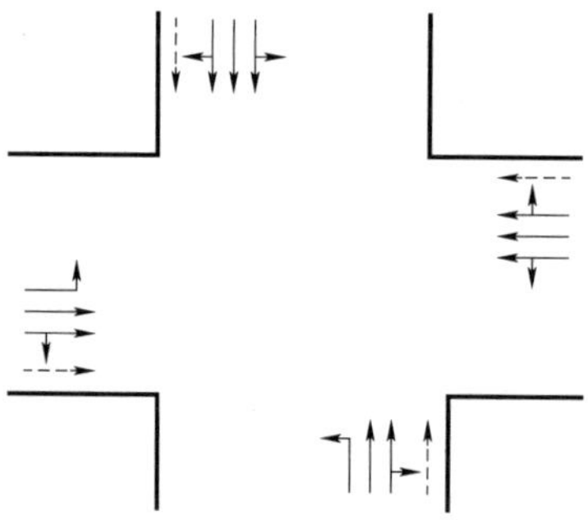

图 6-30　初步渠化方案

① 设信号周期为 60 s，相应的相位方案为基本相位加上东西向左转专用相位即 3 个相位，则按式 $L=\sum_k (L_s+I-A)_k$ 和 $G_e=C_0-L$ 计算的总损失时间 L 和总有效绿灯时间 G_e 填入表 6-14 顶端的“初设周期、相位数、计算相位损失时间、总损失时间、总有效绿”表达式。

② 按式 $f_W=\begin{cases}1 & W=3.0-3.5\\ 0.4(W-0.5) & 2.7\leqslant W\leqslant 3.0\\ 0.05(W+16.5) & W>3.5\end{cases}$、$f_g=1-(G+HV)$ 计算通用校正系数 f_W、f_g 填入表 6-14 相应栏“通用校正”。在计算 f_W 时，因根据题意车道宽度均满足规划要求，故都为 1；在计算 f_g 时，要注意到在直右和直左合用车道中的大车率不同于题中给出的直行流量中的大车率，应根据等排队长度原理计算在直右和直左合用车道中的大车率，例如，对于北进口道的直右车道中的大车率计算如下：

已知该进口道的直行设计流量为 648 辆/h，且大车率为 2%，右转为 77 辆/h，左转为

61 辆/h，则根据该进口道的车道功能划分，应用等排队长度原理，该进口道的直右和直左两条车道的车辆排队近似相等，每条车道的设计车流量为（648+77+61）/3 = 262 辆/h，于是直右车道中的直行车为（262−77）= 185 辆/h，大车为 185×2% = 3.7 辆/h，大车率为 3.7/262≈1.4%，直左车道中的直行车为（262−61）= 201 辆/h，大车为 201×2% ≈4.0 辆/h，大车率为 4.0/262≈1.5%。同理计算其余进口道的大车率。

③ 按式 $f_b=\begin{cases}1-\dfrac{1+\sqrt{b_L}}{g_e} & \text{无左转专用相位}\\ 1 & \text{有左转专用相位}\end{cases}$ 和 $b_L=\dfrac{\beta_b B(C-g_e)}{C}$ 计算自行车影响校正系数。因设有左转专用相位的进口道的直行车不受左转自行车的影响，故此项计算仅考虑南北向的进口道即可，计算结果填入表 6-14 相应栏“直行车道自行车校正”。

④ 按式 $f_L=\exp\left(-0.001\zeta\dfrac{q_{T0}}{\lambda}\right)-0.1$ 计算左转校正系数。因该计算是针对无左转专用相位而言的，故仅计算南北向即可，计算结果填入表 6-14 相应栏“左转校正”。

⑤ 按式 $f_r=\begin{cases}1, & r>15\text{m}\\ 0.5+\dfrac{r}{30}, & r\leqslant 15\text{m}\end{cases}$ 和 $f_{pb}=\min[f_b,\ f_b']$、$f_p=\dfrac{(1-p_f)g_p+(g_{eR}-g_p)}{C}$、$f_b'$、$t_T=\left(\dfrac{b_{TS}}{S_{TS}}+\dfrac{b_{TD}}{S_{TD}}\right)\dfrac{3\,600}{W_b}$、无实测数据时用简化方法估算 $t_T=\dfrac{3\,600(1-\lambda)b_T}{S_{TS}W_b}$ 计算右转校正系数，计算结果填入表 6-14 相应栏“右转校正”。

⑥ 按式 $f_{TL}=(q_T+q_L)/q_T'$、$q_T'=K_L q_L+q_T$、$K_L=S_T/S_L'$ 计算直左合流校正系数。因仅北进口有直左合用车道，故此项计算只需考虑该进口道，计算结果填入表 6-14 相应栏“直左校正”。

⑦ 按式 $f_{TR}=(q_R+q_T)/q_T'$、$q_T'=K_R q_R+q_T$、$K_R=S_T/S_R'$ 计算直右合流校正系数，计算结果填入表 6-14 相应栏“直右校正”。

⑧ 根据上述计算结果，计算各项校正饱和流量：

按式 $S_L=S_{bL}\times f_W\times f_g$ 计算左转专用相位校正饱和流量 S_L，例如，计算西进口的 S_L 时，S_{bL}的值按表取 1 550，f_W、f_g 的值分别用表 6-14 相应栏“通用校正”中对应的数据（均为 1），所以结果为 1 550，并填入表 6-14 相应栏“校正饱和流量”中。其余的计算与此类似。

按式 $S_T=S_{bL}\times f_W\times f_q\times f_b$ 计算直行校正饱和流量 S_T，计算方法与上述相似，此处不再重复。

按式 $S_{TL}=S_T\times f_{TL}$ 和 $S_{TR}=S_T\times f_{TR}$ 计算直左校正饱和流量 S_{TL} 和直右校正饱和流量 S_{TL} 时，应注意式中的 S_L 应该是合用车道中的直行校正饱和流量，故计算该 S_L 时要采用相应车道的 f_W 和 f_g。同时，应根据等排队长度原理分别计算直左合用和直右合用车道中的设计直行流量 q_T（参见上述第②步），其余计算与上述相似，不再重复。

⑨ 按式 $Y=\sum_{j=1}^{j}\max\{y_j,\ y_j',\ \cdots\}=\sum_{j=1}^{j}\max\left\{\left(\dfrac{q_d}{S_d}\right)_j,\ \left(\dfrac{q_d}{S_d}\right)_j',\ \cdots\right\}$；$(Y\leqslant 0.9)$ 计算各车道流量比、各相位最大流量比和最大流量比总和，计算结果分别填入表 6-15 相应栏“流量比”和“流量比总和”。

本次试算的结果表明总流量比 $Y=0.9717$，出现大于 0.9 的情况，说明进口车道划分不合理，通行能力无法满足实际流量的需求，需重新设计。

第二次试算：分析第一次试算的过程，发现使 Y 超出 0.9 的主要问题在于北进口的直左车道的流量比较大，如果能够有办法使该车道的流量比下降，那么就有可能使 Y 不超过 0.9。所以，重新划分车道功能时，东西向进口道保持不变，将北进口直左合用车道改为左转专用车道，并各增加北进口道和南进口道一条直行车道，具体渠化方案见图 6-31。

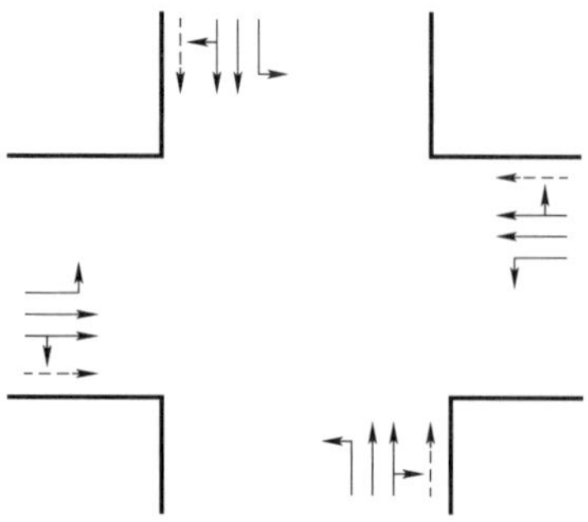

图 6-31 第二试算的渠化方案

信号相位仍与第一次试算相同，为三相位，取初始周期时长为 60 s。再按第一次试算时的 9 个步骤计算，将有关计算结果填入表 6-16。类似前面的计算，得到表 6-17 数据。由表 6-17 可知，这时的总流量比 $Y=0.6310<0.9$，所以，可以进行下一步的配时计算。

（2）信号配时计算

按式 $L=\sum_k (L_s+I-A)_k$ 和 $C=\dfrac{L}{1-Y}$ 计算得到总损失时间 $L=9$ s，从而 $C=24.4$ s。然后按式 $g_{ej}=G_e\dfrac{\max\{y_i,\ y_i',\ \cdots\}}{Y}$、$\lambda_j=\dfrac{g_{ej}}{C_0}$、$g_j=g_{ej}-A_j+I_j$ 计算出各相位的实际显示绿灯时间，填入表 6-17 的相应栏。

最小绿灯时间验算：计算东西向的最小绿灯时间时，行人过街宽度有两种计算方法：一种是行人一次过街，则过街宽度就是人行横道的长度；另一种是在路中央设置行人过街安全岛，行人分两次过街，这时的过街宽度大约就是人行横道长度的一半。在本例中，因为根据车道的划分，人行横道的长度至少在 30 m（每条进口车道宽度按 3.0 m 计，每条出口车道宽度按 3.5 m 计，）以上，所以，采用路中央设置行人过街安全岛的方法。按式 $g_{\min}=7+\dfrac{L_p}{v_p}-I$ 计算的最小绿灯时间填入表 6-17 相应栏。但从计算结果看，由于周期时长偏小，第二相位的显示绿灯时间为 5.9 s，而计算的最小绿灯时间为 18.0 s，第三相位的显示绿灯时间为 6.8 s，而计算的最小绿灯时间为 16.7 s，因此，无法满足行人过街所需的最短时间，需扩大周期时长重新进行计算。

第三次试算：按最短绿灯时间的要求，将周期时长定为 60 s，保持第二次试算中的设计方案，并重新计算有关信号配时参数，填入表 6-18 的相应栏。根据最后得到的信号配时参数重新计算饱和流量校正系数，计算结果填入表 6-19 的相应栏。据此结果，计算饱和流量、通行能力和饱和度，计算结果填入表 6-20 的相应栏。由表 6-20 可知，总流量比 $Y=0.4797<0.9$。同时，除东进口左转饱和度为 0.74、西进口直行和直右饱和度分别为 0.72 和 0.74 外，其他流向饱和度均小于 0.7。

表 6-14　饱和流量校正系数计算表

初始周期 $C=60$ s、相位数 $j=3$，计算相位损失时间 $L_s=3$ s、总损失时间 $L=9$ s、总有效绿灯时间 $G_e=51$ s

进口道	车道功能	车道数渠化方案	对向直行车道数	每周期转弯车数	通用校正			直行车道自行车校正					左转校正				右转校正					直左校正						直右校正					
					车道校正	坡度大车校正											转弯校正		行人或自行车干扰校正														
					f_W	G+HV	f_g	B	β	g_e	b_L	f_b	ξ	q_r	λ 或 G_e/jC	f_L	r	f_r	λ	t_r	f_b 或 f_p	q_r	q_L	s'_L	K_L	q'_r	f_{TL}	q_r	q_R	S'_R	K_R	q'_r	f_{TR}
西	左	1		2	1		1																										
	直左																																
	直行	1			1	0.04	0.96					1																					
	直右	1			1	0.03	0.97										>15	1	0.28	2.74	0.84							261	112	1 261	1.10	384	0.97
	右				1																												
东	左	1		3	1		1																										
	直左																																
	直行	1			1	0.04	0.96					1																					
	直右	1			1	0.02	0.98										>15	1	0.28	2.93	0.83							209	90	1 244	1.10	297	0.97
	右				1																												
北	左			1	1																												
	直左	1			1		0.98	20	0.25	17	3.58	0.83	0.63	760	0.283	0.09						210	61	132	98	818	0.33						
	直行	1	2		1	0.02	0.98	20	0.25			0.83																					
	直右	1			1	0.01	0.98	20	0.25	17	3.58	0.83					>15	1	0.28	1.56	0.91							194	77	1 379	1.09	278	0.98
	右				1																												
南	左	1		1	1		1						0.51	675	0.283	0.20																	
	直左																																
	直行	1	3		1	0.02	0.98	27	0.10	17	1.94	0.86																					
	直右	1			1	0.02	0.98	27	0.10	17	1.94	0.86					>15	1	0.28	2.64	0.84							339	81	1 283	1.09	428	0.98
	右																																

表 6-15　交通信号配时设计计算表

初始周期时长 60 s

进口道	车道		PHF	q_{dmn}	每周期转弯车辆数	车道渠化方案	设计饱和流量 S_d	流量比 y	相位最大流量比	流量比总和 Y	总损失时间 L	周期时长 C_0	总有效绿灯时间 G_e	有效绿灯时间 g_e	绿信比 λ	显示绿灯时间 g	最短绿灯时间 g_{min}
西	左	104	0. 75	139	2	1	1 550	0. 089 7	相位 1：0. 109 2	0. 971 7							
	直左																
	直	475	0. 75	633		1	1 584	0. 235 3									
	直右			373		1	1 539	0. 242 2									
	右	84	0. 75	112													
东	左	127	0. 75	169	3	1	1 550	0. 109									
	直左																
	直	374	0. 75	499		1	1 584	0. 182 7									
	直右			289		1	1 542	0. 187 6	相位 2：0. 242 2								
	右	60	0. 75	80													
北	左	46	0. 75	61	1												
	直左			262		1	437	0. 620 3									
	直	486	0. 75	675			1 342	0. 503									
	直右			262		1	1 310	0. 203									
	右	58	0. 75	77													
南	左	64	0. 75	85	1	1	305	0. 279 6	相位 3：0. 620 3								
	直左																
	直	570	0. 75	760		1	1 390	0. 302 7									
	直右			421		1	1 367	0. 307 8									
	右	61		81													

表 6-16 饱和流量校正系数计算表

初始周期 $C=60$ s、相位数 $j=3$，计算相位损失时间 $L_s=3$ s、总损失时间 $L=9$ s、总有效绿灯时间 $G_e=51$ s

进口道	车道功能	车道数渠化方案	对向直行车道数	每周期转弯车数	通用校正			直行车道自行车校正					左转校正				右转校正					直左校正						直右校正					
					车道校正	坡度大车校正											转弯校正		行人或自行车干扰校正														
					f_W	G+HV	f_g	B	β	g_e	b_L	f_b	ξ	q_r	λ 或 G_e/jC	f_L	r	f_r	λ	t_r	f_b 或 f_p	q_r	q_L	s'_L	K_L	q'_r	f_{TL}	q_r	q_R	S'_R	K_R	q'_r	f_{TR}
西	左	1		2	1		1																										
	直左																																
	直行	1			1	0.04						1																					
	直右	1			1	0.03											>15	1	0.28	2.74	0.84							261	112	1 261	1.10	384	0.97
	右				1																												
东	左	1		3	1		1																										
	直左																																
	直行	1			1	0.04	0.96					1																					
	直右	1			1	0.03	0.97										>15	1	0.28	2.93	0.83							209	80	1 244	1.10	297	0.97
	右																																
北	左	1	3	1	1		1							760	0.28	0.155																	
	直左																																
	直行	2			1	0.02	0.98	20	0.25			0.83																					
	直右	1				0.02	0.98	20	0.25	17	3.58	0.83					>15	1	0.28	1.56	0.91							173	77	1 379	1.09	257	0.97
	右				1																												
南	左	1	3	1	1		1						0.51	675	0.283	0.197																	
	直左																																
	直行	2			1	0.02	0.98	27	0.10	17	1.94	0.86																					
	直右	1			1	0.02	0.98	27	0.10	17	1.94	0.86					>15	1	0.28	2.64	0.84							199	81	1 283	1.06	286	0.98
	右																																

表 6-17 交通信号配时设计计算表

进口道	车道					车道渠化方案	设计饱和流量 S_d	流量比 y	相位最大流量比	流量比总和 Y	总损失时间 L	验算/选取周期 C_0	计算总有效绿灯时间 G_e	有效绿灯时间 g_e	绿信比 λ	显示绿灯时间 g	最短绿灯时间 g_{min}
			PHF	q_{dmn}	每周期转弯车辆数												
西	左	104	0.75	139	2	1	1 550	0.089 5	相位 1：0.109 2	0.631 0	9	24.39	15.4	2.7	0.109 2	2.7	
	直左																
	直	475	0.75	633		1	1 584	0.235 3									
	直右					1	1 539	0.242 2									
	右	84	0.75	112													
东	左	127	0.75	169	3	1	1 550	0.109 2									
	直左																
	直	374	0.75	499		1	1 584	0.182 7	相位 2：0.242 2					5.9	0.242 2	5.9	18.0
	直右					1	1 542	0.187 6									
	右	60	0.75	80													
北	左	46	0.75	61	1	1	240	0.255 9									
	直左																
	直	506	0.75	675		2	1 342	0.186 8									
	直右					1	1 307	0.191 8									
	右	58	0.75	77													
南	左	64	0.75	85	1	1	305	0.279 6	相位 3：0.279 6					6.8	0.279 6	6.8	16.7
	直左																
	直	570	0.75	760		1	1 390	0.201 8									
	直右					1	1 364	0.205 6									
	右	61		81													

表 6-18 交通信号配时设计计算表

进口道	车道		PHF	q_{dmn}	每周期转弯车辆数	车道渠化方案	设计饱和流量 S_d	流量比 y	相位最大流量比	流量比总和 Y	总损失时间 L	验算/选取周期 C_0	计算总有效绿灯时间 G_e	有效绿灯时间 g_e	绿信比 λ	显示绿灯时间 g	最短绿灯时间 g_{min}
西	左	104	0.75	139	2	1	1 550	0.089 7	相位 1：0.109 2	0.631 0	9	60	51	8.8	0.147 2	8.8	
	直左																
	直	475	0.75	633		1	1 584	0.235 3									
	直右					1	1 539	0.242 2									
	右	84	0.75	112													
东	左	127	0.75	169	3	1	1 550	0.109 2									
	直左																
	直	374	0.75	499		1	1 584	0.182 7	相位 2：0.242 2					19.6	0.326 2	19.6	18.0
	直右					1	1 542	0.187 6									
	右	60	0.75	80													
北	左	46	0.75	61	1	1	240	0.255 9									
	直左																
	直	506	0.75	675		2	1 342	0.186 8									
	直右					1	1 307	0.191 8									
	右	58	0.75	77													
南	左	64	0.75	85	1	1	305	0.279 6	相位 3：0.279 6					22.6	0.376 7	22.6	16.7
	直左																
	直	570	0.75	760		2	1 390	0.201 8									
	直右					1	1 364	0.205 6									
	右	61		81													

表 6-19　饱和流量校正系数计算表

选取周期 $C=60$ s、相位数 $j=3$，计算相位损失时间 $L_s=3$ s、总损失时间 $L=9$ s、总有效绿灯时间 $G_e=51$ s

进口道	车道功能	车道数渠化方案	对向直行车道数	每周期转弯车数	通用校正			直行车道自行车校正					左转校正				右转校正					直左校正						直右校正					
					车道校正	坡度大车校正											转弯校正		行人或自行车干扰校正														
					f_W	G+HV	f_g	B	β	g_e	b_L	f_b	ξ	q_r	λ 或 G_e/jC	f_L	r	f_r	λ	t_r	f_b 或 f_p	q_r	q_L	s'_L	K_L	q'_r	f_{TL}	q_r	q_R	S'_R	K_R	q'_r	f_{TR}
西	左	1		2	1		1																										
	直左																																
	直行	1			1	0.04						1																					
	直右	1			1	0.03											>15	1	0.33	2.57	0.85							261	112	1 276	1.10	384	0.97
	右				1																												
东	左	1		3	1		1																										
	直左																																
	直行	1			1	0.04	0.96					1																					
	直右	1			1	0.03	0.97										>15	1	0.33	2.76	0.84							209	80	1 260	1.10	297	0.97
	右																																
北	左	1		1	1		1							760	0.38	0.257 3																	
	直左																																
	直行	2	3		1	0.02	0.98	20	0.25			0.88																					
	直右	1				0.02	0.98	20	0.25	22.6	3.12	0.88					>15	1	0.28	1.56	0.91							173	77	1 387	1.08	257	0.98
	右				1																												
南	左	1		1	1		1						0.51	675	0.38	0.351 1																	
	直左																																
	直行	2	3		1	0.02	0.98	27	0.10	22.6	1.68	0.90																					
	直右	1			1	0.02	0.98	27	0.10	22.6	1.68	0.90					>15	1	0.28	2.64	0.84							199	81	1 291	1.06	286	0.98
	右																																

表 6-20 交通信号配时评价计算表

周期 $C=60$ s、相位数 $j=3$，计算相位损失时间 $L_s=3$ s、总损失时间 $L=9$ s、总有效绿灯时间 $G_e=51$ s

进口道	车道	车道渠化方案	设计饱和流量 S_d	流量比 y	相位最大流量比	流量比总和 Y	有效绿灯时间 g_e	绿信比 λ	显示绿灯时间 g	通行能力	饱和度	均匀延误	控制类型校正	随机延误	车道信控延误	进口道信控延误	交叉口信控延误	交叉口服务水平
西	左	1	1 550	0.089 5	相位 1：0.109 2	0.479 7	8.8	0.147 2	8.8	228	0.61	24	0.5	11.49	35.45	28.23	19.80	B
	直左																	
	直	1	1 584	0.235 3						517	0.72	17.8		8.446	26.26			
	直右	1	1 539	0.242 2						502	0.74	18		9.547	27.52			
	右																	
东	左	1	1 550	0.109 2						228	0.74	24.5		19.47	43.97	26.39		
	直左																	
	直	1	1 584	0.182 7	相位 2：0.187 6		19.6	0.326 2	19.6	517	0.56	16.7		4.338	21.00			
	直右	1	1 542	0.187 6						503	0.58	16.8		4.725	21.49			
	右																	
北	左	1	399	0.153 8						150	0.41	13.8		8.024	21.80	2.27		
	直左																	
	直	2	1 419	0.176 6						535	0.47	14.2		2.938	17.10			
	直右	1	1 385	0.181 0						522	0.48	14.2		3.149	17.38			
	右																	
南	左	1	467	0.182 8	相位 3：0.182 8		22.6	0.376 7	22.6	176	0.49	14.3		9.287	23.55	13.05		
	直左																	
	直	2	1 453	0.193 1						547	0.51	14.4		3.407	17.85			
	直右	1	1 426	0.196 7						537	0.52	14.5		3.602	18.11			
	右																	

（3）延误及服务水平估算

因本例为新建交叉口，所以可按式 $d=d_1+d_2$、$d_1=0.5C\dfrac{(1-\lambda)^2}{1-\min\{1,\ x\}\lambda}$、$d_2=900T\left[(x-1)+\sqrt{(x-1)^2+\dfrac{8ex}{CAP\cdot T}}\right]$ 和 $d_A=\sum_i d_iq_i/\sum_i q_i$、$d_I=\sum_A d_Aq_A/\sum q_A$ 计算有关延误，根据计算结果查表可得到该交叉口的服务水平等级，有关结果填入表 6-20。由表可知，交叉口延误为 19.80 s/pcu，服务水平为 B 级，符合各项要求。

结论：将第三次试算的结果作为该交叉口进口道的渠化与配时设计方案。

复习思考题

1. 解释信号周期长、绿信比、相位差、绿灯间隔时间、信号损失时间等参数的含义。
2. 解释通行能力、饱和流量、饱和度、服务水平等基本概念的含义。
3. 交通信号控制的类型有哪些？
4. 交通信号控制的模式有哪些？
5. 简述定时信号配时的基本原理和操作流程。
6. 简述感应控制的基本原理。
7. 简述交叉口定时信号控制和感应控制的适用条件。
8. 单个交叉口实现智能控制的方法主要有哪些？
9. 某交叉口进门车道车辆平均到达速度约为 60 km/h，无纵坡，停车线距最远冲突车道的外侧车道线 13 m，距最远冲突人行过街横道的外缘线 16 m。假设平均车长为 5 m，驾驶员反应时间为 1.5 s。考虑行人过街的影响，则该进口车道的最佳黄灯时间和全红时间分别为多少？
10. 某交叉口的信号控制相位方案和初步流率比分析结果如图 6-32 所示。交叉口启动损失时间为 3 s，黄灯时长 3 s，无全红时间。试求：（1）该交叉口可行的最短周期；（2）尝试给出一些合理的交叉口负荷度 v/c 设计目标，并计算相应的信号周期时间；（3）为各相位分配绿灯时间，使得各关键车道组的负荷度 v/c 大致相同。

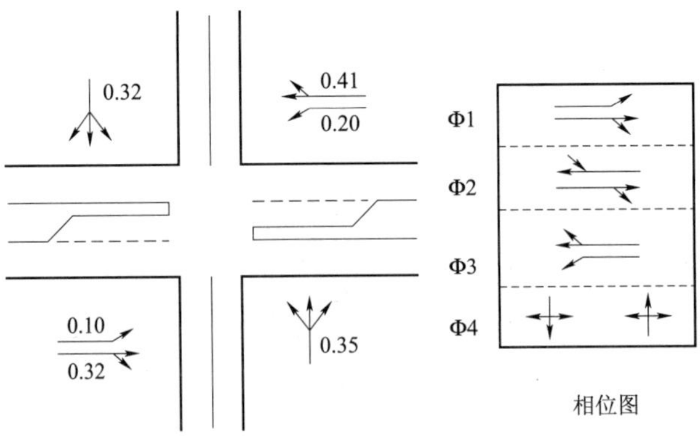

图 6-32　复习思考题 10 图

11. 交叉口几何尺寸及流量需求如图 6-33 所示。已知：高峰小时系数 PHF = 0.94，负

荷度 v/c 设计目标为 0.95，各进口方向都存在中等行人过街流量，南北方向进口道时速为 45 km，东西方向进口道时速为 60 km，行人步行速度为 1.2 m/s，驾驶员反应时间为 1.2 s，各相位启动损失时间均为 3 s。车道无坡度，人行横道宽度取 3 m。试确定合适的初始信号配时方案，并计算各相位的黄灯时间和全红时间。注意保证行人有足够的过街时间。

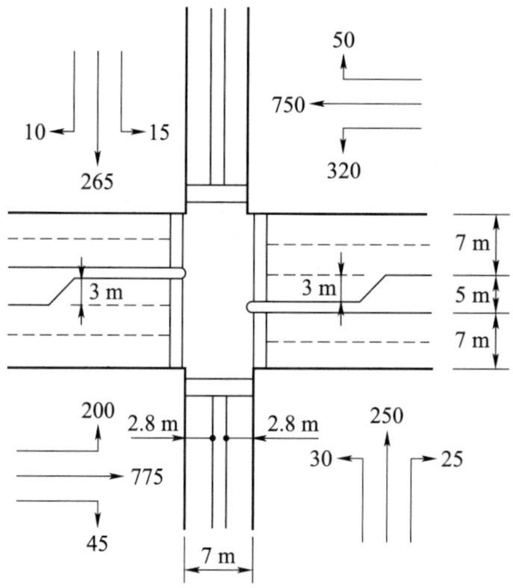

图 6-33　复习思考题 11 图

12. 某交叉口采取了半感应控制方式，次路检测器放置在停车线之后，距停车线 23 m 的位置。推荐的最大可允许时距是 3.0 s。次路进口道车辆的行驶速度是 40 km/h。(1) 试分析次路的最小绿灯时间和检测器到达停车线的通行时间；(2) 假定行人的步行速度是 1.2 m/s，行人步行启动时间为 4 s，黄灯时间为 2 s，全红时间为 1.8 s，主路最小绿灯时间为 50 s，行人横穿主路和次路的距离分别为 20 m 和 6 m，试分析该交叉口的信号配时能否满足行人的过街要求。

13. 某个平面交叉口是由主干道路与次要道路相交而成，采用半感应式控制，检测器设置在次要道路。主要道路为相位一，次要道路为相位二；在高峰时段，两个相位的关键车道组流率比分别是：$y_1=0.6$，$y_2=0.2$，黄灯时间为 2 s，全红时间为 2 s，每相位信号损失时间为 4 s。次路进口道车辆行驶速度为 32 km/h，次路停车线之后 10 m 以外的区域允许路边停车。行人步行速度为 1.2 m/s，启动时间为 4 s。行人穿越主路和次路的距离分别为 22 m 和 7 m。试分析主要参数及行人的过街要求。$\left(\text{定时式信号周期计算公式采用最短信号周期公式：} C=\dfrac{L}{1-Y}\right)$

第7章

干道多交叉口信号联动控制

7.1 干道信号联动控制基本概念及控制方式

7.1.1 基本概念

干道信号联动控制是指通过调节主干道上各信号交叉口之间的相位差，使干道上按照设计车速或是接近设计车速行驶的车辆，获得尽可能不停顿的通行权。主要通过以下几个参数来实现联动控制。

1. 周期时长

首先，按照单点定时信号的配时方法，根据系统中各交叉口的布局及交通流向、流量，计算出各交叉口交通信号所需的周期时长，然后从中选出最大的周期时长作为该系统的周期时长，把需要周期时长最大的交叉口称为关键交叉口。有些交通量较小的交叉口，实际需要周期时长接近于系统周期时长的一半，可把这些交叉口的信号周期时长定成系统周期时长的半数，这样的交叉口称为双周期交叉口。实施双周期交叉口是为了增加车队通过带和减少延误时间（尤其是次要街道)，但同时由于双周期交叉口的周期时长仅为公共周期时长的一半，车队常常在这样的交叉口被截断成两部分，可能破坏绿波效果。因此，只有在某种特定的条件下，这种方法才被使用。一般来说，当对某些交叉口实施双周期的线控方案优于其他方案时才做此选择。

除去非常复杂的情形，如双周期交叉口，干线联动控制要求系统内所有的信号灯均采用统一的周期时长。单就某个交叉口而言，联动控制采用的周期时长很可能不是这个交叉口的最佳周期时长，交通信号的联动控制可能增加了车辆在该交叉口的停车时间。然而，从全局的角度来看，交通信号的联动控制可以改善整个系统的运行效果。如果整体效果没有改善，联动控制就失去了意义。

2. 绿信比

在信号控制系统中，各个信号的绿信比是根据各个交叉口各个方向交通流量的流量比来确定的，因此，在控制系统中，各个交叉口信号的绿信比不一定相同。

3. 相位差

相位差又叫时差或绿时差，相位差有绝对相位差和相对相位差之分。

（1）绝对相位差

绝对相位差是指各个交叉口主干道联动方向的信号绿灯（红灯）的起点或终点相对于某一个交叉口（一般为关键交叉口）主干道联动方向的信号绿灯（红灯）的起点或终点的时间之差，如图 7-1 中的 O_C（A 为基准交叉口）。

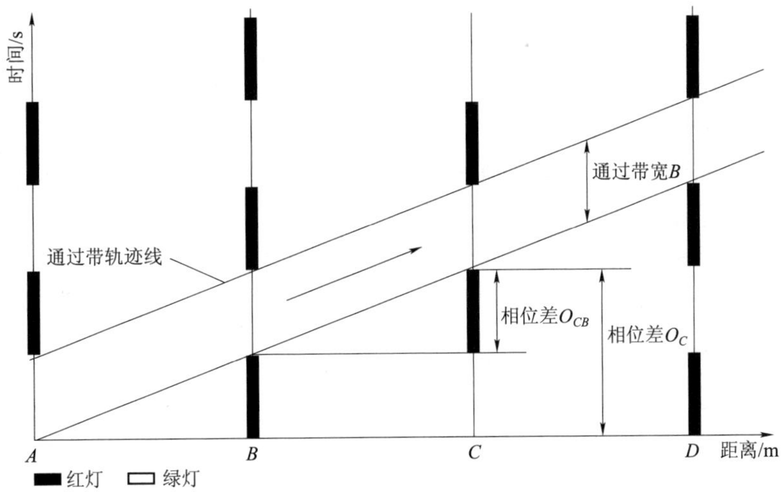

图 7-1 时间-距离图

（2）相对相位差

相对相位差是指相邻交叉口主干道联动方向信号绿灯（红灯）的起点或终点之间的时间之差。相对相位差等于两个交叉口绝对相位差之差，如图 7-1 中的 O_{CB}（相对于 B 交叉口）。

在线控系统中，常常使用绝对相位差的概念，即以一个主要路口的绿灯起始时间为基准，来确定其余路口的绿灯启亮时刻。线控系统配时方案通常用时间-距离图（亦称时距图）来描述，如图 7-1 所示。

为使车辆尽可能顺利地通过联动控制系统，必须使相邻信号间的绿时差同车辆在其间的行程时间相适应，所以相位差是信号控制系统实现联动控制的关键参数。

（3）通过带

在时间-距离图上画两条平行的车辆行驶轨迹，并尽可能使两根轨迹分别靠近各交叉口该信号绿灯时间的起点和终点，则两条轨迹线之间所标定的时间范围称为通过带（或绿波带），两条轨迹的纵坐标之差就是通过带宽（或绿波带宽），简称带宽。它确定干道上交通流所能利用的通车时间，以秒（s）或周期时长的百分数计。

（4）通过带速度

通过带速度即平行轨迹的斜率，它表示沿交通干道可以顺利通过各交叉口的车辆的平均行驶速度。无论在哪个交叉口，只要车辆在通过带内的时刻到达，并以通过带速度行驶，就可以顺利地通过各个交叉口。

（5）通过带宽度

上述两根平行轨迹纵坐标之差即为通过带宽度，它表示可供车辆使用以通过交叉口的时间。

7.1.2 联动控制需要考虑的主要内容

在充分考虑道路系统的类型、主要交通流的空间分布和联动控制的目标基础上，进行信号联动控制方式的选取。

1. 道路系统的类型

道路系统的类型包括单向行驶的主干道路、双向行驶的主干道路、单向行驶的道路网、双向行驶的道路网、由单行道和双行道所构成的混合式道路网等。以当前的道路网络为基础进行信号联动控制通常可以获得一定的效果，然而，有时即使是最优的交通信号联动控制方案依然不能满足道路使用者和道路管理者的要求，此时，工程设计人员就必须要考虑改变道路系统的结构。在重新设计道路系统时，应对道路两个方向的通行能力及其他相关问题都给予谨慎、详细的分析和研究，考虑各种备选方案及其可能的结果。

2. 需要联动控制的交通流

在一个双向行驶的主干道路上，可以对某一个方向的交通流进行联动控制，也可以对两个方向的交通流都进行联动控制。当需要对两个方向的交通流都进行联动控制时，由于这两个方向的联动控制通常会存在一些冲突：优化某个方向协调控制效果的同时会损害另外一个方向协调控制效果。因此，需要在这两个方向的联动控制之间达成某种程度的折中。在一个由交通信号灯所控制的道路网络中，必须确定需要优先考虑的路线方向，对在该方向上运行的交通流进行协调控制。

3. 联动控制的目标

可以选择的目标包括最大带宽、最小延误时间、最少停车次数及停车次数和延误加权综合的最小化等。

7.1.3 联动控制的主要影响因素

1. 主线交通流中存在大量的转出交通流

转出交通流从主线密集排列的车队中转移出去，给主线车流保持高密度的车辆队列带来影响，甚至会破坏整个主线车队的形成，使得主线车辆之间产生大量的空隙，从而影响信号协调控制的效果。此外，从主线左转出去的交通流会影响对面直行车队的运行，给交通信号的协调控制带来更大的问题。

2. 主线交通流中存在大量的转入交通流

转入交通流可能会在主线车队通过交叉口之后的某个时刻转弯进入主线，此时，交叉口的绿灯时间可能已经结束，转入的车辆将无法获得信号灯协调控制所预期的服务水平。因此，转入的交通流量越大，信号灯协调控制的效果也就越差。

3. 主线交通流存在大量的路侧交通干扰

在道路两侧经常发生车辆的停放行为和路边装卸货物等现象，会干扰主线车辆的运行，影响信号灯协调控制的效果。另外，主要道路两侧如果有大量的支路接入，转入或转出支路的车辆也会对主线的车流运行造成严重的影响，不利于信号的协调控制。

4. 需要进行多相位信号控制的复杂交叉口

由多条道路相交而成的多路交叉口具有非常复杂的交通冲突（如五路交叉口），往往需要采取多相位信号控制，以便有效地化解复杂的交通冲突。而多相位的信号控制方案通常难以获得理想的协调控制效果。

5. 信号交叉口之间的距离

在干线街道上，信号交叉口的间距可能在 100 ～ 1 000 m 范围内变化。信号交叉口之间的距离越远，线控效果越差，一般不宜超过 600 m。

6. 街道运行条件

单向交通运行有利于线控系统的实施且实施效果也较显著，因而对实施单向交通的干道应优先考虑采用线控系统。另外，交叉口通行能力的不足及路段上各种车辆的行驶速度具有较大的差异等因素也会对信号协调控制带来各种不利的影响。

7.1.4　定时式干道联动控制方式

定时式干道联动控制指所用的控制配时方案是根据一天时间内的交通流的变化规律预先确定好的。

（1）单向交通街道

单向干道联动控制是指以单方向交通流为优化对象的线控方式。单向干道联动控制常用于单向交通、变向交通或两个方向交通量相差悬殊的道路，因其只需顾及单方向的交通信号协调，所以相位差很容易确定。相邻各交叉口信号间的相位差可按式(7-1)确定：

$$O_f = \frac{s}{v} \times 3\ 600 \tag{7-1}$$

式中：O_f——相邻信号间的相位差，s；

s——相邻信号间的间距，km；

v——线控系统车辆可连续通行的车速，km/h。

（2）双向交通街道

双向交通街道的信号联动控制，在各交叉口间距相等时比较容易实现，而且当信号间车辆行驶时间正好是线控系统周期时长一半的整数倍时，可以获得理想的效果。当各交叉口间距不等时，信号联动控制就较难实现，必须采取试探与折中方法求得信号联动，否则会损失信号的有效通车时间，增加相交街道上车辆的延误。

双向交通定时式控制各信号间的联动方式有以下 3 种。

① 同步式联动控制。在同步式联动系统中，连接在一个系统中的全部信号，在同一时刻，对干道车流显示相同的灯色。

当车辆在相邻交叉口间的行驶时间等于信号周期时长的整数倍时，即相邻交叉口的间距符合式（7-2）时，这些相邻交叉口正好可组成同步式联动控制。当联动的相邻信号灯呈现同步显示时，车辆可连续通过相邻的交叉口。

$$s = \frac{nvC}{3\ 600} \tag{7-2}$$

式中：C——系统周期时长，s；

n——偶数；

s——相邻信号间的间距，km；

v——线控系统车辆可连续通行的车速，km/h。

当交叉口间距相当短，而且沿干道方向的交通量远远大于交叉方向的交通量时，可把相邻交叉口看成一个交叉口，采用同一个配时方案，绿灯开启时刻也相同，组成一个同步式联动控制系统，改善干道车辆的运行。或者当干道交通量特别大，高峰小时交通量接近通行能力，下游交叉口红灯车辆排队有可能越过上游交叉口时，把这些交叉口组成同步式联动系统，可避免交通拥堵情况的发生。但在这两种情况下，采用同步式联动系统，都会使相交街道上的车辆增加停车时间。另外，这种系统存在由于前方显示全是绿灯而导致驾驶员加速赶绿灯的缺点。因此，这种系统在使用时有很大的局限性，现在很少单独采用。

② 交互式联动控制。在交互式联动控制系统中，连接在一个系统中相邻交叉口的信号，在同一时刻，显示相反的灯色。车辆在相邻交叉口间的行驶时间等于信号周期时长的一半的奇数倍时，采用交互式联动系统，车辆可连续通过相邻的交叉口，即相邻交叉口间距符合式（7-3）时，可采用交互式联动系统：

$$s=\frac{mvC}{2\times3\ 600} \tag{7-3}$$

式中：m——奇数；

C——系统周期时长，s；

s——相邻信号间的间距，km；

v——线控系统车辆可连续通行的车速，km/h。

与同步式联动系统一样，交互式联动系统的适用性也受到很大的限制，很少单独采用。

③ 续进式联动控制。续进式协调控制又称绿波协调控制系统，根据路上的要求车速与交叉口间的距离，确定合适的相位差，用以协调干道上各相邻交叉口的绿灯启亮时刻，使在上游交叉口上绿灯开启后开出的车辆，当以适当的车速行驶时，可正好在下游交叉口绿灯启亮后到达。如此，使进入系统的车辆可连续通过若干个交叉口。续进式协调控制系统又分为简单续进式干道联动控制系统和多方案续进式干道联动控制系统。

简单续进式干道联动控制系统只使用一个公用周期时长和一套配时方案，使得沿干道行驶的车队可在各交叉口间以设计车速连续通行。该系统存在一些弊端，如在为干道信号系统确定配时方案时，往往会遇到交通流变化的问题，一个给定的配时方案只能适应特定的交通条件，当这些条件发生变化时，这个配时方案就不再适用。

多方案续进式干道联动控制系统是简单续进式干道联动控制系统的改进系统，可对不同的交通条件给出不同的协调方案，以适应交通流的变化。

7.2 干道联动控制相位差计算与配时设计

7.2.1 理想时差的计算

时差是相邻交叉口的信号灯绿灯启亮时间之差，也就是下游的信号灯绿灯启亮时间减去上游的信号灯绿灯启亮时间。通常可以将时差表示为一个介于零和信号周期时长之间的非负数。在一些特殊的情形之下，时差也可以是一个负数。

理想时差定义为：使得特定的目标最优地得到满足的时差。如果预定的目标是延误最小，则理想时差就是使得延误最小的时差。

通常将交通信号联动控制的理想时差理解为：使得信号灯的联动控制达到最理想状态的时差，即：当车队中的首车刚刚到达下游交叉口时，下游交叉口的信号灯刚好变绿。通常假定车队在通过上游交叉口的时候车队处于运动状态，因此不存在车队的启动时间。这样，理想时差可由下式计算：

$$O_{\mathrm{f}}^{i}=\frac{L}{v} \tag{7-4}$$

式中：O_{f}^{i}——理想时差，定义 O_{f}为未经标准化处理的时差；

L——上、下游相邻交叉口之间的距离，m；

v——车队的行驶速度，m/s。

如果由于某种原因车队在第一个交叉口的停车线之前停了下来，这样当交叉口的绿灯启亮时，车队必须经过最初的启动延误之后才能加速到正常的行驶速度。对于这样的情况，可以在式（7-4）的后面添加一项，以反映车队在第一个交叉口启动时的延误。在使用式（7-4)时，通常不考虑添加车队的启动延误时间（在 2 ～ 4 s)。该公式反映了期望最大带宽、最小延误和最少停车次数的理想时差。实际上，即便车辆在第一个交叉口遇到红灯停车，但因为理想时差的设定，在后续交叉口也会遇到绿灯而不停车通过。

需要引起注意的是，正向偏离理想时差与负向偏离理想时差所引起的损失是不同的。例如，假设理想时差为 25 s；时差 35 s 是正向偏离理想时差，对应的延误为 15 s；时差 15 s 是负向偏离理想时差，对应的延误为 6 s。虽然它们距离理想时差均为 10 s，但是时差 35 s 所造成的系统损失要高于时差 15 s 的系统损失。

7.2.2 干道联动控制的配时设计

1. 时间-距离图

线控系统的配时方案通常可用时间-距离图来描述。时间-距离图（也称时空图)，是将信号灯灯色的显示作为时间函数而绘制的两个及两个以上信号灯的协调控制图。时间-距离图按照一定的比例显示交叉口之间的距离，可以直观地将车辆的空间位置表达为关于时间的函数曲线，参见图 7-1。

2. 配时所需的数据

在确定线控系统的配时方案之前，必须调查收集一批必要的道路交通数据。

（1）干道资料

对整个控制区范围内的路网结构要有较详细的调查数据，包括交叉口数目、交叉口之间的距离（通常计算上、下游两条停车线间的距离)、车道划分及每条车道的宽度、路口渠化情况及每条进口道的饱和流量等。

（2）干线交通状况

干线交通状况包括各交叉口的每一进口方向车辆到达率、转弯车流的流量及流向、行人过街交通量、路段上车辆的行驶速度、车辆延误时间及交通量波动情况、干道上交通管理规则（限速、限制转弯、是否限制停车等）。

（3）干线交叉口的相位、相序安排

根据调查数据，特别是交叉口间距及交通量数据，确定干线上交叉口纳入控制的范围。把交叉口间距过长、交通量相差悬殊、影响信号联动效果的交叉口排除在控制系统之外，或者纳入另一相宜的系统内。再用这些数据计算纳入控制系统范围内的各信号所需的配时，确定一批配时方案备用。

3. 信号配时步骤

信号配时计算步骤如下。

（1）计算线控系统的周期时长

根据每一交叉口的平面布局及计算交通量，按单点定时控制的配时方法，确定每一交叉口所需的周期时长。

以所需周期时长最大的交叉口为关键交叉口，以此周期时长为线控系统的备选系统周期时长。

$$C_{\mathrm{m}}=\max\{C_1,C_2,\cdots,C_j,\cdots\} \tag{7-5}$$

式中：C_{m}——系统周期时长，s；

C_j——线控系统中交叉口 j 的周期时长，s。

（2）计算线控系统中各交叉口的绿灯时间

在干道联动控制下，计算绿信比时，关键交叉口绿信比的计算方法与单点优化绿信比的计算方法相同（非关键交叉口的算法不同，要根据关键交叉口进行调整），具体步骤如下。

① 确定线控系统中协调相位的最小绿灯时间。协调相位即协调方向的相位，各交叉口协调相位所必须保持的最小绿灯时间就是关键交叉口协调相位的绿灯显示时间。

$$t_{\mathrm{EGM}}=(C_{\mathrm{m}}-L_{\mathrm{m}})\frac{y_{\mathrm{m}}}{Y_{\mathrm{m}}} \tag{7-6}$$

式中：t_{EGM}——关键交叉口协调相位的绿灯显示时间，s；

C_{m}——系统周期时长，s；

L_{m}——关键交叉口总损失时间，s；

y_{m}——关键交叉口协调相位关键车流的流量比；

Y_{m}——关键交叉口各相位关键车流流量比之和。

② 确定非关键交叉口非协调相位最小有效绿灯时间。当非关键交叉口非协调相位交通饱和度在满足实用限值 x_{p}（一般取 $x_{\mathrm{p}}=0.9$）时，有等式 $C_{\mathrm{m}}q_n=S_nt_{\mathrm{EG}n}x_{\mathrm{p}}$，则非关键交叉口非协调相位最小有效绿灯时间的实用值为：

$$t_{\mathrm{EG}n}=\frac{C_{\mathrm{m}}q_n}{S_nx_{\mathrm{p}}}=\frac{C_{\mathrm{m}}y_n}{x_{\mathrm{p}}} \tag{7-7}$$

式中：$t_{\mathrm{EG}n}$——非关键交叉口非协调相位中第 n 相的最小有效绿灯时间，s；

C_{m}——系统周期时长，s；

q_n——非关键交叉口非协调相位第 n 相中关键车流的流量，pcu/h；

x_{p}——非关键交叉口非协调相位的饱和度实用值；

y_n——非关键交叉口非协调相位第 n 相关键车流的流量比。

③ 确定非关键交叉口协调相位的有效绿灯时间。干道联动控制子区内的非关键交叉口，其周期时长采用子区的公用周期，协调相位的有效绿灯时间不应短于关键交叉口协调相位的有效绿灯时间。为满足这一要求，非协调相位的最小有效绿灯时间按式（7-7）确定以后，富余有效绿灯时间全部调剂给协调相位，以便形成最大绿波带。

非关键交叉口协调相位的有效绿灯时间可按式（7-8）计算得到：

$$t_{EG} = C_m - L - \sum_{n=1}^{k} t_{EGn} \tag{7-8}$$

式中：t_{EG}——非关键交叉口协调相位的有效绿灯时间，s；

C_m——系统周期时长，s；

L——非关键交叉口总损失时间，s；

t_{EGn}——非关键交叉口非协调相位中第 n 相的最小有效绿灯时间，s；

k——非关键交叉口非协调相位的相位总数。

④ 计算各交叉口各个相位的绿灯显示时间。通过以上 3 个步骤已经求出了各交叉口各个相位的有效绿灯时间，接着可以求出各相的绿灯显示时间。

以上算得的配时方案，在线控系统中，只是备用方案，尚需根据配合联动系统时差的需要给予调整。

（3）确定信号相位差

相位差优化通常采用的两种设计思路是：① 最大绿波带法；② 最小延误法。其中，以最大绿波带为目标的相位差优化方法主要有图解法和数解法。7.2.3 节将对其计算方法进行详细介绍。

（4）控制效果评价

控制配时方案在实施之初，应当实地验证方案的效果；在实施之后，还应当定期到实地验证，即检测车辆平均延误、排队长度等交通评价指标。若发现效果不够理想，应根据实际情况重新调整控制方案。

7.2.3　干道联动控制的相位差基本计算方法

1917 年，世界上第一个线控系统出现在美国的盐湖城，它是一种可同时控制 6 个交叉口的手动控制系统。1922 年，得克萨斯州休斯敦市发展了可控制 12 个交叉口的瞬时交通信号系统，其控制特点是采用电子自动计时器对交叉口的交通信号进行协调控制。1981 年，美国的 J. D. C. Litter 和 W. D. Brooks 等人利用最大绿波带相位差优化方法开发了最大绿波带交通信号设计优化程序（maximal bandwidth traffic signal setting optimization program）。本节主要介绍最大绿波带相位差优化方法的图解法和数解法。

1. 图解法

在时间-距离图上协调线控系统的时差，同时调整确定通过带速度和周期时长。如图 7-2所示，相邻 5 个交叉口（A，B，C，D，E），纳入一个线控系统，根据调整系统通过带速度宜在 36 km/h 上下，按上述方法，相应的系统周期时长暂定为 60 s。图中各竖线上的粗线段表示红灯时段，如 A 交叉口竖线 $A\,A'$上的 1-2、3-4、5-6 段；细线表示绿灯时段。

- 从 A 点引一相当于 36 km/h 带速的斜线①，此斜线与 BB'线的交点，同从 AA'上 1 点

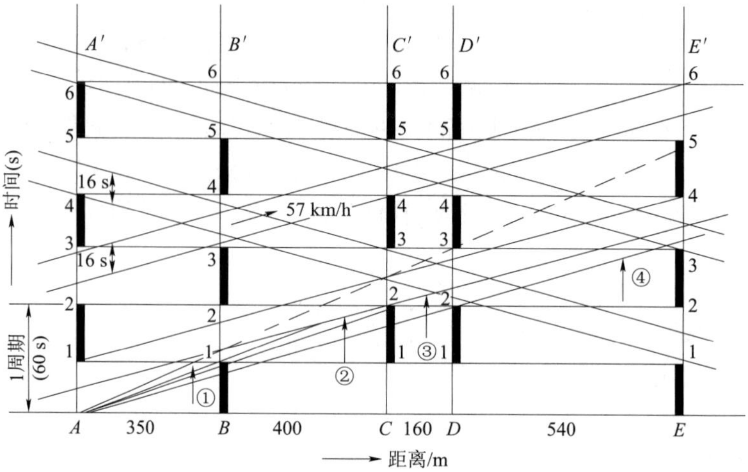

图 7-2 协调时差图解法示例

所引水平线与 BB' 线的交点（BB' 线上的 1 点）很接近。BB' 上的 1 点可取为 B 交叉口同 A 交叉口配成交互式联动的绿时差；在 BB' 线上相应于 AA' 线画出 2-3、4-5 粗线段，为交叉口的红灯时段。

- 连接 A 点和 BB' 上 1 点成斜线②，斜线②同 CC' 的交点，同从 AA' 上 2 点所引水平线与 CC' 的交点（CC' 上的 2 点）很接近，CC' 上的 2 点也可取为 C 交叉口对 B 交叉口组成交互式联动的绿时差，所以在 CC' 竖线上可画 1-2、3-4、5-6 各粗线段，为 C 交叉口的红灯时段。
- 连接 A 点和 CC' 上的 2 点成斜线③，斜线③在 DD' 上的交点同从 AA' 上 2 点所引水平线与 DD' 的交点（DD' 上的 2 点）很接近，所以 C 交叉口与 D 交叉口应是同步联动，在 DD' 上画与 CC' 相同的 1-2、3-4、5-6 红灯时段。
- 以下用同样的方法在 EE' 线上作出红灯时段。这样就配成各交叉口由交互式与同步式组合成的双向线控制系统。
- 在图上作出最后的通过带，算得带速约为 57 km/h，带宽为 16 s，带宽为周期时长 60 s 的 27%。这样的带速和实际车速相比过高，为了降低带速，有必要相应加长周期时长。为使带速控制在 40 km/h 左右，可延长周期时长为 85～90 s。
- 调整绿信比。实际上，各交叉口的绿信比都不相同，可用以下简单方法调整：不移动按上述方法求得的各交叉口的红灯（或绿灯）的中心位置，只将红灯（或绿灯）的时间按实际绿信比延长或缩短即可。经过这样调整后，通过带宽增加不少，但仍低于 50% 的周期时长。

2. 数解法

（1）确定初始条件

设有 A，B，C，…，H 8 个交叉口，各相邻交叉口的间距见表 7-1，A、B 交叉口之间的距离为 350 m，B、C 交叉口之间的距离为 400 m 等，取有效数字简写为 35，40，…算得关键交叉口周期时长为 80 s，相应的系统带速暂定为 $v=11.1$ m/s（40 km/h）。

（2）计算

① 计算 a 列：先计算 $vC/2\approx 11\times 80/2=440$ m（取有效数字 44 填入表格）。这就是说，

相距440 m信号的时差，正相当于交互式联动的时差（错半个周期）；相距 880 m 的信号，正好是同步式联动的（错一个周期）。以 A 为起始信号，则其下游同 A 相距 $vC/2$、vC、$3vC/2$、……处即为正好能组成交互式联动或同步联动的“理想信号”的位置。考察下游各实际信号位置同各理想信号错移的距离，显然，此错移距离越小则信号联动效果越好。然后将 $vC/2$ 的数值在实用允许范围内变动，逐一计算寻求联动效果最好的各理想信号的位置，以求得实际信号间联动效果最好的双向时差。以 44±10 作为最适当的 $vC/2$ 的变动范围，即 34 ~ 54，将此范围填入表 7-1 左边 a 的列内，a 列内各行数字即为假定的“理想信号”间距。

表 7-1　数解法确定信号时差

	A	*B*	*C*	*D*	*E*	*F*	*G*	*H*
a \ 间距	35	40	16	54	28	28	27	*b*
34	1	7	23	9	3	31	24	14
35	0	5	21	5	33	26	18	13
36	35	3	19	1	29	21	12	9
37	35	1	17	34	25	16	6	10
38	35	37	15	31	21	11	0	11
39	35	36	13	28	17	6	33	11
40	35	35	11	25	13	1	28	12
41	35	34	9	22	9	37	23	13
42	35	33	7	19	5	33	18	14
43	35	32	5	16	1	29	13	13
44	35	31	3	13	41	25	8	12
45	35	30	1	10	38	21	3	11
46	35	29	45	7	35	17	44	12
47	35	28	44	4	32	13	40	15
48	35	27	43	1	29	9	36	18
49	35	26	42	47	26	5	32	21
50	35	25	41	45	23	1	28	22
51	35	24	40	43	20	48	24	20
52	35	23	39	41	17	45	20	17
53	35	22	38	39	14	42	16	14
54	35	21	37	37	11	39	12	15

② 计算 a 列各行：以 $a=34$ 的一行为例，AB 交叉口实际间距为 35，同理想信号间距 34 的差值是 1，将 1 填入 AB 间的一列内。即 B 同其理想信号点的错移距离为 1，B 前移10 m 就同 A 正好组成交互式联动。

B、C 原间距为 40，则 $1+40-34=7$，即 C 同其理想信号点的错移距离为 7，将 7 填入 BC 间的一列内。

C、D 原间距为 16，则 $7+16-34=-11$，即 D 点要后移 11，才同其理想信号点相合，可

同 A 、B、C 各信号组成交互式联动；若不后移，则将同 C 点组成同步联动，此时 D 距 C 的理想信号点为 7+16=23，记入 CD 间的一列内。

D、E 原间距为 54，则 23+54−34=43，距理想信号的间距太大，所以再减去一个理想信号的距离，即 43−34=9，记入 D、E 间的一列内。

以此类推，计算至 G、H 间的一列。a=34 这一行的计算结束。

以下再计算 a 列内 a=35 ～ 54 各行，同样把计算结果记入相应的位置内。

③ 计算 b 列：仍以 a=34 一行为例，将实际信号位置与理想信号的挪移量按顺序排列（从小到大），并计算各相邻挪移量之差，将此差值之最大者记入 b 列。a=34 一行的 b 值为 14。计算方法如下：

A	B	F	C	E	D	H	G	A
0	1	3	7	9	23	24	31	34
	1	2	4	2	⑭	1	7	3

以此类推，计算 a=35 ～ 54 各行之 b 值。

（3）确定最合适的理想信号位置

由表 7-1 可知，当 a=50 时，b=22 为最大值。取 b 为最大值时，对应 a 的值即可得 A ～ H 各信号到理想信号的挪移量最小，即当 $vC/2$=500 m 时，可以得到最好的系统联动效率。如图 7-3 所示。图上 G ～ F 同理想信号间的挪移量之差最大，为 22，则理想信号同 G 间的挪移量为：$(a-b)/2=(50-22)/2=14$，也即各实际信号距理想信号的挪移量最大为 14。

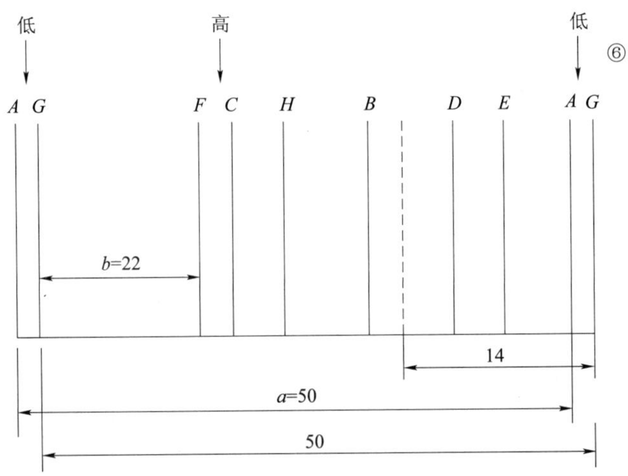

图 7-3 理想信号位置

理想信号距 G 为 140 m，则距 A 为 130 m，自 A 前移 130 m 为第一理想信号，然后按次每 500 m 间距将各理想信号列在各实际信号间，如图 7-4 所示。

（4）作连续行驶通过带

在图 7-4 中把理想信号按次列在最靠近的实际信号下面（见表 7-2 第 2 行），再把各信号（A ～ H）在理想信号的左、右位置填入表 7-2 第 3 行。

把各交叉口信号配时计算所得的主干道绿信比（以周期的% 计）列入表 7-2 第 4 行。因实际信号与理想信号位置不一致所造成的绿时损失（%）以其位置挪移量除以理想信号的间距（a=500）表示，如交叉口 A 的绿时损失为 130/500=26%，列入表 7-2 第 5 行。从

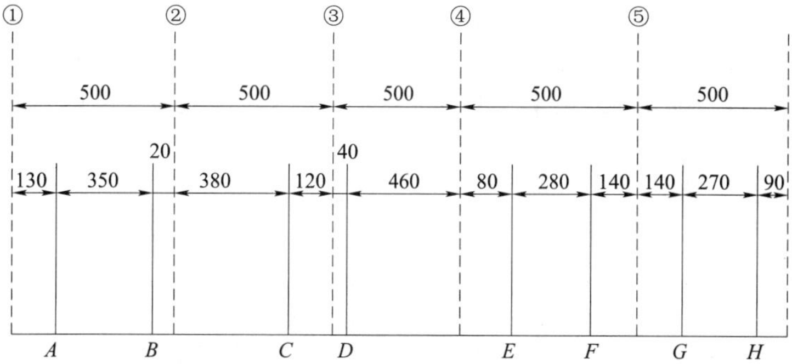

图 7-4　理想信号与实际信号的相对位置

各交叉口的计算绿信比减去其绿时损失即为各交叉口的有效绿信比，列入表 7-2 第 6 行，则连续通过带的带宽为左、右两端有效绿信比最小值的平均值。此例从表 7-2 中可知，连续通过带的带宽为交叉口 A 的有效绿信比 29% 与交叉口 H 的有效绿信比 32% 的平均值，结果为 30.5%。

表 7-2　计算绿时差

交叉路口	A	B	C	D	E	F	G	H
理想信号	①	②	③	③	④	⑤	⑤	⑥
各信号位置	右	左	左	右	右	左	右	左
绿信比 λ/%	55	60	65	65	60	65	70	50
损失/%	26	4	24	8	16	28	28	18
有效绿信比/%	29	56	41	57	44	37	42	32
绿时差/%	72.5	20.0	67.5	67.5	20.0	67.5	65.0	25.0

（5）求时差

从图 7-4 及表 7-2 可见，合用一个理想信号的左、右相邻实际信号间，采用同步式联动；其他各实际信号间都用交互式联动，因此，每隔一个理想信号的实际信号间又是同步式联动。在此例中，凡奇数理想信号相应的实际信号间为同步联动；而偶数理想信号相应的实际信号间为交互联动。因此，相应于奇数理想信号的实际信号的时差为 $100\%-0.5\lambda\%$；相应于偶数理想信号的实际信号的时差为 $50\%-0.5\lambda\%$。表 7-2 第 7 行为求得的时差值。

如保持原定周期时长，则系统带速须调整为：

$$v=2S/C=2\times500/80=12.5(\mathrm{m/s})=45(\mathrm{km/h})$$

以上计算结果，用时间-距离表示如图 7-5 所示。

同样根据各交叉口的相位差，利用数学解析法，分别求出正反两个方向的绿波带的上、下线绿波直线方程，进而计算绿波宽度。下面以正向绿波为例说明根据数学解析法计算绿波宽度的方法。利用式（7-9）和式（7-10）可以求得通过各交叉口的速度轨迹线在时间轴上的截距。

$$k_{1i}=t_i-\frac{L_i}{v} \tag{7-9}$$

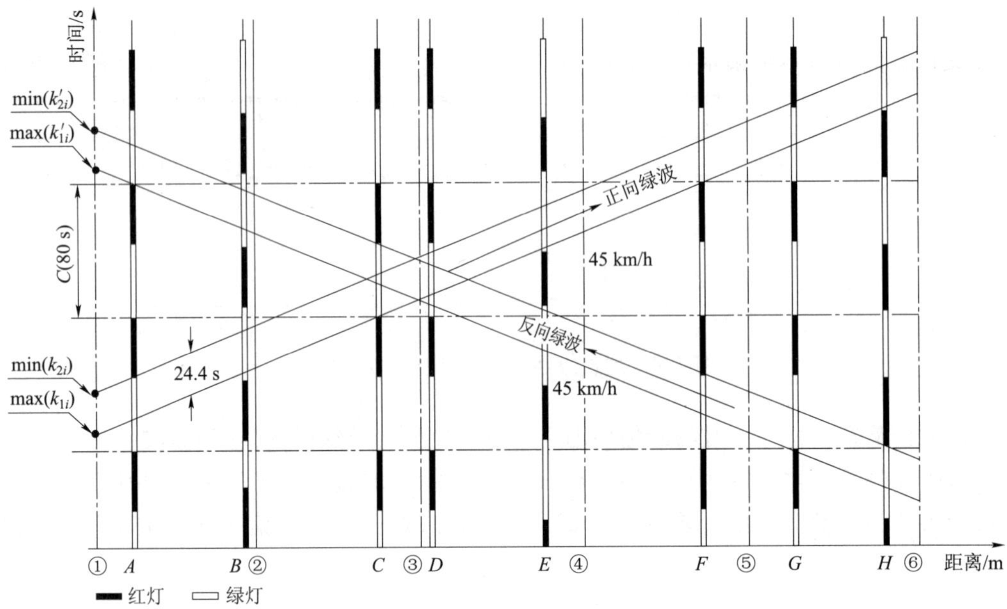

图 7-5 数解法相位差时间-距离图

$$k_{2i}=t_i'-\frac{L_i}{v} \tag{7-10}$$

式中：k_{1i}——通过 i 交叉口的速度轨迹线（正向的下线）在时间纵坐标轴的截距，$i=1$，2，…，n；

k_{2i}——通过 i 交叉口的速度轨迹线（正向的上线）在时间纵坐标轴的截距；

t_i——i 交叉口绿灯启亮时刻；

t_i'——i 交叉口绿灯终止时刻；

L_i——i 交叉口在横坐标（距离坐标）中的坐标值；

v——车辆平均行驶速度。

根据速度轨迹线通过各个交叉口的截距，可以得到下线和上线绿波直线方程：

$$t_{1i}=\frac{L_i}{v}+\max k_{1i} \tag{7-11}$$

$$t_{2i}=\frac{L_i}{v}+\min k_{2i} \tag{7-12}$$

式中：t_{1i}——下线绿波直线方程；

t_{2i}——上线绿波直线方程。

则正向绿波宽度 w_1 可根据式（7-13）计算得到：

$$w_1=\min\ k_{2i}-\max\ k_{1i} \tag{7-13}$$

同理可以得到反方向的绿波直线方程及绿波宽度。图 7-5 是数解法相位差时间-距离图示。

数解法计算得到的相位差，是一种平衡相位差，即两个方向的车流均获得相同大小的绿波带宽，主要适用于上、下行方向的交通流量差别不大的情况。当双向交通量差别大时，如某些道路早、晚高峰时间，就需要考虑如何设计保证上行（或下行）优先下的相位差，从而让某一方向的车流获得较大的绿波通过带。

交叉口双向流量不平衡示意图如图 7-6 所示，若方向 1 的流量 q_1 与方向 2 的流量 q_2 比值大于某一值 K，则可以调整绿波带宽度，使两向绿波带宽度的比值近似等于相应的两向流量的比值。

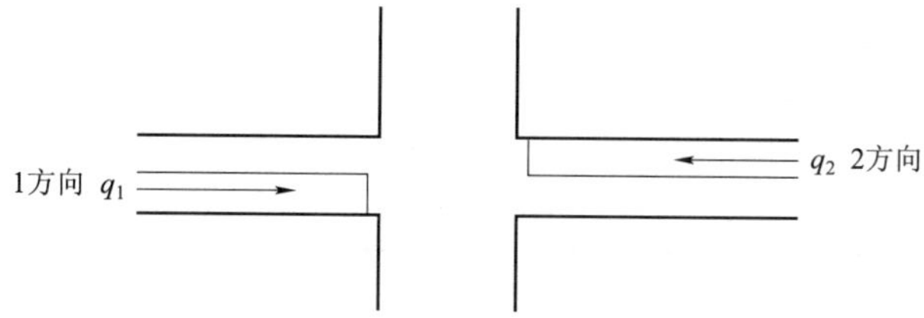

图 7-6 交叉口双向流量不均衡示意图

由前所述，绿波带宽度可以通过各交叉口绿灯终止时刻平行于绿波带的直线截距的最小值与绿灯启亮时刻平行于绿波带的直线截距最大值的差得到。假设调整后两个方向的绿波带宽度分别为 w_1' 和 w_2'，则存在以下关系：

$$\frac{w_1'}{w_2'} \approx \frac{q_1}{q_2} \tag{7-14}$$

式中：q_1，q_2——1、2 方向的流量，pcu/h；

w_1'，w_2'——调整后的正、反两个方向绿波带宽度，s。

$$\begin{cases} w_1' = \min k_{2i} - \max k_{1i} \\ w_2' = \min k_{2i}' - \max k_{1i}' \end{cases} \tag{7-15}$$

式中：k_{1i}——i 交叉口协调相位正向的下线绿波直线的截距，s；

k_{2i}——i 交叉口协调相位正向的上线绿波直线的截距，s；

k_{1i}'——i 交叉口协调相位反向的下线绿波直线的截距，s；

k_{2i}'——i 交叉口协调相位反向的上线绿波直线的截距，s。

k_{1i}、k_{2i}、k_{1i}'、k_{2i}' 可根据数解法生成的相位差，利用数学解析法求得正、反两个方向绿波直线的截距，参见图 7-5。

在流量不均衡的条件下，相位差优化的步骤如下。

① 确定增加绿波宽度的方向，假设 1 方向流量大于 2 方向的流量，则增加 1 方向的绿波宽度。

② 寻找 1 方向的瓶颈路口（影响绿波带宽度的交叉口称为瓶颈路口）。

③ 将影响 1 方向的交叉口的上线绿波直线方程的相位差增加 1 个单位，将影响 1 方向的交叉口的下线绿波直线方程的相位差减少 1 个单位。

④ 计算瓶颈交叉口的两个方向绿灯启亮和终止时刻坐标，同时利用数解法计算 1、2 方向的绿波带宽度 w_1^j 和 w_2^j（w_1^j、w_2^j 分别为 1、2 方向第 j 次调整后的绿波带宽度）。

⑤ 当 $\left|\frac{w_1^j}{w_2^j} - \frac{q_1}{q_2}\right|$ 出现最小值或满足系统要求时停止相位差优化。

（6）验证方案实施效果

线控配时方案在实施之初，应当实地验证方案的效果；在实施之后，还应当定期实地验证。即检测车辆平均延误、排队长度等多项交通指标。若发现效果不够理想，应根据现场重新调查的各项交通数据（平均车速、干道与支路上的交通流量与流向等）重新计算配时方案，及时调整配时设计。

由前所述，可作出基于数解法的干道联动控制相位差优化的流程图，如图 7-7 所示。

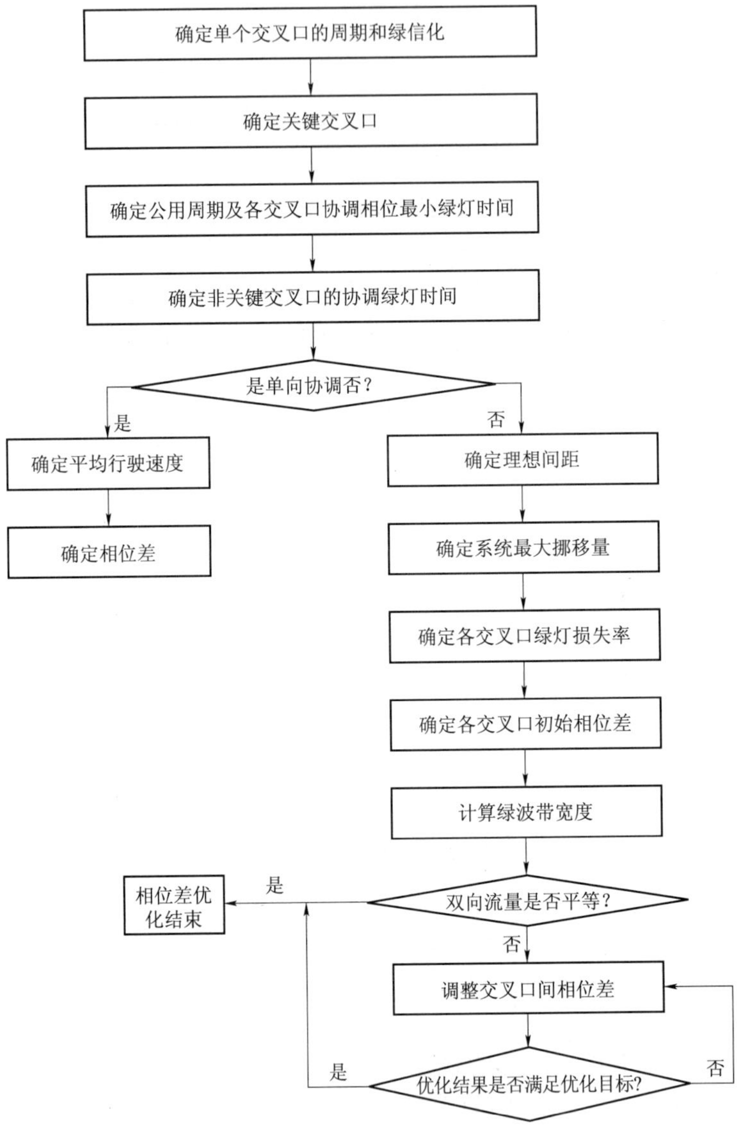

图 7-7　基于数解法的干道联动控制相位差优化流程图

7.2.4　干道信号联动控制方案的平滑过渡

控制系统在运行过程中，需根据实时交通情况对个别交叉口的绿灯起步时距进行调整，经过调整，以新的绿灯起步时距取代旧值。这种新旧更替的调整过程应当遵循以下原则。

（1）平滑过渡

相邻时间段方案的改变，必须使得方案平滑地过渡，尽量避免对路网上车流运动的连续性产生严重干扰。

（2）过渡快

为了争取最佳控制效果，无疑应当使新的配时参数尽快付诸执行，旧的配时参数要尽快地为新的参数值所取代。但这里所提出的“快”是以不损害控制系统运行的平稳性为前提的。

过去传统的做法是对每个交叉口分别作信号阶段的平移，结果往往破坏绿波的连续性，影响干道联动控制效果。日本目前采用的一种方法是从一个原点交叉口开始，向四周相邻交叉口递推以决定交叉口各信号阶段开始点向前或向后平移量，即在原点交叉口维持现有的信号阶段起止时间，不作任何平移；与原点交叉口邻接的交叉口选择平移量最小的平移方向；接下来，第二个交叉口根据第一个交叉口的平移结果，选择使得这两个交叉口之间车流连续性最好的平移方向。以此类推，逐一推断出各交叉口信号阶段前后平移量。这里简单介绍一种新的平滑过渡方法。假设线控系统每 15 min 更新一次方案，由于短时间内交通状态变化一般不大，连续两次方案配时参数（周期时长、相位差）变化较小，可通过执行 k 次过渡方案达到平稳过渡。对于协调子区关键交叉口，在执行完旧方案后，立即执行新的控制方案。对于其他交叉口，中间执行 k 次过渡方案，然后更换为新的配时方案。过渡方案由信号机根据区域控制机下载的新方案来确定。图 7-8 为非关键交叉口经过 k 个周期平滑过渡到新方案的示意图。执行完过渡方案后，子区各交叉口达到新的相位差。

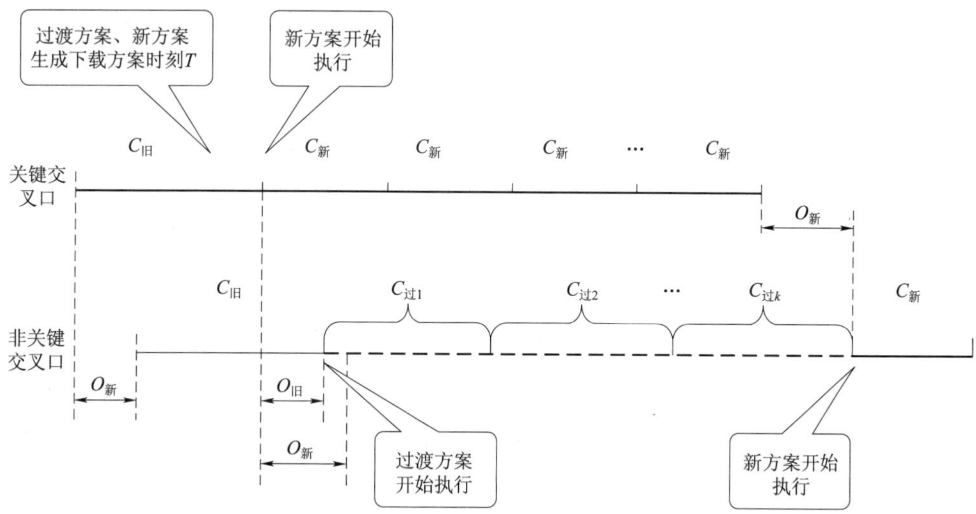

图 7-8　平滑过渡示意图

举例说明：干道协调子区周期时长为 80 s，某一非关键交叉口相对于关键交叉口的旧相位差 $O_{旧}$ 为 78 s，即滞后 78 s 或提前 2 s 亮绿灯；新方案的周期时长 $C_{新}$ 为 100 s，新的相位差 $O_{新}$ 为 70 s，即滞后 70 s 亮绿灯。若系统采用 3 个周期完成方案的平滑过渡，则 $C_{过1,2}$ = 97 s，$C_{过3}$ = 98 s。过渡过程如图 7-9 所示。

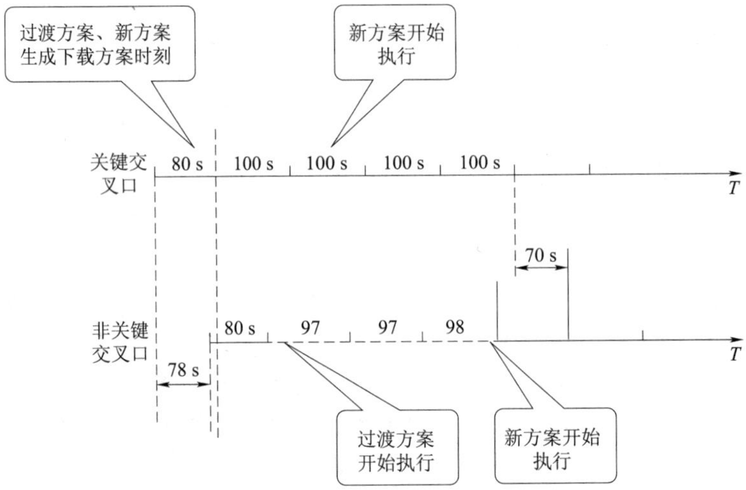

图 7-9 平滑过渡过程图

7.3 干道信号联动控制中的其他相位差计算方法

7.3.1 Purdy 法

1967 年，Purdy 建立了一种双向平衡的相位差生成算法，主要用于新建交叉口。下面通过一个实例来说明该方法的计算过程。交叉口的距离如图 7-10 所示。

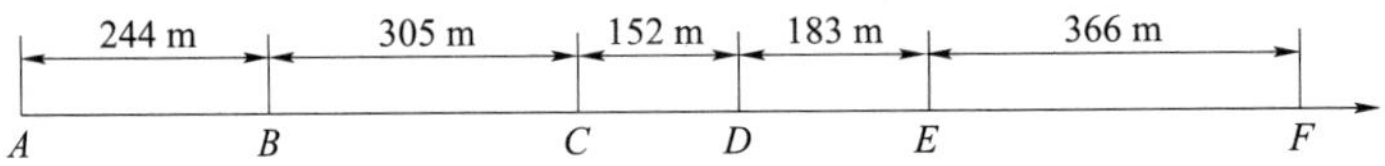

图 7-10 交叉口的距离示意图

已知条件：速度 $v=13.44$ m/s，周期时长 $C=60$ s。

Purdy 法绿波带计算结果如表 7-3 所示。

表 7-3 Purdy 法绿波带计算结果 单位：%

行号	交叉口编号					
	A	*B*	*C*	*D*	*E*	*F*
1	0	30	68	87	110	155
2	0	-20	+18	-13	+10	+5
3	60	50	70	50	60	70
4	30/-30	25/-25	35/-35	25/-25	30/-30	35/-35
5	30/-30	+5/-45	53/-17	12/-38	40/-20	40/-30
6	30/-30	+5/-45	+3/-67	12/-38	40/-20	40/-30
7	-30	25	65	75	70	115

第 1 行：把距离转换为一个周期内行驶时间的百分比（%），一个周期时长内车辆可以行驶 13.44×60≈806 m，则交叉口 A、B 间距所占的百分比是 244/806≈30%。

第 2 行：第 1 行的数值减去与第 1 行数值最接近的 50% 的倍数（%）。

第 3 行：各个交叉口的绿信比值（%）。

第 4 行：根据一个共同的数值线，分配绿信比的初始值（%）。

第 5 行：第 2 列与第 4 列的分子和分母分别相加，最小值 5 和最小值 17 之和就是绿波带的宽度，即绿波带宽度是周期时长的 5%+17%=22%。

第 6 行：通过增加+50%/+50% 或−50%/−50% 来调整第 5 行分子、分母的值，以此增加绿波带宽度。例如，交叉口 C(+53/−17)+(−50/−50)= +3/−67，因此绿波带宽度是周期时长的（3+20)%=23%。

第 7 行：第 1 行减去第 6 行的值获得各个交叉口的相位差（%），即第 7 行的数据。

7.3.2　MAXBAND 法

MAXBAND 法考虑了交叉口之间双向行驶车辆，并且详细说明了使车辆不停车而直接通过交叉口的最大车辆数所对应的相位差值的确定方法。MAXBAND 法需要输入的数据是：周期范围、相位、相序、绿灯时间、路段长度、交通量等。其输出数据包括：最佳周期时长、绿波带宽度、相位差。图 7−11 是 MAXBAND 优化方法中的参数和变量的说明图。

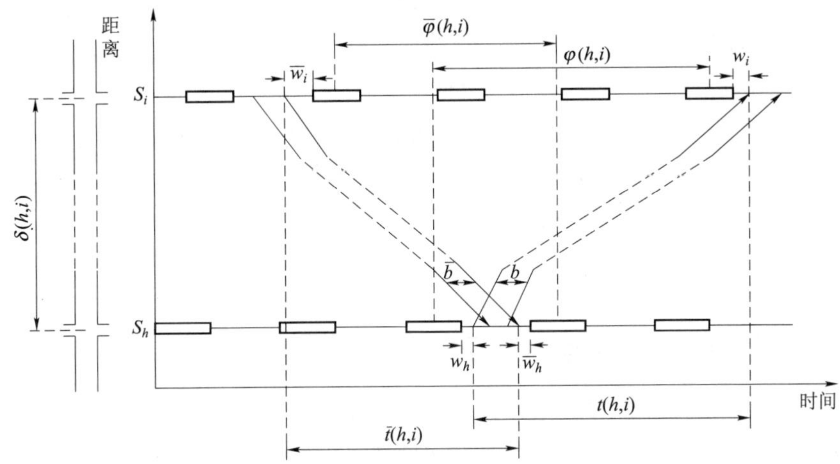

图 7−11　MAXBAND 优化方法中的参数和变量的说明图

在图 7−11 中，S_i为交叉口 i；S_h为交叉口 h；$b(\bar{b})$ 为车队驶离（驶入）方向的绿波带宽度；$t(h,\ i)$为车队从交叉口 h 到交叉口 i 的行程时间；$\bar{t}(h,\ i)$为车队从交叉口 i 到交叉口 h 的行程时间；$\varphi(h,\ i)$为交叉口 h 的绿波带左侧的红灯时间中点和交叉口 i 的绿波带左侧的红灯时间中点之间的间隔时间；$\bar{\varphi}(h,\ i)$为交叉口 i 的绿波带右侧的红灯时间中点和交叉口 h 的绿波带右侧的红灯时间中点之间的间隔时间；w_i为交叉口 i 的绿波带边缘和其左侧相近红灯的右侧边缘之间的时间间隔；$\bar{w}_i$为交叉口 i 的绿波带边缘和其右侧相近红灯的左侧边缘之间的时间间隔；w_h为交叉口 h 的绿波带边缘和其左侧相近红灯的右侧边缘之间的时间间隔；$\bar{w}_h$为交叉口 h 的绿波带边缘和其右侧相近红灯的左侧边缘之间的时间间隔。

从图 7-9 中可以得到下面的推导公式：

$$\frac{1}{2}r_h+w_h+t(h,i)-w_i-\frac{1}{2}r_i=\varphi(h,i) \tag{7-16}$$

$$\frac{1}{2}r_h+\bar{w}_h+\bar{t}(h,i)-\bar{w}_i-\frac{1}{2}r_i=\bar{\varphi}(h,i) \tag{7-17}$$

式中：r_h——交叉口 h 的红灯时间；

r_i——交叉口 i 的红灯时间。

其中

$$\varphi(h,i)+\bar{\varphi}(h,i)=m(h,i) \tag{7-18}$$

式中：$m(h,\ i)$ ——周期时长的整数倍。

令 $i=h+1$，$h=1,\ 2,\ \cdots,\ n$，同时式（7-16）与式（7-17）相加得到：

$$(w_h+\bar{w}_h)-(w_{h+1}+\bar{w}_{h+1})+[t(h,h+1)+\bar{t}(h,h+1)]=m(h,h+1)-(r_h-r_{h+1}) \tag{7-19}$$

令 $x_h=x(h,\ h+1)$，则：

$$(w_h+\bar{w}_h)-(w_{h+1}+\bar{w}_{h+1})+(t_h+\bar{t}_h)+\bar{t}(h,h+1)=m_h-(r_h-r_{h+1}) \tag{7-20}$$

若所有交叉口都进行联动，式（7-20）是一个整数常量，除此之外，绿波带占用的只是各个交叉口的绿灯时间，因此还必须满足：

$$w_h+b\leqslant 1-r_h \tag{7-21}$$

$$\bar{w}_h+\bar{b}\leqslant 1-r_h \tag{7-22}$$

根据上面的推导分析，双向绿波带相等的最大绿波带优化方程是：

$$\max\{b\}$$

$$\text{约束条件:}\begin{cases}(w_h+\bar{w}_h)-(w_{h+1}+\bar{w}_{h+1})+(t_h+\bar{t}_h)=m_h-(r_h-r_{h+1})\\ w_h+b\leqslant 1-r_h\\ \bar{w}_h+\bar{b}\leqslant 1-r_h\\ b=\bar{b}\end{cases} \tag{7-23}$$

7.3.3 智能控制算法在干道信号联动控制中的应用

智能控制是一种将人工智能技术与经典控制理论相结合的控制技术，主要包括模糊控制、人工神经网络、专家系统、模式识别等，其基本特点是不依赖或不完全依赖对象数学模型，而是主要利用人的经验、知识和推理技术及控制系统信息，来解决一系列复杂性、不完全性、模糊性或不确定性的系统控制问题。理论与实践表明，智能控制技术无论是在交通信息预测方面还是控制方案优化方面都将有着广泛的应用前景。

干道信号联动控制中常用的几种智能控制算法的基本原理如下。

1. 专家系统

对于专家系统，目前尚无一个精确的、全面的、公认的定义。但是，一般认为：专家系统是一个具有大量的专门知识与经验的程序系统，它应用人工智能技术和计算机技术，根据某领域一个或多个专家提供的知识和经验，进行推理和判断，模拟人类专家的决策过程，以便解决那些需要人类专家才能处理的复杂问题。也就是说，专家系统是这样的一个系统：

① 是一个智能计算机程序系统；

② 能处理现实世界中提出的需要由专家来分析和判断的复杂问题；

③ 能利用专家推理方法让计算机模型来解决问题，并且如果专家系统所要解决的问题和专家要解决的问题相同的话，专家系统应该得到和专家一致的结论。

2. 遗传算法

遗传算法是模拟生物在自然环境中的遗传和进化过程而形成的一种自适应全局优化概率搜索算法。当利用遗传算法求解问题时，问题的每个可能解都被编码成一个“染色体”，即个体，若干个个体组成了群体。在遗传算法开始时，总是随机地产生一些个体（初始解），根据预定的目标函数对每个个体进行评价，并给出一个适应度。基于此适应度，选择个体用来复制下一代。选择操作体现了“适者生存”原理，“好”的个体被选择，而“坏”的个体被淘汰。被选择的个体经过交叉和变异算子的作用生成新的一代，新的个体由于继承了上一代的一些优良性状，因而在性能上优于上一代，这样逐步向更优解的方向进化。因此，遗传算法可以看作一个由可行解组成的群体逐步进化的过程，且具有隐含并行性。

3. 神经网络控制

人工神经网络模拟生物神经网络的某些结构和功能。它的单元模型仿造大脑神经元的特点，包括接受信息刺激，传导信息，输出处理结果 3 部分。

4. 模糊控制法

城市交通系统是一种对象不确定的、结构十分复杂的大系统。对象的不确定性和复杂性决定了系统建模和模型求解的难度，以致很难用数学模型来描述。模糊控制不需要建立被控对象的精确数学模型来适用于复杂系统的控制，它能提供许多非智能控制方法无法替代的控制效果。近些年来，用模糊控制方法实现交通系统的控制得到国内外研究学者的重视。

模糊控制的核心是用语言描述的控制规则，属于一种语言控制。该方法对输入的精确值进行模糊化，把语言变量的语言值化为某个适当论域上的模糊子集；在此基础上，设计模糊控制算法，通过一组模糊条件语句构成模糊控制规则，并计算模糊控制规则决定的模糊关系；最后将由模糊决策得到的结论进行逆模糊化过程，完成由模糊量到精确量的转化，应用于被控系统。

以上 4 种算法是交通控制中常见的智能控制算法。下面以递阶模糊神经网络控制法在相位差优化中的应用为例说明智能控制技术在干道联动控制中的应用。

5. 递阶模糊神经网络控制法

递阶模糊神经网络控制法的基本思想是：把交通干道看作一个大系统，子系统为干道上的各交叉口，用一个模糊神经网络按照协调器给定的周期长度在线调整各方向的绿信比；而协调器则利用各交叉口测得的交通量数据，用模糊神经网络控制方法确定干道上的信号周期和各交叉口之间的相位差。协调器和子系统的目标均为使交叉口前的平均排队长度最短。由于采用了模糊神经网络，系统的控制精度得到很大改善。

（1）交通干道联动控制问题的描述

① 控制目标：使干道上交叉口前的车辆排队长度 p_i 尽可能短。

② 控制策略：在一个阶段内，干道上各交叉口的周期时长和相位差保持不变。各交叉口的绿信比可实时调整。本阶段的周期时长和相位差由上一阶段交叉口交通量的检测值协调

确定。

（2）交通干道联动控制过程

① 协调单元首先根据以往的交通量统计数据给出干道上统一使用的周期 C 和相邻交叉口间的相位差 t_i（$i=1, 2, \cdots, n-1$，其中 n 为被控干道上交叉路口个数）。

② 令 $m=0$。

③ 各交叉口依照给定的周期 C 和相位差 t_i（$i=1, 2, \cdots, n-1$）开启绿灯信号；用模糊神经网络调整绿信比，使交叉口的车辆延误尽可能小。同时，将该周期内的交通量检测值和绿信比送给协调单元处理。

④ 令 $m=m+C$，检验 $m>6C$ 是否成立。若成立，则进行到下一步；否则，回到第③步。

⑤ 协调单元由本阶段测得的干道上的交通量和交叉口的绿信比，预估下一阶段各交叉口的饱和度及干道的车流密度，用模糊神经网络确定下一阶段的周期长和相位差，以保证干道上的车辆延误尽可能小，此时干道交叉口的最大饱和度应接近 0.9，回到第②步。

考虑到干道交通优先，主干道方向的绿信比应不小于支路方向的绿信比，因此上述第③步应用到第 i 个交叉口，有以下控制规律。

- 给主干道方向以最短绿灯时间 $t_g=\Delta t_g=0.5C$。
- 在周期内可测得主干道及支路方向的排队长度，设其分别为 p_{ewi} 和 p_{sni}。
- 若 $p_{ewi}=0$ 或 $p_{ewi}<p_{sni}$ 或（$C-t_g$）<15，则将绿灯转到支路方向，支路方向绿灯结束后回到第①步，否则继续。
- 根据 p_{ewi} 值的大小来确定绿灯延长时间 Δt_g。若 p_{ewi} 小，则少量延长绿灯时间；若 p_{ewi} 大，则大量延长绿灯时间。这一过程由一模糊神经网络来完成；设延长的绿灯时间为 Δt_g，若（$t_g+\Delta t_g$）$\geqslant C-15$，则 $\Delta t_g=C-15-t_g$，$t_g=C-15$，否则 $t_g=t_g+\Delta t_g$，返回第②步。

将测得的排队长度 p_{ewi} 看作模糊变量 p，其论域为：

$$P=\{1,3,5,7,9,11,13,15,17,19,21\}$$

取 7 个语言值：p_1（很长），p_2（长），p_3（较长），p_4（中等），p_5（较短），p_6（短），p_7（很短），赋值表如表 7-4 所示。

表 7-4 语言变量 p 赋值表

语言值	排队长度									
	1	3	5	7	9	11	13	15	17	19	21
p_1								0.2	0.6	0.9	1.0
p_2							0.2	0.7	1.0	0.7	0.2
p_3						0.2	0.8	1.0	0.8	0.2	
p_4				0.1	0.6	1.0	0.6	0.1			
p_5		0.2	0.8	1.0	0.8	0.2					
p_6	0.2	0.7	1.0	0.7	0.2						
p_7	1.0	0.9	0.6	0.2							

绿灯追加时间 Δt_g 同样看作模糊变量 g，其论域为：

$$\Gamma=\{3,7,11,15,19,23,27,31,35\}$$

取 7 个语言值：g_1（很多），g_2（多），g_3（较多），g_4（适中），g_5（较少），g_6（少），g_7（很少），赋值表如表 7-5 所示。

表 7-5 语言变量 g 赋值表

语言值	绿延时								
	3	7	11	15	19	23	27	31	35
g_1							0.3	0.8	1.0
g_2						0.2	0.6	1.0	0.7
g_3					0.2	0.6	1.0	0.7	0.3
g_4			0.1	0.8	1.0	0.8	0.1		
g_5	0.3	0.7	1.0	0.6	0.2				
g_6	0.7	1.0	0.6	0.2					
g_7	1.0	0.8	0.3						

根据人们的控制经验，一般可总结出下列 7 条控制规则：

$$\text{if } p=p_i\text{, then } g=g_i \qquad i=1,2,\cdots,7$$

用一个 3 层 BP 网络来建立模糊关系以期提高控制精度。其网络结构如图 7-12 所示。

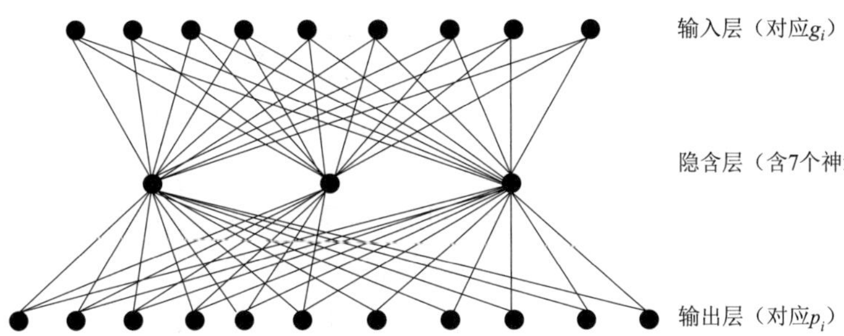

图 7-12 3 层 BP 网络结构

该网络用 7 对样本进行训练，最后得到模糊关系的神经网络映射为：

$$g=\mathrm{NN}_{pg}(p) \tag{7-24}$$

若测得的排队长度为 p'，将其模糊化后记为 p，则由式（7-24）得出输出的模糊映射为 g。最后用加权平均原则进行模糊判决。

协调单元的任务是：根据前一阶段各交叉口送来的交通量和绿信比信息确定下一阶段干道公用的周期和相位差以使延误最小。进行干道联动控制时要保证每个交叉口的周期相同，从而保证干道的相位差稳定。一般要按饱和度最大的交叉口确定周期，以避免瓶颈效应。大量的研究和应用表明：周期时间的调整应使交叉口的饱和度在 0.9 左右，此时的通行能力最大，从而使延误最小。根据经验，当饱和度小于 0.9 时，应减小周期以提高交叉口的通行效率；当饱和度大于 0.9 时，应增大周期。因此，饱和度可看作模糊变量，记为 x，其论域为：

$$X=\{0.40,0.55,0.70,0.80,0.85,0.90,0.91,0.92,0.94,0.97,1.00\}$$

取 7 个语言值：x_1（正大），x_2（正中），x_3（正小），x_4（零），x_5（负小），x_6（负中），x_7（负大），赋值表如表 7-6 所示。

表 7-6 语言变量 x 赋值表

语言值	类饱和度										
	0.40	0.55	0.70	0.80	0.85	0.90	0.91	0.92	0.94	0.97	1.0
x_1								0.1	0.4	0.7	1.0
x_2							0.2	0.7	1.0	0.7	0.1
x_3						0.2	0.6	1.0	0.6	0.1	
x_4				0.1	0.6	1.0	0.7	0.2			
x_5		0.1	0.6	1.0	0.6	0.2					
x_6	0.1	0.7	1.0	0.7	0.2						
x_7	1.0	0.7	0.4	0.1							

周期的增量同样为模糊变量，记作 c，为保证对交通流的阻断最小，周期变化以小增量方式进行，其论域为：

$$C=\{-8,-6,-4,-2,0,2,4,6,8\}$$

取 7 个语言值：c_1（正大），c_2（正中），c_3（正小），c_4（零），c_5（负小），c_6（负中），c_7（负大），赋值表如表 7-7 所示。

表 7-7 语言变量 c 赋值表

语言值	周期增量								
	-8	-6	-4	-2	0	2	4	6	8
c_1							0.2	0.6	1.0
c_2						0.1	0.5	1.0	0.5
c_3				0.1	0.8	1.0	0.8	0.1	
c_4			0.1	0.6	1.0	0.6	0.1		
c_5		0.1	0.8	1.0	0.8	0.1			
c_6	0.5	1.0	0.5	0.1					
c_7	1.0	0.6	0.2						

根据人们的控制经验，一般可总结出 7 条控制规则：

$$\text{if } x=x_i, \text{then } c=c_i, \quad i=1,2,\cdots,7$$

注意到饱和度 X 的论域元素之间是不等间隔的，也不存在对称关系。这意味着量化因子不是常数或量化曲线、不是奇函数，上述控制规则更接近人手动控制的思维特点，即当饱和度超过 0.9 时，交通变得拥挤，较少的车辆增加都会使拥挤状况进一步恶化。因此，当饱和度超过 0.9 时，交通流中的车辆较为自由，只有当饱和度变化较大时才需要改变周期长度。由于 BP 网络具有很强的非线性映射能力，因此由上述 7 个模糊控制规则样本很容易训练一个 3 层 BP 网络，可比较准确地得到 x 与 c 之间的模糊关系映射为：

$$c=\mathrm{NN}_{xc}(x) \tag{7-25}$$

其网络结构如图 7-12 所示。给定模糊输入 x，则由式（7-25）可得出模糊输出响应 c，最后用加权平均原则进行模糊判决。

相位差是根据上一个阶段测得的两交叉口之间的车流速度来调整的，而车流密度又是影响车流速度的重要因素。虽然车流速度与密度的模型结构多种多样，但它们之间存在一个共同点，即车流速度随着车流密度的增加而降低。当交通流密度趋向于零时（当交通量很小时），车流速度趋向于自由流速度；当交通流密度趋向于阻塞密度时，车流速度趋向于零，而此时交通处于堵塞状态，各车辆的速度等于或接近整个车队速度。

上述车流密度与车流速度的关系描述，符合模糊控制中的模糊控制规则的描述。车流速度的快慢、车流密度的稠稀均是模糊的概念。因此，可根据车流密度运用模糊控制规则来对车流速度实施控制，进而优化相位差。把两交叉口间车辆密度作为模糊变量，即为ρ，其论域为：

$$\Sigma = \{0,12,24,36,48,60,72,84,96,108,120\}$$

取 7 个语言值：ρ_1（很稠），ρ_2（稠），ρ_3（较稠），ρ_4（适中），ρ_5（较稀），ρ_6（稀），ρ_7（很稀），赋值表如表 7-8 所示。

表 7-8　语言变量 ρ 赋值表

语言值	密度										
	0	12	24	36	48	60	72	84	96	108	120
ρ_1								0.2	0.6	0.8	1.0
ρ_2							0.3	0.7	1.0	0.7	0.3
ρ_3						0.2	0.8	1.0	0.8	0.2	
ρ_4				0.1	0.6	1.0	0.6	0.1			
ρ_5		0.2	0.8	1.0	0.8	0.2					
ρ_6	0.3	0.7	1.0	0.7	0.3						
ρ_7	1.0	0.8	0.6	0.2							

相应的车速也可看作模糊变量，记为 v，其论域为：

$$V=\{90,81,72,63,54,45,36,27,18,9,0\}$$

取 7 个语言值：v_1（很慢），v_2（慢），v_3（较慢），v_4（中速），v_5（较快），v_6（快），v_7（很快），赋值表如表 7-9 所示。

表 7-9　语言变量 v 赋值表

语言值	速度										
	90	81	72	63	54	45	36	27	18	9	0
v_1								0.1	0.4	0.9	1.0
v_2							0.2	0.7	1.0	0.8	0.3
v_3						0.3	0.8	1.0	0.6	0.1	
v_4				0.1	0.5	1.0	0.5	0.1			
v_5		0.1	0.6	1.0	0.8	0.3					
v_6	0.3	0.8	1.0	0.7	0.2						
v_7	1.0	0.9	0.4	0.1							

根据人们的控制经验，一般可总结出下列 7 条控制规则：

$$\text{If } \rho=\rho_i\text{, then } v=v_i, i=1,2,\cdots,7$$

从表 7-8 和表 7-9 可以看出：量化因子非常大，如果采用模糊控制方法，则控制精度很难改善。仍用上述 7 个模糊控制规则来训练一个 3 层 BP 网络，于是得到 v 与 ρ 之间的模糊关系映射：

$$v=\mathrm{NN}_{\rho v}(\rho) \tag{7-26}$$

给定模糊控制输入 ρ，则由式（7-26）可得出模糊输出响应 v，然后用加权平均原则进行模糊判决。

7.4 干道联动控制的效果

7.4.1 干道联动控制效果的影响因素

对于线控系统，起初几乎认为只要把信号连接成一个系统，总可以形成有效的续进系统。经实践后才开始认识到并不是所有情况都能形成有效的线控系统，也因此认识到有必要研究影响干道联动控制效果的各种因素。具体应该考虑的主要因素有以下几点。

1. 车队离散现象对干道联动控制效果的影响

车队离散性主要反映为车流在运动过程中其头部和尾部之间的距离逐渐加大，以致整个车流通过下游停车线所需的时间会加长。在一个信号交叉口，如果车辆形成车队，脉冲式地到达，采用线控系统可以起到良好的效果。当交叉口之间的距离太远，即使是成队的车流，也因其间距远而引起车辆离散，不能形成车队。

如果考虑这种离散影响，在干道联动控制设计时，绿波带宽不应取为常数，而是一种扩散状的变宽绿波带（见图 7-13）。带宽应根据首车和末车的速度来确定。但是，如果下游交叉口的绿灯时间都按照扩散的绿波带设计，则最下游交叉口的绿灯时间就会长得让人无法接受，这是一种对离散性不加约束的控制方式，在实际工作中往往是不可取的。因为沿干道方向设置过长的绿灯意味着使支路获得的绿灯时间相应地压缩到很短。这样，一方面干道方向绿灯时间利用率很低，而另一方面，支路上饱和度却变得很高，车辆受阻延误时间会大大增加。只有在某些特殊路段，且下游交叉口支路上车流量不大的情况下，经过全面的利弊权

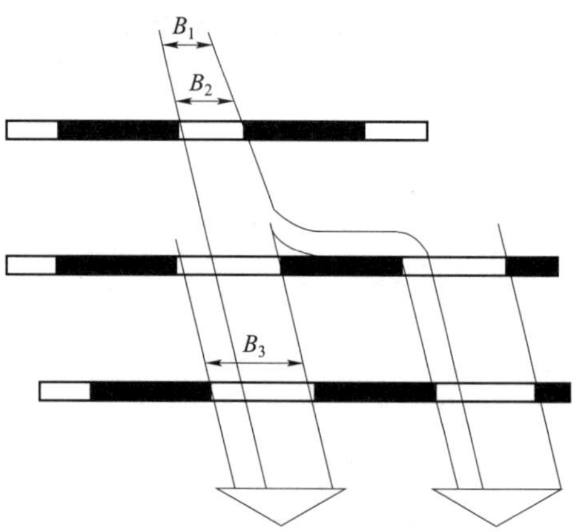

图 7-13 扩散状的变宽绿波带

衡，才可以考虑采用变宽绿波带，而且这种变宽绿波一般不应贯穿全部控制路线。在大多数情况下，采用对离散约束的控制方法，即采用等宽绿波，车流在一个路段上产生离散经过信号约束，不再继续扩展到下一个路段。这样，位于车流首部或尾部的部分车辆会在每一个路口有一定的延误。从行车安全角度来说，以推迟绿灯开始时间，阻挡车速过快的首部车辆为宜。这样做，实际上还可能起到一种调节车流离散程度的作用，因为开快车的前部车辆受到红灯连续阻滞后，驾驶人会意识到应当适当降低速度才有可能不再受阻。

2. 公交协调控制对干道联动控制效果的影响

在干道联动控制中，公共汽车也是必须要考虑的因素。如果沿控制路线有公共汽车行驶，并打算在信号控制方案中对公共汽车行驶给予一定的优先权，那么，就可以设计一种考虑公共汽车行驶特点的绿波配时方案。

公共汽车有别于其他机动车辆的行驶特点，主要有两点：一是车速较低；二是沿途要停靠站上下乘客。如果不照顾公共汽车的行驶特点，按照所有车辆的平均速度设计绿波，则会使公共汽车受到红灯信号阻滞的概率大大高于一般车辆，而且受阻延误时间也会大大超过其他车辆。从运输经济角度来说，这种控制对策显然是不可取的。

为了设计便于公共汽车行驶的绿波方案，必须调查搜集以下几项基本资料：

① 一个信号周期内到达停车线的公共汽车平均数；

② 每一区间路段上公共汽车的平均行驶时间；

③ 公共汽车停车站设置情况（在每一区间路段有几次停车）；

④ 在每一个停车站公共汽车的平均停车时间。

根据以上各项调查资料，在时间-距离图上，不难绘出公共汽车的行驶过程线，然后便可据此选用一个初始的绿波方案。初始绿波方案，虽然能够比较理想地满足公共汽车受阻最少的要求，但很可能会过分地增加其他车辆受阻延误时间。为了检验方案的可行性，应该把其他车流在初始绿波方案控制下的行驶过程也绘在同一张时间-距离图上，并计算出它们在沿线各个交叉口受阻的平均延误时间总和。利用某种目标函数，可以对这一初始方案的经济效益作出评估。若认为是经济的，便可不再对此方案进行调整；否则，应当调整绿波方案，并重复上述步骤，直到得出满意的方案为止。

3. 转弯车流对干道联动控制效果影响

沿控制路线的各交叉口，可能会有部分车辆转弯而离开主路，转到支路上去。同样，沿途也可能有若干车流从支路上转弯汇入主路车流中。这样，沿控制路线车流量将不是一个恒定的数值，绿波带宽度也就不应该是一个不变的定值。绿波带宽度只要与每一区间段上的实际流量（把转弯驶入与驶出的流量考虑在内）相适应即可。需要说明的是，从支路上驶入主路的车流和主路上原有的车流，它们在流量-时间图上可能有一个时距差，如图 7-14 所示。

因此，到达下游停车线的时间就不一致。在安排下游交叉口的绿灯起止时间时，应该充分考虑到这一点。但是，这并不等于在任何情况下都要照顾支路上驶入的车流，要看具体情况而定，即支路上车流量大小、与主路车流的时距差大小等。

4. 影响干道联动控制效果的其他因素

（1）交叉口间距对干道联动控制效果的影响

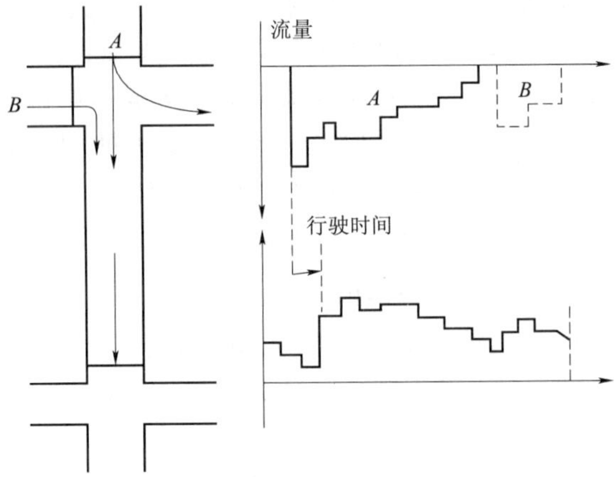

图 7-14 转弯车流流量-时间图

当两个或多个交叉口相连时，为了使车辆在干道上更加有效地运行，尽可能地减少延误，一般把这些交叉口的绿灯时间进行协调。通常，信号交叉口的间距可在 100 ～ 1 000 m 的范围内变化。信号交叉口间的距离越远，线控效果越差，一般不宜超过 600 m。当交叉口间距满足上述要求时，在干道上行驶的车辆易于形成车队，车辆到达交叉口较为集中。相反，干道上行驶的车辆不易于形成车队，出现车队离散现象，到达交叉口的车辆较为离散，这就不利于进行交叉口的干道联动控制。

（2）车队平均行驶速度对干道联动控制效果的影响

车速是干道联动控制中的关键因素，如果在设计时车速取得不合适，实际控制效果肯定不会很好，甚至导致设计完全失败。

车辆在路段上行驶时，就每辆车来说，行驶速度是有差别的，但就整个车流来说，其平均车速的波动范围则是有限的。本书中的车速不是车辆通过某一点的瞬时速度的平均值，而是在一个区段（通常是从上游停车线到下游停车线）内全行程速度的平均值。

在不同的道路上，车速分布规律可能是不相同的，应该根据实际观测的数据，再经统计分析，以确定车流空间速度的实际分布曲线。在设计配时方案时，沿整条控制路线不一定始终采用同一个设计车速，而应根据每一路段具体情况分别选用合适的车速，尤其是在全线各段交通情况差异很大时更应如此。

（3）交叉口相位、相序设计对干道联动控制效果的影响

由于信号配时方案和信号相位有关，信号相位越多，对线控系统的通过带宽影响越大，因而受控交叉口的类型也影响线控系统的选用。有些干线具有相当简单的两相位交叉口，有利于选用线控系统，而另一些干线由于多个交叉口设有左转弯相位，则不利于选用线控系统。

（4）交通量随时间的波动

车辆到达特性和交通量的大小，在每天的各个时段内有很大的变化。高峰期交通量大，容易形成车队，用线控系统会有较好的效果，但在非高峰期线控系统就不一定有好的效果。

7.4.2 提高干道信号协调控制效益的辅助设施

影响线控系统效果的因素很多，为了提高线控系统的效益，可在实施线控的干道上设置

前置信号和可变车速指示标志。

1. 前置信号

如图 7-15 所示，在主要交叉口前几十米的地方设置交通信号灯，可以使交通流在信号灯控制下集中，放行后在交叉口处不停止地通过，从而可使交叉口上的绿灯时间得到有效利用，提高交叉口的通行能力。

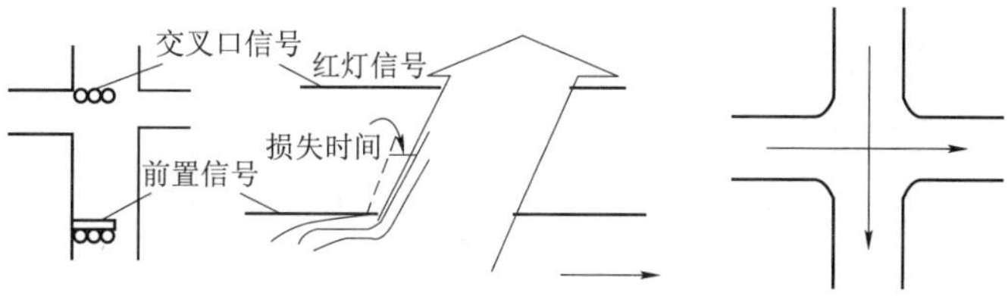

图 7-15　前置信号

2. 可变车速指示标志

如图 7-16 所示，在交叉口前一个或几个地方设置速度标志，指示驾驶人以提示速度行驶，通过交叉口。可变车速标志上指示的速度数值，同信号交叉口的显示灯色和时间有关，同时受交叉口信号控制机的控制。

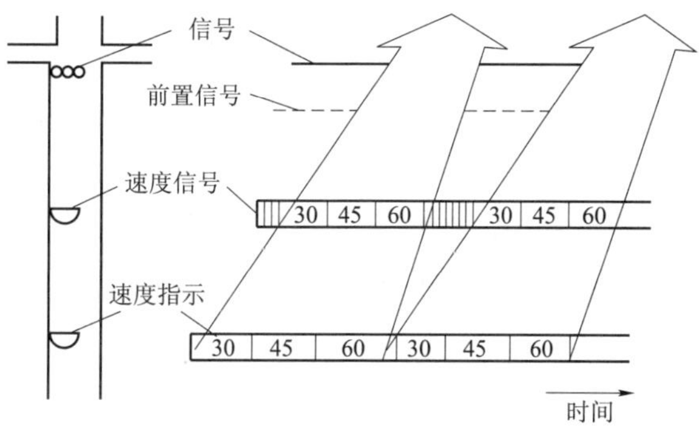

图 7-16　可变车速指示标志

3. 前置信号与可变车速指示标志合并使用

据有关资料统计，采用前置信号与可变车速指示标志并用的线控系统可使在交叉口不停车通过的车辆数从交叉口通行能力的 55% 提高到 70%～77%。

7.5　干道联动控制选用依据

对于线控信号系统，起初几乎认为只要把信号连接成一个系统，总是可以形成有效的续进系统的。经过实践后才开始认识到并不是所有情况都能形成有效的线控系统，也因此认识到有必要研究识别影响控制系统效益的各种因素，具体应该考虑的主要因素有以下几点。

1. 车流的到达特性

在一个信号交叉口，车辆形成车队，脉冲式地到达，采用线控系统可以得到良好的效果。如果车辆的到达是均匀的，就降低了对线控的要求，线控效果不会很理想。产生车辆均匀到达的因素有：

① 交叉口之间的距离太远，即使是成队的车流，也会因为其间距远而引起车流离散，不形成车队；

② 在两个信号交叉口之间，有大量的交通流从次要街道或路段中间的出入口（如商业中心停车场、车库等）转入干道；

③ 在有信号的交叉口处，有大量的转弯车辆从相交街道转入干道。

2. 信号交叉口之间的距离

在干道上，信号交叉口之间的距离可在 100 ～ 1 000 m 范围内变化。信号交叉口之间的距离越远，线控效果越差，一般不宜超过 600 m。

3. 街道运行条件

单向交通运行有利于线控系统的实施及实施后的效果，因而对单向交通运行的干道应优先考虑采用线控系统。

4. 信号的相位

由于信号配时方案和信号相位有关，信号相位越多，对线控系统的通过带宽影响越大，因而受控制交叉口的类型也影响线控系统的选用。有些干道具有相当简单的两相位交叉口，有利于选用线控系统；而另一些干道要求多个左转弯相位，则不利于选用线控系统。

5. 交通随时间的波动

车辆到达特性和交通量的大小，在每天的各个时段内有很大的变化。高峰期交通量大，容易形成车队，用线控系统会有较好的效果，但在非高峰期线控系统就不一定有好的效果。

复习思考题

1. 线控系统常用的解法有哪些？

2. 线控系统的控制参数有哪些？

3. 已知交叉口 A、B、C、D、E、F 之间的距离分别为 320 m、410 m、180 m、520 m、300 m，关键交叉口的周期时长为 85 s，试填写表 7-10 并采用数值法进行干道联动控制的计算。

表 7-10 干线协调控制数解法计算表

	A	*B*	*C*	*D*	*E*	*F*
a	32	41	18	52	30	*b*
43						
44						
45						
46						

续表

	A	B	C	D	E	F
a	32	41	18	52	30	*b*
47						
48						
49						
50						
51						
52						
53						

4. 干道联动控制最主要的影响因素有哪些?
5. 如何提高干道联动控制的效果?

第 8 章

区域交叉口信号协调控制

在城市道路网络中，由于不同路径的交通流相互关联、相互影响，对某交叉口交通信号的调整将会影响相邻交叉口的交通流，相邻交叉口交通信号的改变也会影响该交叉口的交通流。城市道路网络中对某一交叉口和路段上交通流的控制或诱导并不是孤立的，都是区域交通流控制或诱导系统的一个组成部分。因此，要实现区域交通流控制或诱导总体目标最优，需要打破交叉口单点控制的局限，从区域系统的总体战略目标出发，根据区域交通流的运行规律或实时检测数据，统筹协调区域内各交叉口和路段的交通信号配时。本章主要讨论城市区域交通信号控制的类型和基本原理，介绍离线优化区域协调控制系统和在线优化区域协调控制系统，并对 SCATS 和 SCOOT 等区域交通控制系统进行比较分析。

8.1　区域协调控制类型与基本原理

8.1.1　区域协调控制的类型

区域协调控制即面控制，是指将区域内的多个交叉口的交通流运行视为一个整体，通过相互关联、协调运营的区域整体交通信号控制方案，对区域内多个交叉口进行信号协调控制，是单点信号、干线信号系统和网络信息系统的综合系统。

区域协调控制系统是随着交通控制理论的不断发展和通信、检测、计算机技术在交通控制领域的广泛应用而发展起来的。早期的区域控制系统着重于对周期、绿信比和相位差等交通信号参数进行最优控制；现代的交通控制系统则是车辆检测、数据采集与传输、信息处理与显示、信号控制与最优化、电视监控、交通管理与决策等多种技术的综合体。

1. 按控制策略划分

区域交通控制系统按其控制策略的不同可分为两大类。

(1) 定时脱机控制系统

这种系统是利用已有的交通量等统计数据进行脱机优化处理，存入多时段的最优配时方案，对整个区域交通实施多时段定时控制。该系统只有在网络交通条件发生重大变化、信号配时方案不能满足要求时，才重新对整个网络进行一次交通数据采集、处理，进而更新信号配时方案。进行交通调查将消耗大量的人力、物力。

（2）自适应联机控制系统

这种系统能够适应交通量的变化，也叫“自适应控制系统”“实时控制系统”“动态响应控制系统”。它通过在交通网络中设置车辆检测器，实时采集交通量数据，进行交通模型辨识，进而可得到与配时参数有关的优化模型，在线求解获得配时方案，对区域内的交通信号实施联机最优控制。自适应控制系统能够及时响应交通流的随机变化，控制效果好，但系统结构复杂、投资大，对设备可靠性要求高。

2. 按控制方式划分

按控制方式的不同，可分为以下两大类。

（1）方案选择式

方案选择式系统通常根据不同的交通流运行模式，事先求解出各种配时方案，存储在中心计算机内，系统运行时按实时采集的交通流数据，通过不同的阈值计算，选取最适用的配时方案，实施交通控制。

（2）方案生成式

方案生成式系统根据实时采集的交通流数据，在线算出最优控制参数，从而形成控制方案。

3. 按控制结构划分

按控制结构的不同，可分为以下三大类。

（1）集中式控制结构

集中式控制就是用一台计算机对区域内所有路口的交通信号进行集中控制，其原理、结构均较简单，但随着控制规模、计算复杂性及数据量的剧增，目前已很少采用。

（2）递阶式控制结构

递阶式控制系统通常把整个控制系统分为若干级，每一级都承担不同的控制任务，上、下级之间存在从属或依存关系，如图 8-1 所示。

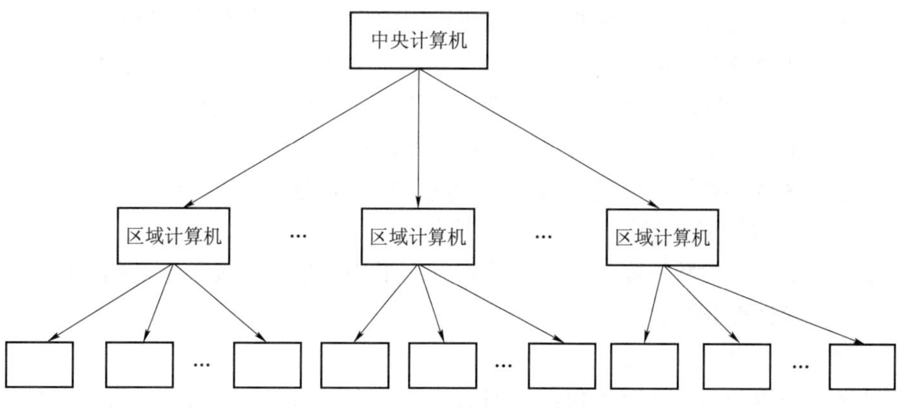

图 8-1　递阶式控制结构

递阶式控制是一种树形结构，最下级完成战术控制任务，最上级完成战略任务。除了最上级外，每一级都有若干控制单元，同级控制单元间的信息交换必须通过上一级进行。

(3) 分布式控制结构

分布式控制系统将整个控制系统划分成具有共同系统目标的若干单元，每个单元都承担不同的相对独立、有自组织性的控制任务，如图 8-2 所示。

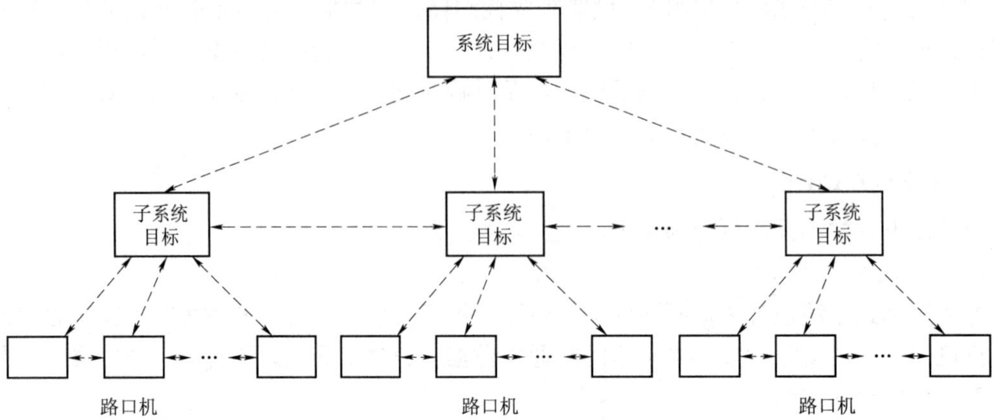

图 8-2 分布式控制结构

分布式控制结构是一种网状结构，即每一级控制单元除了与上一级进行信息交换外，也可与同级控制单元进行信息交换。该结构不仅可以在某控制单元与上级的通信链路出现故障后，可通过相邻控制单元建立与上一级的通信链路，还可以分解系统的任务、功能、计算的复杂性，提高系统的运行效率和可靠性。

8.1.2 区域协调控制基本原理

1. 区域协调控制交通模型组成

区域协调控制交通模型是描述区域内各交叉口在各种配时方案组合情形下路网上的交通流运行状态，以寻求实现区域整体目标函数最优的数学模型。

在道路网络中，交叉口信号控制与交通流运行之间具有十分复杂的联系，每个交叉口信号配时方案的改变都会对路网交通流运行产生影响。为了建立便于求解和计算的数学模型，可以对上述问题进行合理的简化，先将网络分割成一个个独立的仅包含一个交叉口的独立单元，从研究独立单元中信号配时与交通流运行状况的关系，然后再进一步研究单元与单元之间的协调问题。区域协调控制交通模型应包括以下两个部分。

(1) 单个交叉口交通流运行特性参数计算公式

单个交叉口的最大排队长度、平均排队长度、平均延误时间等参数与信号配时的关系已经在第 6 章进行过详细介绍。

(2) 交叉口之间的协调问题

交叉口之间的协调关系主要体现在交通流运行图上，即路网各部分交通流的流量与时间关系图上。其中，停车线断面上的“车辆到达率-时间”关系图是决定路网交通流的排队长度、延误时间、停车率等运行参数的基本因素。因此，可以在停车线断面上的“车辆到达率-时间”图的基础上，通过建立一定的数学模型，计算出各路口信号配时方案的变化对各股交通流的流量-时间图变化的影响，就可以计算出相应的某一种配时方案的路网交通流运行参数。

2. 交通流运行过程中的离散性

在停车线断面上车辆到达率-时间图上，不仅与上游交叉口的信号配时有关，还与路段上交通流的离散性有关。

交通流离散性是指从上游交叉口停车线驶发的车队，由于其中所包含的车辆行驶速度存在的差异，在到达下游交叉口停车线之前车辆距离逐渐增大的现象。从上、下游停车线的流量图（见图 8-3）对比可以看出，在交通流离散性的作用下，流量过程线的峰值趋于平缓，而流量持续过程相应变长。

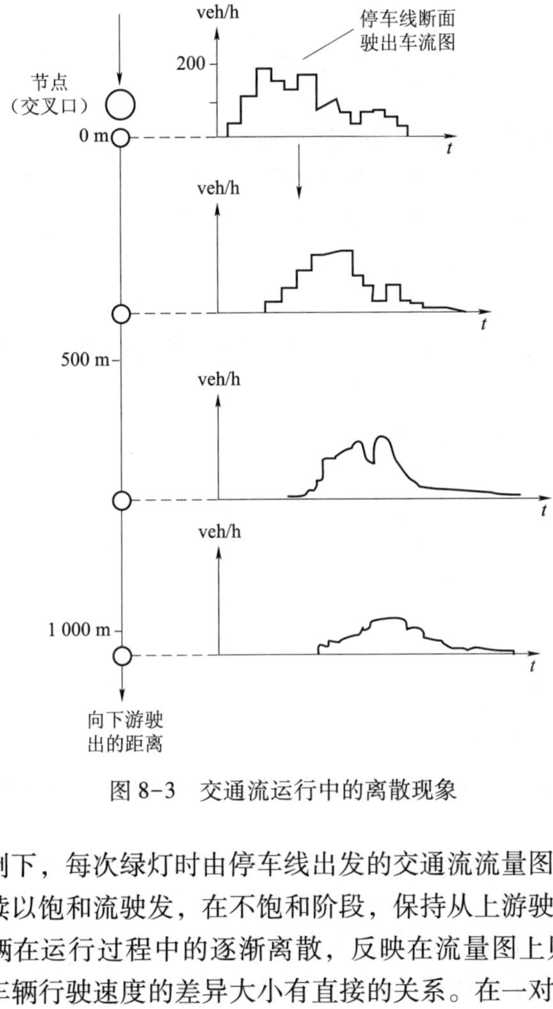

图 8-3 交通流运行中的离散现象

在交通信号灯控制下，每次绿灯时由停车线出发的交通流流量图具有一定的规律性，即在饱和阶段，车辆持续以饱和流驶发，在不饱和阶段，保持从上游驶至该停车线时的流量图（见图 8-4）。随着车辆在运行过程中的逐渐离散，反映在流量图上则是流量峰值线的平滑化，并且平滑程度与车辆行驶速度的差异大小有直接的关系。在一对确定的交叉口之间，若将每辆车全程行驶时间按大小顺序排列，各种行程时间出现的频率就会呈现某种随机分布的规律性特征。

研究交通流运行的离散性，有两种代表性的方法，分别为派西的正态分布函数法和罗伯逊的几何分布函数法。

派西的正态分布函数法是 G. M. 派西（Pacey）在 1956 年提出的，其假定车辆离开停车线后，在驶向下游停车线的过程中，维持恒定的速度，但整个交通流中各个车辆的速度是不

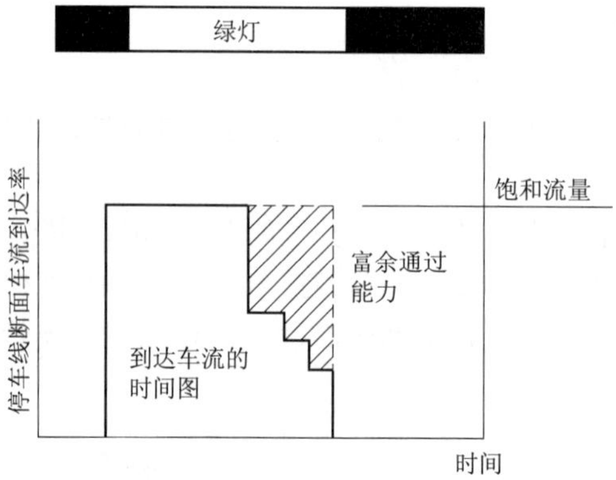

图 8-4　驶离停车线的车流流量图

相同的，并且每一种车速出现的频率是按照一种经过变化的正态分布规律分布的。

D. I. 罗伯逊在 1969 年提出的几何分布函数法认为，车流中不停的车辆在一对固定的起止断面之间的实际行驶时间是呈几何函数分布的。

经过研究发现，无论是派西的正态分布函数假设，还是罗伯逊的几何分布函数假设，最后推算结果都很接近实际观测结果。因此，对于一对相邻的交叉口，无论采用上述分布函数中的哪一种，对于下游交叉口的车辆平均延误时间、平均排队长度等预测结果都是很相近的。如图 8-5（a）、（b）所示。

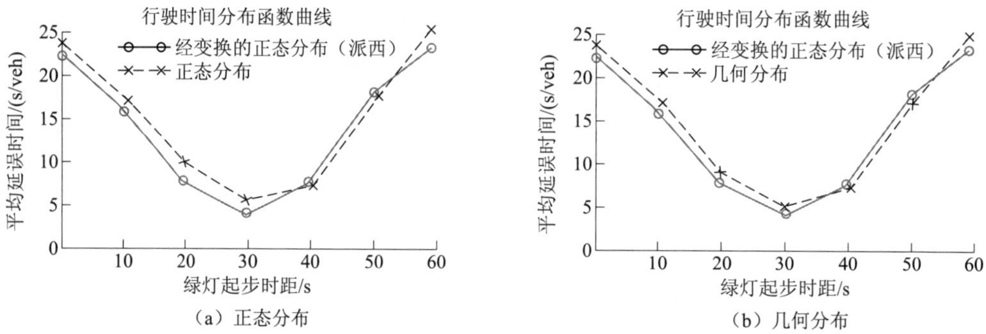

图 8-5　不同时间分布函数对车辆延误时间预测值的影响

根据上述结论，可以采用某种简单的分布函数（如均匀分布函数）反映在行驶过程中的离散特性，使计算大为简化（若采用计算机计算，则使用几何分布函数最为方便）。

被世界上许多国家广泛采用的信号协调配时设计程序——TRANSYT（8），就是利用上述罗伯逊的几何函数分布法来计算下游停车线断面上流量-时间图的。其中，离散系数 F 值的确定，应当根据车道宽度、车道纵坡、路面停车情况、对向车流的交通量大小及车辆中车辆构成情况等具体路段条件确定，即应当通过实地交通观测调查，用回归方法建立离散系数 F 与上述各种相关因素的函数关系。F 值的确定是一项复杂的工作，要取得符合实际的结果非常困难。

以行驶时间服从几何分布函数假定为前提，从理论分析的角度可得：

$$F=\frac{1}{1+T-t} \tag{8-1}$$

式中：F——车流离散系数，表示车流在运行过程中的离散程度大小；

T——平均行驶时间；

t——相邻路口两个断面之间，车辆平均行驶时间的 0.8 倍（以时段为单位）。

在式(8-1)中，T 值可由实地观测数据的统计分析求出。根据许多学者的研究和经验，在实际运用中可采用以下的修正公式：

$$F=\frac{1}{1+0.35t} \tag{8-2}$$

3. 区域协调控制方案的目标函数

信号网络控制效益的评价是进行信号网络各种协调配时方案优选，确定最佳控制方案的重要依据。而信号网络的控制效益主要表现为交通流在某种配时方案控制下的运行状况。因此，只要能够对交通流的实际运行状况作出全面准确的评价，就可以反映出信号网络控制的实际效益。

第 5 章中已经具体介绍过评价车流在路网上运行状况的平均车辆延误、周期车辆延误、平均排队长度及最大排队长度等主要参数。这些参数都是以周期长度、绿信比和绿灯起步时距等信号配时方案为自变量的函数。因此，可以利用这些函数关系，调整每一个路口的配时参数，使车辆在路网上运行受阻程度最小的车辆延误时间、排队长度、停车率及燃油消耗量等指标最小。在实际工作中，往往无法使以上几项参数同时达到最小值，而是根据实际需要选取其中的一项或几项作为配时参数优选的目标函数。

在早期的协调配时方法中，较多采用单项目标函数作为优选的标准。其中，车辆总延误时间作为目标函数使用得最为广泛。后来在实践中发现，如果用车辆总延误时间作为唯一的目标函数，所选择的最佳协调配时方案往往不是最经济的。

TRANSYT 的英文全称是“traffic network study tool”，意为交通网络研究工具，它是一种用于定时控制系统的设计方法。D. I. 罗伯逊在建立著名的 TRANSYT 方法时，首次成功地使用了综合目标函数，即包括延误时间与停车次数在内的所谓“运行指标”（performance index）。后来，他与另外一些学者先后通过试验，发现延误时间、停车次数与燃油消耗量之间相关性的规律，在 TRANSYT（8）中，燃油消耗量也被作为一项参考指标，并且第一次以直接运营费用（以英镑为单位）作为综合目标函数，其形式如下：

$$\mathrm{PI}=\sum_{i=1}^{N}\left(W\cdot w_i\cdot d_i+\frac{K}{100}\cdot k_i\cdot s_i\right) \tag{8-3}$$

式中：PI——综合目标函数，即“运行指标”，以等价货币值计算；

W——每辆车延误 1 h 所相当的经济损失值；

w_i——第 i 条连线上车辆延误时间的加权系数；

d_i——第 i 条连线上车辆的总延误时间；

K——每 100 次停车所相当的经济损失值；

k_i——第 i 条连线上车辆每次停车次数的加权系数；

s_i——第 i 条连线上的全部车辆完全停车次数总和；

N——连线的总数目。

在式(8-3)所示的综合目标函数中，不仅同时计入延误时间和停车次数两项不同的目标参数，而且还给每项赋予一个“加权系数”。这样，在制订控制方案时，可以根据不同的路段在不同时间所具有的交通特点，分别给予不同的 ω_i 和 k_i 值，以着重限制这两个参数的某一个，从而提高路网控制的灵活性。例如，在早高峰时段，对某些饱和度较高的交叉口，应以交通疏导、减少排队长度为主要控制目标；相反，在非高峰时段，则应争取城市主要干道上车辆行驶的最佳连续性，即以减少停车次数和节省燃油消耗作为控制的主要目标。

每个城市有各自的交通特点，即便在同一个城市，不同地段和不同时段的交通状况也可能千差万别，在确定配时方案时，显然应该根据具体情况选取不同的目标函数作为主要优选目标。从这个意义上讲，综合目标函数比起单项目标函数能更好地适应客观实际需要。从发展趋势来看，作为控制方案的优选目标函数将进一步朝着“多元化”的方向发展。例如，有的学者建议将交叉口堵塞程度直接作为一项目标参数，并纳入综合目标函数中。因为排队长度（或延误时间）并不总能确切地反映交叉口的堵塞程度。有时排队长度的绝对量虽大，却不一定导致严重的交通堵塞。交通堵塞程度是一种相对的量，比起排队长度或延误时间来，它能更确切地反映客观实际对控制策略的要求。

4. 区域网络控制系统的建立条件

建立区域网络控制系统必须从多方面考虑，通过科学的可行性论证，分析是否满足建立条件。一般可从以下几个角度分析。

（1）道路交通条件

在分析一个道路网络是否具备协调控制的条件时，应考虑以下因素。

① 交叉路口间的几何关系。在一个控制区中，交叉口的间距不能太大，通常以 600 ～ 800 m 为宜，因为间距太大则车队离散性大，协调控制效果将明显下降。另外，交叉路口本身最好是规则的，如“十”字交叉形。

② 交通流特性。在交叉路口之间的车队要求紧密、集中，即所谓车流是脉动的，这与车辆的种类和机动性有很大关系。例如，单一车种组成的车队离散小，容易协调控制；而混合车种组成的车队不易控制。

③ 交通流量的大小（级别）。如果相邻两交叉路口之间的交通流量大，则协调控制的效果明显；但交通流量很小时，控制效果将不显著。为了对一个网络进行定量分析，美国交通工程专家通过理论分析和试验研究，导出一个互联指数公式：

$$I = \frac{0.5}{1+t}\left(\frac{x \cdot q_{\max}}{\sum_{i=1}^{x} q_i} - 1\right) \tag{8-4}$$

式中：I——互联指数；

t——车辆在两个相邻交叉路口之间的平均行驶时间，它等于该路段长度除以平均车速，min；

x——上游交叉路口驶出车流的转向构成数量（如驶出车辆由直行、左转和右转构成，则 $x=3$）；

$q_{\max}$——来自上游交叉路口的直行交通流量（或 q_i 中的最大值）；

$\sum_{i=1}^{x} q_i$——到达下游交叉路口的各种转向交通流总和。

由式(8-4)可见，当 $q_{max}=0$ 时，则公式不成立；当转弯车流量适中，交叉路口间距小时，I 值大，具备协调控制的条件。反之，则不具备协调控制的条件。

作为一个研究工具，美国交通工程专家利用 I 值给出一个区分单点控制和协调控制的标准。我们可以通过用计算 I 值的方法来对一个城市或一个地区的道路交通条件进行评估，以确定是否满足进行联动控制的条件。当 $I=0$ 时，表示完全不互联；当 $I=1$ 时，表示互联最合理。一般当 $I<0.3$ 时，不必互联；当 $I>0.4$ 时，互联可取得较好效果。当 I 值在 0.3 ～ 0.4 时，为模糊区。

（2）技术条件

现代区域网络控制系统均集计算机、现代通信、控制技术于一体，技术复杂，设备众多。因此，拥有一支训练有素的技术队伍非常必要。如果缺乏良好的技术条件，系统的控制效果有可能发生“蜕变”。随着客观条件的变换，系统硬件、软件参数、控制参数应不断加以调整和更新。

区域网络控制系统的建立过程也是人才培养的过程。但是，在建立系统之前，首先必须有足够的技术骨干与管理力量，以便开展诸如可行性论证、系统选择设计、技术谈判等一系列工作。

（3）经济条件

经济条件是首要的条件。要根据可能的经费和现有的交通设施条件，如已有的控制器和通信设备是否可以为系统所使用、交叉路口改造难度是否很大等，在财力允许范围内按轻重缓急作出计划，分期、分批地实施。切忌不顾主客观条件盲目实施，结果可能达不到预期的效果，产生不必要的浪费。

（4）社会条件

这里是指一个城市是否具有一定的使用交通信号的历史，市民能否比较自觉地遵守交通法规。

这一点往往为人们所忽略，但它却是影响控制系统效益的很重要的因素。因为除了道路条件外，交通参与者的素质是影响系统环境质量的重要因素，例如，一个交叉路口在没有经过一定时间的单点控制时，不宜急于纳入网络系统控制，因为道路使用者有一个熟悉交通信号的过程和养成出行习惯的过程。

（5）信号周期时间的选择

TRANSYT 的优化过程虽不能通过随意改变信号周期时长进行优化，但设计者可以事先给出一组信号周期长度取值，然后利用 TRANSYT 计算不同信号周期长度取值下的性能指标，通过比较分析，从这一组信号周期长度取值选出最佳信号周期时长。同时，TRANSYT 可以自动地为交通网络各子区选择一个 PI（performance index）最低的公用信号周期时长，同时还可以确定哪几部分哪几个交叉口应当采用双周期控制。

TRANSYT 是最成功的静态交通信号控制系统，它被世界上 400 多个城市所采用，证明其产生的社会、经济效益很显著。但也存在许多不足：第一，计算量很大，在大城市中这一问题尤为突出；第二，信号周期长度不进行优化，事实上很难获得整体最优的配时方案；第三，因其离线优化，需大量的路网几何尺寸和交通流数据，在城市发展较快时，为保证可信度往往不得不花费大量时间、人力、财力重新采集数据再优化，制订新方案。但由于这种系统不需要大量设备，投资低，容易实施，所以交通增长已趋稳定的地区，还是比较适用这种系统的。

8.2 离线优化区域协调控制系统

8.2.1 TRANSYT 概述

采用 TRANSYT 程序确定信号配时方案的交通控制系统简称为 TRANSYT 系统，它是当今世界上最负盛名的信号配时优化设计程序。TRANSYT 的最初版本是由英国道路运输研究所（Transport and Road Research Laboratory，TRRL）的 D. I. 罗伯逊等人于 1968 年研制成功的。经过多年的发展，形成了两个著名的版本：TRL（其前身为 TRRL）的 TRANSYT-11 和美国的佛罗里达大学的 TRANSYT-7F 9.6 版。值得一提的是，20 世纪 70 年代后期，美国从英国购买了 TRANSYT-7 的软件专利，结合美国国情对该程序进行了修改。TRANSYT 软件还在不断完善之中，形成了多种新的应用版本。

在定时系统中，信号周期是共同的（或者有一部分交叉口采用双周期，即其周期长度为公用周期的一半），而且在一个确定的配时方案执行阶段内，每个交叉口上各个信号阶段起止时间点（相对于一个周期长度的比例）是固定不变的。TRANSYT 利用本身的交通模型和优选方法，在任何已知的道路网情况下，都可建立适合于不同交通状况的配时方案，从而适应交通量随时间而变化的客观情况。

TRANSYT 从总体上考虑了整个路网每个交叉口的配时选择。个别交叉口配时有变动，对车流运动状况的影响可能会波及路网上相当大的范围，这种连锁反应已在 TRANSYT 中予以考虑。此外，TRANSYT 使用包含多项参数的综合目标函数——“运行指标 PI”作为配时方案优选的依据，其可靠程度较高。

TRANSYT 方法所使用的交通模型充分反映了车流运动的特点，因而对路网上车流运动状况的预测精度也较高。在确定最优配时方案过程中，交替使用大、小两种步距，做正、负两个方向的试探，即所谓“爬山法”。不仅如此，它对车流运动进行模拟时，还充分考虑了车流之间及一股车流内所有车辆之间的相互影响。前者，主要反映在某些按优先通行规则的交叉口，等候通行的车流与享有优先通行权的车流之间的相互关系；后者，主要反映路段上车流运动过程中的离散现象。

TRANSYT 方法不仅对每一信号阶段相位差和绿灯长度进行优选，而且还对整个路网上不同部分应该分别使用的最佳信号周期值提出分析结果，既可供设计者参考，也可自动选择最佳周期值作为配时设计的基础，从而进一步对其他两项参数（绿信比和相位差）进行合理选择。

TRANSYT 方法使用了以下 4 个基本假定：

① 路网中所有主要交叉口都由交通信号灯或让路规则控制；

② 路网中全部交通信号均按共同的周期长度运行，或者某一部分信号采用双周期，并且已经知道各信号灯交叉口的信号阶段划分情况及最小绿灯时间等详细数据；

③ 路网中各车流在某一确定时间段内的平均车流量为已知，且维持恒定；

④ 每一交叉口的转弯车辆所占的百分数为已知，并且在某一定时间段内维持恒定。

8.2.2 TRANSYT 的交通模型

TRANSYT 基本上由两大部分构成：其一是交通数学模型，其二是优化选择，它的基本结构如图 8-6 所示。

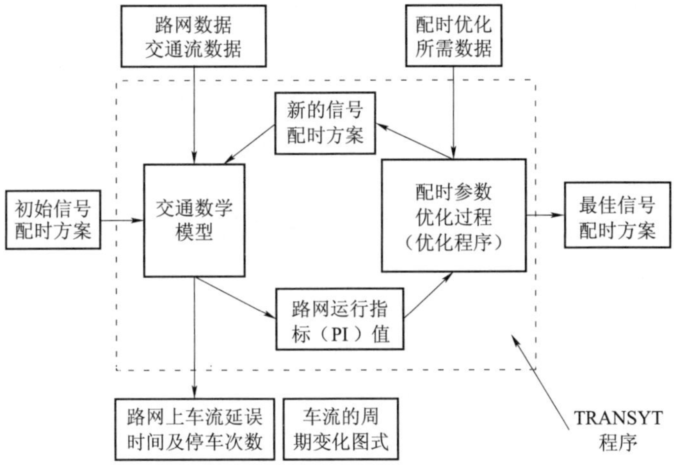

图 8-6 TRANSYT 的基本结构

建立交通模型，就是用数学方法模拟车流在路网上的运动状况，研究路网配时参数的改变对车流运动的影响，以便客观地评价任意一组路网配时方案的优劣。为此，交通模型应当能够对不同配时方案控制下的车流运动参数（延误时间、停车率、燃油消耗量等）作出可靠的预测。下面是 TRANSYT 交通模型的几项主要内容。

1. 路网结构图式

TRANSYT 把一个复杂的路网简化成适于数学计算的图式，这个图式由一个个“节点”和节点之间的“连线”组成。在路网结构图上，每一个“节点”代表一个由信号灯控制的交叉口；每一条“连线”表示一股驶向下游一个“节点”的单向车流。

“连线”是网络分析中一个特定的概念，一条连线可以代表一条或几条车道上的车流，而一个进口方向则可用一条或数条连线表示。连线既不等于实际的“路段”，也不等于“车行道”。它是用来表示需要单独模拟的车流的，“连线”要根据实际情况判断来划分。

为了检验连线划分与每条连线上交通量的分配是否合适，往往要将 TRANSYT 预测的各项参数与实际观测结果进行反复比较，必要时对连线划分要做些调整。

2. 流量的周期变化图式

所谓交通量图式，就是路网中某一定点的交通量及排队等候的车队长度随时间变化的关系曲线，它们是随时间变化的连续曲线。为了计算方便，通常将一个信号周期等分成若干时段，每个时段约为 3 s，在 TRANSYT 交通模型中，所有计算过程的基本数据均为每个时段内的平均交通量、转弯交通量及该时段形成的排队长度。在大部分计算过程中，假定每个周期的平均交通量的柱状图式是完全相同的，即交通量的变化是周期性重复出现的。由于个别车辆运动状况的随机性变化，在计算延误时间时，要增加“随机延误”项。

3. 连线上运动状况的模拟

为描述车流在一条连线上运行的全过程，TRANSYT 使用以下 3 种周期流量图式。

① 驶入流量图式（简称驶入图式）：这一图式表示车流在不受阻滞的情况下到达下游停车线的到达率变化情况。

② 驶出流量图式（简称驶出图式）：这一图式描述了车流在离开下游交叉口时的实际流量变化情况。

③ 饱和放行图式（简称出发图式）：出发图式实际上是一种以饱和流率驶离停车线的流量图式。只有当绿灯期间通过的车流处于饱和状态时才会出现这种图式。

某一连线的驶入图式直接取决于上游连线的驶出图式。在确定一条连线的车流驶入图式时，不能忽略车流运动过程中的离散性影响，离散特性可用离散平滑系数 F 表示。TRANSYT 采用的离散系数 F 值的计算公式参见式(8-2)。

把上游连线驶出图式上的每一纵坐标值乘 F 即可得下游停车线的驶入图式。

综上所述，不难推算出在第 i 个时段内被阻于停车线的车辆数为：

$$m_i = \max\{m_{i-1}+q_i-s_i, 0\} \tag{8-5}$$

式中：m_i——在第 i 个时段内被阻于停车线的车辆数，veh；

q_i——在第 i 个时段内到达的车辆数，由驶入图式求得，veh；

s_i——在第 i 个时段内放行的车辆数，由出发图式求得，veh。

由式(8-5)便可求得在第 i 个时段内驶离连线的车辆线：

$$n_i = m_{i-1}+q_i-m_i \tag{8-6}$$

式中：n_i——在第 i 个时段内驶离连线的车辆数，veh。

由 n_i 值便可建立起连线的驶出图式，并由此推算下游连线的驶入图式、出发图式和驶出图式，以此类推。

4. 交通数学模型所需数据和资料

TRANSYT 交通数学模型需要下述已知数据和资料。

① 路网几何数据。包括节点（交叉口）数目、连线数目、连线长度、车道划分情况及车道宽度（据此可以确定饱和流量的数值）等。

② 交通量数据。包括每条连线上的交通量，这些交通量来自上游哪些连线及它们将分流到下游哪些连线上，车辆在连线上的自由行驶速度和车队离散程度（用离散系数表示）等。

③ 经济指标。包括单位延迟时间的损失费用指标、“百次完全停车”相当的损失费用指标及车辆在不同行驶状态下的油耗指标。

5. 计算车辆的平均延误时间及停车次数

TRANSYT 计算的延误时间是正常相位延误、随机延误和过饱和延误之和。停车次数也分成正常相位停车次数、随机停车次数和过饱和停车次数 3 部分。

8.2.3 TRANSYT 所使用的优选方法

在 TRANSYT 中，优选程序可以自动地为协调路网各个交叉口信号选择最佳固定配时方案。在优选过程中，同时对各个交叉口的相位差和每一信号阶段的绿灯长度进行反复调整，比较相应运行指标的高低。

在 TRANSYT 中，尚未做到对信号周期长度的连续自动调整。然而，它却可以给出一系列不同的信号周期所对应的运行指标，必要时可从中选取最优者作为路网所有交叉口（或部分交叉口）的共同周期长度。为便于对周期长度进行合理的选择，TRANSYT 可提供各项运行参数的初步结果。

1. 最佳配时方案的优选标准——运行指标

TRANSYT 是以运行指标作为优选标准的，运行指标 PI 值的计算公式参见式(8-3)。优选程序通过对配时方案的不断调整，把 PI 值降到最低。就是设法把车辆延误时间和停车次数减至零，即每一辆车到达每一交叉口都恰逢绿灯时间，最后在不受任何阻滞的情况下到达目的地。也就是说，TRANSYT 优选程序的最终目标是要寻求多方向的绿波。在通常情况下，对所有车辆的多方向（甚至全方向）绿波是无法建立起来的，但可以找出一个延误时间和停车次数总和最少的方案。

2. 相位差的优选

相位差是影响路网各个交叉口之间协调关系的主要参数。TRANSYT 对信号配时方案的优选是按照“爬山法”来进行的。首先，为路网上所有信号选择一个初始配时方案，它可以是任意的一个方案，只要不违背最短绿灯时间的要求，能满足路网上的交通需求即可。有了初始配时方案以后，TRANSYT 利用它的交通模型便可求出相应于这一配时方案的路网运行指标 PI 值。接下来，便按照事先确定的调整步距调整路网上某一个交叉口的相位差，再重新计算路网的运行指标 PI。若这次求出的 PI 值小于初始方案的 PI 值，说明这种调整是必要的。还应当以同样的步距沿同一方向（指正与负）对该交叉口的相位差进行连续调整，直至获得最小的 PI 值为止。反之，假若第一次调整后的 PI 值比初始方案所对应的 PI 值大，则应朝相反方向调整相位差，直至获得最小 PI 值为止。

按上述步骤，完成了一个交叉口的相位差调整之后，则依次对其他交叉口做同样的调整，交叉口的先后调整次序事先规定。对所有交叉口的相位差依次调整一遍之后，还要再回头来，从第一个交叉口开始依次对所有交叉口做第二遍调整……，如此反复多遍，直至求得最后的理想方案（PI 值最小）。

利用“爬山法”对路网上各个交叉口的相位差反复进行连续调整，其过程如图 8-7 所示。

“爬山法”有一个缺点，即在按某一种固定的步距对相位差进行连续调整时，难免错过最佳位置——PI 值的真正最小值，错误地把 PI 的“局部最小值”当作真正最小值。

为了减少这一错误发生的概率，TRANSYT 交替使用大步距和小步距对相位差进行调整。尽管这样，但作为一个非凸的最优化问题，早期的解析方法还不能确保找到全局最优值。为了克服这一困难，美国佛罗里达大学的 TRANSYT-7F 8.1 版以后的版本采用了遗传算法进行优化。其过程是分别对相位差、绿信比和相序进行优化，而对周期长度的优化仍采用从一组周期长度中挑选最佳值的方法。对相序的优化是新增加的功能。现已提出了一种新的基于遗传算法的交通信号配时优化方法，它综合了基于延误模型和基于带宽模型方法的优点，能够同时对周期长度、绿信比、相位差和相序进行优化，此处不再赘述。

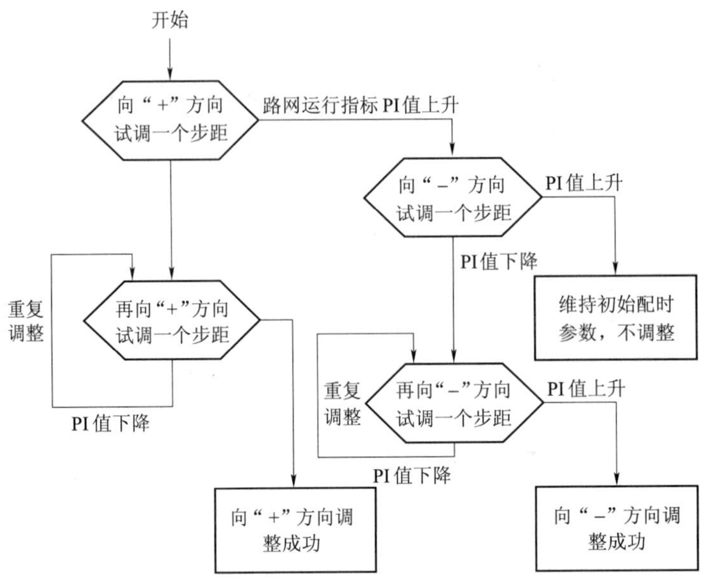

图 8-7　相位差调整流程图

3. 绿灯时间的优选

在相位差的优选过程中，随着各交叉口相位差的不断调整，这些交叉口的所有信号阶段更迭时间也同时相应地作前后平移，即每个信号阶段享有的绿灯时间长度维持不变。TRANSYT 同样也可以对各信号阶段的绿灯时间长度进行优化调整。具体做法是不等量地更改一个或几个乃至全体信号阶段的绿灯长度，以期降低整个路网的运行指标 PI 值。在进行上述调整时，规定的最短绿灯时间是调整底线。绿灯时间的调整基本是按图 8-7 的流程进行的。

4. 等饱和度的初始配时方案

TRANSYT 在进行配时优选时，要根据初始配时方案计算出 PI 初值。初始配时方案可以由 TRANSYT 的使用者拟订，也可以由 TRANSYT 本身提供。考虑到实际中对整个路网上的信号协调关系难以事先掌握，而且完成这项工作也需要耗费很多时间，事先为控制范围内所有交叉口拟订一个初始配时方案不太现实，TRANSYT 被赋予一项特别功能，即：它可以为任何一个交叉口的各个信号阶段自动选择一个初始的绿灯长度，使各个关键的冲突车流方向具有相等的饱和度。因此，建立的初始配时方案，称为“等饱和度”配时方案。

5. 限制车辆排队长度

在 TRANSYT 优选过程中，对每一种配时比较方案必须估算出车辆的阻滞程度，即受阻车辆排队长度可能出现的最大值。对于某些个别连线，尤其是短连线，排队长度超过一定限值后，意味着车队尾部可能回溯至上游交叉口，致使上游交叉口部分或完全堵塞。TRANSYT 不能对这样一种复杂的连锁影响作出确切的模拟，这是因为在其基本假定中有这样一条：所有受阻车辆排队位置都在停车线上（在停车线处，假定车辆向空中垂直方向排队）。为了弥补这一缺陷，TRANSYT 允许使用者为任何一条连线事先规定一个允许排队长度限值。此后，TRANSYT 的优选程序将以此为依据，寻求排队长度尽可能不超过规定限值的配时方案。具体做法是：采用附加“惩罚”系数，即一旦某些连线上预计排队长度超过规定限值时，就将运行指标 PI 乘相应的“惩罚”系数（大于 1）。“惩罚”系数的大小是由 TRANSYT 的使用者根据路网具体状况和连线的重要性来确定的。某条连线排队长度超过限值所引起的后果越严重，所采用的“惩罚”系数越大。

需要注意的是，采用“惩罚”系数的连线越多，“惩罚”系数值取得越大，整个路网的协调就越困难。这是因为采用排队限值的连线越多，对这些连线的通畅性强调得越多，就意味着要更大程度地牺牲其他连线的“利益”。所以，凡是对某些连线规定排队长度限值，相应地对超限排队采用“惩罚”系数时，都要仔细地检查 TRANSYT 的最终输出结果（配时方案），看看是否合理。

6. 控制子区的划分

一个范围较大的路网，在实行信号联网协调控制时，往往要分成若干个相对独立的部分，每一个部分可以有自己独特的控制对策，各自执行适合本区交通特点的控制方案，这样的独立控制部分称为控制子区。

在一个实际网络中，一方面各个部分交通状况存在明显的差别，不宜整齐划一地执行同一种信号配时方案；另一方面，确实存在一些不必实行协调控制的连线。于是，在实际工作中，就往往以这些不宜协调的连线作为划分控制子区边界的参考依据，子区边界点基本上均分布在这些连线上。

7. 信号周期时间的选择

TRANSYT 可以自动地为交通网各子区选择一个 PI 最低的公用信号周期长度，同时还可以确定哪几个交叉口应当采用双周期。

8.2.4 TRANSYT 系统运行评价

第一版 TRANSYT 自 1968 年问世以来，经过多年的不断发展，已成为区域交通控制方案优化设计的强有力工具，因而被世界许多城市所采用。实践证明，使用该系统带来的社会、经济效益是很显著的。路网上车辆运行总行程时间可节省 15% 以上，燃油消耗可节省 8%～10%。例如，在泰国曼谷的中心区域建立的 TRANSYT 交通控制系统，使总的行程时间减少了 13%～27%，每年节约的燃料价值估计为 100 万～240 万英镑，而建立这套系统的费用才 52 万英镑。

TRANSYT 系统的不足在于：其一，计算量太大，当网络较大时，这一问题更加突出。其二，TRANSYT 的优化问题本质上是一个非凸的数学规划问题，如何找出全局最优解理论上还没有彻底解决，仍在不断探索之中；其三，作为一种离线优化方法，TRANSYT 需要大量的网络几何尺寸和交通流信息，而这些数据的采集，需要花费大量的人力和时间。一般的 TRANSYT 系统每隔两三年就要重新进行一次交通数据采集、整理和制订相应的配时方案，这就极大地限制了 TRANSYT 系统的实际应用。

8.3 在线优化区域协调控制系统

鉴于定时式脱机控制系统优化算法存在配时方案容易老化、控制对策缺乏灵活性、无实时交通信息反馈等弊端，人们开始着手研究能够根据实时交通状况、自动获取优化配时参数的区域信号实时优化算法。英国、美国、澳大利亚、日本等国家做了大量的研究和实践，用不同的方式建立了各有特色的自适应控制系统。归纳起来就是方案选择式与方案生成式两类。其中，方案选择式以 SCATS 为代表，方案生成式则以 SCOOT 为代表。

8.3.1 SCATS 方案选择式控制系统

1. SCATS 系统概况

SCATS 系统（sydney co-ordinated adaptive traffic system）由澳大利亚自 20 世纪 70 年代开始研究，从 1980 年起陆续在悉尼等城市安装使用。SCATS 系统是一种用感应控制对配时方案进行局部调整的方案选择系统。

SCATS 系统包括中央监控系统、区域控制中心和图形界面（graphical user interface，GUI）工作站。一个中央控制系统最多可连接 64 个区域控制分中心，每个区域控制中心可控制 250 个信号交叉口，理论控制规模为 16 000 个交叉口。

目前，世界上大约有 80 个城市正在运行 SCATS 系统，控制超过 21 000 个交叉口，世界上最大的 SCATS 系统控制网络在澳大利亚悉尼市，控制了超过 3 000 个信号交叉口。除了澳大利亚之外，新加坡是拥有基于 SCATS 系统交叉口数量最多的城市（目前大约 1 800 个），都柏林、德黑兰、底特律、特拉华、墨西哥城等城市也采用了 SCATS 系统。

在我国，SCATS 系统也已在上海、广州、沈阳等城市投入运行，并且取得了一定的实施经验。

上海市于 1986 年 3 月 21 日正式引进 SCATS 系统，至 2020 年，上海市的 SCATS 系统包含 15 个控制系统，控制范围已扩展至 2 000 多个路口。据统计，每个路口每分钟平均可通过 25 辆车，通行率比使用普通信号灯提高了 66%。在上海浦东新区的“罗山路—张杨路—黄浦江”围成的区域里、花木行政文化中心以内、世纪大道全线和浦东大道延伸到五莲路的路段内，总共 108 个路口实施了 SCATS 联网控制。从实践来看，使用效果良好。以世纪大道为例，在系统安装前，车流从行政中心的丁香路行驶到延安东路隧道口，所用时间约 20 min；在系统安装后，只需要 9 min，平均时速从原来的 16 km 提高到 25 ～ 30 km。

广州市 2006 年引入 SCATS 系统，第一期工程对 51 个路口进行了系统协调控制，取得了比较明显的效果：信号周期实现实时变化，普遍下降 20 ～ 30 s；停车次数减少，基本消除二次停车；平均速度提高约 5 km/h。在随后的建设运营中，根据对广州市越秀区 40 个路口的统计分析，SCATS 系统投入使用后，车辆停滞时间减少 38%，车辆通行时间缩短 23%，综合经济效益显著，年节省开支约 360 万元。

沈阳市自 1989 年引进 SCATS 系统以来，在很大程度上缓解了沈阳市的交通拥堵状况，其中南京街—黄河大街就是众多成功案例之一。南京街—黄河大街是沈阳市一条贯穿南北，连接和平、皇姑、于洪 3 个区的主干道，全线距离为 14. 3 km，沿线的 34 处信号控制路口全部使用 SCATS 系统控制后，全线平均行程速度由 20. 35 km/h 提高到 32. 43 km/h，行驶速度由 29. 45 km/h 提高到 36. 31 km/h，行程时间由 39 分 20 秒减少到 26 分 36 秒，停车次数由 18 次减少到 6 次，停车延误时间由 11 min 减少到 4 min。

2. SCATS 系统工作结构和原理

SCATS 系统的控制结构是分层式三级控制，由中央监控中心、地区控制中心和信号控制机构成。中央监控中心用于监控系统的运作情况和设备状况，并用于系统数据库的管理，对各地区控制中心的各项数据和每一台信号控制机的运行参数做动态的存储。地区控制中心无须中央监控中心的任何帮助，即可实施区域交通自适应控制。通常将每 1 ～ 10 个信号控制机组合为一个子系统，若干子系统组合成一个相对独立的系统。系统之间互不相干，系统内部子系统之间进行相互的协调控制。子系统可根据交通状况的实时变化情况，重新分开、合并，组成新的系统，如图 8-8 所示。

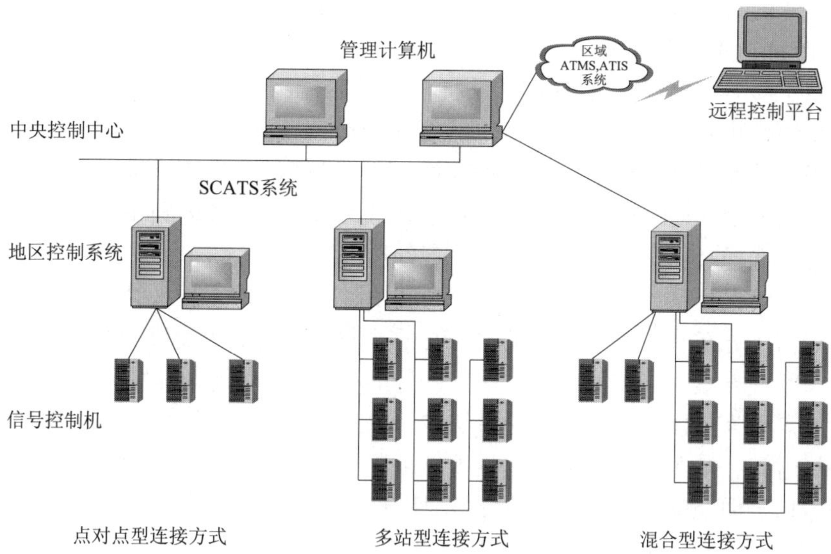

图 8-8 SCATS 系统结构图

SCATS 系统通过双层控制模式，即战略控制（strategic control）和战术控制（tactical control），实现交通信号的区域控制。战略控制为上层控制，由区域性计算机根据检测设备获得的交通量、占有率等交通信息，从预先确定的参数集合里选择适合交通需求的周期、绿信比和相位差等各参数，根据交通实时情况对控制参数进行修正，并在各个子系统中执行。战术控制为下层控制，由各个交叉口的信号控制机独立完成。信号控制机根据交叉口交通需求周期性的变化，对交通信号实施绿灯早断、省略相位等措施，提高交叉口通行能力。

SCATS 系统为节省控制计算机 CPU 的时间，把信号周期、绿信比及相位差作为各自独立的参数分别进行优化。优化过程所使用的算法以综合流量及类饱和度为主要依据，类饱和度是指车流有效利用的绿灯时间与绿灯显示时间之比，不同于一般的概念；综合流量是指一次绿灯期间通过停车线的车辆折算当量，用来反映通过停车线的混合车流的数量，它由直接测定的类饱和度及绿灯期间实际出现过的饱和流量来确定。

3. SCATS 系统优化方法

下面简要介绍 SCATS 优选配时方案的各主要环节。

1）子系统的划分与合并

SCATS 对子系统的划分，由交通工程师根据交通流量的历史及现状数据与交通网的环境、几何条件予以判定，所定的子系统就作为控制系统的基本单位。在优选配时参数的过程中，SCATS 用“合并指数”来判断相邻子系统是否需要合并。在每一信号周期内，都要进行一次“合并指数”的计算，相邻两个子系统各自要求的信号周期时长相差不超过 9 s 时，则“合并指数”累积值为（+1），反之为（-1），若“合并指数”的累积值达到“4”，则认为这两个子系统已经达到合并的“标准”。合并后的子系统，在必要时还可以自动重新分开为原先的两个子系统，只要“合并指数”累积值下降至零。

子系统合并后，新子系统的信号周期时长，将采用原先两个子系统所执行的信号周期时长中较长的一个，而且原先两个子系统中的另一个随即放慢或加快其信号周期的增长速度，直到这两个子系统的“外部”绿时差方案得到实现为止。

2）SCATS 配时参数优选算法

SCATS 以 1 ～ 10 个交叉口组成的子系统作为基本控制单位。在所有交叉口的每一进口道上都设置车辆检测装置，传感器（如电感线圈）分设于每条车道停止线后面。根据车辆检测装置所提供的实时交通数据和停止线断面在绿灯期间的实际通过量，算法系统选择子系统内各交叉口的公用周期时长、各交叉口的绿信比及绿时差。考虑到相邻子系统有合并的可能，也需为它们选择一个合适绿时差（子系统外部的绿时差）。

作为实时方案选择系统，SCATS 要求事先利用脱机计算的方式，为每个交叉口拟订 4 个可供选用的绿信比方案、5 个内部绿时差方案（指子系统内部各交叉口之间相对的绿时差）及 5 个外部绿时差方案（指相邻子系统之间的绿时差）。信号周期和绿信比的实时选择，以子系统的整体需要为出发点，即根据子系统内的关键交叉口的需要确定公用周期时长。交叉口的相应绿灯时间，按照各相位饱和度相等或接近的原则，确定每一相位绿灯占信号周期的百分比。随着信号周期的调整，各相位绿灯时间也随之变化。

SCATS 把信号周期、绿信比及绿时差作为各自独立的参数分别进行优选，优选过程所使用的算法以所谓“类饱和度”及“综合流量”为主要依据。

（1）类饱和度

SCATS 所使用的类饱和度（DS），是指被车流有效利用的绿灯时间与绿灯显示时间之比。DS 和 g' 分别为：

$$\mathrm{DS}=\frac{g'}{g} \tag{8-7}$$

$$g'=g-(I_N-t\cdot h) \tag{8-8}$$

式中：DS——类饱和度；

g——可供车辆通行的显示绿灯时间总和，s；

g'——被车辆有效利用的绿灯时间，s；

I_N——绿灯期间，停止线上无车通过（出现空当）的时间，s；

t——车流正常驶过停止线断面时，前后两辆车之间不可少的一个空当时间，s；

h——必不可少的空当个数。

参数 g、I_N 及 h 可以直接由系统提供。

（2）综合流量

为避免采用与车辆种类（车身长度）直接相关的参量来表示车流流量，SCATS 引入了一个虚拟的参量“综合流量”来反映通过停止线的混合车流的数量。综合流量 q' 是指一次绿灯期间通过停止线的车辆折算当量，它由直接测定的类饱和度 DS 及绿灯期间实际出现过的最大流率 S 来确定，如式（8-9）所示。

$$q' = \frac{DS \cdot g \cdot S}{3\ 600} \tag{8-9}$$

式中：q'——综合流量，veh；

S——最大流率，veh/h。

其余符号意义同前。

（3）信号周期时长的选择

信号周期时长的选择以子系统为基础，即在一个子系统内，根据其中类饱和度最高的交叉口来确定整个子系统应当采用的周期时长。SCATS 在每一交叉口的每条进口车道上都设有车辆检测器，由前一周期内各检测器直接测定出的 DS 值中取出最大的一个，并据此定出下一周期内应当采用的周期长度。

为了维持交叉口信号控制的连续性，信号周期的调整采取连续小步距方式，即一个新的信号周期与前一周期相比，其长度变化限制在±6 s 之内。

对每一子系统范围，SCATS 要求事先规定信号周期变化的 4 个限值，即信号周期最小值 $C_{\min}$、信号周期最大值 $C_{\max}$、能取得子系统范围内双向车流行驶具有较好连续性的中等信号周期时长 C_S 及略长于 C_S 的信号周期 C_X。在一般情况下，信号周期的选择范围只限于 $C_{\max}$ 与 C_S 之间，只有当关键位置上的车辆检测器所检测到的车流到达量低于预定限值时，才采用小于 C_S 乃至 $C_{\min}$ 的信号周期值。大于 C_X 的信号周期值是要由所谓关键进口车道上的检测数据（DS 值）来决定选用的。这些关键车道的类饱和度明显高于其他车道，需要较多绿灯放行时间，因而需要从信号周期的加长得到相较于其他车道更多的“优惠”。

（4）绿信比方案的选择

在 SCATS 中，绿信比方案的选择也以子系统为基本单位。事先为每一交叉口都准备了 4 个绿信比方案供实时选择使用。这 4 个方案分别针对交叉口在可能出现的 4 种负荷情况下，各相位绿灯时间占信号周期长度的比例值（通常表示为百分数）。在每一绿信比方案中，不仅规定各相位绿灯时间，同时还要规定各相位绿灯出现的先后次序。在不同的绿信比方案中，信号相位的次序也可能是不相同的。这就是说，在 SCATS 中，交叉口信号相位的次序是可变的。

在 SCATS 的绿信比方案中，还为局部战术控制（单个交叉口车辆感应控制方式）提供多种选择的灵活性。受车流到达率波动的影响，某些相位按既定绿信比方案享有的绿灯时间可能有富余，而另外一些相位分配的绿灯时间又可能不足。因此，在不加长和缩减信号周期时长的情况下，有可能也有必要对各相位绿灯时间随实时交通负荷变化进行合理的余缺调剂，这就要求在绿信比方案中对可能采用的调剂方式作出具体规定。在某些交叉口，可能有些相位的绿灯时间不宜接受车辆感应控制的要求而缩短，那么也要在方案中特别注意这些相位的绿灯时间只能加长不能缩短。

绿信比方案的选择，在每一信号周期内都要进行一次，其大致过程如下：在每一信号周期内，都要对 4 种绿信比方案进行对比，对它们的“入选”进行“投票”。若在连续 3 个周期内某一方案两次“中选”，则该方案即被选择作为下一周期的执行方案。在一个进口道上，仅仅把类饱和度 DS 值最高的车道作为绿信比选择的考虑对象。

绿信比方案的选择与信号周期的调整交错进行。把二者结合起来，对各相位绿灯时间不断调整，使各相位类饱和度 DS 维持大致相等的水平，就是“等饱和度”原则。

(5) 绿时差方案的选择

在 SCATS 中，内部、外部两类时差方案都要事先确定，并存储于中央控制计算机中。每一类包含 5 种不同的方案。每个信号周期都要对绿时差进行实时选择，其具体步骤如下：

5 种方案中的第一方案，仅仅用于信号周期时长恰好等于 $C_{\min}$ 的情况；第二方案，则仅用于信号周期满足 $C_S<C<C_S+10$ 的情况；余下的 3 个方案，则根据实时检测到的“综合流量”值进行选择。在连续 5 个周期内，有 4 次当选的方案，即被选为付诸执行的方案。对于每一条有关的进口道，都要分别计算出执行 3 种绿时差方案（第三、四、五方案）时该进口道能够放行的车流量及类饱和度。实际上，这与最宽通过带方法相似，SCATS 对比上述 3 种方案所能提供给每一条进口道的通过带宽度。当然，所能提供的通过带宽度越大，说明这一方案的优越性越明显。

“外部”绿时差方案，也采用与“内部”方案相同的方法选择。

4. SCATS 系统特点

SCATS 系统是一种方案选择式优选配时方案（战略控制）与单点感应控制做调整（战术控制）相结合的控制系统。通过战略控制和战术控制的有机结合，提高了系统本身的控制效率。系统未采用交通模型，而是根据交通状况实时选择交通控制参数，并对参数做适当的修正。该方法虽然限制了配时参数的优化程度，但也节约了运算时间。综上所述，SCATS 系统有以下特点。

① SCATS 系统根据交通流变化情况，实时调整信号控制参数，满足每个周期内的交通量和交通密度的变化趋势，特别适用于大交通量、近饱和、状态变化不可预测等情况。

② SCATS 系统采用预先确定的控制参数集合，其形成过程是通过不断地修正控制参数集合来满足交通状况变化的需求，最终形成适合该区域交通变化特点的控制参数集合。

③ SCATS 系统采用灵活的分层式控制结构，有利于系统的扩展，同时也有利于确保系统的稳定性，避免局部设备的故障导致系统瘫痪。

④ SCATS 系统通过 GUI 技术，为交通管理者提供了界面友好的控制界面；提供 Masterlink、Flexilink、Isolated、Flashing Yellow 4 种操作模式，提高了系统的可操作性。

⑤ 由于系统受可选方案数目限制，执行每一方案持续时间较长（一般为十几分钟到几十分钟），在一定程度上影响了控制的随机性、灵活性和参数的优化程度。

⑥ 从控制方式来看，SCATS 属于一种开环控制，不具备反馈功能，不能根据控制策略的实施效果对控制参数进行实时优化。

⑦ 由于检测设备放置在交叉口停车线前，无法及时检测车辆的排队长度，因此对于过饱和情况下的交通控制效果欠佳。

8.3.2 SCOOT 方案生成式控制系统

1. SCOOT 系统概况

SCOOT（split-cycle-offset optimization technique，绿信比-信号周期-相位差优化技术）是由英国运输研究所（Transport Research Laboratory，TRL）在 TRANSYT 基础上研制的自适应控制系统，该系统于 1975 年研制成功，并在英国城市 Glasgo 进行现场试验，取得了较好的效果。20 世纪 90 年代 SCOOT 系统进行了多次升级，其版权为 TRL、PEEK 公司和西门子公司共同拥有。

该系统已经安装在伦敦、南安普敦、多伦多、圣迭戈、曼谷、圣地亚哥、开普敦、德班等200多个城市，其最大的应用规模是在英国伦敦控制约2 000个路口。国内引进该系统的城市有北京、大连、成都、绵阳和青岛等，其中大连的控制效果不错，而北京的使用情况则不容乐观。SCOOT经历了40多年的发展，全世界共有超过170个城市正运行着该系统。

SCOOT通过安装于各交叉路口每条进口道上游的检测器所采集的车辆到达信息，联机处理形成控制方案，连续地实时调整绿信比、周期长和相位差3个控制参数，使之与变化的交通状况适应。系统根据交通模型进行实时信号优化配时。交通模型包括交通环境、交通过程和交通预测3个部分。交通环境指受控区域的道路网结构及参数，并注明检测器位置，由此形成模型的基本几何结构。交通参数用来描述交通过程，如车队在各路段上通行时间、饱和占有率、信号相位组合及顺序、绿灯时间间隔、最多（最少）绿灯时间等。这些都是静态参数，预先存储在SCOOT数据库中。交通环境和交通过程服务于交通预测，交通预测是形成配时参数的最直接来源。

SCOOT系统根据检测器得到的实时数据计算交通量、占用时间、占有率及拥挤程度。同时，它结合检测数据和预先存储的交通参数对各路口进行车队预测，由此利用交通环境对子区和路网的信号配时进行优化。SCOOT系统因其在应用中的良好表现得到了普遍认可，应用越来越广泛。

2. SCOOT系统工作结构和原理

SCOOT系统是一种实时自适应控制系统，其硬件组成包括3个主要部分：中心计算机及外围设备、数据传输网络和外设装置（包括交通信号灯控制机、车辆检测器或摄像装置及信号灯）。软件大体由5个部分组成：车辆检测数据的采集和分析；交通模型（用于计算延误时间和排队长度等）；配时方案参数优化调整；信号控制方案的执行；系统检测。以上5个子系统相互配合、协调工作，共同完成交通控制任务。

① SCOOT系统是一种两级结构，上一级为中央计算机，下一级为路口信号机。配时方案在中央计算机上完成；信号控制、数据采集、处理及通信在信号机上完成。其结构如图8-9所示。

② 通过车辆检测器获得交通量数据（每秒4次采样），以此为依据建立交通模型。由于车辆检测器安装在本路口上游交叉口的出口处，因此，关于本路口的交通模型是一个短期预测模型，具有较高的准确性。该模型除了用于制订配时方案外，还可提供其他信息，如延误、停车次数和阻塞数据，为交通管理和规划服务。

③ 绿信比、相位差和周期的优化均通过模型进行。绿信比的优化目标是使各相交通流的最大饱和度尽可能小。西门子公司将饱和度定义为：平均流量与能够通过停车线的最大流量之比。另外，绿信比的优化还考虑各个方向的阻塞情况。相位差的优化是通过周期流量分布图进行的，其目标是使延误和停车次数最少，并尽可能减少阻塞。周期的优化每5 min进行一次。SCOOT系统通常将所要控制的整个区域划分为若干相互独立的子区。同一子区内的交叉路口采用相同的信号周期。周期优化的目标是将子区内负荷最高的“关键”路口的饱和度控制在90%。为了照顾子区内低负荷的路口，SCOOT引入双周期制，即低负荷的路口将公用周期的一半作为其周期长度。

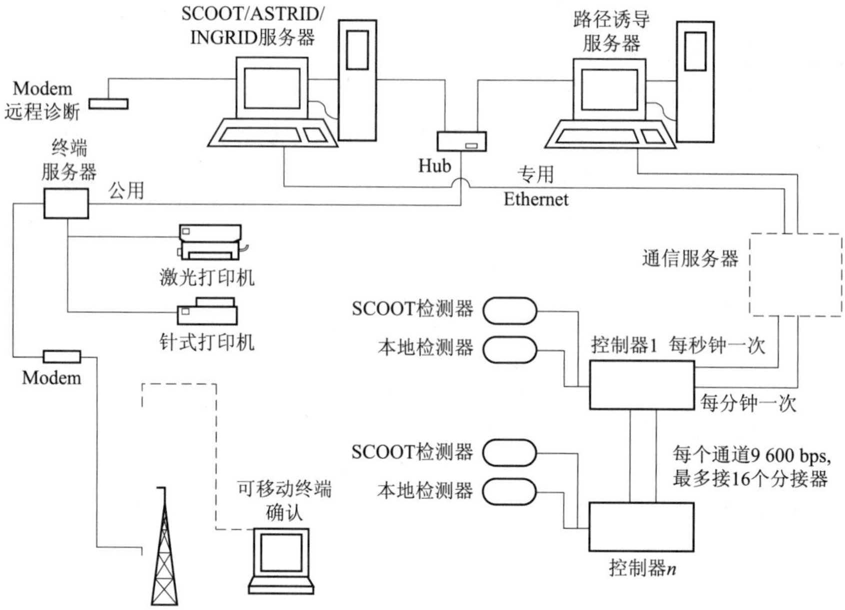

图 8-9 SCOOT 系统结构图

④ 为了避免信号参数突变对交通流产生不利影响，SCOOT 在优化调整过程中均采用小增量方式，如表 8-1 所示。

表 8-1 SCOOT 的参数调整方式

参　　数	频率	变化范围
绿信比	每一相都变化	±4 s
相位差	每周期一次	±4 s
周期	每 5 min 一次	±16，8，4 s

⑤ 具有公交车辆和紧急车辆优先功能。通过带有车型识别能力的检测器或自动车辆定位（AVL）系统检测公交车辆和紧急车辆，给出优先通行权。

⑥ 新增交通信息数据库 ASTRID 模块和综合事故检测 INGRID 模块，能够对交通数据进行滤波、分析，并将处理好的数据用于参数的优化；还能够实时检测事故，为交通管理部门提供服务。

⑦ SCOOT 系统的不足是：交通模型的建立需要大量的路网几何尺寸和交通流数据，因而费时费力；绿信比的优化依赖于对饱和度的估算，并且以小步长变化对其进行调整，因此有可能不足以及时响应每个周期的交通需求。

3. SCOOT 系统优化配时的主要环节

下面简要介绍 SCOOT 系统优化配时方案包括的 5 个主要环节。

1）检测

（1）检测器

SCOOT 使用环形线圈式电感检测器实时地检测交通数据。在路边不允许停车的情况下，可埋在车道中间。所有车道都要埋设传感器，一个传感器检测一条或两条车道，当两条车道合用一个传感器时，传感器可跨在分道线中间。

（2）检测器的合适位置

SCOOT 通过实时检测交通信息，达到实时预测停车线上的“到达”图示、预测 PI 的目的，所以检测器的位置应与停车线保持一定的距离，一般希望设在上游交叉口的出口，离下游停车线尽量远。在选择设置传感器地点时，要考虑下列因素。

① 当两交叉口间有支线或中间出入口，其交通量大于干线流量的 10% 时，尽可能把检测器设在该支线或中间出入口的下游，否则需在支线或中间出入口上设置补充检测器。

② 检测器应设在公交车停靠站下游，避免其他车辆因绕道而漏测。

③ 检测器应设在人行横道下游。考虑到车辆通过检测器的车速要求基本上等于该路段上的平均车速，检测器距离人行横道至少应为 30 m。

④ 检测器设在离下游停车线距离至少相当于行车时间 8 ～ 12 s 的路程，或者一个周期内车辆最大排队长度以上。

上述设置检测器的好处有以下几点：

① 可实时检测当周流量，实时预测到达停车线的周期流量图；

② 可实时检测当周排队长度，避免因车辆队尾越过上游交叉口而加剧交通堵塞；

③ 可实时检测车辆拥挤程度。

上述设置检测器的优点是：布设在靠近停车线处，能实时检测饱和流量和执行感应控制的功能。

（3）车辆检测数据的采集

SCOOT 检测器可采集的交通数据有交通量、占用时间及占用率和拥挤程度等。其中，占用时间即检测器应用车辆通过的时间；占用率是占用时间与整个周期时长之比；拥挤程度用受阻车队的占用率来衡量，SCOOT 把拥挤程度按占有率大小分为 8 级（0 ～ 7），称为拥挤系数。拥挤系数有时也作为 SCOOT 配时优化的目标之一。

为了能够准确采集到传感器有车通过与无车通过的时间，采样周期要足够短。SCOOT 检测器每 0. 25 s 自动采集一次各传感器的感应信号，并进行分析处理。

2）子区

SCOOT 系统划分子区也由交通工程师预先判定，系统运行以划定的子区为依据，运行中不能合并，也不能分拆，但 SCOOT 可以在子区中存在双周期交叉口。

3）模型

（1）周期流量图示——车队预测

周期流量图示的定义与 TRANSYT 相同，不同的是 SCOOT 根据检测器检测到的交通信息（交通量及占用时间）经实时处理后，实时绘制成上游检测器断面上的周期流量图，然后通过车流离散模型，预测到达下游停车线的周期流量图，即“到达”图示。SCOOT 周期流量图纵坐标的单位是 1 pu（连线车流图单位），是一个交通量和占用时间的混合计算单位，其作用相当于 pcu 的折算作用。北京 SCOOT 所定的 1 pcu 为一辆小客车，相当于 171 pu；一辆大汽车相当于 321 pu。交通量的计量单位用了 1 pu，相应地，停车线上的饱和流量的单位也改用 1 pu。

（2）排队预测

图 8-10 说明停车线上车辆排队长度预测的基本原理，右上侧是检测器实测的传感器断面上的“到达”图示，该图每个周期都在更新；右下侧是停车线断面上预测的排队图。SCOOT 计算机控制启亮红绿灯的时间，因此计算机了解信号的当前状态，并把红灯期到达的车辆加入排队行列。

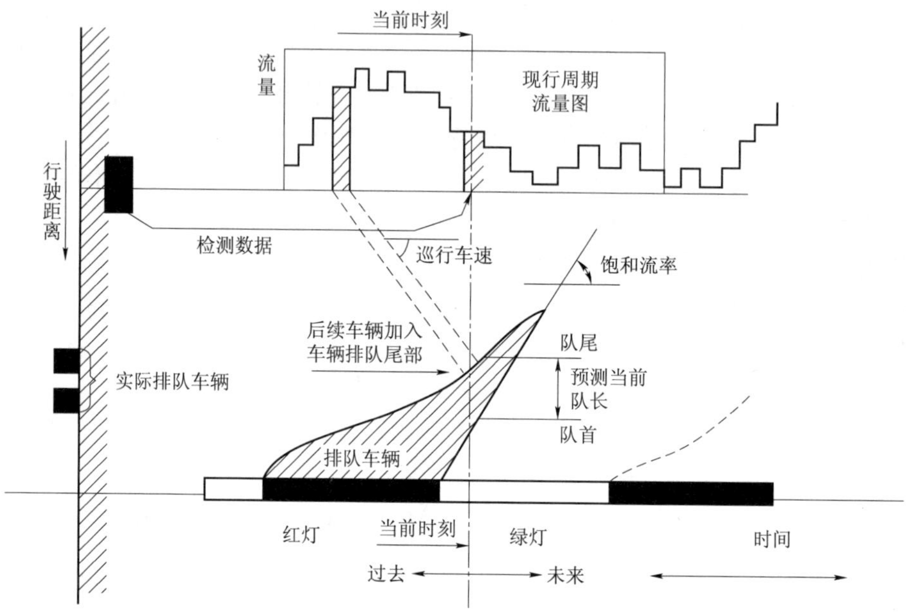

图 8-10 停车线上车辆排队长度预测的基本原理

绿灯启亮后，车辆以确定的“饱和流率”（事先存储于计算机数据库中）驶出停车线，直到排队车辆全部消散。由于车速、车队离散等都难以精确估算，因此，对预测的排队必须实地检验并给予修正。通常用实际观测的车辆排队长度同显示的预测排队长度进行对比，例如，预测排队长度未到达检测器断面，但实际上检测器已被车辆所占，说明 SCOOT 模型低估了排队长度。

（3）拥挤预测

为控制车辆排队延伸到上游交叉口，必须控制受阻排队长度。交通模型根据检测的占用率计算“拥挤系数”，可以反映车辆受阻程度，同时因 SCOOT 传感器设在靠近上游交叉口的出口道上，因此当检测器测得有车停在传感器上时，表明排队即将延伸到上游交叉口。

（4）效能预测

同 TRANSYT 一样，SCOOT 用延误和停车数的加权值之和或油耗作为综合效能指标 PI，但 SCOOT 有时也用“拥挤系数”作为效能指标之一。

从上述的排队预测中，SCOOT 可预测各配时方案下的延误与停车数。

拥挤程度对信号配时优化的影响，随拥挤程度的加剧而增长。在配时优化中考虑降低拥挤程度，把拥挤系数也可列为综合效能指标之一。综合效能指标中取用的指标，应视控制决策而定。例如，在高峰时以降低车辆延误，把延误和停车数作为控制目标；在短距离交叉口，考虑到要避免车辆排队堵塞上游交叉口，可把拥挤系数作为控制目标之一。

另外，SCOOT 把饱和度作为优选周期时长的依据，因为饱和度随周期时长的加长（减短）而降低（增加）。饱和度达到 100% 势必发生严重的交通阻塞，所以 SCOOT 控制饱和度不超过 90%。

4）优化

（1）优化策略

SCOOT 的优化策略是：对优化配时参数随交通到达量的改变而进行频繁和适量调整。调整量虽小，但由于调整次数频繁，就可由这些频繁调整的连续累计来适应一个时段内的交通变化趋势。这样的优化策略是 SCOOT 成功的主要原因之一，它有以下好处。

① 各配时参数的适量调整，不会出现过大的起落，可避免因配时突变而引起的车流的不稳定。

② 由于对配时参数只需做适量的定量调整，大大简化了优化算法，实时运算的自适应控制才可能得到实现。

③ 适量的不断的调整，可减少对车流做长时间预测的难度。

④ 配时参数每次调整量不大，但因调整频繁而总能适应、跟踪交通变化的趋势。

（2）优化次序

SCOOT 在每次改变信号配时方案前，频繁按此轮流优化周期时间、绿信比与绿时差。

（3）绿灯时长优选

绿灯时长优选即绿信比优选，有以下几个要点。

① SCOOT 对每个交叉口都单独处理其绿灯时长的优选。

② 每一相位开始前几秒都要重新计算“现行”绿灯时长是否需要调整。

③ 绿灯时长的调整以±4 s 为步长进行优选绿灯时长，即以调整±4 s 后的交通效能指标同维持原状的交通效能指标进行对比，选其中交通效能指标最小的方案，并发送至信号控制机。该变化属于“临时”性改变。

④ 伴随每次临时性改变，系统控制机将绿灯时长做一次±1 s 的“永久”性改变，存储之后，作为下一次变化的起始点，这种趋势性调整有利于跟踪在一个时段内的交通变化趋势。

⑤ SCOOT 确定绿灯时长时，还需考虑交叉口总饱和度最小、车辆排队长度、拥挤程度及最短绿灯时长的限制等因素。

（4）绿时差优选

绿时差优选有以下要点。

① SCOOT 优选绿时差，以子区为单位。

② SCOOT 对控制小区内每一个交叉口（无论其相位起始时间是否改变）在每周期前都要做一次绿时差优选运算。

③ 绿时差的调整量也是±4 s。

④ 优选绿时差的方法与优选绿灯时长一样，都以全部相邻道路上的 PI 总和最小为优化目标。

⑤ 优选绿时差，必须考虑短距离交叉口间的排队，避免下游交叉口的排队队尾堵塞上游交叉口的交通，SCOOT 首先考虑这些交叉口间的通车连续性，必要时，可牺牲长距交叉口上信号间的协调控制（可容纳较大的排队车辆），以保证短距交叉口上不出现排队堵塞上

游交叉口的现象。

(5) 周期时长优选

周期时长优选有以下要点。

① SCOOT 优选周期时长以子区为单位。

② SCOOT 每隔 2.5 ～5 min 对控制小区每个交叉口的周期时长做一次运算。以关键交叉口的周期时长作为控制子区内的公用周期时长。

③ 周期时长优选以控制子区内关键交叉口的饱和度低于 90% 为目标。饱和度小则递减周期时长，可使饱和度上升，降低延误时间及停车率；接近 90% 时，停止降低周期时长；饱和度大则递增周期时长，提高通行能力，可使饱和度下降。

④ 周期时长的调整量为±4 ～±8 s。

⑤ SCOOT 在调整周期时长时，同时考虑选择双周期信号，如因配双周期信号而能使整体 PI 最优时，对选定的周期时长可另作调整。

⑥ SCOOT 还需考虑最短周期时长与最长周期时长的限制。

⑦ 在周期时长优选中，不考虑交通拥挤系数的影响，所以在 SCOOT 系统中，仅在绿信比与绿时差优选中考虑拥挤系数。

5) 改进

为了增加 SCOOT 预防和处理饱和或超饱和情况的功能，SCOOT 2.4 版及以后的版本有相应的改进，主要有以下几个方面。

(1) 闸门控制

闸门控制的主要目的是限制交通向敏感地区流动，以便防止该地区形成过长的车队或发生阻塞，并把车队重新分配到容纳更长车队的道路上。为了实现闸门控制，SCOOT 必须能够修改交叉路口的信号配时，这些路口可能离相关区域很远甚至可能在另外的子区，闸门逻辑允许把一条或多条连线定义为临界连线或瓶颈连线。闸门连线是被指定为存储车队的连线，如果没有这些连线，瓶颈连线将被阻塞。当瓶颈连线达到一个预定的饱和度时，闸门连线的绿灯要减少。

全部逻辑都包含在绿信比优化器中。对一个瓶颈连线，交通工程师要确定它的临界饱和度，超过这个值预计会发生的问题。这个临界饱和度被用来触发闸门算法，后者可能的作用是：如果饱和度小于或等于临界饱和度，且两次判断皆如此，则闸门不起作用。如果闸门的饱和度大于临界饱和度，且两次判断都如此，则闸门将起作用。通常是减少闸门连线的绿灯时间。然而，闸门逻辑也可能引起瓶颈下游的闸门连线的绿灯时间的增加，以便尽快释放闸门连线的车队。所有的改变都要受正常的绿信比优化器的支配。

(2) 改变相位差

在饱和条件下，对一条连线相位差的要求，与正常情况下的要求——使连线的延误最小有所不同。此时的相位差应该这样设定：使得通行能力最大，而当上游交叉口向临界入口显示绿灯时，此连线不会发生饱和，当一条连线被测出饱和时，将强制进行相位差的改变。

(3) 利用相邻连线的信息，处理饱和问题

为解决饱和问题，一条连线可把本身的信息和来自另一条连线的饱和信息共同使用，或者仅使用后者。如果一条连线的车队过长，达到上游连线的检测器上，则其上游连线饱和，可看作由该连线的饱和造成。这时，要把上游连线当作连线的饱和信息源，并把连线下游交

叉口的配时方案予以调整。

SCOOT 系统的主要优点包括：有一个灵活、准确的实时交通模型，不仅用于制订配时方案，还可以提供各种交通信息；SCOOT 采用对下一周期的交通量进行预测的方法，提高了结果的可靠性和有效性；SCOOT 调整参数时采用频繁的小增量变化，既避免了信号参数突变给路网上车辆带来的损失，又可通过频繁的累加变化来适应交通条件的变化；SCOOT 的车辆检测器埋设在上游路口的出口处，为下游交叉口信号配时预留了充足的时间，且可有足够时间作出反应以预防车队阻塞到上游交叉口。同时，当检测器出现故障时，它亦能作出相应调整，减少影响。

SCOOT 的主要不足包括：交通模型的建立需要大量的路网几何尺寸和交通量数据，因而费时费力；相位不能自动增减，相序不能自动改变，因此有可能难以响应每个周期的交通需求变化；独立的控制子区的划分不能自行解决，需人工确定；饱和流率的校核未自动化，使现场安装调试时相当烦琐。

4. 系统特点

SCOOT 系统是方案生成式控制方式的典型代表，是一种实时自适应交通信号灯控制系统。SCOOT 系统通过连续检测道路网络中交叉口所有进口道交通需求来优化每个交叉口的配时方案，是交叉口的延误和停车次数最小的动态、实时、在线信号控制系统。概括来讲，SCOOT 系统具有以下 11 个特点。

① 实用性强，几乎不受城市交通出行方式、出行起止点分布、土地使用情况、季节性和临时性交通变化，以及天气和气候变化的影响。

② 对配时参数的优化采用连续微量调整的方式，稳定性强。

③ 个别交通车辆检测器错误的反馈信息几乎不影响 SCOOT 系统对配时方案参数的优化，而且该系统对这类错误的信息有自动鉴别和淘汰功能。

④ 对路网上各交叉口信号配时方案的检验和调整每秒都在进行，所以能对路网上交通状况的任何一种变化趋势迅速作出反应。

⑤ SCOOT 系统能提供各种反映路网交通状况的信息，为制定综合管理决策创造了有利的条件。但是，SCOOT 系统的几乎所有相关控制策略模型都是通过数学模型的仿真中获得的，这就要求抽象的数学模型必须准确地反映系统的运行状态，误差范围小。否则，必然会影响控制效果；另外，数学模型的精确度越高，结构就越复杂，因而仿真时间就越长，这会在实时性与可靠性之间产生矛盾，当要求进一步提高效果时，这一矛盾就会越突出。

⑥ 系统能产生大量的信息，但就当前大多数系统应用情况来看，存入系统数据库的主要是长时段统计信息。

⑦ 流量、配时参数、路段拥堵等实时信息没有有效的分析和保存，设备故障、路段错误等信息不能得到有效利用。

⑧ 许多的实时信息仅能在屏幕上以极快的速度滚动显示，无法有效显示给管理者。

⑨ 控制系统仅能对相位的时间长度进行调整，而不能及时地对不合适的相位组合进行重组。

⑩ 将这些信息或仅仅是其中几类信息输出到屏幕显示会大量耗费 SCOOT 系统主机的计算和缓存资源。

⑪ 系统可通过多种方式输入、输出数据，如 Telnet、Socket 和 Samba 等。当前绝大多数

城市并没有有效的控制平台能充分利用 SCOOT 系统，使得可用于城市交通可视化监控、设备管理、道路规划决策支持、道路渠化、交通基础设施建设决策支持和工作评估等方面所需的信息未能有效地提取和保存。系统自身的上述特点也给交通控制管理平台的设计带来了一定的难度。

8.4 SCOOT 系统与 SCATS 系统的分析与比较

SCOOT 与 SCATS 是当今世界上公认比较成功的动态交通控制系统，这两种控制方式（或系统）是有区别的。

8.4.1 优化方法的不同

1. 周期时间

SCATS 和 SCOOT 都是根据交通拥挤程度来改变周期时间的，它们在以下几个方面是不相同的。

① 在 SCOOT 中，改变周期时间的频率受到限制，最长为 2.5 min 一次；而 SCATS 能够做到每一个周期都改变周期时间。但在更新周期时间时，这两种方式都采用几秒的小增量形式。

② 在 SCOOT 中，路径上的饱和度是通过停车线上游测量及预先决定的饱和交通流的数值来估算的；而在 SCATS 中，拥挤程度是由在网络中预定道路的停车线处测量的饱和度来指示的。SCATS 还具有这样一个优点，即按照交叉口几何形状、车道利用情况、气候条件和驾驶员行为的变化，自行对饱和交通流进行校准。

③ 在 SCOOT 中，周期长度的计算是在交通流分布图预报下游车队长度之后进行的；而在 SCATS 中，周期长度是由直接测得的所谓“饱和度（DS）”计算的。

④ SCOOT 有双周期运行能力，即当网络周期时间太长时，交叉口能以它的一半作为周期时间运行；而当这个交叉口的交通需求较少时，它又能回到单周期运行。而 SCATS 却没有双周期功能。

在实际交通条件下，这两种方式选择合适的周期长度的精度是近乎相同的。

2. 绿信比

SCATS 中的绿信比是以周期长度的百分比表示的，比例系数预先确定，并且每个路口都有 4 个。其预先确定的 4 种绿信比方案为 4 个不同的交通流模型规定了相应的车辆感应（VA）策略，这些模型通常对应于一天中不同的时间段。在 SCATS 系统中，这些 VA 策略借助于安装在停车线处的车辆检测器来实现。所以，SCATS 能及时响应当地交叉口的动态交通请求而不需通过一个周期时间的滞后。

SCOOT 没有 VA 功能，不能逐个周期地优化绿信比，而是依赖于排队长度的模型化和饱和度的估算，并以几秒的小步长增量来优化绿信比。在 SCATS 中，相位优化主要在车辆感应控制器中完成，这与将当地控制器进行分散控制的趋势是一致的。简言之，在使绿信比最佳化以减少车辆延误和停车次数方面，SCATS 表现出更强的能力。

3. 相位差

相位差是和周期时间及绿信比紧密相关的，使这 3 个被控参数同时最佳化是最理想的。

在 SCATS 系统中，相位差方案被预先确定并通过选择来与现行周期时间、相位方案或绿信比相匹配。由于检测器安装在停车线处，难以监测车队的行进，所以通常不能获得关于所采用的相位差的性能、效果的反馈信息。

SCOOT 的优越之处在于使用交通模型来使包括相位差在内的所有被控参数最佳化。交通流模式被用来预报相位差的微小改变对网络中车辆排队长度的影响。所以，系统所优化的目标是明确的，它可按照选定的路径或子区域显示出来。

SCOOT 环形检测器安装在紧靠上游交叉口的地方，因而能指示出车队是否已经占满了两个交叉口之间的所有位置，并能采取特别措施以防止上游交叉口堵塞。所以，SCOOT 相位差优化方法显得比 SCATS 的选择方式要好。

8.4.2 硬件、软件特点的区别

SCATS 系统采用三级分布式控制，早期的 SCATS 控制方式只能在 PDP11/34 系列数字计算机上实施，因为所有的 SCATS 软件是用特定的数字计算机汇编语言编制的。最新的 SCATS 系统已升级为可在各种计算机上运行的高级通用程序。

SCOOT 系统采用集中式控制（中心两台主机或一台主机双 CPU）。与 SCATS 相反，SCOOT 系统最初就是用高级语言写成并能移植到其他任何计算机系统上。

不可忽略的是，SCATS 系统的检测器是安装在停车线处，而 SCOOT 检测器则安装在停车线的上游处。

8.4.3 适用场合的不同

SCATS 系统适用于以干道为主的城市或路口间距较大的路段，SCOOT 系统适用场合则要求：① 交通需求与路口容量接近；② 交通需求难以预知；③ 路口间距小。

8.4.4 其他方面

由于两种系统的结构不同，其数据传输过程也不同。SCATS 由监控级到分区级，再由分区级到终端；SCOOT 直接由路口信号机到中央计算机。在控制效果方面，两者类似，且都比 TRANSYT 要好。目前，SCATS 主要应用在悉尼、墨尔本、上海、沈阳、广州等，SCOOT 应用于英国格拉斯哥、考文垂、北京、成都等。

综上所述可知，在周期时间的优化方面，SCATS 和 SCOOT 性能接近。SCATS 比 SCOOT 能更好地估计拥挤程度，但没有 SCOOT 那种自动转换双周期运行的能力。在使绿信比优化方面，SCOOT 比 SCATS 要差一些，这是由于它不能把复杂的车辆感应（VA）运行模型化，而且在停车线处没有检测器。SCOOT 的类似 TRANSYT 的相位差优化方法在确定优化目标（网络中的排队长度）及实际优化过程方面都是比较好的。SCATS 系统由于在停车线上游处没有检测器，因而不能提供车队行进的反馈信息。

从现场评价来看，无论是 SCATS 还是 SCOOT，都还不能说是完美的动态控制技术。在某些时间段，定时控制的实际运行效果比 SCATS 或 SCOOT 都好，换言之，当实际交通条件与控制系统所要求的相符合时，无论是 SCATS 还是 SCOOT，通常都不能回到最佳化的定时控制方式。所以很有必要对此进行进一步的研究与开发，例如，SCOOT 需要进一步改善其建模能力，以及将局部交叉口的车辆感应控制策略包括在其交通数学模型之中；而 SCATS

则可以在相位差的优化方面通过交通建模或行进车队的信息反馈来加以改善。

复习思考题

1. 请说明区域交通控制的概念和分类。
2. 世界上具有代表性的交通控制系统有哪些？它们各有什么样的优缺点？
3. TRANSYT 系统和 SCOOT 系统有哪些不同？

第 9 章

城市快速道路交通控制

9.1 匝道控制的基本方法

目前，快速道路上常用的控制方式有匝道控制、主线控制、通道控制，其中匝道控制是应用最广的、效果最好的一种控制形式。

9.1.1 入口匝道控制概述

入口匝道控制的基本目标是控制快速道路的交通需求。它以快速道路主线交通流为控制对象，以匝道入口流量为系统的输入控制量，通过计算匝道上游交通需求与下游道路容量差额来寻求最佳入口匝道流量控制，从而使快速道路本身的交通需求不超过它的容量，使快速道路主线交通流处于最佳状态。这样一来，一些期望使用快速道路的车辆，在允许它们进入快速道路之前将要求它们在入口匝道上等待。如果不想在入口处等待，它们可以选择不走快速道路，或者从另外一个入口进去，或另选一个时间再进入。

由上可知，入口匝道控制的结果是通过把快速道路上的延误因素转移到入口匝道，从而在快速道路上维持一个既不间断也不拥挤的交通流，也就是把超量的车辆转移到其他可替换的道路上，或者转移到需求较低的其他时间，或者采用其他运输方式。

入口匝道控制，一般被认为是快速道路的主要交通控制措施，它的作用是：

① 减少快速道路主线上所有车辆的行程时间；

② 减少通道内全部行驶车辆的行程时间；

③ 消除或减少车辆汇合中的冲突和事故；

④ 由于改善了交通流的平稳性，因此减少了车辆运行的不舒适感和对环境的干扰。

入口匝道控制的作用可以是上述作用中的一个、几个或全部。为了取得良好的控制效果，遵守以下条件被认为是必须的：

① 若要求减少行程时间，则应有其他具有通行能力的路线可供选择来为快速道路起到分流作用，否则车辆将被迫阻塞在匝道上，这样就需要在快速道路上游很远的一些匝道中寻找入口。另外，也可利用与快速道路连接的沿街道路或平行的干线道路的通行能力；

② 必须有适当的储备空间可为等待匝道信号的车辆所利用；

③ 为节约行程时间，在快速道路下游出口处必须有可供利用的通行能力存在，否则益处较少；

④ 车流起讫必须适当，不然使用短程快速道路（如 1 ~2 km）将意味着车流分散小。

9.1.2 入口匝道控制方法

入口匝道的控制所获得的运行效益是以通道内其他替换道路上交通问题的加剧为代价取得的，前者必须比后者代价大，入口匝道控制才是值得的。本节只研究快速道路的匝道控制，因此需假定这种代价是值得的，也假定在通道上有足够的额外容量，能够实现这种控制。

入口匝道控制包括匝道调节和匝道关闭两种形式。匝道调节是在匝道上使用交通信号灯对进入车辆实行计量控制，也可通过收费站的收费车道开放数来调节进入快速道路的车辆数，单位时间内允许进入的车辆数称为匝道调节率。匝道关闭可通过自动栏杆、交通标志、人工设置隔离墩把某些入口匝道关闭。

入口匝道调节的方法很多，主要分为以下几类：

- 入口匝道定时调节；
- 入口匝道感应（动态）调节；
- 入口匝道汇合控制；
- 入口匝道整体定时调节；
- 快速道路入口全局最优控制。

下面将逐一讨论各类控制方法。

1. 封闭匝道法

在以下情形下可考虑匝道封闭：

① 互通式立交非常接近，交织问题十分严重的地方；

② 有较多车辆要在匝道上排队，但没有足够长度容纳排队车辆的匝道；

③ 附近有良好的道路可供绕道行驶。

在高峰期间已经使用的封闭匝道控制方法的做法有：① 人工设置路栏；② 自动路栏；③ 标志。

封闭匝道这种方式缺乏灵活性，其缺点多于优点，一般不采用。然而，在高峰交通量条件下的一些时段，封闭入口匝道在某些城市，如洛杉矶、休斯敦等地的使用已获得成功。实际上，封闭匝道对控制交通量的作用极有限，且会引起公众强烈不满。采用“封闭”来控制匝道不是好办法，用“调节”来实现匝道控制要好得多。

2. 入口匝道定时调节

定时调节是指调节率预先给定的，在某一段时间的运行是固定不变的。这种控制方式的特点是它不随入口匝道的交通流量变动而改变，而是根据历史情况的调查掌握交通流的统计情况，把一天划分为若干个时段。假定每个时段内，交通流状况近似不变，以此作为依据来确定每个时段内一组不变的入口调节率，使某项性能指标最优。入口匝道调节率的确定主要依据匝道上游需求、下游容量、匝道需求，以及调节率的上下约束条件、道路条件等因素来确定，对于交通流在一段时间内波动不大时，其控制作用是明显而有效的，显然它主要用于预防快速道路上的常发性拥挤。定时调节很容易实现多个匝道口协调控制，控制运行安全可靠，使用设备少，是目前应用最广的匝道控制技术。

1）定时调节系统组成

定时调节系统的组成如图 9-1 所示。

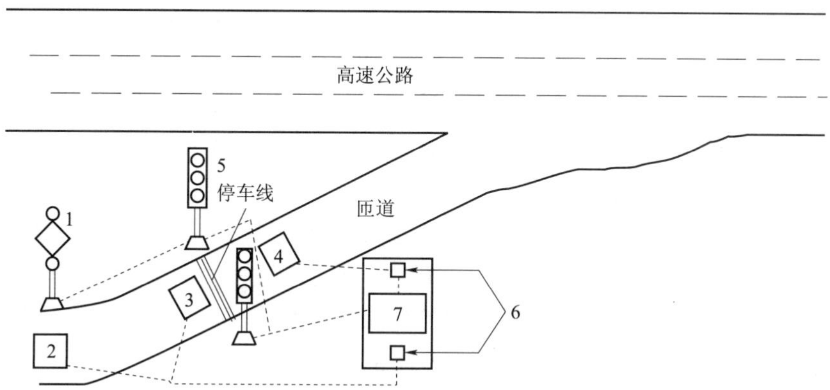

1—匝道控制前置警告标志；2—排队检测器；3—检入检测器；4—通过检测器；
5—匝道调节信号灯；6—检测放大器；7—控制器

图 9-1 定时调节系统的组成

（1）信号灯

信号灯采用两色（绿、红）或三色信号灯，其中三色信号灯较为少见。红灯禁止进入；绿灯准许进入；绿灯后的短时间黄灯信号是为了避免红灯突然出现时驾驶员紧急制动造成追尾事故。信号灯应设置在匝道左侧。由于大型货车常常会遮挡一侧信号灯，最好在匝道两侧各安装一组信号灯，同时工作，互为备份。信号灯高度与驾车员眼睛同高为宜，一般为 1.3～1.8 m。在接近坡道、转弯及排队车辆可能遮挡视线之处，可用高架或悬臂把信号灯适当加高。有的信号灯也会安置在匝道的正上方。信号灯在匝道的位置要适当，至汇合处必须有足够的距离（一般为 60～150 m），以允许车辆到达汇合区时能加速到一定安全速度，信号灯至匝道入口之间也必须有足够的停车排队空间（一般为 60～76 m）。

当匝道不实行控制时，信号灯可以关闭，也可一直亮绿灯，但较合理的方式是采用持续的绿灯和非调节运行的统一指示。

（2）匝道控制标志

在匝道起点附近设立提前警告标志，告诫驾驶员前方匝道是否处于控制中。提前警告标志可采用告示“闪光时匝道调节”板前装置闪光灯方式。提前警告标志距匝道信号灯前至少有 60 m 以上的距离。

另外，在信号灯柱上设置指示到达信号灯时应采取什么样的行动标志。这种标志语句可为“红灯时在此停车”或“在此等候绿灯”，对于采用单车调节的地方，设置“一次绿灯放行一辆车”标志也是必须的。

（3）路面标记

匝道控制系统的路面标记用于向车辆指明“登记”（需求）检测器的位置，并便于单车驶入检测区。路面标记一般包括停车线和把车辆引导到指定位置的标线。标线应采用反光型，停车线应与信号灯保持一定的距离，一般为 3～4. 5 m。

（4）控制器

定时调节控制器是把预先确定的不同时段的调节率存入控制器，控制器将按照设定的控制方案操作信号灯，按固定的周期及各灯色时间轮流开启信号灯，实现匝道调节。

定时匝道控制器结构简单，一般由微处理器或集成电路构成。需要时，也可以与匝道检测器相连，改进定时调节的效果。定时控制器与主线检测器及其他匝道的调节系统一般无联系。

（5）检测器

定时调节一般不需要使用匝道检测器，但为了改进定时调节的效果，例如，在停车线上检测到一辆车之前，信号一直保持红灯，当检测到之后，只要最小红灯时间一结束，匝道调节信号就变为绿灯，减少车辆因调节带来的延误，可在紧靠停车线后方埋设需求检入检测器；为保证单车进入，可在停车线前方 2. 4 m 处，设置通过（检出）检测器，一旦通过检测器感应到一辆车，绿灯就结束；也可在信号灯前的某个关键点，或在前沿街道上设置排队长度检测器，当它感应到，就表明在匝道信号之前有一个车队在等待，并已达到要影响前沿街道或平交街道的地步，此时需要提供一个较高的调节率以缩短排队长度。

检测器多用存在型的环形线圈式检测器，线圈宽度与匝道宽度成比例。对于检入检测器应有足够的长度，以便能够测出没有准确地停在停车线前的车辆，但也不能过长，以防止测到两辆等候的车辆。

2）定时调节方法

在定时控制系统中，匝道信号以固定的周期运行，这些周期是根据为特定的控制时段规定的调节率计算的。而周期中红黄绿信号的配时取决于所使用的调节形式：是单车调节还是车队调节。

（1）单车调节

匝道调节信号配时规定在每个绿灯时段只允许放一辆车进入快速道路。因此，在一个周期中，绿灯加黄灯（如果不用黄灯，就只有绿灯）时间（一般为 3 s）只允许一辆车通过，其余为红灯时间。例如，如果采用的调节率是 600 veh/h 或 10 veh/min，那么绿灯加黄灯的时间为 3 s，红灯也为 3 s。如果采用的调节率是 300 veh/h 或 5 veh/min，那么绿灯加黄灯的时间为 3 s，红灯为 9 s。

（2）车队调节

当要求调节率大于 900 veh/h 时，必须采用每周期允许两辆或两辆以上的车辆进入快速道路，称这种方式为车队调节方式。对于车队定时调节，要根据所要求的调节率和每个周期要放行的平均车辆数来确定周期。例如，在调节率为 1 080 veh/h，即在 18 veh/min 的情况下，并且每个周期放行 2 辆车，则每分钟安排 9 个周期。因此，周期长度为 6. 67 s。同样，若每个周期放行 3 辆车，那么周期长度约为 10 s。

但是，周期内各灯色间隔时间还要取决于所使用的车队调节类型，即串行调节或双列调节。

在串行调节时，车辆是一辆接一辆放行的，因此要有足够长的绿灯加黄灯时间，以便允许每个周期内要求放行的车辆均能通过。为尽量减少可能的追尾事故应使用黄灯信号。这样，对于周期长为 6. 67 s 的双车调节，绿灯和黄灯时间为 4. 67 s，红灯时间为 2 s。而对于周期长为 10 s 的三车调节，绿灯加黄灯时间为 7 s，红灯时间为 3 s。经验表明：双车调节是令人满意的，而三车调节是适用范围的最大限度。在这两种情况下，期望的最大调节率可达到 1 100 veh/h。

所谓双列调节，就是指每个周期并列放行两辆车。这种调节形式要求在入口匝道上有平行的双车道，并要求在匝道调节信号以后有足够的距离供两辆车在汇入快速道路交通流之前能排成串行队形。双列调节周期内各灯色的配时和单车调节类似，绿灯加黄灯时间（通常为 3 s）刚好足以允许每条车道放一辆车通过停止线，其余时间为红灯。双列调节可以达到的最大调节率约为 1 100 veh/h。

必须指出，和单车调节相比，车队调节有一些缺点，例如，驾驶员更加慌乱，追尾事故的可能性更大，更有可能中断快速道路上的车流。因此，一般不采用车队调节，除非确实必须达到更高的调节率。在车队调节形式中，一般倾向于采用两车并行调节方式，因为它不易引起司机的混乱，并能提供更安全的运行。

匝道调节率的计算公式为：

$$r=c_a-q_d \tag{9-1}$$

匝道调节周期长度为：

$$c=\frac{3\ 600n}{r} \tag{9-2}$$

约束条件为：

$$d-\frac{L_{max}-L_0}{T}\leqslant r\leqslant d+\frac{L_0}{T} \tag{9-3}$$

$$r_{min}\leqslant r\leqslant r_{max}$$

式中：r——调节率，veh/h；

q_d——匝道上游交通需求，veh/h；

c_a——匝道下游容量，veh/h；

c——调节周期长度，s；

d——匝道车辆到达率；

n——每个调节周期允许进入的车辆数，$n=1$，2，3；

L_0——匝道上初始排队车辆数；

L_{max}——匝道上允许的最大排队车辆数；

T——时段长度；

r_{min}——调节率下限值，一般取 180 veh/h；

r_{max}——调节率上限值，单车调节为 900 veh/h，车队调节为 1 100 veh/h。

定时调节有若干优缺点。最重要的优点是它能为驾驶员提供一种可靠的并迅速适应的情况。主要缺点是系统不能适应在一时段内下游道路可能因某种事件引起容量有所下降，上游需求可能超过预定值等变化。所以，一般设定的定时调节率都要使运行的交通量略低于道路容量，如可取下游容量为正常值的 0.9 倍，以防止因交通的随机变化所带来的拥挤。

3. 入口匝道感应（动态）调节

定时调节是根据以往观察到的实际交通状况，按预先设定的调节率进行控制的。因此，它对交通的突然变化毫无反应，总是按照预定的程序变换信号灯色。即使把定时调节的时段划分得再多，适应性再强，它也无法应付交通量无规律的匝道口和偶发事件引起的拥挤。

感应调节方式可以在一定程度上克服定时调节的弊端。其特点是调节率的变化不再依赖过去观测到的交通状况，而是依赖现场检测的实际交通状况，以实时检测到的交通数据为依据来确定匝道调节率，因而能适应交通流的随机变化。它是根据速度、密度、流量这三者之间的关系实时测定快速道路的运行状态，通过调节入口匝道流量，使反映快速道路的运行状态的基本交通变量的值保持在交通流曲线上的不拥挤交通流区域的规定点上，防止或消除快速道路上的拥挤。

1）入口匝道感应调节的基本原理

入口匝道感应调节率的确定与定时调节率的计算方法相同，都是根据需求-容量关系计算而得到的，不同的是，感应调节率的选择是对现行的而不是历史的“交通需求-容量”条件作出的反映。

在快速道路上和匝道上都装有检测器，以取得交通信息。根据不同的控制方案，通过本地控制器或中心计算机，实施限流控制，限流率可依据交通信息进行相应的调整。匝道调节可看作对快速道路、匝道和匝道引道上交通监视的一种反应。控制方案的大量变量可根据交通参数的各种组合获得。各类检测器的安装位置如图 9-2 所示，在大多数装置中，全部检测器不是在任何一个地点都是必需的。

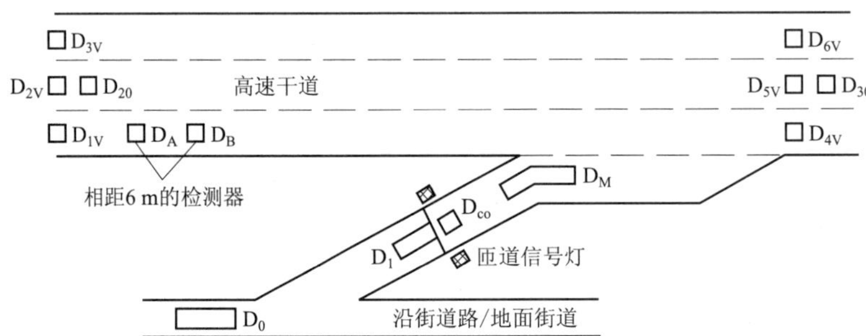

D_{1V}、D_{2V}、D_{3V}、D_{4V}、D_{5V}、D_{6V}—高速干道上的交通量检测器；D_{20}、D_{30}—占有率检测器；D_A、D_B—用于测量速度和车辆间隔的存在检测器；D_M—交汇区的存在检测器；D_0—等待队列检测器；D_1—“登记”检测器；D_{co}—“检验”检测器

图 9-2　快速道路进口匝道上检测器的位置

快速道路上的交通量检测器可以是简单的通过型检测器，也可以是最常见、最有用并可用来测量平均速度和占有率的存在型检测器。

D_A、D_B这两个检测器，相隔大约 6 m，它们构成速度检测器，获得的速度数据可以用于设计路肩车道交通的间隙；

D_M检测器用来检测停在匝道端部和驶入加速车道起始部分的车辆；

D_0检测器用来检测等待进入快速道路的车队；

D_1检测器用来检测等候在信号灯前的车辆；

D_{co}检测器用来检测离开信号灯（停车线）的车辆。

感应调节的基本思路为：

① 实时检测以获得快速道路上的交通运行参量；

② 用检测的结果分析确定快速道路路段此时工作在基本交通流曲线的哪一部分；

③ 根据容量计算允许进入快速道路而又不致引起拥挤的最大匝道交通流量。

为确定需求-容量关系，就必须有一个精确的描述交通流的模型，而且为了提高这种控制方法的适应性，还应根据天气等对交通有影响的因素确定交通模型参数值。

2）入口匝道感应控制的方法

入口匝道感应控制的方法有：交通需求-通行能力控制、占有率控制和路肩车道间隔控制等。

（1）交通需求-通行能力控制

匝道信号控制是以 D_{1V}、D_{2V}、D_{3V}测得的快速道路交通量与由记录资料确定的下游通行能力（或由 D_{4V}、D_{5V}、D_{6V}所测得的下游通行能力）相比较为基础的。采用这种控制方式的一种方法是在实时基础上累计通行能力和交通量之间的差值，直到出现通行能力有车辆可利用时，才放行匝道上的车辆，控制器再次从零开始累计差值。其他一些方法只是将上游交通量测量值与下游通行能力进行比较，以确定下一个时间间隔的限流率。

（2）占有率控制

占有率控制的原理是对匝道的上游或下游的占有率进行实时测量来估算下游剩余容量 Δq_c，再来确定入口匝道的调节率。为此需要建立交通量和占有率的关系，一般是通过在占有率测量点采集的历史数据来建立其近似曲线。限流率根据与占有率有关的交通参数（如流量和速度的历史记录资料）进行校核，这些历史记录资料使控制器能够从反映现实情况的占有率测量值中选择合适的限流率。

（3）路肩车道间隔控制

路肩车道间隔控制仅以路肩车道（仅用 D_{1V}检测器）测得的交通量为控制基础。它将测得的上游路肩车道交通量与下游路肩车道交通量（可用 D_{4V}检测器）进行比较，将显示是否有能为交汇车辆利用的车辆间隔，限流率也可相应地配置。交通感应调节的主要优点是可以适应交通流的变化。这种调节有助于减少因短期变化产生的对交通需求的不利影响，同时降低事件引起的对道路容量的不利影响。它一般比定时调节系统所获得的效益高 5%～10%。但是，为了保证有效的控制，交通感应调节系统必须具有一套监视设备和后备设备。系统造价相对定时调节系统要高不少，这是它的最大缺点。

交通感应调节系统的效益表现为：

① 旅行时间较短；

② 延误较少；

③ 主线车辆行驶速度较高；

④ 提供较高的服务质量；

⑤ 改善交汇区的运行安全。

4. 入口匝道汇合控制

汇合控制是一种微观控制方法，并以安全为控制原则。汇合控制的基本目标是通过使入口匝道车辆最佳地利用快速道路间隙来改善快速道路交通流的分布及运行。汇合控制期望使大量的入口匝道车辆安全地汇合而不引起快速道路交通的明显间断。其方法是根据快速道路外侧车道车流间隙的长度来决定能否放行匝道车辆，只有当检测到上述车流间隙长度不小于可插车间隙时，才允许匝道车辆进入快速道路，这样能保证匝道车辆及时、安全地汇入快速道路车流中。汇合控制系统实现的入口匝道调节率完全取决于检测到的主线车流间隙数目。这种控制使快速道路上的车流间隙得到最佳利用。

汇合控制希望通过向驾驶员提供其进入快速道路时需要配合的时间、地点方面的信息来改善入口匝道处的汇合运行。汇合运行的过程为：

- 检测快速道路上的可插间隙；
- 估计这个可插间隙到达入口匝道汇合点的时间；
- 引导匝道车辆进入这个可插间隙。

汇合控制系统有可插间隙汇合控制系统、移动汇合控制系统两种基本类型，两者的区别在于对匝道车辆引导方式不同。另外，还有一些混合类型，例如，可插间隙和需求-容量控制系统，下面分别加以介绍。

（1）可插间隙汇合控制

可插间隙汇合控制是一种比较简单的汇合控制方式，它把普通的匝道调节信号用于引导匝道车辆，其构成如图 9-3 所示。当设置在主线外侧车道上的间隙/速度检测器检测到有一个足够大间隙（和最小可插间隙相比）以及该间隙移动速度时，匝道控制器计算出可插间隙到达汇合区的时间，并在适当时间控制匝道调节信号灯由红变绿，等候在匝道停车线上的车辆立即启动，开始汇合过程。只要保持平均的速度和加速度，该车辆就能够在被测出可插间隙到达汇合点的同时也到达该点，顺利汇入车流。

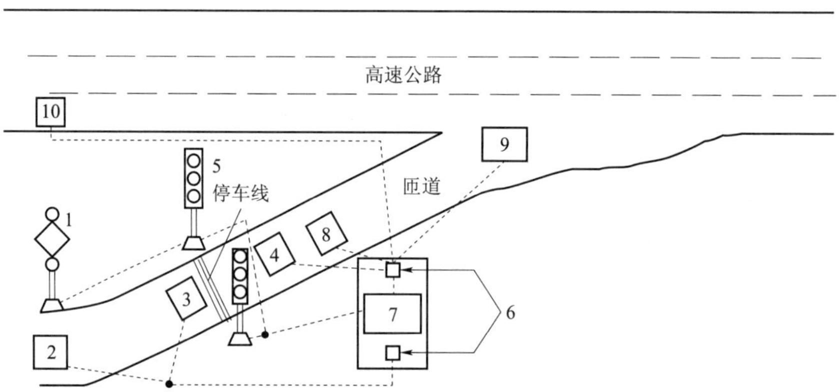

1—匝道控制前置警告标志；2—排队检测器；3—检入检测器；4—通过检测器；5—匝道调节信号灯；6—检测放大器；7—控制器；8—慢车检测器；9—汇合检测器；10—间隙/速度检测器

图 9-3　可接受间隙汇合控制系统的布置

可插间隙汇合控制一般只采用单车进入调节，但当入口匝道需求超过单车进入调节所能达到的最大调节率（12～15 veh/min），并且快速道路外侧车道有很多可供利用的大间隙时，可在一个绿灯信号期间允许 1 辆、2 辆或 3 辆车通过匝道信号，实行车队调节。某个绿灯时间允许通过的车辆数取决于可插间隙的大小。因此，车队调节系统的控制器必须能识别比几个预计值大的间隙，并能提供允许 1 辆车、2 辆车或 3 辆车进入的调节信号灯。车队调节率上限不超过 1 100 veh/h。

在实际使用时，必须注意到，当快速道路出现拥挤时，由于车流行驶速度低，连续的车辆之间的小间隙会形成很大的车间时距，如果以此为依据来控制匝道信号灯，就会有许多车辆被放行而进入拥挤的快速道路，当然这是不允许的。所以，如果快速道路交通流速度低于某预定值时（如 40 km/h），就应该以最小调节率控制匝道车辆（一般为 3～4 veh/min）。

最小可插间隙是指两个相随的车辆的车头间隔时间足够一个入口匝道车辆汇合进入的最小车头间隔时间。影响最小可插间隙的因素很多，一般是：

① 快速道路和入口匝道的几何形状；

② 车辆加速特性；

③ 驾驶员的水平；

④ 交通条件；

⑤ 天气条件。

最小的可插间隙可通过现场的实际观测和调查得到。放行时间的计算依据是：

① 可插间隙移动速度；

② 汇合地点到间隙/速度检测器之间的距离；

③ 停在匝道信号灯前的车辆到达汇合点预计的行驶时间。

由于货车和公共汽车的加速特性差，因此在这两类车比例大的入口匝道，应考虑使用一种慢速车辆检测器来测量车辆从匝道停车线行驶到该检测器位置所用的时间。如果这个行驶时间大于预定值，说明是慢速车辆，控制器就使匝道信号灯保持红灯，直到交汇区检测器被激发出信号为止。

（2）移动汇合控制

在可插间隙汇合控制系统中，如果放行车辆的加速度、速度掌握不当，就不能与被测出间隙同步到达汇合点，则汇合出现困难与混乱。为此，出现了利用匝道左侧面带有绿色光带的显示器，向匝道车辆提示快速道路外侧车道的可插间隙移动情况。车辆跟随光带的移动，则有助于掌握加速度和速度，有利于顺利汇合，如图 9-4 所示。此外，在光带旁设有标志，指示本匝道运行是否处于控制状态下；指示光带移动速度是××km/h；指示“小心汇合”。

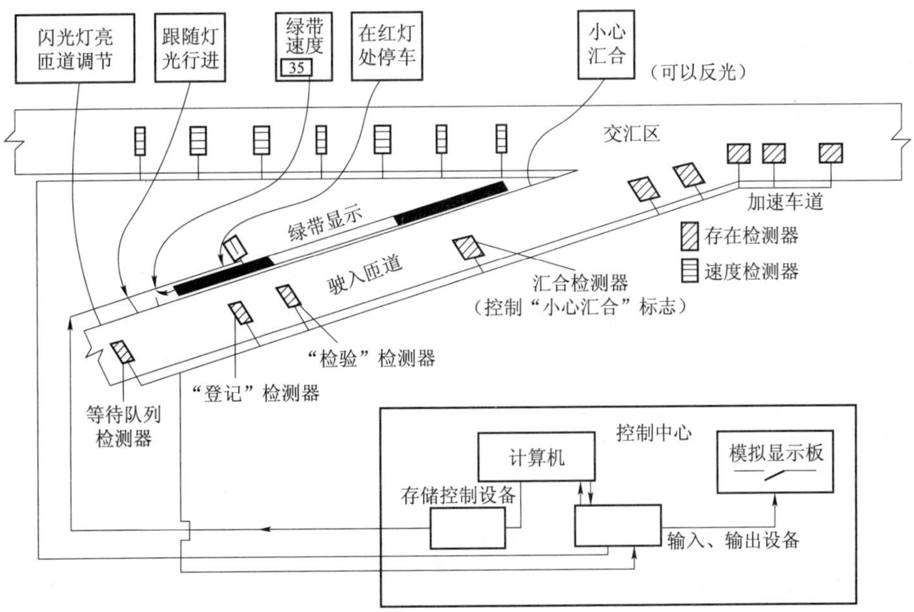

图 9-4 移动汇合控制的绿带系统

移动汇合控制有移动模式、停车的可插间隙模式和定时调节 3 种模式。移动模式适合于快速道路流量较小的情况，此时控制系统实时监视主线外侧车道的每个间隙的大小和移动速度，控制匝道左侧面绿色光带显示器，引导驾驶员和可插间隙同时到达汇合点。同时，匝道入口的速度标志给出匝道车辆行驶的建议速度值（绿带移动速度），帮助驾驶员及时安全完成汇合。绿带移动速度是根据快速道路外侧车道 3 min 的平均速度和交通量而定的。

随着快速道路交通量的增加，速度下降到某值时，此时控制系统换用停车的可插间隙状态。在该状态，匝道信号保持红色，直到一辆匝道来车到达检入检测器；然后，控制器确定是否有可插间隙，如果有，则控制系统就开绿灯，放行这辆等待驶入快速道路的汽车，并在改变绿灯前，在匝道左侧显示器上显示一个加速的绿带；如果在预定的时间内没有可利用的可插间隙，交通信号灯给绿色放行该车辆，但不显示绿带，只显示“小心汇合”警告标志。

当快速道路流量继续增加，超过某一标准时，该系统转为定时调节方式。若有车辆到达检入检测器处，由控制器控制，经过一定延迟后（根据调节率）信号灯变绿色，允许该车放行。当该车通过检出检测器后，信号在经过 0.5 s 黄灯后恢复为红灯。

为了使汇合更安全，可在匝道埋设一套检测系统，控制器根据匝道检测器的检测结果，实时计算出进入车辆长度、速度和到达交汇点的预计时间，然后计算出它与主线上可插间隙之间的偏差。根据此偏差，通过设在匝道左边的一长串标杆灯（沿匝道方向，每隔一定距离设置一个灯泡，每次只亮一个灯）进行动态引导该车前进（称为步进系统），实行闭环控制，只要驾驶员跟得上标杆灯光的移动，则可安全进入一个可插间隙，汇入主线车流。

（3）可插间隙和需求-容量控制

这种方法综合了交通需求-容量和可插间隙两种控制方法。匝道调节率按照交通需求-能力差额原理来确定，但以此调节率放行的匝道车辆要与可利用的可插间隙相符合。该方法解决了需求-能力差额控制方法无法确定匝道最佳放行车辆时间的弊病。

（4）汇合控制系统的评价

汇合控制系统的主要目的是改善汇合安全，最佳利用快速道路的可插间隙，其效益类似于交通需求-能力差额控制。它与交通需求-能力差额感应调节系统比较如下：

① 汇合控制可得到比较平滑的交汇运行，车辆由匝道调节信号处到达交汇区所需时间短；

② 汇合控制的匝道车辆放行是根据检测到的可插间隙来确定的，因而控制运行方式没有规律，排队等待时间较长（调节率在 4～15 veh/min 变动），违章车辆率较高；

③ 需求-能力差额感应调节可得到较高的调节率和较大的入口匝道流量；

④ 当驶入匝道具有良好的加速车道等几何形状时，则采用定时调节、需求-能力差额感应调节，可获得良好的经济效果，无须采用汇合控制系统；

⑤ 对于因视距不良、不适应的加速车道、坡度等造成的交汇困难的快速道路，采用汇合控制是有利的；

⑥ 汇合控制需增加较多设备，系统成本昂贵。

5. 入口匝道整体定时调节

当一条快速道路存在多个入口匝道时，应注意统筹考虑各个匝道的调节率，实行整体控制。这是因为匝道之间是相关的，前后匝道调节率间相互影响，当改变一条匝道调节率时，就会影响系统中的其他匝道。

所谓入口匝道整体定时控制，是指把单个入口匝道定时调节应用于车流运行存在相互依赖性和影响的上下游一系列入口匝道。这时，各个匝道的调节率是根据整个系统的交通需求-能力差额来计算的。

入口匝道整体定时控制是基于交通流每日变化大体一致，在一个时段内交通流近似于均匀，可以认为是稳态的，因而可以把一天划分为若干时段（大约每段为 15 min 或更长）去控制。

6. 快速道路入口全局最优控制

快速道路定时段入口控制不能消除由于意外事件引起的偶发性交通拥挤。要解决这一问题，就需要实行动态控制，即实时检测现场交通信息，依此决定入口调节率。前面介绍的单个匝道动态控制，根据局部检测数据（占有量、流量或速度）确定单个入口匝道的调节率，简单实用，但不能保证整条公路全局性能最优。全局动态控制把一条路的多个入口匝道统筹考虑，确定一组调节率，使某种形式的全局性能指标最优。

9.1.3 出口匝道控制方法

出口匝道一般采用以下两种方法：

① 调节驶离快速道路的车辆数。

② 封闭出口匝道。

第一种方法不是一种有效的方法，唯一的有利之处是缓解了接近快速道路交叉口的交通拥挤程度。不过，这将意味着要承担一些交通事故风险，因为在信号灯前停车，车辆急剧减速有发生滑行和造成尾端冲撞的危险，且使等待驶离快速道路的车辆排队从信号灯后向后延伸到快速道路上。

第二种方法可以显著减少车辆在该处交织及随之而带来的交通安全问题。特别是一个出口匝道到连接着一个大型互通式立交的沿街道路或者近郊道路的距离较短时（小于 0.8 km)，封闭出口匝道是一个很实用的解决方法。

封闭出口匝道的缺点是：

① 大大增加驾驶员的行车时间及距离；

② 若使用人工控制的栅栏，或某种形式的自助门，则在高峰期间封闭匝道，其费用很高；

③ 由于限制了出口，将会激起公众强烈的反对。

此外，为快速疏解出口匝道的排队，还可以通过有针对性的调节地面交叉口的交通管理和信号控制策略，为匝道流出方向提供更高的通行能力，实现出口匝道与地面道路的协调控制，避免因出口匝道排队上溯到主线，引起更大范围的拥堵。

9.2 快速道路的智能交通控制

9.2.1 快速道路智能交通控制概述

快速道路控制是快速道路管理的核心内容之一。快速道路交通管理的最高要求是对快速道路交通系统进行控制，从而有效地提高快速道路的通行能力。过去的交通管理系统限于被动的交通控制系统，而现代智能交通管理系统是一种主动控制的综合交通管理系统，包括实时地检测突发事件（如由事故和施工单位产生的拥挤和堵塞等）和旅行时间等交通状况以及交通信息显示系统。

快速道路交通控制的主要内容如下。

1. 控制重点

快速道路的交通需求有一个最佳的密度和车速，低于此车速就容易造成时停时开的不稳定车流，像市内交通一样，既浪费运行时间，又容易导致交通事故。所以快速道路控制的重点是控制出入口，以保持车速—密度—间距的最佳组合。

2. 控制措施

快速道路交通控制是提高行车安全和交通效率的有效途径，一般采取如下措施控制。

① 为了预防自然阻塞，当交通量超过道路通行能力时，实行入口控制，禁止车辆驶入快速道路。

② 当快速道路发生交通事故或遇有其他紧急情况时，为解除由此产生的阻塞，实行驶出、驶入控制。

3. 快速道路交通控制原理

在交通控制系统中，控制对象是交通流，这意味着可以把交通流视为一个可控工程，该过程有其自身特定的运动规律。认识其规律即建立数学模型，是分析和控制系统的基础。快速道路的控制是由道路、车辆、驾驶员及环境条件等决定的。图 9-5 的交通控制系统是动态预测、动态控制的基本模式，是通过对交通状况的预测、调整控制参数来优化交通流，以改善交通状况。控制设备主要包括交通信号灯（快速道路入口处的控制信号灯）、可变限速标志和驾驶员信号系统。控制所遵循的策略由交通控制器（微型计算机）制定，交通控制器根据交通模型和特定的性能指数以及实际的约束条件，经过优化计算，来确定特定的控制策略。系统状态变量（交通流量、密度、速度、入口排队长度等）是通过安装在快速道路上的检测装置（如环形线圈式车辆检测器等）检测得到的，考虑到检测信号中必然含有随机干扰，因此，原始数据须经过必要的滤波处理，反馈给控制器，使交通流能运行在最佳状态附近。

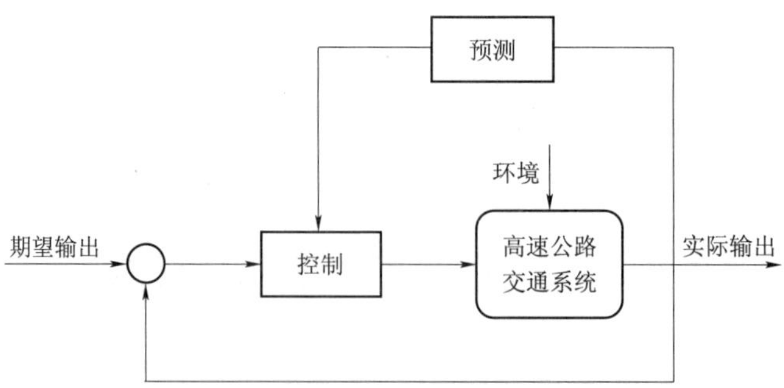

图 9-5　快速道路交通控制系统示意图

快速道路智能交通管理系统中的控制方法和自动控制技术的发展有着密切的联系，随着自动控制新技术被不断地应用于交通控制方法，智能的、先进的和有效的交通控制方法也不断地涌现，更加有效地提高了快速道路的通行能力。

快速道路交通系统是一个复杂的包含人、车辆、道路交互作用的社会系统，其控制方法包括匝道控制、主线控制、通道控制等。控制策略的优化方法随控制理论的发展经历了线性规划、最优控制、次优控制、分层递阶控制。从数学动力模型来考察，交通控制系统是一个非线性时变系统，交通控制系统的抗干扰能力，即系统的鲁棒性较差。交通控制系统在没有出现突发事件时可以实现优化交通的目的，但是一旦出现非正常交通时，交通控制系统往往无法适从，甚至会出现交通混乱的情况。许多专家致力于交通控制系统的自适应控制的研究，在某一方面取得了较好的控制效果，但从总体效果来看，其研究是非常有限的，许多问题亟待解决。

交通控制理论是随着自动控制理论的发展不断进步的，而自动控制理论本身也是20世纪中形成和发展起来的一门新兴学科，它是一门涉及数学、计算机、信息、电工等众多领域的交叉学科。交通控制理论是在交通领域内自动控制理论结合检测技术、通信技术及视频技术的具体应用。其发展是随着其他学科的发展而进步的，特别是随着自动控制理论的发展而发展。自动控制经历了经典控制理论到现代控制理论等阶段，现在发展到了智能控制。交通控制理论从当初的定时控制，发展到全局动态控制，并朝着智能化的方向发展。复杂的交通控制系统问题是很难凭借单一的控制模式，仅采用数学工具或计算机仿真来解决的。人们在实际控制过程中看到熟练的调度人员、技术人员或专家却能很好地控制交通，如果把调度人员、技术人员或专家的经验知识和控制理论结合起来，这相当于人直接参与交通的控制，使控制的效果达到超过人的管理水平，这种方法就称为智能交通控制，这也是交通控制目前发展的方向。

智能控制器具有分层信息处理和决策机构，它实际上是对人神经结构或专家决策机构的一种模仿。在复杂的大系统中，通常采用任务分块、控制分散方式。

智能控制器具有以下特点。

① 智能控制器具有非线性。这是因为人的思维具有非线性，作为模仿人的思维进行决策的智能控制也具有非线性特点。

② 智能控制器具有变结构特征。在控制过程中，根据当前的偏差及偏差变化率的大小和方向，在调整参数得不到满足时，以跃变方式改变控制器的结构，以改善系统的性能。

③ 智能控制器具有自寻总体最优的特点。由于智能控制器具有在线特征辨识、特征记忆和拟人特点，在整个控制过程中计算机在线获取信息和实时处理并给出控制决策，通过不断优化参数和寻优控制器的最佳结构形式，以获取整体最优控制性能。

由此可见，智能控制系统适合于含有复杂性、不完全性、模糊性及不确定算法的生产过程，快速道路交通控制系统的动力模型显然具有上述特性。现在许多学者致力于智能交通控制策略的研究，虽然智能控制理论本身还处于发展阶段，但在交通控制的研究表明智能控制是解决交通控制问题的有效途径，同时通过在交通控制中的应用反过来促进智能控制理论的进步。

9.2.2 快速道路智能交通管理控制系统

1. 快速道路智能交通管理控制系统的体系结构

快速道路智能管理控制系统是由采集控制层、通信链路层、交通管理层和交通预测决策层组成，每一层作为上一层的基础，接受上一层的控制和管理指令，同时将控制结果、各控制参数和管理信息返送到上一层，各层完成的功能如图 9-6 所示。

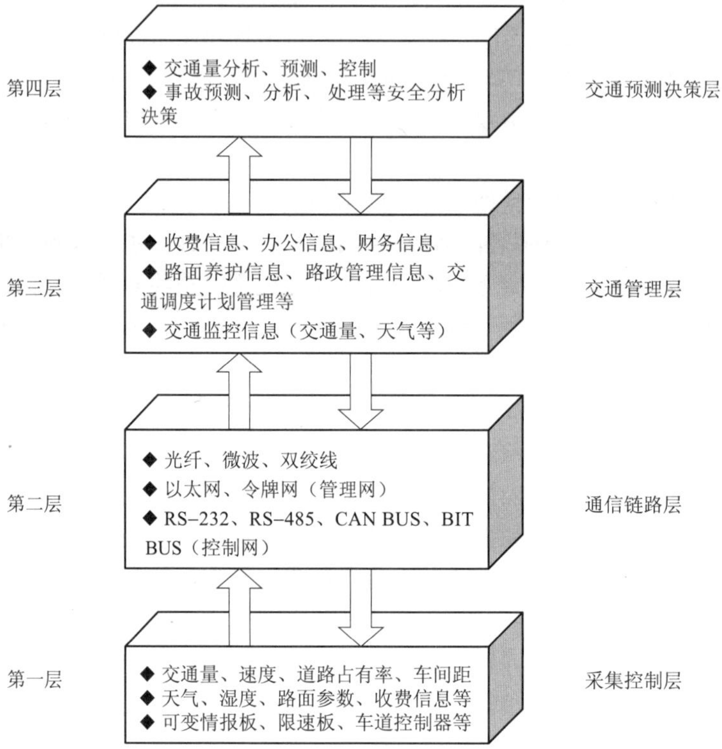

图 9-6 快速道路智能管理控制系统的体系结构

快速道路智能交通管理控制系统是一项涉及众多组织协调合作、共同研究、开发、实施、调控的大系统。快速道路智能交通管理控制系统的系统结构决定快速道路智能交通管理控制系统的技术应用和有关信息要求。快速道路智能交通管理控制系统将智能化地收集交通数据、分析这些数据，并将交通控制信息反馈给交通管理系统的管理人员或驾驶员。借助这样的交通信息，系统的管理人员或车辆驾驶员能作出反应，使交通状况变得更加有序。

2. 数据采集和控制层

数据采集和控制层是整个快速道路智能交通管理控制系统的最底层，负责信息的采集和设备的控制，这一层直接与交通设备相连，完成以下功能。

- 交通信息采集：道路交通量、占有率、车辆速度、车型分类、车辆间距。
- 天气信息：道路截面的温度、湿度、风力、雾天能见度等气象信息。
- 收费信息：各收费车辆的收费资料。
- 交通控制信息：控制车道控制器、可变情报板、限速板。

• 路面养护信息：特定点路面参数（弯沉、变形、局部裂缝、平整度、磨耗、抗滑等）。

该层由以下系统组成。

（1）快速道路交通数据采集系统

通过各种传感器采集系统分析所需的车辆信息、速度信息、道路占有率、天气信息、水位信息、电视摄像机及辅助设施等各种信息。

车辆检测器检测主干线上通行行驶车辆的交通信息：交通量、平均速度、占有率、车头距等，是高级应用软件分析，是提出交通控制策略的主要数据。通常的设备有：环形线圈检测器、磁性检测器、雷达检测器、超声波检测器、发光检测器、红外线检测器及通过车辆图像处理系统等。

气象信息检测器主要用来观测气温、浓雾、风向、风力、雨量、能见距离、路面积雪、路面冰冻及路面下不同深度的温度。电视摄像机是数据采集系统中最为重要的交通信息采集装置，它通过直观的图像信息可以及时处理快速道路出现的交通问题。

（2）快速道路交通控制系统

根据交通分析结果和管理要求，对车道开、停等进行控制和对信号灯进行控制。一般有主线控制、进口或出口控制和交通走廊控制。

（3）收费车道控制系统

收费车道控制系统是收费管理系统和多媒体监视系统的前置系统，负责收费管理系统的数据采集、视频信息的采集（包括视频数据叠加）、车道设施（信号灯、电动挡杆）的控制。

（4）路面养护信息采集系统

采用专用仪器采集路面状况，主要包括平整度、路面破损程度、结构承受力和抗滑能力。

（5）快速道路交通信息发布系统

通过通信系统和信息发布系统给驾驶员提高丰富的交通信息，如交通状况、天气状况和水位信息。主要设备有可变情报板、限速板和路侧广播等。

3. 通信链路层

通信链路程可提高相应的通信线路，保证交通信息的相互传递。

该层由快速道路通信系统组成：

① 由光缆、微波、双绞线或同轴电缆而成的通信网络，为其他子系统提供线路；

② 一般由光缆、微波、双绞线或同轴电缆组成管理网，由双绞线、电话线组成实时网。

4. 交通管理层

交通管理层给交通管理控制中心提供交通控制信息，同时给各职能部门提供交通管理控制信息，包括：收费管理、办公管理、财务管理、路面养护管理、路政管理、交通调度计划管理、交通实时信息管理（交通量、天气等）。

该层由以下系统组成：

① 快速道路交通数据前置处理系统。根据数据系统所采集的信息，按照信息的各种通信规约进行处理并转换成通用的信息，存入数据库系统，供其他系统使用。

② 快速道路交通多媒体实时监控中心系统。应用多媒体技术对全路的交通状况进行监视和控制。一般由快速道路交通安全分析系统、快速道路交通数据前置处理系统和计算机设

备、视频设备组成。

③ 快速道路通行收费系统。通过快速道路的收费系统一般可分为人工收费、半自动收费和不停车收费 3 种形式。收费系统由车道收费系统、票据管理系统等组成。

④ 快速道路计算机综合管理系统。快速道路计算机综合管理系统主要包括办公信息管理系统、财务信息管理系统、路面养护信息系统和路政管理系统。

5. 交通预测决策层

交通预测决策层用高级应用软件分析整个快速道路的交通信息，提供交通预测和管理的策略，构成具有超前作用的现代智能交通管理控制系统的决策体系，它由以下几个部分组成。

① 决策系统：决策系统是决策活动的“司令部”，由有关领导、专家和一线工作人员选出的代表组成，其职能是确定决策内容和决策目标，进行决策方案的选择与决断，对决策实施过程进行协调与控制。

② 智能系统：智能系统是决策活动的“参谋部”，由有关专家和专业人员组成，其职能是预测环境发展对决策内容的影响，拟订决策方案，提供论证依据及报告，并进行决策咨询。

③ 信息系统：信息系统是决策活动的“情报部”，由专业信息人员组成，其职能是对信息的采集、加工、处理、存储、分析、预测和反馈。

该层由以下系统组成。

① 快速道路交通安全分析系统：对交通信息进行分析，预防、预测事故。

② 快速道路交通流分析系统：根据采集系统所得的数据进行交通流分析，应用最优控制理论，得到交通流控制的最佳控制方案。

③ 快速道路交通控制策略模型系统：根据智能系统的概念，建立各种交通状况下控制策略模型系统。

6. 快速道路智能交通管理控制系统的发展方向

快速道路智能交通管理控制系统的发展方向是智能管理和智能控制一体化。一方面向交通控制现场（数据采集设备、可变情报板、限速板、收费数据等）发展，实现现场设备信息采集和控制的智能化；另一方面向交通管理的高层（运营计划、路面养护计划、收费管理、交通调度、统计分析、交通控制等）发展，实现交通流优化、事故自动检测和智能管理提供决策信息。特别是近几年来开放式系统体系结构的发展，各种网络通信规约的标准化，逐步克服了过去各种计算机系统不能互相通信的“孤岛”现象，这种快速道路智能交通管理控制系统使得快速道路交通管理部门的自动化水平大大提高，不仅能控制和管理某个交通设备，而且也能控制和管理整个区域的交通设备，使得整个区域的交通状况得以改善，提高快速道路的效能。

9.3 异常事件检测及应急管理系统

随着我国快速道路建设里程的增加和交通流量的增大，异常事件也随之增多，往往导致快速道路长时间的拥堵，严重干扰了交通流的正常运行，降低了道路的通行能力。为此，需要有效地对异常事件实施管理，进而减少事件造成的损失，保证行车安全和道路畅通。

事实上，异常事件是不可避免的，交通阻塞和车辆延误也是不可能消失的交通现象，但异常事件检测及应急管理系统能够通过现有技术的合理应用及各相关单位的有效协调组织，有效地减少交通延误和交通阻塞。

9.3.1 快速道路交通异常事件的检测

交通异常事件检测的基本原理是：交通异常事件自动检测技术并不是直接检测异常事件本身，而是发现异常事件所带来的交通流的特征变化（如事发路段上游会发生交通拥挤）。当发生交通异常事件后，交通流参数会发生突变，表现在占有率、流量、速度等参数上的突变，若变化程度超过了预先设置的交通异常极限值，则判定为交通异常事件发生。

交通异常事件检测系统的目的是要尽早获得发生交通异常事件的迹象，便于及时采取措施，迅速排除可能引发交通异常事件的隐患。其检测方法有以下几种。

1. 电子监视

使用电子监视检测交通异常事件，要求在快速道路上安装大量的检测器，所用检测器大部分与匝道控制设备所用的检测器相同。快速道路上若同时安装电子监测系统和匝道控制设备，则很多检测器可公用。检测器通过中央计算机连续监测并根据各检测器的读数，能判断交通异常事件是否发生。这种方法的优点除了能对整个道路网的交通状况进行连续监测外，还可对其他情况包括评价快速道路使用条件改善后（如匝道控制）对交通的影响进行监视。此外，此系统费用较低。其缺点是不能确定交通异常事件的性质，还需进行某种人工跟踪监视。从某种意义上讲，电子监测系统存在有“盲区”，可能遗漏一些交通异常事件，也可能产生一些假警报。

2. 闭路电视

闭路电视能使操作人员在中央控制室直接观察快速道路上设置电视摄影机地段的交通状况，可以迅速确定异常事件发生的时间和性质、要求救助设备的类型、对干道上行车的影响以及排除异常事件应采取的相应措施。这种方法的优点是管理人员仅用这种系统就能辨别整段路上所发生的交通事件，并确定应采取的措施。其缺点是设置费昂贵，需要经常维修；在最需要监视的恶劣天气里，难以获得清晰的电视图像；因监测工作的疲劳，对可能发生的交通事件可能会有遗漏。

3. 航空监视

警察当局和商用无线电测量站采用直升机或小型飞机在高峰时间观察是否有因交通异常事件而引起交通瓶颈的问题，通过广播将情报通知驾驶员，并为交通异常事件提供援助。这种方法的缺点是：若监视范围很大（如整个城市），则未必能获得快速情报，也未必能有效迅速地排除事件。好的监视系统应是将航空监视作为电子监视的补充手段。但较高的费用和不能迅速地检测事件发生等缺点，将妨碍其广泛应用。

4. 呼援装置和紧急电话

呼援装置和紧急电话之间的主要差别是：紧急电话传送通常的声频信息，而呼援装置发出的是请求各种服务的编码脉冲信息。就提供服务的可信度而言，电话是最理想的。但就安装费而言，呼援装置较低。呼援装置应有一些按钮，其数目应等于可以得到的救护服务项目数。呼援装置只需一个按钮就可将干道巡逻车调遣到任何出事地点。

实践表明，驾驶员救护系统的电话，若安装在驶出匝道前面，当其他驾驶员经过电话时，非常愿意报告遇难驾驶员及交通异常事件的情况，而且这种为驾驶员提供呼援的手段，较其他系统可靠。除巡逻车外的其他交通异常事件检测系统，都做不到这一点。电话安装在快速道路外，经过的车辆车速降低，将增加使用者的安全性，给遇难驾驶员带来不便。呼援装置最理想的安装位置是在路肩边缘 0.61 m 范围内。驾驶员呼援装置的优缺点是：

① 此装置在满足驾驶员对救护服务的需求方面非常有效；

② 装置设在城市快速道路路肩边缘，对行人而言可能不安全；

③ 紧急电话可用作其他方面的通信，如告知驾驶员道路养护和指向等；

④ 如有电子监视设备，则对驾驶员救护需要不迫切，但对停在路肩上的车辆（电子探测系统几乎没有利用的可能）仍可提供有用信息。

5. 驾驶员救护合作系统

“FLASH”是“闪光求助”的缩写，它是一种利用驾驶员的互助，报告受难驾驶员需要帮助的监视系统。驾驶员只需按照规定的次数用汽车前灯发出闪光求助信号，闪光求助监视系统即可接受驾驶员的求助信号。这种系统可以在很宽的光强范围内和不同的气候条件下工作。闪光求助监视系统接受虚假报告的概率很低，虚假报告可能由挡风玻璃上的闪烁阳光产生。这种监视系统的逻辑电路指令警报器只有在特定的时间间隔内接受规定次数的报告时才工作。目前，已对这种监视系统的实用性进行了试验，结果证明它的使用效果相当好。

这种系统的主要优点是安装和使用费较低，失去行驶能力的驾驶员不需离开他的汽车可望获得援助。如果遇险信号能用标准方法表示（如架起引擎盖，或在引人注目的地方系上白色手帕），那么就可以提高这种监视系统的使用效果。

6. 民用频道无线电话

失去行驶能力的驾驶员可用民用频道无线电话直接在车上报告他的困难情况。如该驾驶员车上没有无线电话，后续驾驶员可协助他呼援。救援机构派出小组到各监听站，以保证求援呼叫信号及遇难者需要什么类型的援助，并可迅速被救援小组获得。同时巡逻车将合作完成此项工作，形成驾驶员民用无线电话救援网。这种系统的缺点是设置车载无线电收发机和大量的路边设备及基地站监听设备等的费用很高。

9.3.2 异常事件应急管理

快速道路异常事件应急管理是对快速道路的运行状况进行全天候的监视控制，并对异常事件进行快速的检测和判断作出及时响应，采取有效的管理措施，保持路上车流的畅通，防止交通事故（或二次事故）的发生或事故发生后的及时救护与事故排除。应急管理应为司乘人员和通行车辆提供最佳服务，以保证快速和行车安全，最大限度地减少阻塞和延误。

快速道路异常事件应急管理就是有效地减少事件检测和确认的时间，并采取恰当的事件响应措施使因事件以及管理受到影响的交通流消散，直至恢复原有的通行能力，最终提高快速道路的运行效率和安全性。

1. 交通事件管理的目的和目标

交通事件管理的根本目的是使受到事件干扰的交通流恢复正常。目标是在最短的时间内完成事件管理的各项活动，减小事件的影响。在事件管理实践中，对于不同类型的快速道路、不同的管理要求可以制定相应的事件管理目的和目标，比如在市区快速道路上，特别是交通高峰期，事件管理的主要目标是尽快恢复正常的交通流；而在城市间快速道路上则更偏重于驾驶员的救援需要。表 9-1 是事件管理通常的目的和目标。

表 9-1　事件管理通常的目的和目标

目　　的	目　　标
☆ 减少二次事故 ☆ 提高事件处理人员的安全度 ☆ 积极提供并鼓励使用替代路线 ☆ 减少事件响应部门的负担	☆ 减少事件检测时间 ☆ 减少事件响应时间 ☆ 提供更多的驾驶员信息 ☆ 加快事件清除过程 ☆ 减少车道关闭数量 ☆ 减少道路或车道的关闭时间

2. 突发事件应急管理系统结构

将快速道路突发事件应急管理系统按信息流程划分，可分为信息采集系统、信息传输系统、信息处理系统、信息提供系统 4 个子系统，各个子系统之间的相互关系及主要组成部分如图 9-7 所示。

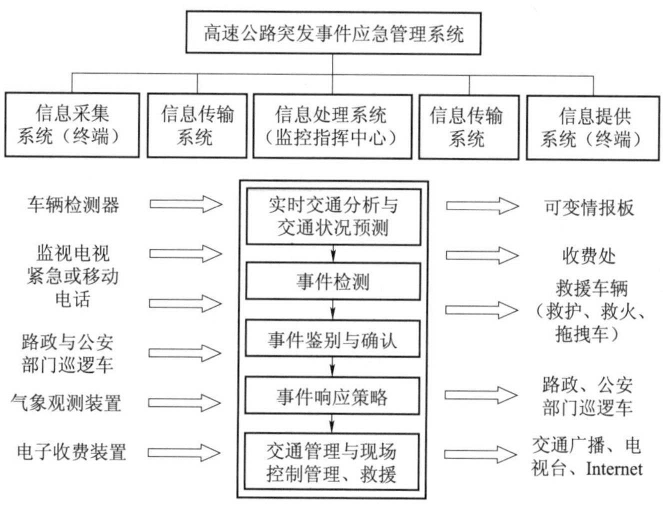

图 9-7　高速公路突发事件应急管理系统

该突发事件管理系统结构框架是依据我国提出的 ITS 框架中第一个用户服务领域——“交通管理与规划”中“紧急事件管理”的目录结构给出的。其中快速道路上沿途布置的各类车辆检测器和监视设备获取实时的快速道路运行状态，通过通信系统传输给监控指挥中心。监控指挥中心承担事件管理的主要工作，负责对原始交通流数据、视频数据及各种途径的人工报告数据进行处理，判断是否有事件发生，在确定有事件发生后，根据事件的严重程度和需要，制定响应策略并派遣事件处理人员、救援设备和车辆到达现场，同时对相关路段进行控制并向出行者和驾驶员发布相关信息，以避免事件进一步恶化。事件现场和救援车辆接收来自中心的调度指令，并反馈救援现场的情况。

9.3.3 紧急事件救援系统

快速道路交通事故的一个主要特点就是发生重大、特大恶性事故的概率比较大，所占比例高，而且一般都不可避免地导致二次交通事故发生。

紧急救援系统，就是由与交通事件有关的救援部门、交通管理、急救中心、消防中心等同交通管理或控制中心联网组成。交通管理或控制中心的交通异常事件检测系统测得并确认发生交通异常事件后，一方面自动把交通管理措施信息发给上游的后续车辆，另一方面把事故信息发给联网的有关管理部门，同时在这些部门车辆到达事故地点的路线上发布这些车辆优先通行信号及路线导行信息，让各类急救人员能尽快抵达事发地点。

1. 紧急救援系统的任务

① 及时获取发生交通事故的信息，协调有关各方面迅速调集救援资源，采取紧急救援行动；

② 交通事故发生后，提供紧急服务，包括消防、救护、环保、车辆牵引起吊、供应燃油，并进行现场事故处理；

③ 车辆发生故障时，提供维修服务，帮助陷于困境的汽车驾驶员摆脱困境；

④ 对控制下的匝道可立即改变控制方法，如关闭路口匝道等措施；

⑤ 在交通事故可能影响的范围内，为行车的驾驶员和乘客提供信息服务。

2. 排除事故的措施

① 提供紧急救援（安全、防护、消防和救护等）服务；

② 维修和牵引事故车辆；

③ 改变交通管制方案；

④ 提供交通事故信息等。

快速道路紧急救援结构体制应采用立法的方式予以确认，这样就能使有关部门在法律上有着不容推卸的责任。紧急救援体系应尽可能发挥有关部门的优势和力量，在特别强调一体化管理制度的前提下，步调要一致，行动要迅速，从而保证紧急救援系统的有效运转。在确认体制之后，高速公路监控中心会以现有的消防、医疗等社会资源为基础，形成全天候运转的紧急救援实体，配备训练有素的救援人员和必要的设备、车辆等，并制订出总体和具体救援组织实施方案。

紧急救援系统内各个方面的协调努力是圆满处理各种事故的基本条件。在控制中心的控制决策者与交通警察指挥部门紧密配合，统一指挥，紧急救援队伍按指令快速抵达现场并及时将有关信息反馈给控制室，并对现场实行必要的交通管制，控制中心根据反馈信息立即改变管理方案并向有关驾驶员提供有关交通事故的信息，事故现场勘察处理完毕以后，迅速解除紧急状况下的交通管制，恢复正常交通。

9.3.4 快速道路的通道监控系统

快速道路的通道以快速道路及其匝道为主体，由快速道路的辅路、平行于快速道路的临近干线道路及有关的横向道路组成。

设置通道监视和控制系统的目的在于通过更有效的交通分配和管理，使得现有快速道路设施获得较充分的利用。因此，除快速道路及其匝道外，在快速道路的沿街道路、平行于快速道路的干线街道和平行干线街道之间的横向街道等路段也应设置通道监控系统。其最终目的是把城市分割成以快速道路为骨干的向心扇形面，在每个扇形面中实行通道监控，使这种监控与中心地区的城市交通控制系统相协调，使整个城市交通处于整体监视和控制之中，如图 9-8 所示。

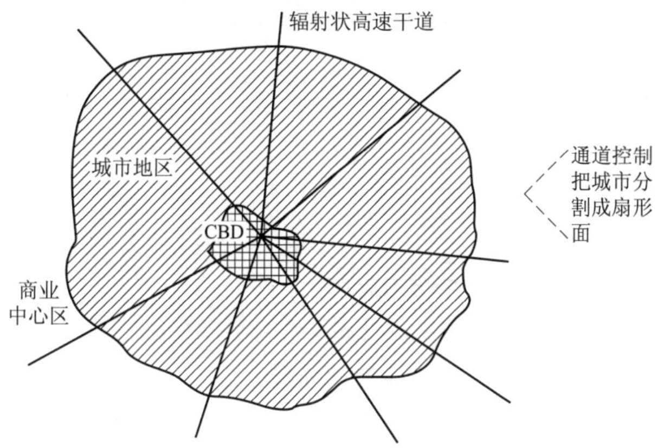

图 9-8　分割城市成扇形面的通道控制

1. 快速道路通道的监控方法

① 监视快速道路交通；

② 快速道路交通控制，特别是匝道交通的控制；

③ 沿街道路的控制和监控；

④ 干线街道的控制和监控；

⑤ 进入快速道路司机情报系统；

⑥ 离开快速道路司机情报系统。

2. 沿街道路的监控方法

沿街道路网除本身构成一个网的作用外，还兼起快速道路和干线干道网的一部分作用，沿街道路可按下述任何一种方法进行控制：

① 沿街道路与主要横街交叉，可以按孤立交叉口处理，用局部控制器进行控制；

② 如果是连续的沿街道路，可以起主干线的作用，所有交叉口采用联动控制；

③ 由于主干线横过沿街道路，并为其他交通要求服务，则沿街道路可起干线道路网的一部分作用；

④ 当快速道路由于正常的高峰期拥挤，或在高峰期间或非高峰期间发生不可预测的交通异常事件，快速道路不能保证一定的服务水平时，沿街道路可以作为快速道路的分流路线，此时，沿街道路和快速道路匝道应进行协调控制；

⑤ 快速道路匝道进行控制时，由于不考虑等待队列长度，可能影响沿街道路交叉口的通行，因此，匝道和沿街道路应进行协调控制。

3. 干线街道的监控方法

干线街道的交通监控，是通过街道检测器的监控和局部控制器的联动来实现的。其采用的技术措施如下：

① 使干线街道的交通信号和快速道路的信号协调，从而达到最少的行程时间（或其他标准）；

② 快速道路互通式立体交叉口上的交通信号与干线横街上的交通信号进行协调控制；

③ 匝道限流控制与横街交叉口控制的协调，以防止匝道队列横过交叉口；

④ 在干线街道与通向快速道路匝道的横街相交的路口提供转弯相位，并尽可能用可变交通情报显示相配合。

复习思考题

1. 简述快速道路的交通特性。
2. 简述快速道路入口匝道控制的基本方法。
3. 简述快速道路智能交通控制的主要方法。
4. 简述快速道路异常事件的含义及其检测原理。
5. 简述快速道路紧急事件救援系统的构成。

第 10 章

交通检测设备与仿真软件简介

10.1 交通检测设备与技术

本节主要介绍交通检测器与交通信息收集技术的类型、基本工作原理、交通参数的检测方法和计算等内容。

10.1.1 交通检测技术类型及工作原理

自 20 世纪 30 年代美国研制出“声控”感应式交通信号控制机以来，交通量检测器技术得到了迅速发展，特别是近 20 年来出现了大量的新型交通量检测器，一方面由于以计算机为核心的交通控制系统对车辆检测的要求越来越高，另一方面信息技术的长足进步也为交通量检测器的进步创造了条件。

常用的交通检测器有环形线圈检测器、超声波检测器、磁性检测器、红外线检测器、微波检测器、视频检测器。其中环形线圈检测器、磁性检测器是基于电磁感应变化的原理进行车辆检测的，需要埋设在车道下面，使用过程中可能会损坏，属于有损检测器。而超声波检测器、红外线检测器、微波检测器、视频检测器通常设置在路侧或路中央，无须埋设，属无损非接触式检测器，其中的超声波检测器、红外线检测器、微波检测器都是基于反射和阻断技术的波频车辆检测器。近年来，由于视频处理技术的发展，视频车辆检测技术已趋于成熟，视频车辆检测技术将成为未来实时交通信息采集和处理的主导。此外，随着现今计算机性能的发展和 ITS（intelligent transportation system，智能交通系统）技术的成熟，基于浮动车数据的交通信息收集也被作为城市交通管理与控制环节中的一个重要手段。浮动车（floating car data）技术，也被称作“探测车（probe car）”，是近年来国际智能交通系统中所采用的获取道路交通信息的先进技术手段之一。

目前，国内外用于实时交通信息采集和处理的主要技术是电磁感应的环形线圈感应式检测技术、多普勒感应的交通微波检测器技术、视频检测技术以及基于浮动车数据的交通信息收集技术，本节将主要介绍这 4 种技术手段的原理及其应用。

1. 环形线圈感应式检测技术

环形线圈感应式检测技术是指由环形线圈作为检测探头的一套能检测到车辆通过或存在

于检测区域的技术。环形线圈感应式检测器通常由 4 个部分组成：环形线圈、传输馈线、检测处理单元及背板框架。

（1）环形线圈的工作原理

环形线圈的基本工作原理为：由传输馈线连接的环形线圈与检测处理单元组成初级调谐电路，环形线圈就相当于此电路中的电感组件，调谐电路的电容决定于检测处理单元中的电容，电流通过环形线圈时，在其附近形成一个电磁场。当主要由铁材物质组成的车辆进入这个磁场时，车身金属中感应出涡流电流，涡流电流使磁场的磁力线减少，调谐电路中的环形线圈电感量随之降低，引起电路调谐的频率上升。检测处理单元就是通过对振荡频率的反馈电路的频率改变或者是相位偏移的响应，得出一个检测到车辆的输出信号。

概括而言，环形线圈感应式检测技术是由环形线圈作为检测探头的一种能检测到车辆通过或存在于检测区域的技术。通常用于检测交通流量、占有率等交通参数，为交通控制系统提供控制区域内的各种实时交通流信息，其可靠性、准确性和灵敏度直接影响着交通控制系统运行的有效性。其工作原理为：当车辆进入环形线圈形成的磁场时，引起电路调谐的频率上升。检测处理单元就是通过对频率改变或者相位偏移的响应，得出一个检测到车辆的输出信号。

根据不同的检测需求和系统，环形线圈的设置主要考虑 3 个因素：检测点位置、检测目的的响应时间、检测数据的准确性和有效性。

（2）环形线圈的应用范围及发展

车辆检测器设备的存在和发展，起源于交通控制系统对交通数据的检测需求。通常用于检测交通流量、占有率等交通参数，为交通控制系统提供控制区域内的各种实时交通流信息，其可靠性、准确性和灵敏度直接影响着交通控制系统运行的有效性。

环形线圈感应式检测器设备自应用以来，在世界范围内的城市交通控制系统中，一直是首选的车流量信息检测手段。它具有性能稳定可靠、灵敏度高、数据准确，对周围环境条件要求不苛刻等优点，且具有较强的发展空间。

目前，环形线圈感应式检测器设备主要应用于交通流数据信息采集系统、交通信号控制系统、交通诱导及停车管理系统。

最初的检测需求大多是交通流量、流向、车速、车道占有率以及车长、排队长度等，这些都可以通过不同的感应线圈的设置方式来实现。

环形线圈感应式检测器设备自应用于交通信号控制系统以来，在世界范围内的大多数城市交通信号控制或信息采集系统中都采用这种检测技术，目前美国洛杉矶市的 90% 以上的交通流量检测设备使用的是环形线圈感应式检测器设备。英国伦敦的交通信号控制系统也完全采用的是环形线圈感应式检测器设备。在我国，由于引进及发展渠道的差异，目前也以环形线圈感应式检测器设备为主要检测手段。

由于模糊数学技术对模拟信号处理的智能化应用，环形线圈感应式检测器可以在建立车辆分类信息数据库的基础上，在隧道自动控制、自动识别收费系统上有更广泛的应用前景。

（3）环形线圈的优缺点分析

环形线圈检测器是目前使用效果较好的一种车辆检测器，大量的应用实践表明该检测器有以下优点：

① 测量精度较高。用 2 m×2 m 的标准环形线圈进行检测，交通流量测量值可精确到

±（2%～3%），排队长度测量值可精确到±（4%～6%），速度测量值（使用一对环形线圈）可精确到±（4%～6%）。

② 适应性较强。由于环形线圈尺寸变化范围大，因此能适应各种不同的要求。

③ 故障率较低。实践表明，其可靠性不低于大多数其他类型的车辆检测器。

④ 性价比较高。

环形线圈的主要缺点是：环形线圈需要坚固的路面，否则检测点易遭到破坏；检测较小的车辆（如摩托车）比较困难；安装和维修时必须封闭车道。

2. 交通微波检测器技术

（1）交通微波检测器的工作原理

交通微波检测器是一种工作在微波频段的雷达探测器，它向行驶的车辆发射调频微波，波束被行驶的车辆阻挡而发生反射，反射波通过多普勒效应使频率发生偏移，根据这种频率的偏移可检测出有车辆通过，经过接收、处理、鉴频放大后输出一个检测信号，从而达到检测道路交通信息的目的。微波检测器可进行单车道检测或多车道检测，安装在路侧灯杆上方或车道正上方的微波检测器呈45°角朝下发射狭窄的微波，从微波反射回来的时间差上来判断有否车辆通过，并收集各车道的车流量、道路占有率和平均速度等数据，其输出信号与一般常见的检测器兼容，可通过数据接口与控制系统相连或直接替代传统的多个感应线圈探测器。目前广泛应用于高速公路和城市道路管理监测系统，是一种生产成本低、探测效率高、使用寿命长的高科技产品，可安装在路旁的电线杆上，安装、维护方便，且不影响交通。

（2）交通微波检测器设置与工作

交通微波检测器有两种可行的计数方式，即侧向安装和正向安装，侧向安装方式下一台检测器可探测 8 条车道的交通信息。

交通微波检测器可以用一台笔记本电脑来启动和设置，友好的设置程序允许用户自己定义操作模式，车道的位置、数量和相应的参数。在某一车道上出现的车辆通过交通微波检测器检测域时都将在屏幕上以一个“标志”（黑矩形块）来显示，驶出检测域后“标志”消失，用户可在计算机屏幕上识别相对每一辆车的“标志”。然后只需在屏幕上移动一个道路标志盒（黑矩形框）来包围“标志”，便可定义一条车道的位置。当所有的车道被定义后，一个简单的观察和交通微波检测器的手动计数对照即完成核对。

（3）交通微波检测器的功能和作用

微波检测器是交通信息检测系统的重要组成部分，是广泛应用于城市交通信号控制系统及快速道路监控系统、区域交通事故报警系统等领域的高新科技技术，它不仅能够检测采集数据，而且能够在内部处理多种需要的交通参数，直接取代环形线圈检测器及其控制器，降低成本，或是配合城市交通控制系统中的交通信号控制器对路口交通信号进行实时控制，控制器根据微波检测器检测到的实时交通信息，启动编程修改信号配时方案，智能化地指挥交通。它具有以下功能和作用。

① 可精确检测各车道（单车道或多车道同时检测）的交通流量、道路占用率、平均速度和车流量及排队状况等信息。

② 检测器的输出信号与一般常见的检测器兼容，可通过数据接口与控制系统相连或直接替代传统的多个感应线圈检测器。它具有存储能力，可将检测到的数据进行存储，也可通

过串行总线接入其他系统，或通过拨号 Modem 或无线 Modem 传输到交通信息中心。

③ 检测器工作在微波波段，可在不中断交通或关闭车道的情况下，方便、安全地安装在现有路侧电线杆上，易维护，操作简便，并且由于它的波长长，不受气候环境的影响，因此能够全天候工作。

（4）交通微波检测器的应用领域

交通微波检测器具有多车道侧向安装和全天候、准确性高等特点，因此应用普遍。可应用于以下领域。

① 快速道路路段多车道监测与管理：采用交通微波检测器构成的快速道路交通管理系统，侧向安装多车道快速道路，可实现快速道路的自动事故检测。交通微波检测器通过接触器回路提供每车道再现情况，每 30 s 通过串行接口提供实时检测的各车道车流量、车道占用情况、车道（来向和去向）平均速度等。交通微波检测器安装简便，支持无线连接的性能，比有线系统更经济。

② 快速道路匝道或 T 形路口信号管理：正向位置安装可以监控多车道岔口的车队情况。此时，交通微波检测器能向信号控制器提供实时的车队长度信息，并根据实际需要优化路口信号配时。

③ 远程交通量管理：是一种能自动控制的机动车计数系统。它由交通微波检测器提供存储能力，可将测得的数据进行存储或通过拨号 Modem 或无线 Modem 传输到交通信息中心。交通微波检测器自带分析和报告软件，探测器还可用电池和太阳能供电。与该系统配套的设备还有 RTCP（远程交通计数配件），该计数器作为交通信息的存储部件，可存储长达 7 天的交通信息。

④ 侧向安装应用于多车道十字路口：侧向安装可以应用于城市交通控制系统的多车道十字路口。在拐角立柱上侧向安装，交通微波检测器通过接触器信号回路直接与控制器连接，提供每车道或每时段的再现信息。控制器根据交通微波检测器检测到的车流量、道路占用率、平均车速等实时交通信息，自动编程修改信号灯的配时，智能化地指挥交通。

⑤ 违章自动监测系统：这是自动抓拍违章车辆车型、号牌的监测系统。设置交通微波检测器的检测域后，监控摄像机或数码相机可抓拍到闯单行线、禁行线或走紧急停车带、公交车道、导流带等违章车辆的图像或照片，抓拍到的图片既可以本地存储，也可通过通信网络上传到信息中心。

由于超声波检测器采用悬挂式安装，这与路面埋设式检测器（如环形线圈）相比有许多优点。首先是不需要破坏路面，也不受路面变形的影响；其次是使用寿命长、可移动、架设方便，在日本交通工程项目设计使用中被大量采用。其不足之处是容易受环境影响，当风速达 6 级及以上时，超声波因产生飘移而无法正常检测；探头下方通过的人或物也会产生反射波，造成误检。所以，超声波检测器要按照一定的规范安装。从架设方便、使用寿命长等方面来说，路面埋设式检测器都不如超声波检测器，因此超声波检测器成为目前使用量仅次于环形线圈的一种检测器。

3. 视频检测技术

视频检测器主要由摄像机和图像识别单元（含计算机）组成，其工作原理是：由 CCD（charge coupled device）摄像机连续摄得两帧图像（数字图像），对其全部或部分区域进行比较，如有差异则说明检测区有运动物体，从而检测出通过的车辆。视频检测器的关键是快速的图像识别算法。一般要采用带有 DSP（degital signal processing）的图像卡和高性能的计算机作为硬件平台，并在此基础上开发车辆检测算法。

基于图像识别技术的交通参数视频检测方法是一种非接触式检测方法，它利用数字图像识别技术，对用高速摄像机拍摄的交通现场画面进行处理，获得被检测车道上的车型、车速、车流量等交通参数，为交通控制和管理提供准确的交通流数据，从而更有效地进行交通控制和管理。与传统接触式检测方法相比，它的安装工程最小、检测范围大、系统可靠性高，具备良好的应用前景。

（1）视频检测技术工作原理

对于交通管理人员，交通路口的电视图像是最直观的交通信息，同时也是最大的交通信息源。视频图像含有丰富的交通信息，操作员虽然可从视频图像直观地获取现场的交通情况，但是这种信息只是定性的，很难把这种信息迅速传输到控制网络中。至于车流量、道路占有率、车速等信息还只能通过埋线圈和超声波传感器来感知；另外，由于同时显示的视频图像有限，操作员的精力有限，因此会出现没有观察到的图像信息被忽略的情况，这部分信息将难以被利用。随着图像处理技术的发展，视频检测技术已经走向市场，将在交通信息检测和交通管理中发挥更大的作用。

视频检测，以视频图像为分析对象，通过对设定区域的图像进行分析，可以得到交通信息，主要包括车流量、平均车速、占有率、车型等。而且视频检测的数据可输入到交通信号控制系统，这样电视监控系统和交通信号控制系统就会有机地集成到一起。

利用视频检测，除可提供一般的交通统计数据外，还可进行事件检测，如交通阻塞、超速行驶、非法停车、不按道行驶、逆行等。由于视频检测具备灵活性和多种附加功能，因此受到了人们的青睐。视频检测存在巨大的市场，目前国际上有不少公司推出了自己的视频检测产品，如美国的 Autoscope、VTDS、VideoTrack-900，德国西门子的 ARTEMIS，比利时的 Traficon 等。

视频检测对摄像机有一定的要求。照度与分辨率的要求与一般电视监视系统的要求是一样的。在安装位置上要求摄像机位置较高，一般正对检测区域为好，这样可以得到比较高的识别率。另外，在视频检测时，摄像机的自动增益控制（automatic gain control，AGC）一般要关闭，以减少对图像处理的干扰。

（2）视频检测技术的功能和作用

① 用于统计交通数据。

- 车流总量：在设定时间间隔内检测车辆数量。
- 占有率：按时间百分率测量的车道占有率。
- 车辆分类：按长度定义的小汽车、货车或拖车数量。
- 车流率：每车道单位时间车辆数。
- 车头时距：车辆间的平均时间间隔。
- 车速：车辆的平均速度。
- 服务水平：由用户定义的平均速度和车流率阈值所确定。
- 空间占有率：按百分率计量的车辆长度总和除以时间间隔内车辆平均旅行距离。

② 用于事件有关的交通数据。

- 高速、高密度或高占有率；

- 排队；
- 逆向行驶；
- 停车或非常慢的运动车辆。

根据检测到的事件数据，可以产生不同的报警。当检测到某一事件发生时，系统自动产生报警以提示操作员。操作员可从图像上了解事件发生的地点、该地点交通状况，并采取相应的交通管理措施。

（3）视频检测技术的优点

与传统的感应线圈相比，视频检测具有以下优点：一是视频检测具备图像监视和交通数据采集双重功能。虽然感应线圈可提供交通参数信息，但它不能给交通管理人员提供交通状况的图像。而视频交通检测系统的监视和检测功能不但使交通管理人员通过量化的数据实时了解交通状况，优化交通管制方法，还可为交通管理中心提供监视能力。电视图像能提供较完整的交通状况信息，使交通分析人员有亲临现场的感觉，这对突发事件的处理尤为有益。二是视频交通检测系统的灵活性要大于感应线圈，视频交通检测系统的检测区域容易重新定位，可满足不断变化的数据采集要求。此外，视频设备还可以移到新的地方使用。三是视频交通检测系统的摄像机架设在地面之上，安装无须破坏路面。其优点可概括为：利用已建的交通电视监控系统摄像机，起到图像监视和交通数据采集双重功能；安装简单，无须破路；检测率高、误报率低、故障率低；寿命长；维护费用低；交通数据和图像集成。

4. 基于浮动车数据的交通信息收集技术

1）*浮动车数据概述*

随着全球定位系统（global positioning system，GPS）的兴起和普及，将 GPS 与无线通信联合，通过车载等终端完成定位数据信息的收集并发送至信息数据处理中心，是一种兼具少投资、高精度、大范围特点的路况信息收集方式。目前，城市道路上的大多数出租车、公交车等公共交通工具都安装有 GPS 数据收集终端，通过信息网络，将该车的经纬度、速率、行程距离等信息传达到数据处理部门，进而可获取到实时的道路信息。

浮动车技术，也被称作探测车，它指的是装载有 GPS 接收器和通信装置的车辆，其行驶在道路上作为动态的交通道路信息采集工具。在不影响正常车辆自身行驶的情况下，采集车辆运行时的实时交通数据，并通过无线通信的方式将车辆行驶信息传送到交通信息处理中心，经控制中心的分析与处理后，建立起可供查询和利用的交通信息数据库，为交通状态评价提供支持与帮助。该技术作为采集道路交通信息的重要技术，它是近几年来国际智能交通系统中采用的先进技术之一。

2）*浮动车数据处理及应用基本原理*

交通管理部门可以通过浮动车 GPS 数据全面了解并掌握路网中的实际交通运行状况，并在必要的时候进行交通状态信息发布。数据采集系统主要包括浮动车、无线通信网络、信息控制调度中心等部分。浮动车辆的 GPS 定位模块根据接收到的卫星信号来计算车辆的瞬时速度，并确定车辆的地理位置坐标，随后车辆的信息将会由无线网络输送到控制中心。控制中心根据收集到的数据，使用各类数据分析和处理的算法模型以及相应的软件，对其进行分析处理，从而准确获取路网中的实时交通流状况。根据获得的路况信息，可通过无线通信设备发布实时路况信息，为交通参与者提供指导信息和解决方案，命令调度信息等。不同于传统的依赖于固定检测器或人工调查的方式，浮动车数据事件检测技术是利用车载装置，通过卫星定位车辆的技术来采集相应的车辆信息。它可通过采集道路中的出租车等的实时行驶状态信息，来实现对道路网的信息收集。可以实现大范围、覆盖面域广的路况信息采集，同时能够实现全天候不间断的采集检测。根据采集并上传的车辆信息，结合地图匹配技术，可将浮动车坐标信息同城市道路空间信息匹配起来，并通过相应数据处理算法模型，计算得到车辆的瞬时速度、方向角、延误等交通参数指标，判定道路运行状况。

3）基于浮动车数据的交通信息收集技术的优缺点

浮动车数据相较于传统的交通信息获取方式的主要优点如下。

（1）覆盖交通区域范围广

传统道路检测设备主要集中在城市中心区域且检测地点相对固定，后期设备维护成本较高。浮动车可以在城市任何道路行驶，检测范围广，尤其是对城市周边车流量稀疏路段及新建道路的交通状态获取帮助巨大。

（2）检测数据全面丰富

传统道路检测设备监测数据单一，浮动车数据获取得到的信息更加丰富，包括车辆位置坐标、瞬时速度、行进方向等。

（3）经济效益高

传统道路数据采集设备前期投入成本高，道路改造费较高。浮动车数据采集设备成本较低且安装维护相对方便、快捷经济。浮动车数据包含的数据种类丰富，对后期开发相对功能应用的平台软件支持较大，对城市交通管理决策也能提供强有力的支持。

由于设备运行的不稳定性以及城市路网建筑物的复杂性，在 GPS 设备上传数据时可能会出现定位偏移、数据跳变等异常数据。造成浮动车数据异常误差的主要原因如下。

（1）车辆设备的故障

设备由于使用年限过长及环境等因素可能造成设备在采集传输数据的过程中出现不可预见的误差。

（2）信号传输误差

浮动车设备将数据上传到后台数据中心的过程中，由于建筑物环境造成的传输不稳定。

（3）卫星定位误差

浮动车 GPS 设备在进行定位过程中由于地球自转、延迟等因素造成的误差。除此之外，在城市交通热点或者拥堵等路段，会出现多辆浮动车聚集的情况，使得在一段时间内同一辆车多次上传重复数据，这些冗余的数据在进行数据处理及交通状态分析时，无疑会增加处理工作量，降低处理效率。

10.1.2 交通参数检测及计算

在交通控制系统中，常用的交通参数主要有交通流量、占有率、排队长度、车速和交通密度等。这些参数有些可以直接测量，有些需要根据其他检测量计算得到。本节将讨论如何利用环形线圈检测器来检测和计算各种交通参数。

1. 交通流量

用环形线圈检测器检测交通流量时，应尽量做到每车道设置一个线圈。用一个线圈横跨多个车道的方法，容易漏检，如当几辆车并排通过线圈时，只能算一辆车。环形线圈检测器的输出可以是方波或脉冲方式，只要让微处理器对输出信号的上升沿或下降沿进行计数，则两种方式均可用来检测交通流量。设检测器的计数周期为 T，N_i为观测期内第 i 车道检测器的计数值，则 i 车道在该周期内的交通流量为：

$$q_i = \frac{N_i}{T} \tag{10-1}$$

然而，按这种方法算出的交通流量，还需要进行调整，因为它无法区分车辆大小。一个简单的方法是进行交通调查后，确定交通流中的各种车辆的平均分布状况，然后用一个折算系数把由式（10-1）测得的交通流量换算成标准小客车当量（pcu）。

2. 车速

为了准确测量车速，通常要在车流方向上埋设两个性能相同的环形线圈，线圈的同边间距 s 为 3～5 m，两个线圈为一组，共同构成为一个监测站。如图 10-1 所示。

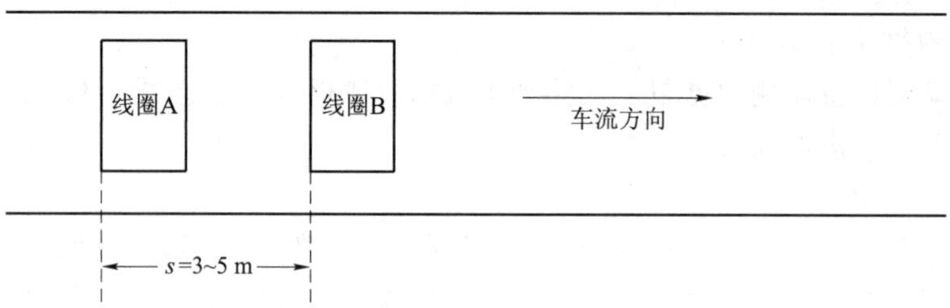

图 10-1　检测车速的线圈设置方式

由微处理器给出一个基准时间脉冲，如 p 的时间脉冲。当车辆进入线圈 A 时，脉冲计数开始；当车辆进入线圈 B 时，脉冲计数结束，于是得到车辆通过距离 s 所需要的脉冲数为 n，则车辆的速度为：

$$v = \frac{s}{pn/1\,000} \tag{10-2}$$

式中：v——车辆速度，m/s；

s——车辆通过距离，m；

p——时间脉冲，ms；

n——脉冲数。

设在某一观测期内，共有 N 辆车通过检测点，且每辆车的速度分别为 v_1，v_2，…，v_N，则该时间段内交通流的平均速度为：

$$v_{\mathrm{t}} = \frac{1}{N}\sum_{i=1}^{N} v_i \tag{10-3}$$

空间平均速度是指某一时间内通过一路段的所有车辆的速度平均值。设路段长度为 Δ，在一个观测期内共有 N 辆车通过该路段，则 N 辆车通过该路段的平均行驶时间为：

$$\bar{t} = \frac{1}{N}\sum_{i=1}^{N} \frac{\Delta}{v_i} \tag{10-4}$$

于是该观测期内的空间平均速度为：

$$v_{\mathrm{s}} = \frac{\Delta}{\bar{t}} = \frac{N}{\sum\limits_{i=1}^{N} \frac{1}{v_i}} \tag{10-5}$$

即空间平均速度等于所有通过车辆速度的调和平均值。

现在来分析一下误差情况。若给出 p 的计数脉冲，则当车速为 108 km/h，$s=3$ m 时，测量方法带来的误差将达到 $p\%$。当基准脉冲确定后，车速越高，误差越大。基准脉冲时间值越小，测量精度越高。

3. 占有率

占有率也叫作车辆占有率，其定义为一路段内车辆占用的道路长度总和与路段长度之比。由于难以测量，通常用时间占有率代替。用环形线圈检测器测量占有率，要将检测器置成方波工作方式。设在某个观测期 T 内，共有 N 辆车通过线圈，测得 i 车道车辆 j 通过环形线圈的方波宽度为 t_{ji}，则该时间段内，车道 i 上车辆的时间占有率为：

$$\sigma_i = \sum_{j=1}^{N} \frac{t_{ji}}{T} \times 100\% \tag{10-6}$$

4. 交通密度

只要测出交通流量和车流的空间平均速度，则可得到观测期 T 内的交通密度为：

$$\rho_i = \left(\frac{N}{T}\right) \Big/ v_s = \left(\frac{N}{T}\right) \frac{\sum_{i=1}^{N} \frac{1}{v_i}}{N} = \frac{1}{T} \sum_{i=1}^{N} \frac{1}{v_i} \tag{10-7}$$

式中，v_i——第 i 辆车的车速。

10.2 交通控制设备与技术

10.2.1 交通信号控制机

现代交通信号控制机，由软件和硬件两大部分组成。

软件包括信号配时方案、信号控制的总体设计方案、系统的交通仿真与优化及其有关的各种系统软件和文档，包括数据管理系统、系统运行维护手册、程序说明与框图等。

硬件指现代交通控制系统中实际用到的装备，如交通检测器、信号控制机、中央控制计算机、信息传输设施、情报设施、显示装置、电视监视设施等实体装备。

在建立交通信号控制时，无论是单个交叉口的定时信号，还是整片区域的交通信号控制机，除主要考虑总体设计方案、配时方案、编制系统控制程序等之外，还必须考虑选择和使用硬件设备的问题。这些设备中最基本的是交通信号控制机。

交通信号控制机的用途是操纵一个或同时操纵几个交叉口的信号灯，并把几个交叉口的控制机连接到一个主控制机或主控计算机上，从而形成干道控制或区域控制系统。

1. 现代交通信号控制机的基本功能

① 根据预先设定的配时方案或感应控制方案操纵信号灯色的变换；

② 接收检测器送来的脉冲信号，处理这些信息，并根据这些信息按预先设定的方案操纵信号灯；

③ 接收从主控制机或主控计算机发来的指令，并根据指令按预先设定的方案操纵信号灯；

④ 用小型计算机或微处理机的信号控制，还可以收集检测器的交通信息，处理并存储这些数据，或根据命令把这些数据传送给主控计算机。

2. 信号控制机分类

（1）定时信号控制机

定时信号控制机是最简单、经济的一种控制机。当把定时信号配时方案在这种控制机内设定之后，这种控制机即以设定的配时方案操纵信号灯，以固定的周期及各灯色时间轮流启闭各向信号机。定时信号控制机可以分为机电型和电子型。

（2）半感应信号控制机

早期主要为机电式的半感应控制机，现在大都采用集成电路半感应信号控制机。半感应信号控制机随检测器设置的位置，提供不同侧重的感应控制。

一种是对主要街道以外的所有信号相位提供感应控制，对主要道路不执行感应控制。还有一种半感应信号控制机，使用一种对次要街道有感应作用的定时信号控制机。

（3）全感应信号控制机

全感应信号控制机对所有各信号相位都执行交通感应控制。全感应信号控制机可以提供对一个简单的十字交叉口的控制，也可以对带有 4 个左转弯或多条支路的复杂交叉口进行控制。

虽然全感应信号控制机像半感应信号控制机一样有多种形式，但所有全感应信号控制机的工作原理是相似的。就是检测器对交叉口的所有进口道进行交通检测，并根据各个进口道的车辆要求安排道路通行权。交通控制适应交通要求是全感应信号控制机的基本功能。

（4）微处理器信号控制机

微处理器信号控制机是一种智能型控制机，具有信息存储、处理、运算、判断、传输等功能，其灵活性和扩展性也大大提高。这种控制机都附有信号冲突与设施故障自检、显示功能，其可靠性高、体积小、性能比高。

（5）新型交通信号控制机

① 太阳能交通信号控制机。该机由太阳能电池供电，既适用于市内，也适用于无市电的郊区路口。为了合理地配置路口时间和空间资源，使交通达到最大程度的畅通，该机具有灵活设置参数的功能。

② 可重构交通信号控制机。为了解决国内很多城市日益拥堵的交通状态，发展适合国情的信号控制机成为迫切要求，将 32 位处理器和 UClinux 操作系统应用到智能交通领域，建立一种开放式的软硬件体系，采用重构方法可以支持 5 种交通控制算法。

③ WY-TC802 型交通信号控制机。一种采用 LCD 显示器的交通信号控制机，该机采用薄膜键和汉字菜单操作。该信号控制机系统具有界面直观、使用方便、性能稳定等优点，控制效果比传统信号机好，适合我国交通控制现状。

④ 基于 GPS/GPRS 的智能交通信号控制系统。在现今自适应交通信号控制方法的基础上进行改进，增加了 GPS 车载设备。车载的 GPS 装置不间断地接收 GPS 卫星发送的数据，经过简单的信息过滤后每隔几秒将所需的信息发送一次，设置在路口的控制器会接收到一定范围内的数据，通过数据转换对交叉口一定时间内的交通状况进行预测，从而在模糊控制逻辑的基础上选择合适的规则库，即选择合适的控制方案。

3. 主控制机

主控制机也叫中心控制机。即在线控制或面控制系统中，用来操纵其他交叉口控制机的控制机。为此，主控制机同由它操纵的控制机之间必须由通信联系，把各个交叉口的交通数据传送到主控制机，主控制机接收到数据并作出控制决定后，把控制指令再下达到各个交叉口控制机，因此也把这种控制机叫上位机，而把它操纵的控制机叫下位机。前述多功能集成电路控制机及微处理器控制机大多可用作主控制机。

10.2.2 车路协同控制系统

1. 车路协同控制系统概述

车路协同技术（intelligent vehicle infrastructure cooperative system，I-VICS）是智能交通发展到车车、车路协同阶段的一种衍生系统，其主要强调车车、车路之间的信息交互；通过车辆无线通信、传感器等技术进行车辆信息和道路交通信息的获取，利用车车、车路信息资源的交互和共享，实现车辆和道路基础设施之间协同配合的交通技术；基于此类技术手段，以期在面向城市交通管理与控制的相关工作时，达到优化利用交通系统资源、保证车辆安全行驶、提高道路通行效率的目标。

车路协同控制系统可以分为广义和狭义两种。广义的车路协同控制系统是基于信息处理技术、定位导航技术、通信技术、电子传感技术、数据挖掘技术、人工智能技术等相关技术，来获取道路和车辆信息，通过车载单元、路侧单元以及出行者之间进行的实时、高效和双向的实时信息交互，并在全时空动态交通信息采集与融合的基础上，开展对车辆主动安全控制和道路系统管理，为道路的参与者提供全时空可靠的交通信息，达到优化利用系统资源、提高道路交通安全、缓解交通拥堵的目的，从而形成安全、高效和环保的道路交通系统。图 10-2 给出了其工作原理示意。

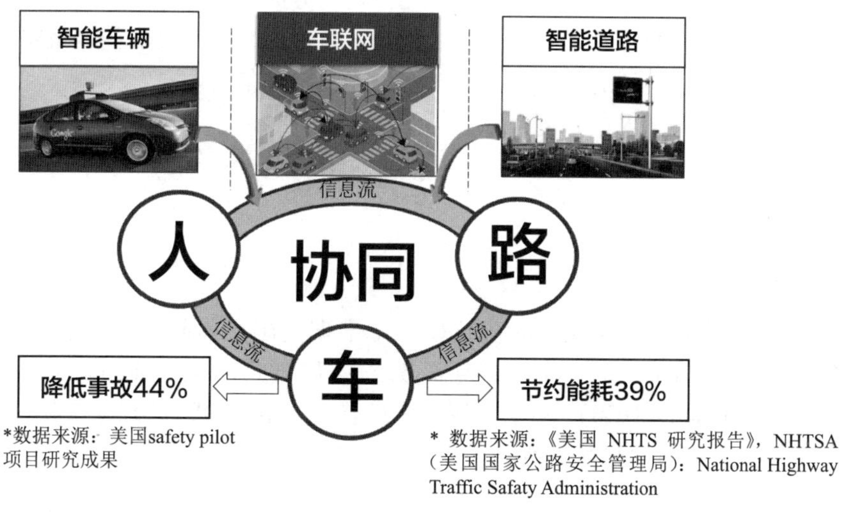

图 10-2 车路协同控制系统示意图

而狭义的车路协同控制系统主要是指通过路侧设备和无线通信设备进行信息交互（无车车信息交互），以实现对车辆运动的控制、交通信号的控制及交通信息的发布。

从系统角度看，车路协同控制系统可分为车载和路侧两大子系统。车载子系统主要由车载信息获取、车载通信、车载警示与控制子系统构成。路侧子系统由路侧信息获取、路侧通信、交通控制与信息子系统等子系统构成。车车通信、车路通信技术是车路协同控制系统的核心。

2. 车路协同控制系统的分类

此处主要参考广义车路协同系统，根据信息交互的模式和对象，可将车路协同控制系统分为 3 类。

（1）基于车车信息交互（vehicle to vehicle，V2V）的车路协同控制系统

此类系统主要面向无路侧设备信息交互的交通环境，通过车车间的信息交互实现对车辆的协同控制管理，达到保证车辆安全、提高通行效率、实现区域交通控制的目的。例如，基于车车通信，实现对车辆队列行驶的协同控制；基于车车通信的协同跟随；基于车车通信的危险状态信息传播等。此类系统的灵活性较大，但由于车辆与路侧不存在信息交互，因此在信号控制交叉口的交通环境下，将无法实现交通信号对车辆行驶的协同控制。

（2）基于车路信息交互（vehicle to infrastructure，V2I）的车路协同控制系统。在此类系统中，装备有路侧设备附件的车辆通过无线通信系统与路侧设备进行信息交互。路侧设备可作为中央控制器来协调邻域内所有机动车的运动。信号交叉口的协同控制是此类系统的典型应用范例之一。一方面，路侧设备通过附近车辆传递来的信息作为交通信号调整的基础；另一方面，路侧设备根据交通信号的控制策略、附近车辆的运动状态及路侧系统检测到的其他层面信息，给车辆发出相应命令。但此类系统由于会受到路侧设备的配备安装密度的限制，因此其多应用于信号控制交叉口等交通环境，应用范围和灵活性相对较差。

（3）基于车车与车路信息交互（V2V&V2I）的车路协同控制系统。通过车车与车路间的信息交互实现车辆间的协同控制，达到保障行车安全和提高道路通行效率的目的。信号控制交叉口的协同控制也是此类系统的典型应用之一。一方面，路侧设备通过附近车辆传递来的信息作为交通信号调整的基础；另一方面，路侧设备根据交通信号的控制策略、附近车辆的运动状态和路侧设备检测到的其他信息，对车辆发出控制信息。

10.3　Synchro 信号配时软件简介

10.3.1　软件简介

美国 Synchro 交通信号协调及配时优化软件是根据美国交通研究委员会《道路通行能力手册》（Highway Capacity Manual，HCM）规范编制的，可与“道路能力分析软件”（highway capacity solution，HCS）及“车流仿真软件”（SimTraffic）相互衔接、整合使用。它是一套完整的城市路网信号配时绩效分析与配时设计优化的优化软件。其所具备的主要功能包括：

① 单一路口/干道/网络系统的容量分析；

② 单一路口/干道/网络系统的现状服务水平分析；

③ 单一路口/干道/网络系统的现状信号运作绩效评估；

④ 单一路口的信号配时设计；

⑤ 干道/网络系统的信号连锁配时设计。

Synchro 软件由于同时结合了道路容量分析、服务水平评估及信号配时设计等多项功能，且可同时适用于城市独立路口、干道系统与网络系统等多种道路几何类型，故受到了世界各国交通工程师的广泛使用。此外，Synchro 在从事信号配时设计时，其配时优化目标的设定，除可沿用传统独立路口配时设计所常用的最小化平均延滞外，还加入了干道续进绿灯带宽最大化的信号连锁目标，同时还兼顾到路口相位设计的需要，属多元性能设计。

Synchro 在实际操作使用方面，除可提供方便操作的窗口编辑式人机接口（见图 10-3）外，还可与实时车流仿真软件 SimTraffic 相互结合，来展示模拟结果；同时 Synchro 更可将所构建完成的路网几何数据转换成可与传统仿真模式 Corsim、路网设计模式 TRANSYT 及容量分析模式 HCS 等 3 个常用交通工程分析软件来相互转换使用档案，以利于使用者针对各种建议方案进行客观性的整合分析与应用。

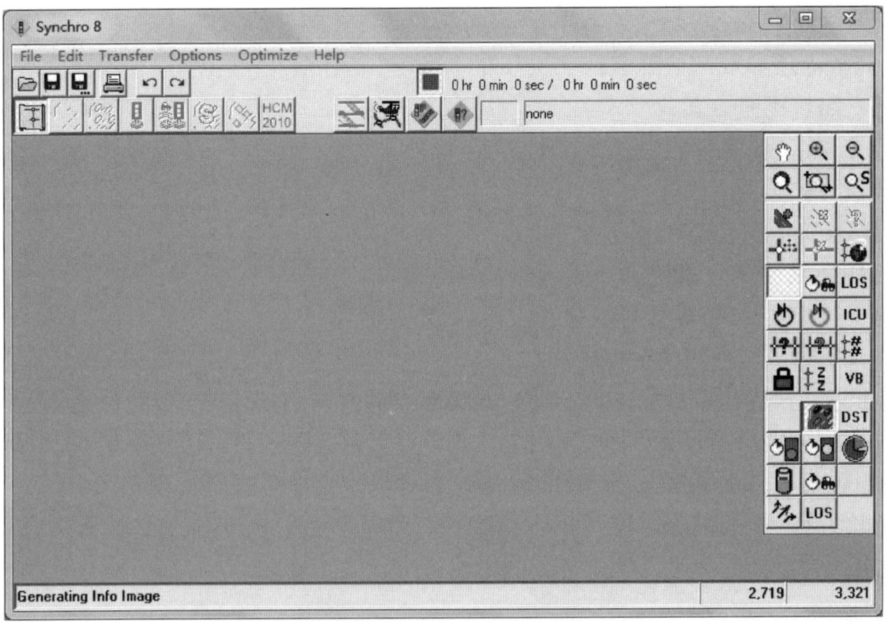

图 10-3　Synchro 软件的窗口操作接口图

虽然 Synchro 软件所依据的 HCM 标准中的参数是根据美国的情况（如汽车性能、驾驶员的行为习惯、交通法规等）设定的，并且没有计入非机动车对交通的影响，故不能较准确地模拟中国交通状况，计算得出的某些结果（如延误时间、服务水平、废气排放等）可能有误差，但是作为方案比较的相对参数，还是具有很高的参考价值，信号配时也应该是合理的。

1. 技术参数

设计所需要的主要数据有：

① 路口地面渠化；

② 各方向相位上的交通流量；

③ 车道宽度；

④ 车道坡度；
⑤ 地区类型（CBD 或其他）；
⑥ 路边停车区长度；
⑦ 路边停车区车道数；
⑧ 转弯速度；
⑨ 每小时每方向行人数量；
⑩ 每小时公共汽车数量；
⑪ 重型车辆比例；
⑫ 是否设置右转控制相位；
⑬ 车辆行驶速度。

以上要求指标为基本要求指标，需要路口直接考查确定的数据，此外还包括设计时设计者所要求的一些技术指标（如最短绿灯时间、黄灯时间、全红时间等）。

2. 主要目标参数

设计完成后所形成的数据有：
① 单一路口配时方案；
② 线控道路路口配时方案及相位差；
③ 车辆行驶延误时间；
④ 路口配时设计方案的服务水平；
⑤ 燃料（汽油等）消耗量；
⑥ 尾气（CO、NO_x 等）排放量；
⑦ 路口配时方案使用情况电子演示。

以上目标参数为基本目标参数，设计方案形成的报告有 16 个，其他包括车道现状设计参数报告、流量现状设计参数报告、相位现状设计参数报告、设计方案车辆排队报告、配时设计方案报告、服务水平报告、路网使用效率报告等。由于美国交通现状和中国交通现状的差别，因此设计产生的部分数据及报告（如人行灯的设置、汽车尾气排放等数据）与实际情况存在出入，设计时应考虑到这部分的影响，进行人工修整。

10.3.2 软件应用

1. Synchro 8.0 最新应用

（1）路网编辑

Synchro 软件可提供两种构建新路网的方法：① 手绘路网图；② 插入 DXF、SHP、SID、JPG、JPEG、BMP 格式的文件图像作为背景图像。如图 10-4 所示。

（2）节点设置

配时设置窗口的左侧以黄色显示的是节点设置，它可以更新数据，诸如节点数目、地区名称、交叉口的协调性、描述节点和信号配时数据。如图 10-5 所示。

（3）车道设置

在车道窗口中可输入相应的车道数据（如车道配置、车道宽、坡度、理想饱和流率等），可配合各项调整系数进行计算，便于使用者从事输入数据的查核。如图 10-6 所示。

图 10-4　Synchro 路网编辑图

图 10-5　节点设置输入窗口

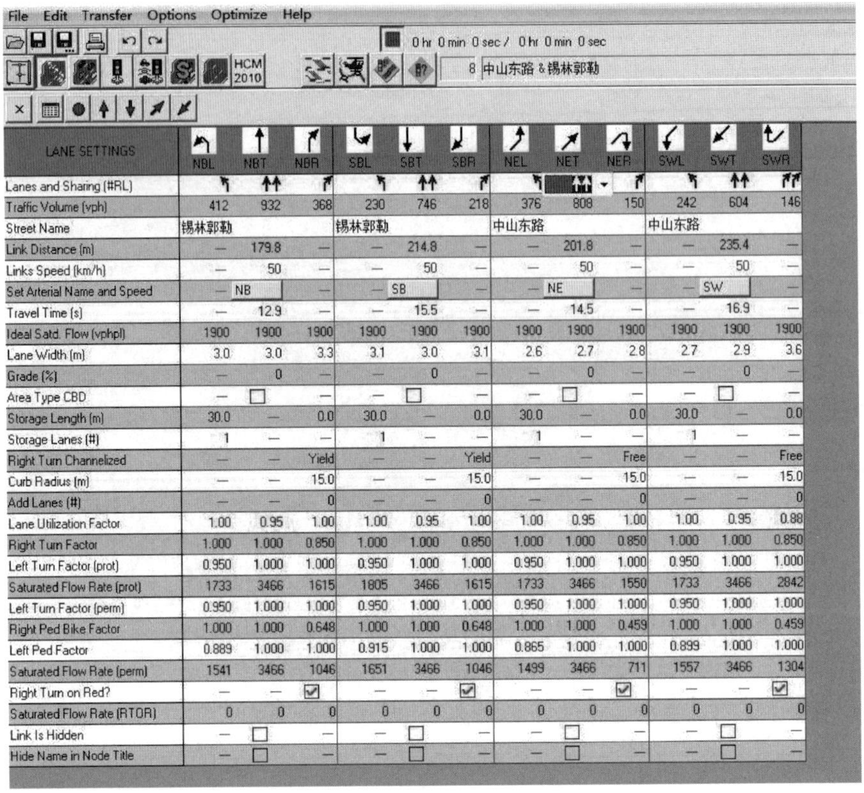

LANE SETTINGS	NBL	NBT	NBR	SBL	SBT	SBR	NEL	NET	NER	SWL	SWT	SWR
Lanes and Sharing (#RL)												
Traffic Volume (vph)	412	932	368	230	746	218	376	808	150	242	604	146
Street Name	锡林郭勒			锡林郭勒			中山东路			中山东路		
Link Distance (m)	—	179.8	—	—	214.8	—	—	201.8	—	—	235.4	—
Links Speed (km/h)	—	50	—	—	50	—	—	50	—	—	50	—
Set Arterial Name and Speed	—	NB	—	—	SB	—	—	NE	—	—	SW	—
Travel Time (s)	—	12.9	—	—	15.5	—	—	14.5	—	—	16.9	—
Ideal Satd. Flow (vphpl)	1900	1900	1900	1900	1900	1900	1900	1900	1900	1900	1900	1900
Lane Width (m)	3.0	3.0	3.3	3.1	3.0	3.1	2.6	2.7	2.8	2.7	2.9	3.6
Grade (%)	—	0	—	—	0	—	—	0	—	—	0	—
Area Type CBD	—	☐	—	—	☐	—	—	☐	—	—	☐	—
Storage Length (m)	30.0	—	0.0	30.0	—	0.0	30.0	—	0.0	30.0	—	0.0
Storage Lanes (#)	1	—	—	1	—	—	1	—	—	1	—	—
Right Turn Channelized	—	—	Yield	—	—	Yield	—	—	Free	—	—	Free
Curb Radius (m)	—	—	15.0	—	—	15.0	—	—	15.0	—	—	15.0
Add Lanes (#)	—	—	0	—	—	0	—	—	0	—	—	0
Lane Utilization Factor	1.00	0.95	1.00	1.00	0.95	1.00	1.00	0.95	1.00	1.00	0.95	0.88
Right Turn Factor	1.000	1.000	0.850	1.000	1.000	0.850	1.000	1.000	0.850	1.000	1.000	0.850
Left Turn Factor (prot)	0.950	1.000	1.000	0.950	1.000	1.000	0.950	1.000	1.000	0.950	1.000	1.000
Saturated Flow Rate (prot)	1733	3466	1615	1805	3466	1615	1733	3466	1550	1733	3466	2842
Left Turn Factor (perm)	0.950	1.000	1.000	0.950	1.000	1.000	0.950	1.000	1.000	0.950	1.000	1.000
Right Ped Bike Factor	1.000	1.000	0.648	1.000	1.000	0.648	1.000	1.000	0.459	1.000	1.000	0.459
Left Ped Factor	0.889	1.000	1.000	0.915	1.000	1.000	0.865	1.000	1.000	0.899	1.000	1.000
Saturated Flow Rate (perm)	1541	3466	1046	1651	3466	1046	1499	3466	711	1557	3466	1304
Right Turn on Red?	—	—	☑	—	—	☑	—	—	☑	—	—	☑
Saturated Flow Rate (RTOR)	0	0	0	0	0	0	0	0	0	0	0	0
Link Is Hidden	—	☐	—	—	☐	—	—	☐	—	—	☐	—
Hide Name in Node Title	—	☐	—	—	☐	—	—	☐	—	—	☐	—

图 10-6　车道设置输入窗口

（4）流量设置

在流量窗口中可输入相应的交通流量数据，Synchro 的流量数据输入表如图 10-7 所示。其中的冲突行人流量、重车比率、公交车靠站阻塞数、路边停车管制等项目可依据各路段之交通流量属性作弹性的设定；而相关的调整因子，即包含尖峰小时系数、成长因子、路段中途流量、平衡流量、调整后流量等；可使路网从事分析时，更能表达出路网中之实际车流运行状况。

（5）配时设置

路口信号配时操作窗口即供设定路口配时计划的操作接口（见图 10-8），经由此窗口可显示出路网的各项控制绩效值。信号配时窗口的左侧画面可作为设置配时计划与显示控制结果之用，其中包括：相位编辑、控制型态、现行周期长度、触动控制周期、自然周期长度及锁定之配时等。信号配时窗口的右侧画面则可供配时计划相关数据的输入，其中包括：转向型态、最小绿灯时间、最小时比、所允许之早开或迟闭优化、相位跳跃控制、延滞值、服务水平、等候车队长度、车队续进因子、等候车队惩罚值、耗油使用量、犹豫区间的车辆数等。

（6）相位设置

相位操作窗口即用以显示路口相位内容，并可检视路口的相位设置是否正确，如图 10-9 所示。依据 Synchro 软件计算的百分比延滞，可针对 90%、70%、50%、30%、10%这 5 种不同的流量比例获得与之所对应的周期长度；此外，可对使用者输入的现行配时计划的设置正确性进行分析判断。相位操作窗口所输入的相关数据项包括：最小起始值、最小时比、最大时比、黄灯时间、全红时间、早开/迟闭、触动控制的车辆延长绿灯时间、最小间距、减少时距的前置时间、减少时距的剩余时间、行人时相、行人步行时间、行人闪绿清道时间、行人触动按钮等。

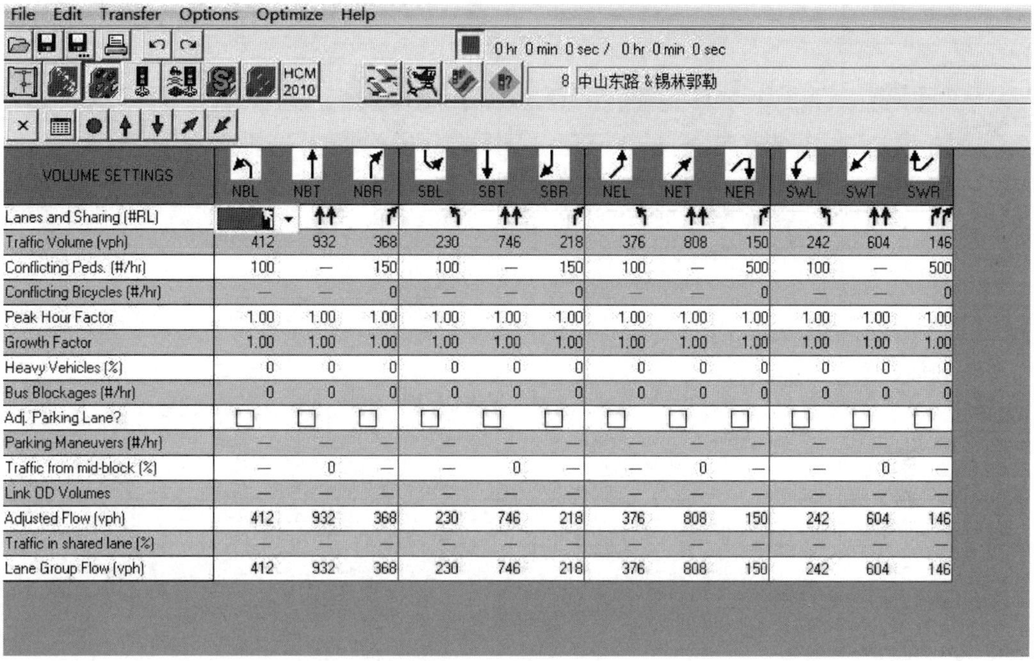

图 10-7　流量设置输入窗口

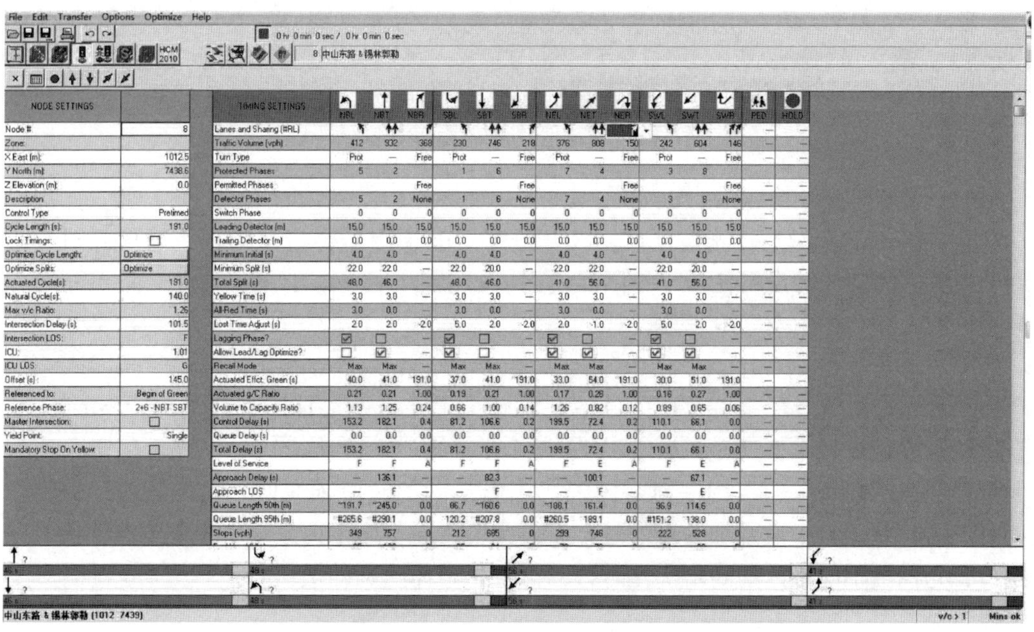

图 10-8　信号配时操作窗口

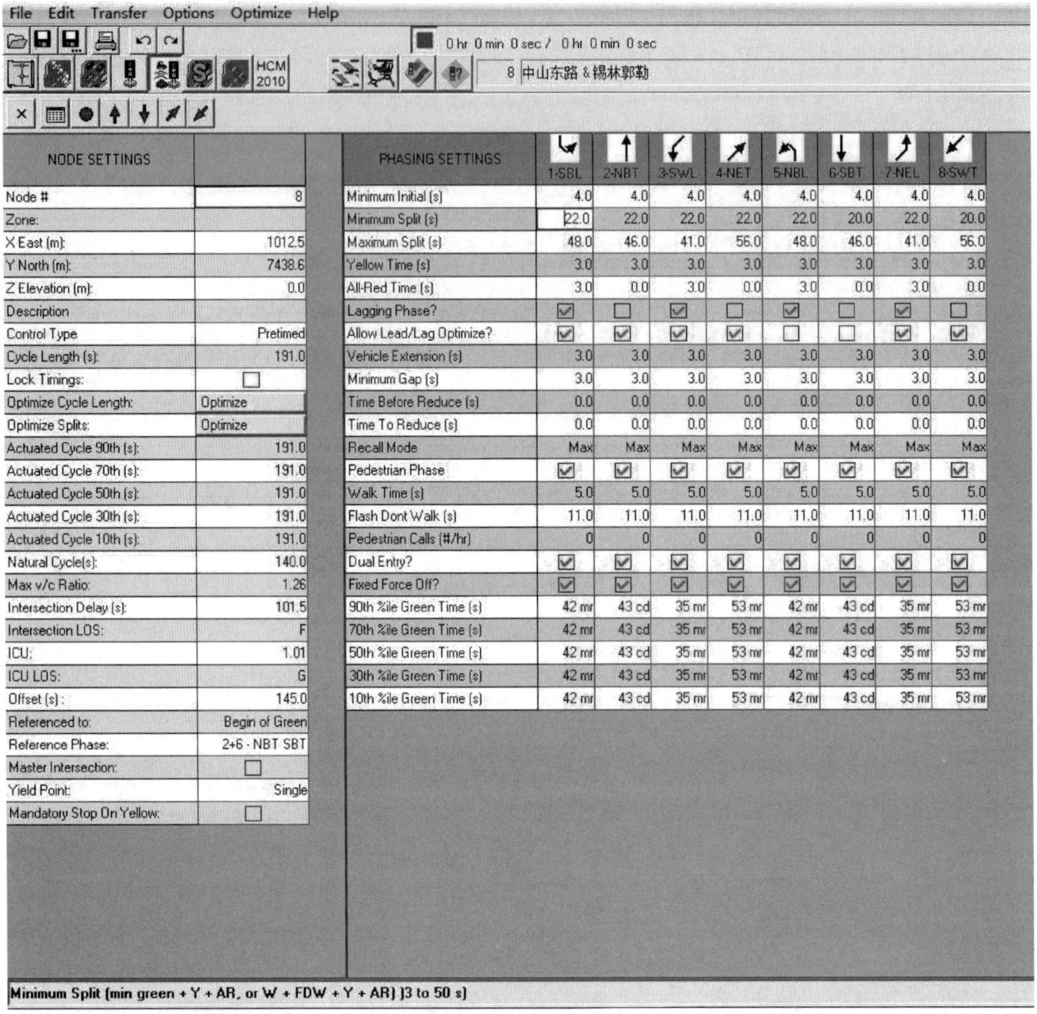

图 10-9　信号相位操作窗口

（7）检测器设置

Synchro 8.0 有稳健的检测模型，在次要道路上的检测器会与检测相位通信并对其进行扩展。检测器的功能被设定在位于检测器模型中的检测设备里。仅有一个相位的数字可作为检测相位的参数。如图 10-10 所示。

（8）优化配时计划程序

在最大绿灯带宽及最小负效用条件下，求解干道系统的最佳配时计划时，Synchro 将时差分析纳入求解模式中，这是以往模式发展所没有的。干道系统的时差分析位于干道系统内，在周期范围内每 1～4 s 为一时差间隔，算出不同的对应延滞值，再以其中的最小延滞值所对应的时差作为干道系统的最佳时差。由此可将由不同干道系统所组成的路网及其中各个路口，先找出不同干道的同步优化时差，再求得整体路网的最佳时差。

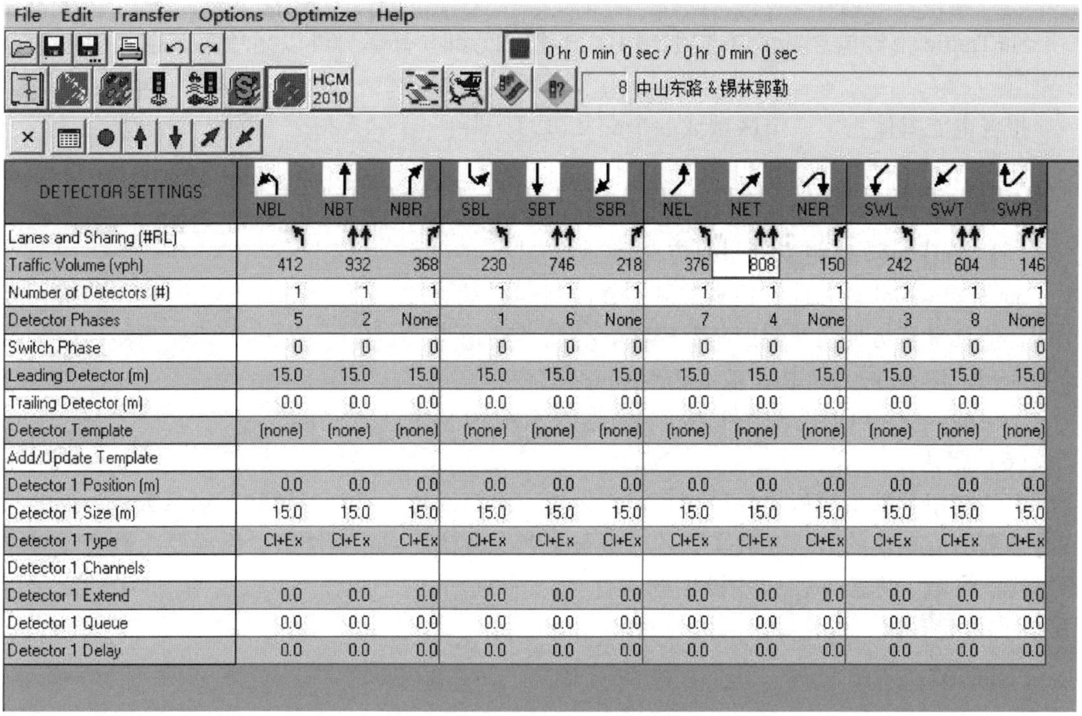

DETECTOR SETTINGS	NBL	NBT	NBR	SBL	SBT	SBR	NEL	NET	NER	SWL	SWT	SWR
Lanes and Sharing (#RL)												
Traffic Volume (vph)	412	932	368	230	746	218	376	808	150	242	604	146
Number of Detectors (#)	1	1	1	1	1	1	1	1	1	1	1	1
Detector Phases	5	2	None	1	6	None	7	4	None	3	8	None
Switch Phase	0	0	0	0	0	0	0	0	0	0	0	0
Leading Detector (m)	15.0	15.0	15.0	15.0	15.0	15.0	15.0	15.0	15.0	15.0	15.0	15.0
Trailing Detector (m)	0.0	0.0	0.0	0.0	0.0	0.0	0.0	0.0	0.0	0.0	0.0	0.0
Detector Template	(none)	(none)	(none)	(none)	(none)	(none)	(none)	(none)	(none)	(none)	(none)	(none)
Add/Update Template												
Detector 1 Position (m)	0.0	0.0	0.0	0.0	0.0	0.0	0.0	0.0	0.0	0.0	0.0	0.0
Detector 1 Size (m)	15.0	15.0	15.0	15.0	15.0	15.0	15.0	15.0	15.0	15.0	15.0	15.0
Detector 1 Type	Cl+Ex	Cl+Ex	Cl+Ex	Cl+Ex	Cl+Ex	Cl+Ex	Cl+Ex	Cl+Ex	Cl+Ex	Cl+Ex	Cl+Ex	Cl+Ex
Detector 1 Channels												
Detector 1 Extend	0.0	0.0	0.0	0.0	0.0	0.0	0.0	0.0	0.0	0.0	0.0	0.0
Detector 1 Queue	0.0	0.0	0.0	0.0	0.0	0.0	0.0	0.0	0.0	0.0	0.0	0.0
Detector 1 Delay	0.0	0.0	0.0	0.0	0.0	0.0	0.0	0.0	0.0	0.0	0.0	0.0

图 10-10 检测器设置输入窗口

配时优化的求解方法针对主控路口与相邻路口所求出的不同方案延滞值及时差值进行分析比较；再考虑干道的合理绿灯带宽，并依此与路网中各相邻路口进行分析比较，然后扩大至路网中的各个路口，以求解出干道绿灯带宽最大化及负效用最小化时的最佳时差。

（9）搭配 SimTraffic 可作交通模拟展示

Trafficware 公司为求增强 Synchro 的功能，配合设计了一套实时性交通仿真程序 SimTraffic，此程序以微观方式展示现实世界的交通运作状况。用户利用 Synchro 所提供的上述功能将一特定路网构建并编辑后，即可立即执行 SimTraffic，并以此观察该路网的交通运作状况。当执行交通仿真时，SimTraffic 软件会先开始一段初始化及加载的过程，待其完成后，便可依所选择的仿真速度进行交通仿真展示，并可选择观看单一车辆的模拟运行状况或整个路网的模拟绩效值。此部分交通模拟的车辆运行特性及其驾驶行为均依据美国联邦公路局所提供的参数资料加以拟定。

2. SimTraffic 新增功能

（1）提高几何形状和仿真的选择性

SimTraffic 在几何形状和仿真选择上添加了更复杂的内容，SimTraffic 新功能包括：设置中央绿信比带的宽度；创建一个错位交叉口；设置两方向上的左转车道；添加最大臂长的信号灯杆；选择 3D 视图的按钮，即以 3D 的形式来展示仿真效果。

（2）检测器的选择

SimTraffic 包含更详细的检测模型，包括在指定位置放置检测器和检测器的选择（如延迟时间、排队时间和延伸时间）的功能。

（3）新报告的选择

SimTraffic 报告包含新车道选项，用来设置密度和占有率。可以是单个车道，但不能是车道组。

报告也能具体指定一个区域或一个交叉口。

（4）燃料消耗和尾气排放测算

SimTraffic 8.0 包含了燃料消耗和尾气排放模块。

（5）SimTraffic 控制器界面的仿真

SimTraffic 8.0 具有能够仿真控制器界面（CI）装置的功能。SimTrafficCI 与 CI 装置相互作用，仿真带有仿真交通的控制器操作。检测器的请求通过 CI 装置传送到控制器，控制器的当前相位信息通过 CI 装置被传送到 CI 装置。

SimTrafficCI 与 CI 装置软件之间的数据以每秒 10 次的速度进行传送。

（6）默认设置

默认按钮和默认模板文件包含在报告设置、地图设置、驾驶参数和车辆参数里。默认按钮将装载所有车辆的默认参数。默认模板被装载在默认的 sim 文件里。如果要为装置设置一个标准的参数，则需保存这些设置的文件到默认的 sim 文件里，sim 文件和 SimTraffic 里的 exe 文件放置在同一位置。

3. 新 3DViewer

SimTraffic 可创建 3D 文件，此文件可在 Trafficware 公司的 3D 播放器里观看。一个 3D 环境下 SimTraffic 里的播放器包含 3 个主要的模式：scene、ride、track。在 3D 视图窗口里能够创建景观以加强默认背景的效果。

（1）创建一个数字视频

在 3D 播放器里能够创建 AVI 格式的数字视频，数字视频可被复制到其他计算机里观看，即使在计算机里没有安装 3D 视图器也可观看。

3D 播放器创建数字视频是基于“Tours”，Tours 能够作为数字视频的输入口。

（2）添加建筑物和风景

在 3D 视图窗口里，用户可以添加建筑物和风景，创建具有真实感的仿真模型。在视图里靠近模型的位置处添加建筑物、树木或者其他模型，可以从模型列表里选择模型。

4. 新 Warrants 8.0

Warrants 8.0 是用来分析交通信号 Warrants 的工具。Trafficware Warrants 8.0 主要用于在单个文件里存储多个交叉口，还可快速地查看到其他研究区域的交叉口情况。

Warrants 8.0 与 Synchro 相互作用。如果用户在 Synchro 里创建了一个模型，则这个模型的交叉口数据可被很快地传送到 Warrants 里。同样，Warrants 里的交通流数据也可被传送到 Synchro 里（用户定义时段）。如图 10-11 所示。

在 Warrants 8.0 里可以创建一份包含所有交叉口的专业报告，且可以从报告预览屏里复制相关内容到其他应用程序里，如 Word 程序。

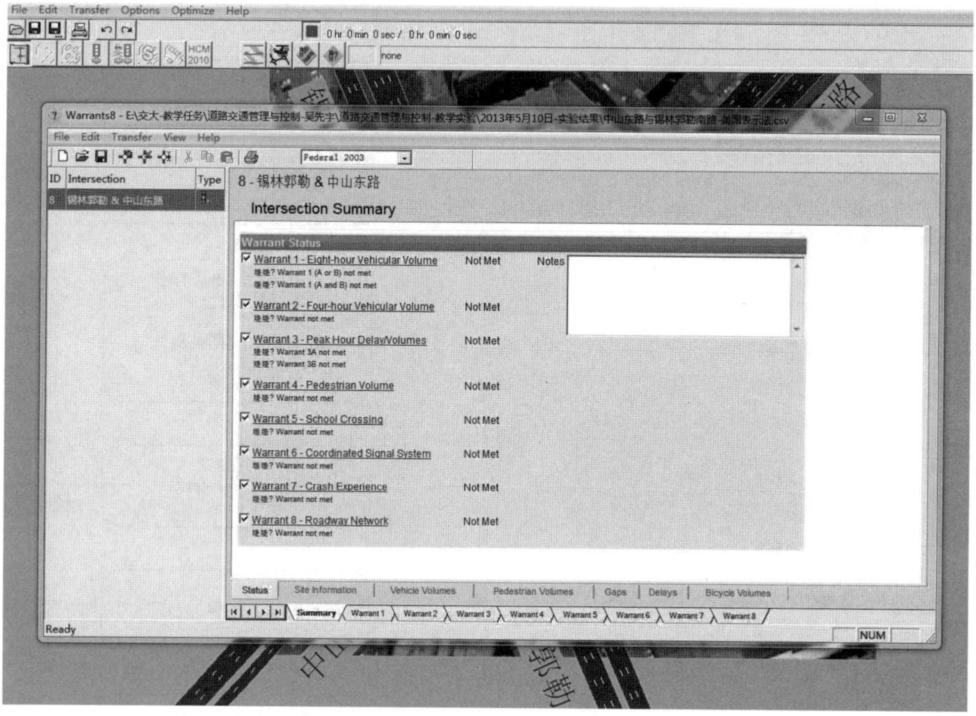

图 10-11　Warrants 8.0 布置图

10.4　Vissim 微观交通仿真软件简介

10.4.1　微观交通仿真概述

交通系统仿真是采用系统仿真技术来研究交通行为的过程，根据 Wilhiem Leutzbach 和 Rainer Wiedemann 的定义，交通仿真是使用数学模型，来重现交通流时间、空间变化的技术。从交通系统仿真所采用的技术手段及所具备的本质特征来看，交通系统仿真是一门在计算机上进行交通实验的技术方法。交通仿真是基于描述交通运输系统在一定时间内实时运动的数学模型建立的，因此具有随机特性。目前，交通仿真技术已被应用到交通规划、设计和运营管理的各个方面，成为交通工程领域不可或缺的分析工具。

微观交通系统仿真也是再现交通流运行规律，对交通系统进行管理、控制和优化的重要实验手段和工具。它可以对现实世界中尚未得到实施的交通组织方案进行事先模拟，也可以对已经实施的方案或技术提出优化建议；其优势是可以在不对现实交通系统产生任何干扰的情况下进行多种系统方案的检验，进而引导有效的交通系统规划、设计与运营管理。微观交通仿真的工作过程一般遵循以下 7 个步骤（见图 10-12）：

① 明确研究目标、研究范围和研究方法；

② 数据收集准备工作和样本结构设计；

③ 基础模型建立；

④ 错误检查；

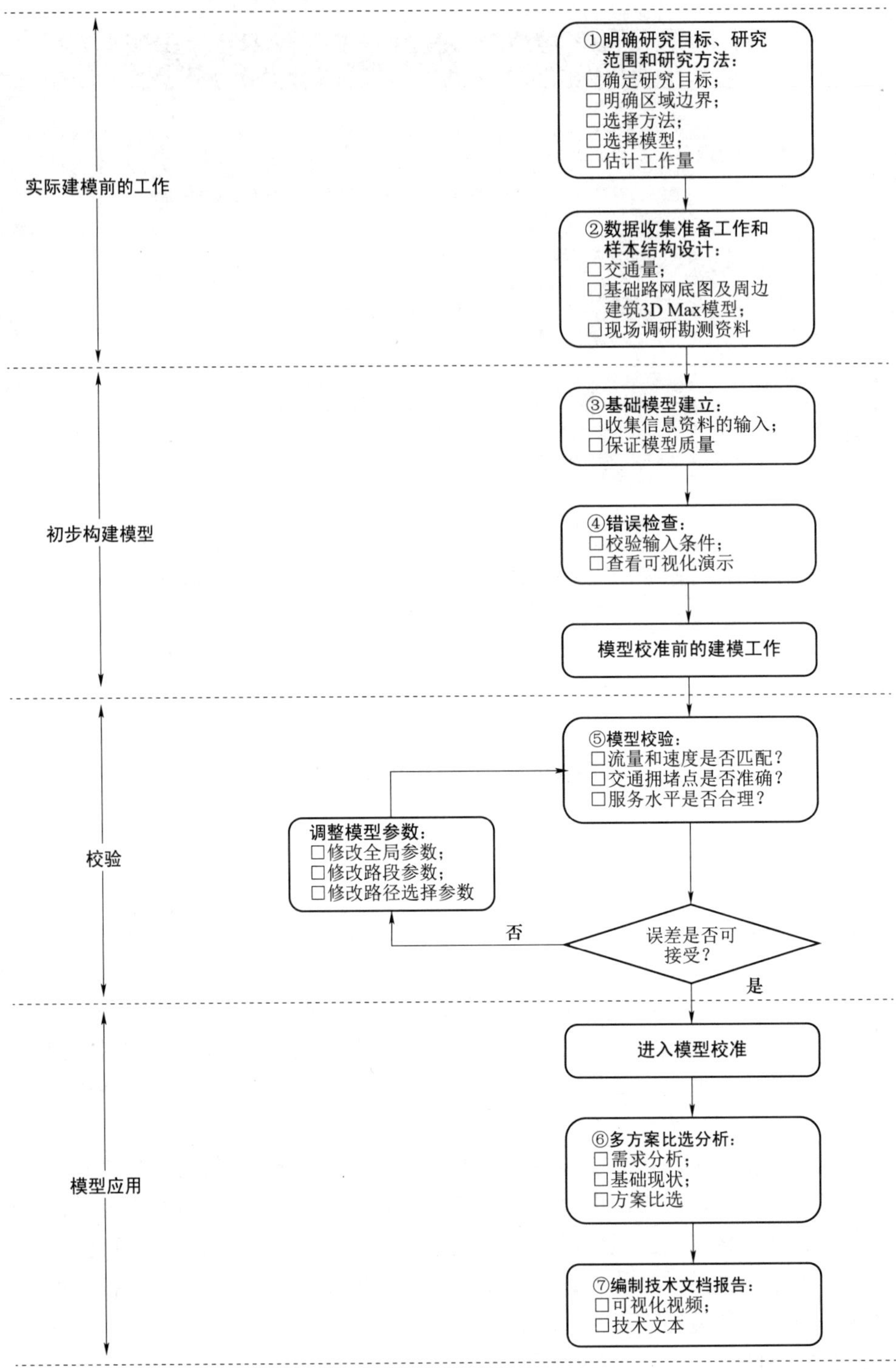

图 10-12 微观交通仿真的工作过程

⑤ 模型校验；

⑥ 多方案比选分析；

⑦ 编制技术文档报告。

下面将基于 PTV-VISSIM 9.0 版本进行微观交通仿真的介绍。

10.4.2　软件简介

1. VISSIM 概述

VISSIM 是一种微观、时间驱动、基于驾驶行为的仿真模型工具，用以建模和分析各种交通条件下（车道放置、交通构成、交通信号、公共站点等）城市交通和公共交通的运行状况，是评价交通工程设计和城市规划方案的有效工具。图 10-13 为利用 VISSIM 进行城市道路交叉口交通微观仿真工作流程图。

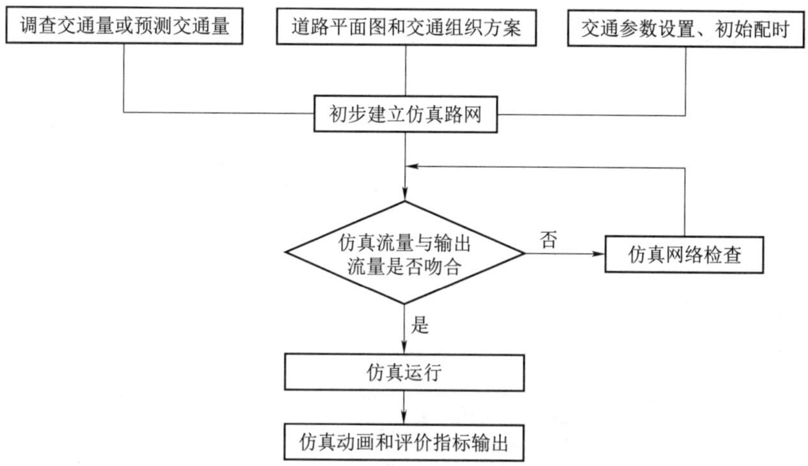

图 10-13　基于 VISSIM 城市道路交叉口微观仿真工作流程图

VISSIM 的主要应用包括以下几方面。

① 公交优先信号控制逻辑的设计与评价；

② 除内建的定时信号控制模块外，还能够应用 VAP、TEAPAC、VS-PLUS 等感应信号控制模块；

③ 在同时应用协调信号控制和感应信号控制的路网中，评价和优化（通过与 Signa197/TEAPAC 的接口）交通运行状况；

④ 城市道路网中轻轨建设项目的可行性及其影响评价；

⑤ 交织区交通分析；

⑥ 交通设计方案的对比分析；

⑦ 复杂布局轻轨和公共汽车站点的交通影响分析；

⑧ 公交优先方案的评价；

⑨ 使用内建动态交通分配模型，解决行驶路径选择的相关问题。

VISSIM 系统由车辆生成模型、路网描述模型、交通规则模型、信号灯控模型、车辆行驶行为模型、路径选择模型和交叉口模型组成。

① 车辆生成模型。车辆生成模型通过车辆的输入来实现，是仿真的第一步。模型按照一定的车头时距概率分布规律，随机、不断地在车源处产生新的车辆。描述这种随机性分布规律的工具有两种，离散型分布函数和连续型分布函数，如二项分布、泊松分布、韦布尔分布等。

② 路网描述模型。路网描述模型用来表达道路的几何条件。在微观交通仿真中，一般用节点、车道、路段这 3 个不同层级结构来完成路网描述。

③ 交通规则模型。交通规则是对驾驶员驾驶行为的一种约束。在微观交通仿真模型中，往往要设置与实际相符的交通规则参数，如分车道行驶、车道优先规则，使模型更加逼真。

④ 信号灯控模型。信号灯控模型是通过信号控制机、信号灯组和信号灯来描述交通信号控制策略的模型，是对绿信比、相位差和信号配时周期等信号参数的优化。

⑤ 车辆行驶行为模型。车辆行驶行为主要分为跟驰行为和换道行为。跟驰模型用来描述车辆在无法超车的前提下而采取交通心理学的跟驰行为，换道模型用来描述车辆由于速度改变或道路形式条件的限制而采取变更车道的行为。

⑥ 路径选择模型。路径选择模型是基于实际的路况信息而采取的最短路线模型。在 VISSIM 中，路线分为固定路线和可变路线，在动态路径选择过程中，车辆在每一个交叉口处都会根据控制形式选择行驶路线。

⑦ 交叉口模型。车辆在交叉口处受相交道路车辆和交通控制双重约束，其行驶状态不同于一般路段，表现为停车—启动状态。交叉口模型包括车辆到达模型、车道选择模型和车辆驶离模型。

2. VISSIM 操作界面

VISSIM 的操作界面如图 10-14 所示。

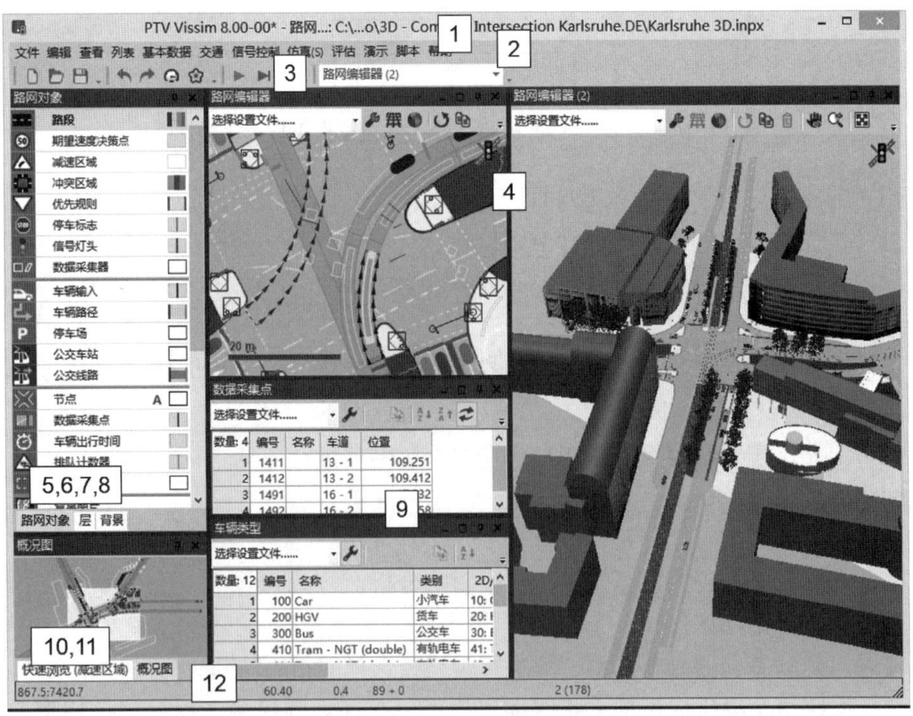

图 10-14 VISSIM 的操作界面

VISSIM 的操作界面划分为以下几个区域：标题栏、菜单栏、工具栏、路网编辑器、路网对象栏、层栏、背景栏、项目浏览器、列表、快速浏览、概况图、状态栏。

10.4.3　软件应用

以城市道路交叉口优化改造工作中的预设交通组织方案（包含时间维度的信号配时和空间维度的道路渠化等）为例，对 VISSIM 交通仿真软件的应用进行介绍。

1. 导入底图

分别导入各方案 CAD 几何渠化图作为底图，底图信息包括交叉口形式、各道路交角、宽度及附属设施等，如图 10-15 所示，并通过“背景-编辑”选项合理设置比例。

图 10-15　VISSIM 底图

2. 建立路网模型

按照实际方案渠化图，建立交叉口路网模型，路网模型中的车道数、车道功能、路段起点终点必须与实际一致。创建机动车道、非机动车道、行人面域和连接器分别如图 10-16～图 10-19 所示，最终路网模型如图 10-20 所示。

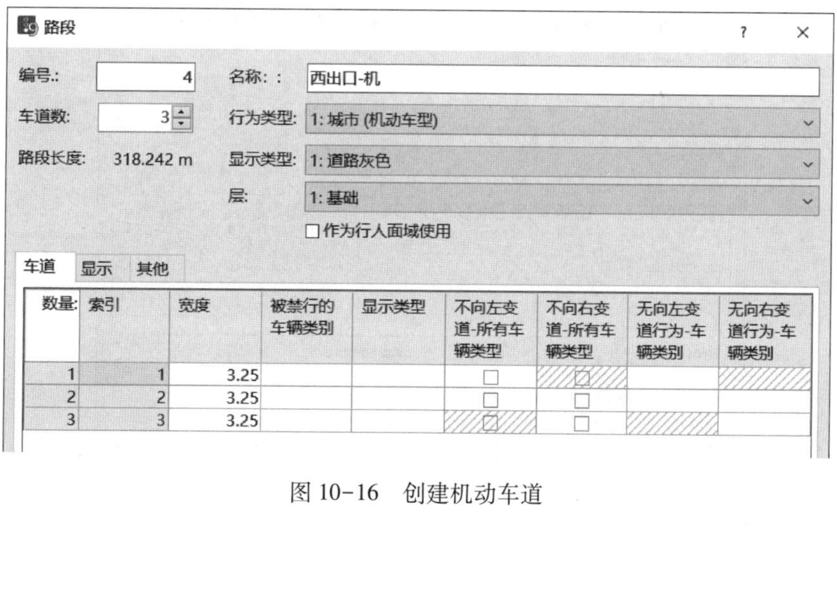

图 10-16　创建机动车道

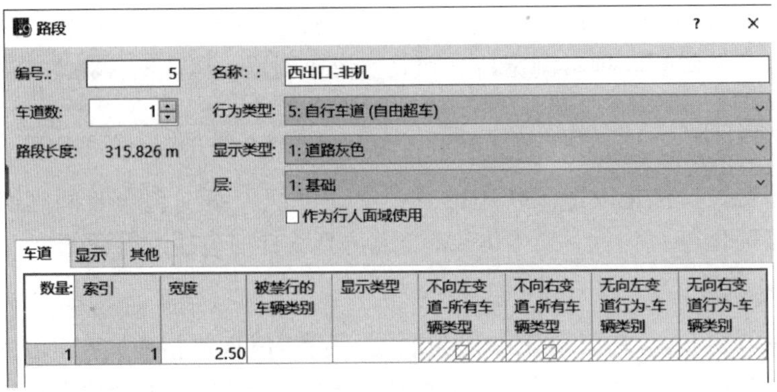

图 10-17 创建非机动车道

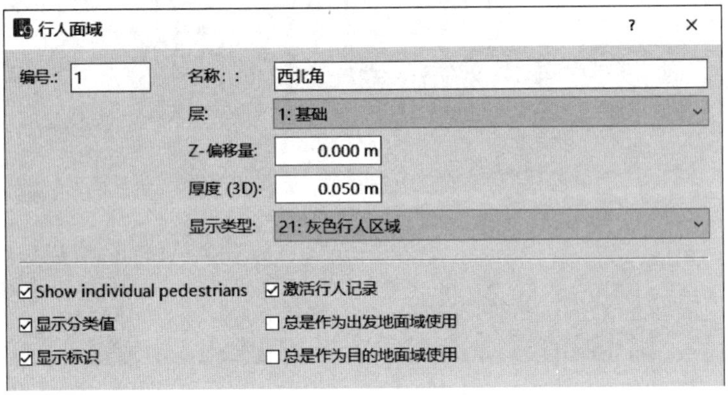

图 10-18 创建行人面域

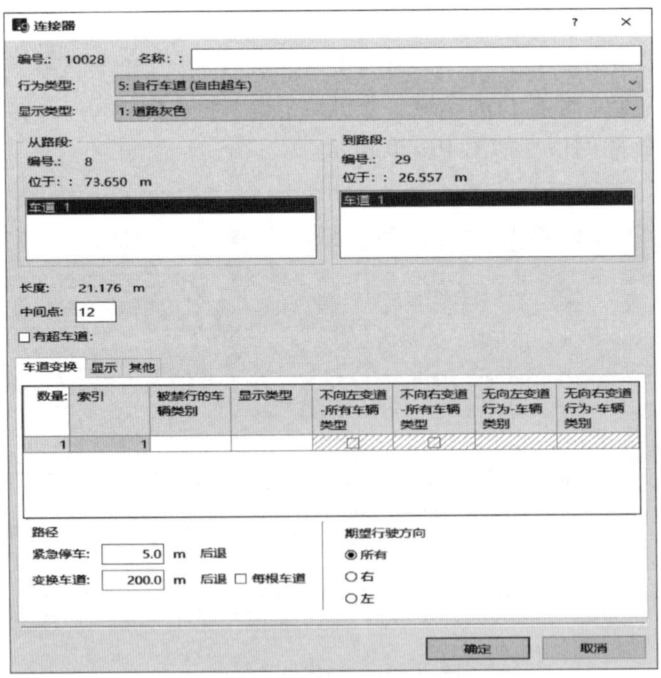

图 10-19 创建连接器

图 10-20　路网模型

3. 设置基础数据

结合交叉口的实际情况，对机动车和非机动车车速及行人速度分布进行定义，如图 10-21～图 10-23 所示，最终驾驶行为模型如图 10-24 所示。

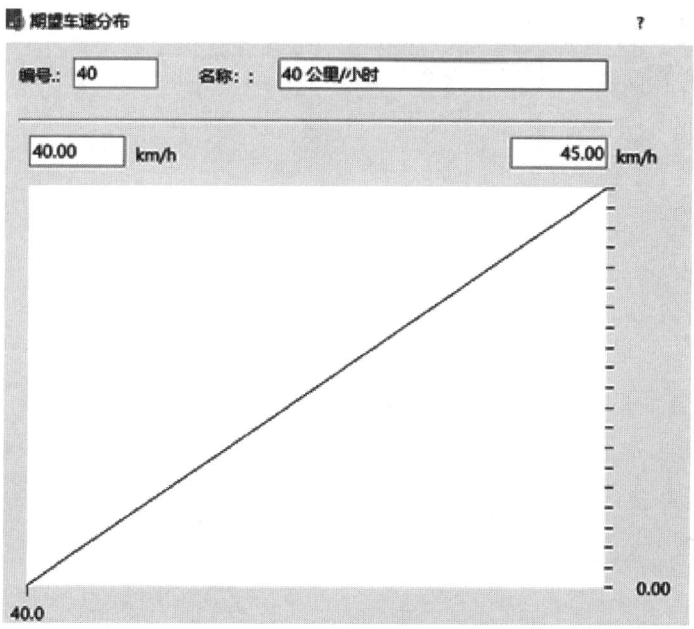

图 10-21　主路期望速度定义

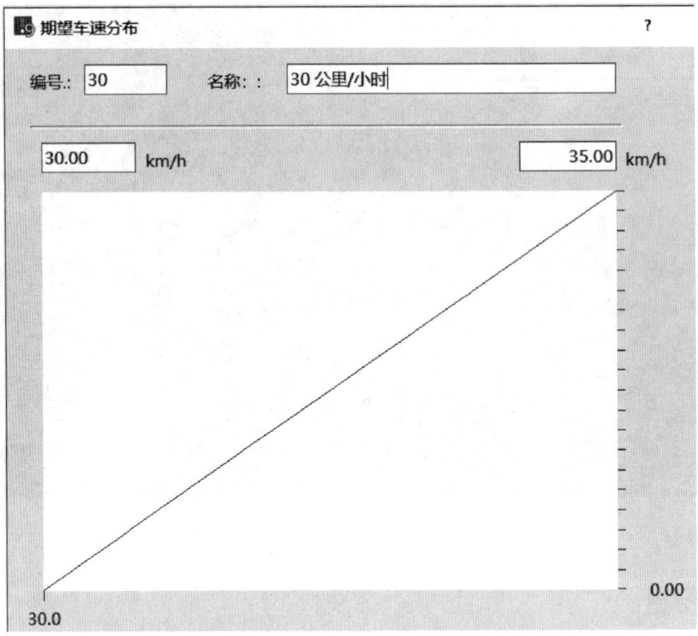

图 10-22　支路期望速度定义

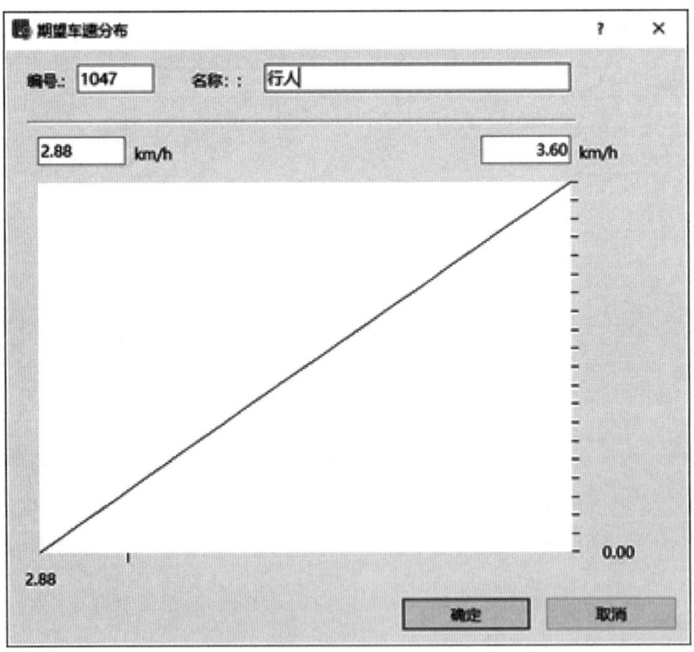

图 10-23　行人期望速度定义

图 10-24　驾驶行为模型

4. 车辆输入及路径分配

根据各条道路实际交通量及流量分配，输入交通量，并设置对应的车辆构成等，进行路径分配，如图 10-25～图 10-28 所示。

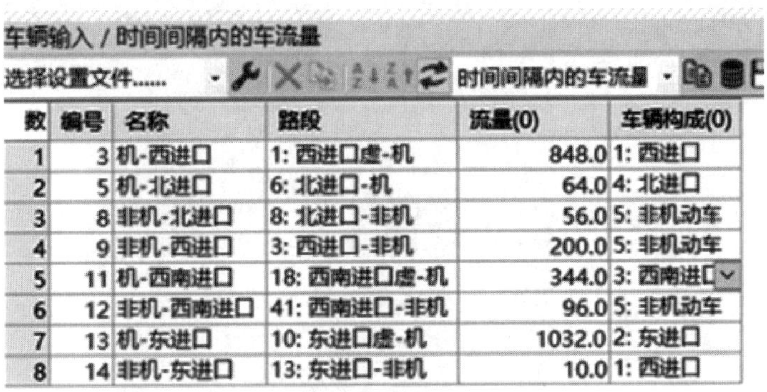

车辆输入 / 时间间隔内的车流量

选择设置文件……　时间间隔内的车流量

数	编号	名称	路段	流量(0)	车辆构成(0)
1	3	机-西进口	1: 西进口虚-机	848.0	1: 西进口
2	5	机-北进口	6: 北进口-机	64.0	4: 北进口
3	8	非机-北进口	8: 北进口-非机	56.0	5: 非机动车
4	9	非机-西进口	3: 西进口-非机	200.0	5: 非机动车
5	11	机-西南进口	18: 西南进口虚-机	344.0	3: 西南进口
6	12	非机-西南进口	41: 西南进口-非机	96.0	5: 非机动车
7	13	机-东进口	10: 东进口虚-机	1032.0	2: 东进口
8	14	非机-东进口	13: 东进口-非机	10.0	1: 西进口

图 10-25　流量输入图

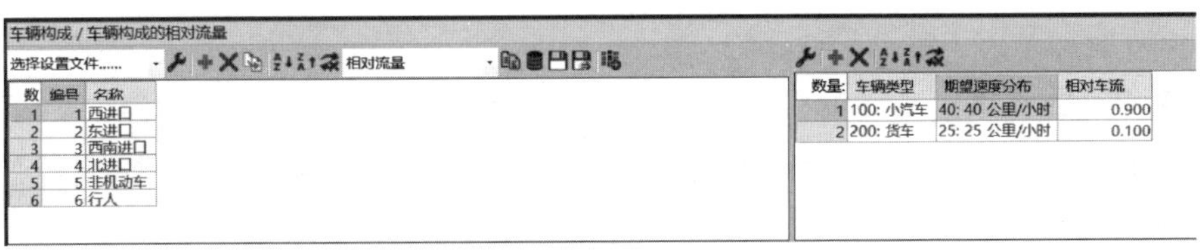

车辆构成 / 车辆构成的相对流量

选择设置文件……　相对流量

数	编号	名称
1	1	西进口
2	2	东进口
3	3	西南进口
4	4	北进口
5	5	非机动车
6	6	行人

数量	车辆类型	期望速度分布	相对车流
1	100: 小汽车	40: 40 公里/小时	0.900
2	200: 货车	25: 25 公里/小时	0.100

图 10-26　机动车车辆构成的相对车流

车辆构成 / 车辆构成的相对流量

选择设置文件……　相对流量

数	编号	名称
1	1	西进口
2	2	东进口
3	3	西南进口
4	4	北进口
5	5	非机动车
6	6	行人

数量	车辆类型	期望速度分布	相对车流
1	610: Bike M	12: 12 km/h	1.000
2	620: Bike W	12: 12 km/h	1.000

图 10-27　非机动车车辆构成和相对车流

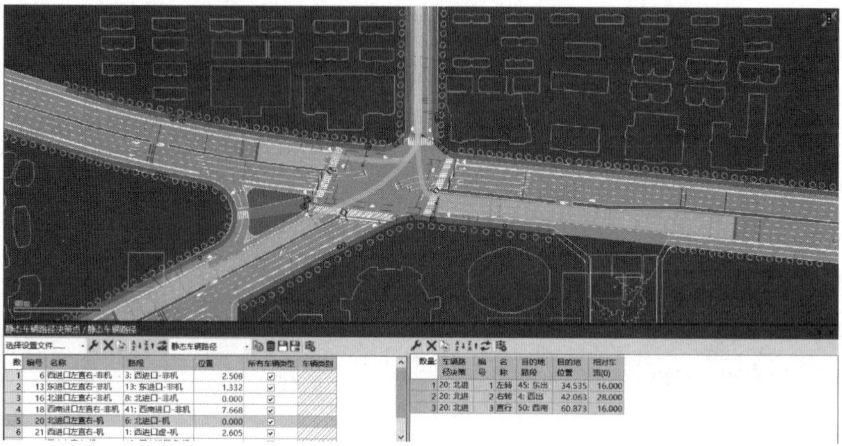

图 10-28 路径分配图

5. 信号配时

将 Synchro 的配时结果导入 VISSIM 中，如图 10-29 所示。

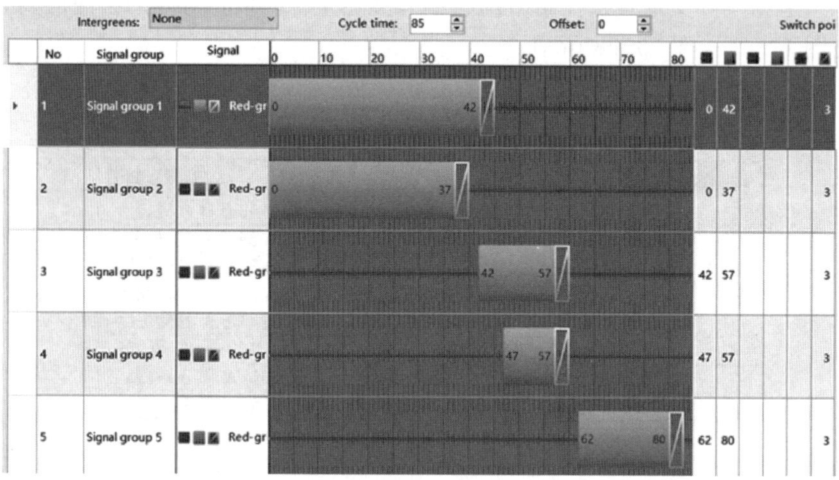

图 10-29 信号配时

6. 设置冲突区域集

由于交通冲突点需设置冲突区域集，以明确出现交通冲突情况下的让行规则，如图 10-30 所示。

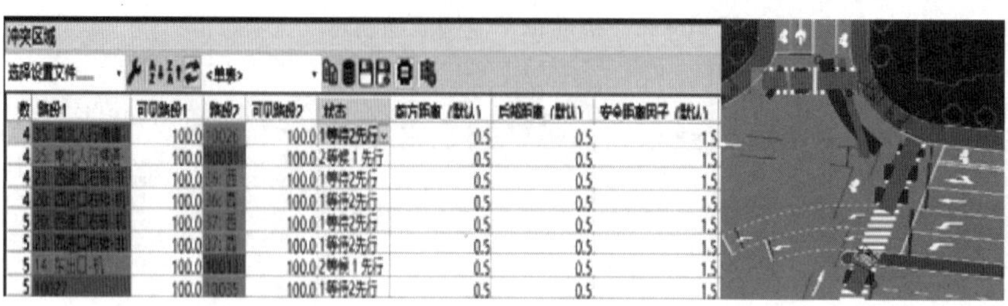

图 10-30 设置冲突区集域

7. 设置路口交通参数检测器

输出交通参数是仿真的一项关键任务，因此需要在各路口设置参数检测器，如图 10-31～图 10-33 所示，主要检测停车次数、延误、数据采集点等。

排队计数器

选择设置文件......

数	编号	名称	路段	位置
1	1	西进口左转排队-机	46: 西进口左转-机	68.171
2	2	西进口直行排队-机	2: 西进口双直-机	67.596
3	5	东进口直直右排队-机	11: 东进口直右-机	40.340
4	6	北进口左直右排队-机	6: 北进口-机	72.763
5	7	东进口左左排队-机	22: 东进口左左	42.649
6	8	西南进口直左排队-机	16: 西南进口左转-	57.016

图 10-31 排队计数器

延误测量

选择设置文件......

数	编号	名称	车辆出行时间的测量
1	1	西进口	1,2,3
2	2	东进口	7,8,9
3	3	西南进口	4,5,6
4	4	北进口	10,11,12
5	5	交叉口	1,2,3,4,5,6,7,8,9,10,

图 10-32 延误测量

数据采集点

选择设置文件...... <单

数	编号	名称	车道	位置
1	1	西进口左转-机	46 - 1	23.746
2	2	西进口直行2-机	2 - 2	24.404
3	3	西进口直行1-机	2 - 1	24.410
4	4	西进口右转-机	20 - 1	3.247
5	7	东进口直行-机	11 - 2	0.000
6	8	东进口直右-机	11 - 1	0.000
7	10	西南进口右2-机	40 - 2	18.171
8	11	西南进口右1-机	40 - 1	18.212
9	12	北进口左直右-机	6 - 1	51.601
1	13	东进口左1	22 - 1	0.813
1	14	东进口左2	22 - 2	0.859
1	15	西南进口直左	16 - 1	18.020

图 10-33 数据采集点

8. 初步仿真运行

通过仿真，输出停车次数、延误等交通参数，对所采用交叉口案例的方案进行评价。本应用案例中的现状仿真可视化效果、改造方案一仿真可视化效果、改造方案二仿真可视化效果分别如图 10-34、图 10-35、图 10-36 所示。

图 10-34 现状仿真可视化效果

图 10-35 改造方案一仿真可视化效果

图 10-36 改造方案二仿真可视化效果

复习思考题

1. 常用的交通检测器有哪些?
2. 简述信号控制机的分类及其基本功能。
3. 简述生理—心理驾驶行为模型的基本思路。
4. 车路协同技术对城市交通的管理控制有哪些作用?
5. 常用的交通仿真软件有哪些? 它们各自有什么优势?

参考文献

[1] 袁振洲，魏丽英，谷远利，等．城市交通管理与控制［M］．北京：北京交通大学出版社，2013.

[2] 吴兵，李晔．交通管理与控制［M］．6版．北京：人民交通出版社，2020.

[3] 陈峻，徐良杰，朱顺应，等．交通管理与控制［M］．北京：人民交通出版社，2012.

[4] 徐建闽．交通管理与控制［M］．北京：人民交通出版社，2007.

[5] 翟忠民．道路交通组织优化［M］．北京：人民交通出版社，2004.

[6] 袁振洲，魏丽英，谷远利．道路交通管理与控制［M］．北京：人民交通出版社，2007.

[7] 罗霞，刘澜．交通管理与控制［M］．北京：人民交通出版社，2008.

[8] 杨晓光，白玉．交通设计［M］．北京：人民交通出版社，2010.

[9] 邵春福，张旭．城市交通设计［M］．北京：北京交通大学出版社，2013.

[10] 成卫．城市交通冲突技术理论与应用［M］．北京：科学出版社，2006.

[11] 刘小明，荣建．交通工程学［M］．2版．北京：人民交通出版社，2009.

[12] 周蔚吾．道路交通信号灯控制设置技术手册［M］．北京：知识产权出版社，2009.

[13] 何平．道路交通管理新编［M］．成都：西南交通大学出版社，2006.

[14] 翟忠民．道路交通实战案例［M］．北京：人民交通出版社，2007.

[15] 徐晓慧，王德章．道路交通控制教程［M］．北京：中国人民公安大学出版社，2005.

[16] 史忠科．交通控制系统导论［M］．北京：科学出版社，2003.

[17] 王云鹏，严新平．智能交通技术概论［M］．北京：清华大学出版社，2020.

[18] 姚恩建．城市道路工程［M］．北京：北京交通大学出版社，2013.

[19] 周商吾．交通工程［M］．上海：同济大学出版社，2001.

[20] 李瑞敏，章立辉．城市交通信号控制［M］．北京：清华大学出版社，2015.

[21] 陈峻．城市公共停车场规划设计方法［D］．南京：东南大学，2000.

[22] 任宇艳．交通信号智能网络控制系统的建模与实现［D］．哈尔滨：哈尔滨理工大学，2020.

[23] 李瑞敏．城市交通信号控制系统发展分析［J］．综合运输，2015，37（7）：104-108.

[24] 朱茵，陆化普．城市交通信号控制系统现状与发展展望［J］．中国交通信息产业，2004（10）：40-43.

[25] 杨学成．共享单车：滴滴城市出行平台的又一张拼图［J］．通信世界，2016（30）：11.

[26] 刘勋．共享单车离开法治将寸步难行［N］．法制日报，2016-12-01（7）.

[27] 冯巧玲．“互联网+共享单车”的资本运营模式研究［J］．中国市场，2017（33）：20-21.

[28] 袁晶矜，袁振洲．信号交叉口服务水平评价体系指标的分析及应用［J］．公路交通技术，2006（4）：145-149.

[29] 承向军，杨肇夏．一种分布式交通信号控制方法及仿真实现［J］．系统仿真学报，2005（8）：1970-1973.
[30] 曹守华，袁振洲．交通流诱导条件下的路网随机平衡双层规划模型［J］．交通运输系统工程与信息，2007（4）：36-42.
[31] 徐良杰，王炜，俞斌．信号交叉口非机动车及行人交通控制研究［J］．交通运输系统工程与信息学报，2004（2）：102-108.
[32] 武建．基于 Synchro 的平面信号交叉口服务水平研究［D］．北京：北京交通大学，2011.
[33] 上官伟，柴琳果，蔡伯根．智能车路协同系统仿真理论与关键技术［M］．北京：科学出版社，2021.
[34] 吴先宇，袁振洲．单车道双概率元胞自动机模型的研究［J］．北京交通大学学报（自然科学版），2008（6）：42-46.
[35] 邵春福，张魁麟，谷远利．基于实时数据的网状城市快速路行驶时间预测方法研究［J］．土木工程学报，2003，36（1）：16-20.
[36] 孙剑．微观交通仿真分析指南［M］．上海：同济大学出版社，2014.
[37] 边扬．城市步行交通系统规划设计方法［D］．南京：东南大学，2007.
[38] 郑启晨．稀疏浮动车数据下的路段异常交通行为识别［D］．北京：北方工业大学，2021.
[39] 袁晶矜．基于可靠性分析的城市道路交通系统运营状态评价［D］．北京：北京交通大学，2007.
[40] 胡鲜朝．信号交叉口右转机非冲突机理研究及应用［D］．北京：北京交通大学，2011.
[41] 陈林武．基于浮动车数据的城市道路交通事件自动检测技术研究［D］．金华：浙江师范大学，2020.
[42] 刘博航，安桂江．交通仿真实验教程［M］．2 版．北京：人民交通出版社，2015.
[43] 陈曦，李军．AnyLogic 8 系统建模仿真与分析［M］．北京：中国财富出版社，2019.
[44] 徐秀娟，赵小薇．城市计算中交通拥堵评估与预测方法及应用［M］．北京：科学出版社，2019.
[45] National Research Council. Highway capacity manual [M]. Washington D. C.: Transportation research board. 2010.
[46] YANG Y, YUAN Z Z, LI J Y, et al. Multi-mode public transit OD prediction and scheduling model [J]. Advances in transportation studies, 2018 (3): 133-146.
[47] SCOOT Traffic Handbook [Z]. London: Transport and road research laboratory, 1983.
[48] FHWA. Manual on uniform traffic control devices [M]. Washington D. C.: U. S. DOT, 2009.
[49] Sydney Co-ordinated Adaptive Traffic System [Z]. Sydney: DMR. Australia, 1983.
[50] YANG Y, YUAN Z Z, Fu X, et al. Optimization model of taxi fleet size based on GPS tracking data [J]. Sustainability, 2019, 11 (3): 731.
[51] Synchro Studio 7. 0 User Guide [Z]. Texas: Trafficware Ltd., 2006.
[52] URBANIK T, TANAKA A, LOZNER B, et al. Signal Timing Manual [R]. Washington D. C.: Transportation research board, 2015.

[53] GORDON R L. Traffic signal retiming practices in the United States [R]. Washington D. C.: National Cooperative Highway Research Program (NCHRP) Synthesis 409. Transportation Research Board. 2010.

[54] http://www.ptvchina.cn/.

[55] REYNAUD D A. NCHRP report 731: guidelines for timing yellow and all-red intervals at signalized intersections [R]. Washington D. C.: Transportation research board, 2012.